Klaus Weltner (Herausgeber)

# Mathematik für Physiker

Lehrbuch Band 1

Klaus Weltner (Herausgeber)

# Mathematik für Physiker

## Basiswissen für das Grundstudium der Experimentalphysik

Lehrbuch 2 Bände

Leitprogramm 3 Bände

Entwickelt und evaluiert vom
Bildungstechnologischen Zentrum Wiesbaden
und Mitgliedern des Instituts für Didaktik der Physik der Universität Frankfurt

Projektleitung: Klaus Weltner

Klaus Weltner (Herausgeber)

# Mathematik für Physiker

## Basiswissen für das Grundstudium der Experimentalphysik

Lehrbuch Band 1

verfaßt von

Klaus Weltner, Hartmut Wiesner,
Paul-Bernd Heinrich, Peter Engelhardt, Helmut Schmidt

Springer Fachmedien Wiesbaden GmbH

Dr. *Klaus Weltner* ist Professor für Didaktik der Physik, Universität Frankfurt, Institut für Didaktik der Physik.

Dr. *Hartmut Wiesner* ist wissenschaftlicher Mitarbeiter am Institut für Didaktik der Physik, Universität Frankfurt

Stud. Ass. *Paul-Bernd Heinrich* ist wissenschaftlicher Mitarbeiter am Bildungstechnologischen Zentrum Wiesbaden.

Dipl.-Phys. *Peter Engelhardt* ist wissenschaftlicher Mitarbeiter am Institut für Didaktik der Physik, Universität Frankfurt.

Dr. *Helmut Schmidt* ist Professor für Didaktik der Physik an der Pädagogischen Hochschule Bonn.

1975


Ursprünglich erschienen bei Friedr. Vieweg & Sohn Verlagsgesellschaft mbH, Braunschweig, 1975



Umschlaggestaltung: Peter Mory, Wolfenbüttel

ISBN 978-3-528-03051-3 ISBN 978-3-662-25344-1 (eBook)
DOI 10.1007/978-3-662-25344-1

# Vorwort

Lehrbuch (2 Bände) und Leitprogramme (3 Bände) "Mathematik des Physikers" sind in erster Linie für Studienanfänger des ersten und zweiten Semesters geschrieben. Es werden diejenigen Mathematikkenntnisse vermittelt, die für das Grundstudium der Experimentalphysik benötigt werden. Das Lehrbuch kann unabhängig von den Leitprogrammen benutzt werden. Die Leitprogramme sind neuartige Studienhilfen und haben nur Sinn im Zusammenhang mit dem Lehrbuch. Lehrbuch und Leitprogramme eignen sich vor allem zur Unterstützung des Selbststudiums, zur Vorbereitung des Studiums und als Grundlage für einführende mathematische Ergänzungsveranstaltungen neben der Experimentalphysik-Vorlesung. In der Einleitung werden diese Gedanken weiter ausgeführt.

Lehrbuch und Leitprogramme entstanden in den Jahren 1971 bis 1974 im Rahmen eines Projektes, an dem Angehörige des Instituts für Didaktik der Physik der Universität Frankfurt und des Bildungstechnologischen Zentrums (BTZ) Wiesbaden beteiligt waren. Lehrbuch und Leitprogramme wurden im regulären Studiengang, vor allem der Lehramtskandidaten Sekundarstufe I, in drei Studienjahren verwendet und nach jeder Benutzung aufgrund der Erfahrungen und Rückmeldungen der Studenten gründlich revidiert. Das Konzept des Leitprogramms, das selbständige Studium eines Lehrbuchs durch ausführliche Studienanleitungen, Hilfen und Zusatzerläuterungen zu unterstützen, fand bei den Studenten eine erfreuliche Zustimmung. Nicht unerheblich trug dazu bei, daß die Technik der Leitprogramme eine Individualisierung der Hilfen aufgrund unterschiedlicher Vorkenntnisse, unterschiedlicher Lerngeschwindigkeiten und Lernschwierigkeiten ermöglichte. Natürlich sind weitere Verbesserungen möglich; niemandem ist dies klarer als den Autoren. Konkrete Vorschläge der Leser sind erwünscht und werden bei künftigen Auflagen nach Möglichkeit berücksichtigt.

Entwicklung, Abstimmung, Erprobung und mehrfache Revision sind das Ergebnis einer Teamarbeit. Die Reihenfolge der Autoren im Titel berücksichtigt die jeweils eingebrachten Arbeitsanteile.

Bei der Bearbeitung der in die Leitprogramme integrierten Anleitungen zu Lern- und Studiertechniken unterstützte mich Herr Dipl.-Psych. G. Kanig (BTZ), die Zeichnungen wurden von Herrn Dipl.-Phys. P. Engelhardt und Frau R. Leckl angefertigt.

Das Mathematiklehrbuch ist vorwiegend von Physikern geschrieben. Für wertvolle Hinweise und Formulierungen danke ich Herrn Dr. Mrowka, Universität Frankfurt, Fachbereich Mathematik. Wichtige Korrekturen gab eine Arbeitsgruppe um Prof. Dr. B. Rollett, Gesamthochschule Kassel. Besonders bei der Entwicklung der Leitprogramme waren die Anregungen der Studenten hilfreich, die sie im Rahmen ihres Studiums benutzten.

Nur wer je ein mit derartig viel Detailarbeit verbundenes Projekt durchgeführt hat, kann den Umfang der mit der Herstellung und Korrektur verbundenen Arbeiten schätzen. Ohne die Hilfe der Herren Dr. S. Wittig, Dipl.-Math. P. Eggensperger und Dipl.-Phys. I. Heidelberg (BTZ) sowie der Herren P.Keitel und B. Schuhmacher (Universität Frankfurt) wären weder die mit dem Projekt verbundenen hochschuldidaktischen Untersuchungen noch die endgültige Fertigstellung möglich gewesen. Wertvolle Unterstützung bei der Organisation und an der Schreibmaschine leisteten Frau Ch. Kehrhahn, Frau M.Müller und Frau H. Sieber (BTZ).

Allen hier genannten und vielen nichtgenannten Mitarbeitern danke ich herzlich.

Klaus Weltner

Im September 1974
Frankfurt, Institut für
Didaktik der Physik

# INHALT

## INHALT BAND II

# EINLEITUNG

*Auswahlgesichtspunkte für den mathematischen Inhalt*

Der Physiker benutzt die Mathematik als Instrument zur formalen Beschreibung von Zusammenhängen und Gesetzmäßigkeiten. Über Auswahl und Darstellungsform der mathematischen Sachverhalte gehen die Meinungen zwischen Physikern, Mathematikern und Fachdidaktikern oft auseinander. Das hier gewählte Anspruchsniveau und die inhaltliche Auswahl beruhen auf folgenden Überlegungen:

1. Es sollen die mathematischen Kenntnisse vermittelt werden, die in Experimentalphysik-Vorlesungen für das erste und zweite Semester benötigt werden. Es ist die gleiche Mathematik, die in verbreiteten Lehrbüchern der Experimentalphysik (BERGMANN-SCHÄFER, GERTHSEN, MARTIENSSEN, POHL, WESTPHAL u.a.) benutzt wird. Die vorliegende Auswahl stützt sich auf eine Analyse der in diesen Werken häufig und an zentraler Stelle verwendeten Mathematik. Einige Kapitel (Vektoranalysis, Determinanten, Fourierreihen, Wellengleichungen, Oberflächenintegrale) gehen teilweise über diese Bedürfnisse hinaus.

2. Die mathematischen Vorkenntnisse der heutigen Studienanfänger sind aufgrund der unterschiedlichen schulischen Ausbildung kaum noch vergleichbar. Zwar kann man annehmen, daß ein großer Teil der angehenden Physiker den naturwissenschaftlich-mathematischen Schulzweig besucht hat, doch ist dies keineswegs immer der Fall. Von Studenten, die Experimentalphysik im Nebenfach hören, kann man dies noch weniger annehmen. Nicht immer schließt der Studienbeginn an die Schule an; oft liegen Jahre dazwischen.

   Erschwerend kommt hinzu, daß sich der Schwerpunkt des Mathematikunterrichts heute neuen Bereichen wie Mengenlehre, Axiomatik, Informatik zuwendet und die Mathematik keineswegs vor allem im Hinblick auf ihre Anwendungen in der Physik oder den Ingenieurwissenschaften vermittelt wird.

   Aus diesem Grund werden auch mathematische Kapitel ausführlich behandelt, die zum Lehrstoff der Schule gehören wie Funktionen, Differentialrechnung, Integralrechnung, Vektoralgebra u.a. Insofern soll das

Lehrbuch bewußt eine Brückenfunktion zwischen Schule und Universität erfüllen. Es ist als Übergangshilfe und Unterstützung vor allem für die ersten Studiensemester gedacht. Je nach Vorkenntnissen können Kapitel studiert oder überschlagen werden.

Hauptziel ist, eine möglichst rasche Adaption der vorhandenen Mathematikkenntnisse für das Studium der Experimentalphysik zu erreichen und fehlende Kenntnisse zu vermitteln.

3. Die Anordnung der Kapitel folgt zwei Gesichtspunkten. Einerseits sollen in den ersten Wochen des beginnenden Studiums Grundkenntnisse rasch zur Verfügung stehen. Für den Physiker wäre die Reihenfolge optimal, bei der die mathematischen Kapitel so angeordnet werden, wie ihre Inhalte im Verlauf der fortschreitenden Physik-Vorlesung benutzt werden.
   Dem steht andererseits gegenüber, daß die Mathematik logisch zusammenhängt und ein kohärenter Lehrstoff ist. In der vorliegenden Form spiegelt die Anordnung den Kompromiß zwischen beiden Gesichtspunkten wieder.

4. Integration der Mathematik in das Physikstudium: Es ist eine offene Frage, ob man die Mathematik derart in das Physikstudium integrieren soll, daß die benutzte Mathematik direkt im Rahmen der Darstellung und Vermittlung des Physiklehrgangs gelehrt wird. Dem steht die Gefahr entgegen, daß dann sowohl der mathematische wie der physikalische Zusammenhang zerrissen wird. Dies gab den Ausschlag dafür, die anwendungsorientierte Mathematik möglichst so anzuordnen, wie sie im fortschreitenden Physikstudium benutzt wird; sie aber insofern unabhängig von der Physik darzustellen, daß die mathematische Kohärenz erhalten bleibt und deutlich wird.

   Der Mathematiker wird in der Beweisführung und Begriffsbildung gelegentlich die ihm - aber meist nur ihm - hilfreiche und liebgewordene Strenge vermissen. Für manchen Studenten wird demgegenüber das Bedürfnis nach mathematischer Strenge bereits überschritten.

   Der übergeordnete Grundsatz für Auswahl und Darstellung war: Die Mathematik soll dem Physikstudenten nützen.

5. Als Leser sind alle Hörer der Experimentalphysik im ersten und zweiten Semester angesprochen. Wegen der Überschneidung einiger Kapitel des ersten Bandes mit dem Lehrstoff der Schule kann er im Zusammenhang mit den Leitprogrammen in Arbeitsgemeinschaften benutzt werden. Das dürfte vor allem dann hilfreich sein, wenn Physik- und Mathematikunterricht nicht in einer Hand liegen und dringend benötigte anwendungsbezogene Mathematikkenntnisse neben dem Physikunterricht zusätzlich erworben werden müssen.

   Für den Studienanfänger ist es empfehlenswert, bereits vor Aufnahme des Studiums diejenigen Kapitel zu wiederholen, die sich weitgehend mit der Schulmathematik decken oder an sie anschließen. Dazu gehören vor allem die Kapitel 1 bis 4 (Funktionen, trigonometrische Funktionen, Potenzen und Logarithmen, Folgen und Reihen, Differentialrechnung, Integralrechnung). Nicht schaden würde, auch die Kapitel 5 und 6 (Vektoren, Vektoraddition, Vektormultiplikation) sowie die Kapitel 7 und 8 (Reihen, komplexe Zahlen) zu bearbeiten.

   Das Studium der Kapitel 15, 16, 17, 22 (Vektoranalysis, Koordinatentransformation, Matrizen und Determinanten, Fourierreihen) stellt für Physikstudenten den Anschluß an die weiterführende Mathematik her. Diese Kapitel werden von Studenten, die Physik als Nebenfach hören, wie Lehramtskandidaten Sekundarstufe I, Biologen, Chemiker u.a., in der Regel nicht benötigt.

*Aufgabe und Zielsetzung der Leitprogramme zum Lehrbuch*

Für die meisten Kapitel des Lehrbuches liegen integrierende Leitprogramme vor. Die Unterstützung des Studiums durch Leitprogramme ist für den Hochschulbereich neu und soll hier kurz erläutert und begründet werden. Man kann Leitprogramme als ausführliche Studieranleitungen und Studienhilfen auffassen. Sie enthalten Arbeitsanweisungen für das Studium einzelner Abschnitte des Lehrbuchs, Fragen, Kontrollaufgaben und Probleme, mit denen der Student nach kurzen Studienabschnitten seinen Lernfortschritt überprüfen kann, Zusatzerläuterungen und Hilfen, die auf individuelle Lernschwierigkeiten eingehen.

Dabei wird im Leitprogramm eine Anordnungstechnik der Seiten benutzt, die in der Bildungstechnologie Scrambled book oder verzweigendes Buch genannt wird. Die Seiten werden nicht ausschließlich in der numerischen Reihenfolge bearbeitet. Der Fortgang hängt von Kriterien wie: Vorkenntnissen, Lernerfolg, Lernschwierigkeiten, Erklärungsbedürfnis u.a. ab.

Im Vordergrund des vom Leitprogramm unterstützten Studiums steht die selbständige Erarbeitung geschlossener Abschnitte des Lehrbuchs. Diese Abschnitte sind zunächst klein, werden aber im Verlauf des Kurses größer. Grundlage des Studiums sind damit immer inhaltlich geschlossene und zusammenhängende Einheiten. Dies ist ein wesentlicher Unterschied zur programmierten Instruktion. Diese selbständigen Studienphasen werden dann durch Arbeitsphasen am Leitprogramm unterbrochen, in denen der Lernerfolg überprüft, das Gelernte gefestigt und angewandt und die nächste selbständige Arbeitsphase angeleitet und vorbereitet wird. Die Arbeit mit dem Lehrbuch entspricht der Studiertechnik, die mit dem Fortgang des Studiums immer bedeutungsvoller wird und deren Beherrschung meist stillschweigend zu Beginn des Studiums vorausgesetzt wird. Die Fähigkeit, sachgerecht mit Lehrbüchern, Handbüchern und später mit beliebigen Arbeitsunterlagen umzugehen, ist nicht nur die Grundlage für erfolgreiches Studium sondern auch für erfolgreiche Berufsausübung. Diese Fähigkeit soll durch den gelenkten und unterstützten Umgang mit dem Mathematiklehrbuch gefördert werden.
Wir sind darüber hinaus der Ansicht, daß es für den Bereich des Studienanfangs und des Übergangs von der Schule zur Universität für den Studenten Hilfen geben muß, die ihn anhand fachlicher Studien - also

über größere Zeiträume hinweg - in einfache und komplexe Lern- und Studiertechniken einführen.

Dies ist der Grund dafür, daß in den Leitprogrammen Lern- und Studiertechniken erläutert und häufig mit lernpsychologischen Befunden begründet werden. Diese Techniken werden mit den fachlichen Studien verbunden und in den Lehrgang integriert; daher der Name "Integrierende Leitprogramme".

Beispiele für derartige Techniken:

1. Arbeitseinteilung und Studienplanung; Tätigkeitswechsel, förderliche Arbeitszeiten, Hinweise zur Verbindung von Gruppenarbeit mit Einzelarbeit;
2. Intensives Lesen; Exzerpieren, Mitrechnen;
3. Selektives Lesen;
4. Wiederholungstechniken, Prüfungsvorbereitung;
5. Selbstkontrolltechniken;
6. Problemlösungstechniken.

Es handelt sich um Verhaltensweisen, die nur langfristig aufzubauen sind und zudem noch persönlichkeitsabhängig sind. Besondere Wirksamkeit versprechen wir uns dabei von der Verbindung von fachlichen Studien mit der expliziten und selektiven Vermittlung von Lerntechniken. Welche davon der Student für sich als brauchbar ansieht und in sein Verhaltensrepertoire aufnimmt,muß seiner individuellen Entscheidung vorbehalten bleiben.
In mehreren Untersuchungen[1] wurde die Benutzung und Wirkung der Leitprogramme kontrolliert.

---

1) Durchführung und Ergebnis der Untersuchungen siehe:
WELTNER, K.; WIESNER, H.: Förderung von Selbstinstruktionstechniken im Hochschulunterricht durch integrierende Leitprogramme. In: Unterrichtswissenschaft, Heft 2/3, 1973, S. 111-120.
Der Grundgedanke der Leitprogramme ist erläutert in: WELTNER, K.: Leitprogramme als Weiterentwicklung der Lehrprogramme. In: Von Rhöneck (Hrsg.): Der Physikunterricht, Heft I, 1973, S. 91-98.
Ähnliche Studienformen werden beschrieben in: GREEN, B.: Physics teaching by the Keller-Plan. In: American Journal of Physics, 1971.

Auch bei vorsichtiger Interpretation zeigte sich:

> Mit der Unterstützung durch Leitprogramme ist eine selbständige Erarbeitung des Lehrbuchs nicht nur möglich, sondern entspricht und übertrifft in ihrer Effizienz personal geführte Veranstaltungen.
> Nach dem Urteil der Studenten werden die vermittelten Lerntechniken auch in anderen Studienbereichen angewandt.

Lehrbuch und Leitprogramme können in mehrfacher Weise verwendet werden: Zur selbständigen Vorbereitung des Studiums, bei der Behebung unzureichender Vorkenntnisse, als Grundlage für Ergänzungsveranstaltungen zur Experimentalphysik-Vorlesung, als Grundlage für das Studium in Gruppen und für Tutorien. Es liegt auf der Hand, daß ein selbständiges Erarbeiten einzelner Kapitel oder die Bearbeitung von Teilabschnitten bei Bedarf möglich ist.

Als günstigste Arbeitsform erscheint uns ein leitprogrammunterstütztes Selbststudium mit personaler Betreuung, deren Umfang gegenüber üblichen Veranstaltungen reduziert sein kann. Die Aufgabe personal betreuter Phasen liegt dann weniger in der Informationsvermittlung sondern vielmehr in der Anwendung und Übertragung des Gelernten.

Integrierende Leitprogramme fördern die Fähigkeit und Bereitschaft zum Selbststudium und fördern damit die Selbständigkeit des Studenten im Sinne einer größeren Unabhängigkeit von Personen und Institutionen. Uns scheint es müßig, zu spekulieren, ob dies mehr zu den Aufgaben der Schule oder denen der Universität gehört. Wichtiger dürfte sein, daß diese in Angriff genommen und geleistet werden.

# 1 Funktionsbegriff, einfache Funktionen, trigonometrische Funktionen.

## 1.1 Der mathematische Funktionsbegriff und seine Bedeutung für die Physik.

### 1.1.1 Zusammenhänge in der Physik und ihre mathematische Beschreibung

Bei einem frei fallenden Stein wird die Fallgeschwindigkeit umso größer, je länger er gefallen ist. Die Fallgeschwindigkeit hängt von der Zeit ab.
Solche Abhängigkeiten zwischen Beobachtungsgrößen findet man häufig in der Physik. Sie gaben Anlaß, Naturgesetze zu formulieren. Das obige Problem hat Galilei untersucht. Seine Methode ist exemplarisch für das Auffinden physikalischer Zusammenhänge.
In einem ersten Schritt werden durch Meßinstrumente - wie z.B. Uhren, Metermaß, Waage, Amperemeter, Voltmeter - zwei Größen gleichzeitig gemessen. Dabei wird eine Größe variiert und die Veränderung der zweiten Größe beobachtet. Die erste nennt man unabhängige, die zweite abhängige Größe. Alle übrigen Bedingungen werden dabei sorgfältig konstant gehalten.

Dieses Vorgehen, Zusammenhänge zwischen physikalischen Größen durch Versuche zu bestimmen, nennen wir *empirisches Verfahren.* Es liegt auf der Hand, daß das Verfahren auf Abhängigkeiten zwischen mehr als zwei Größen übertragen werden kann. Das führt allerdings rasch zu aufwendigen Versuchstechniken.

In einem zweiten Schritt sucht man nach einem mathematischen Rechenausdruck, der ebenfalls zu diesen Wertetabellen und diesen Kurven führt. Hat man einen solchen Ausdruck gefunden, so kann der Zusammenhang in mathematischer Form formuliert werden.

Die mathematische Formulierung hat viele Vorteile:

a) die mathematische Beschreibung ist kürzer und oft übersichtlicher als die Beschreibung durch Worte;

b) die mathematische Beschreibung ist eindeutig. Mit ihr lassen sich Zusammenhänge so beschreiben, daß sie leicht mitteilbar werden und daß Mißverständnisse weitgehend ausgeschlossen werden können. Das hat im übrigen zur Folge, daß - soweit die beschriebenen Gesetzmäßigkeiten durch empirische Messungen abgesichert sind - alle Forschungsarbeiten aufeinander aufbauen können.

c) Aufgrund der mathematischen Beziehungen lassen sich Voraussagen über das Verhalten der physikalischen Größen machen. Die Gleichungen enthalten die Möglichkeiten zur Vorausberechnung - Extrapolation genannt - auch für jene Wertebereiche, die empirisch noch nicht überprüft sind. Die Übereinstimmung gilt streng nur für die empirisch verifizierten Bereiche. Insofern gibt es gesicherte Bereiche der Physik, die zu Beginn des Studiums im Vordergrund stehen, und die weniger oder ungesicherten Bereiche der Forschung, zu denen das Studium hinführt.

**Die Beschreibung der Zusammenhänge zwischen physikalischen Größen durch mathematische Beziehungen nennen wir ein** *mathematisches Modell*. Man muß zwischen physikalischem Sachverhalt und zugehörigem mathematischem Modell unterscheiden. Es kann mehrere mathematische Modelle für einen bestimmten physikalischen Zusammenhang geben.

### 1.1.2 Der Funktionsbegriff

Die mathematische Beschreibung der Abhängigkeit zweier Größen voneinander soll im folgenden genauer untersucht werden.

Beispiel: Gegeben sei eine an einer Seite eingespannte Feder. Die Feder werde aus ihrer Ruhelage ausgelenkt. Dann tritt eine rücktreibende Kraft auf. Es werden zwei Größen gemessen:

1. Auslenkung x in m (Meter)
2. Rücktreibende Kraft F in N (Newton)

Die Messung wird für verschiedene Werte von x ausgeführt. Dabei erhalten wir *Wertepaare* von Werten für x und F, die einander zugeordnet sind.

1. Die Wertepaare werden in einer Tabelle zusammengefaßt.

| Auslenkung x[m] | Kraft F[N] |
|---|---|
| 0 | 0 |
| 0,1 | 1,2 |
| 0,2 | 2,4 |
| 0,3 | 3,6 |
| 0,4 | 4,8 |
| 0,5 | 6,0 |
| 0,6 | 7,2 |

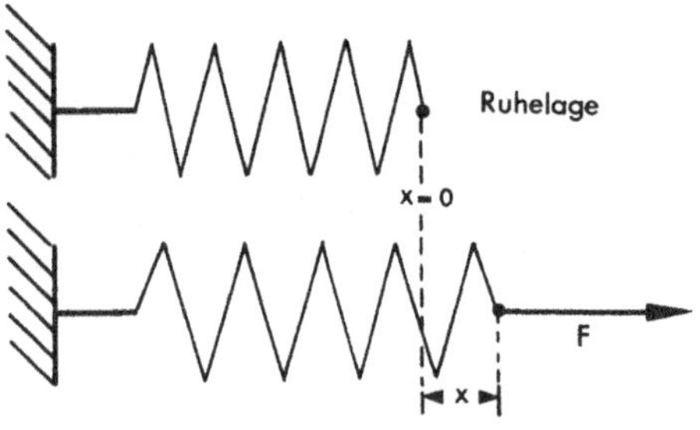


Eine solche Tabelle heißt *Wertetabelle*. Diese Zuordnung ist sinnvoll für alle Auslenkungen x, bei denen die Feder nicht bleibend verformt oder zerstört wird. Diesen Bereich der x-Werte nennen wir *Definitionsbereich*. Der entsprechende Bereich der F-Werte heißt *Wertevorrat* oder *Wertebereich*.

2. Wir stellen die Wertetabelle graphisch dar. Den Wertepaaren entsprechen die Punkte. Wir können darüber hinaus durch eine gezeichnete Kurve eine Zuordnung für alle Zwischenwerte herstellen.

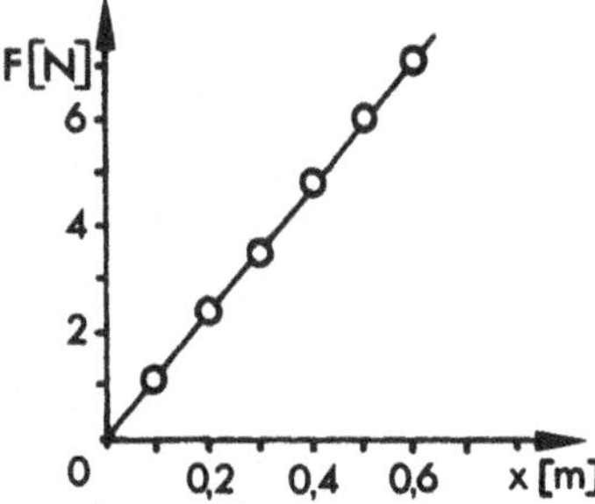


3. Der Zusammenhang zwischen x und F läßt sich innerhalb des Definitionsbereichs durch eine Formel (Rechenvorschrift) darstellen:

$$F = a\,x \qquad \text{mit } a = 12\ \frac{N}{m}$$

Für x können wir alle Werte aus dem Definitionsbereich einsetzen und erhalten damit die jeweils zugeordnete Größe F. Jedem x ist ein und nur ein F zugeordnet.

Das Gemeinsame bei den drei Darstellungen des physikalischen Zusammenhangs ist die eindeutige Zuordnung von x-Werten zu F-Werten. In der Mathematik werden meist die Buchstaben x und y für Wertepaare benutzt.

Definition: Wird jedem Element x aus einer Menge A eindeutig ein Element y aus einer Menge B zugeordnet, so nennt man diese Zuordnung eine *Funktion*.[1] (1-1)

Es gibt verschiedene Möglichkeiten, Darstellungen einer Funktion zu geben:

a) Aufstellung einer *Wertetabelle*

b) *graphische Darstellung*

c) Zuordnung der Größen zueinander durch eine *Rechenvorschrift*

Hier werden wir vor allem die Zuordnung von zwei Größen zueinander durch Rechenvorschriften diskutieren. Alle drei Darstellungsmöglichkeiten hängen miteinander zusammen. Zum Beispiel läßt sich aus der Rechenvorschrift eine Wertetabelle gewinnen. Auch der umgekehrte Weg ist möglich, aus der graphischen Darstellung lassen sich Wertetabellen ablesen.

Häufig wird eine Funktion durch eine Rechenvorschrift festgelegt:

$$y = f(x)$$

Wir lesen dieses: "y gleich f von x".

---

1) Im Anhang III wird diese Definition erläutert und präzisiert.

Der Ausdruck f(x) heißt *Funktionsterm*. Die Gleichung selbst nennt man *Funktionsgleichung*[1]. Sie bedeutet:

> Die Größe y läßt sich durch eine Rechenvorschrift aus der Größe x ermitteln. Das Argument x, auf das die Rechenvorschrift angewandt wird, steht in Klammern.
>
> y heißt *abhängige Variable*
> x heißt *unabhängige Variable*
>
> Statt des Begriffes unabhängige Variable wird auch der Begriff *Argument* benutzt.

Ist die Rechenvorschrift bekannt, so läßt sich aus dem Funktionsterm zu jedem Wert des Arguments x des Definitionsbereiches der Funktionswert y ausrechnen.

Beispiel: $y = 3x^2$

Der Funktionsterm ist hier der Ausdruck $3x^2$. Für einen gegebenen Wert des Arguments x - beispielsweise x = 2 - können wir ausrechnen:

$y = 3 \cdot (2 \cdot 2) = 12$

Ein Funktionsterm kann sehr kompliziert gebaut sein.

In vielen Fällen hängen in der Physik bestimmte Größen von der Zeit ab.

Beispiele: Beim freien Fall nimmt die Fallgeschwindigkeit mit der Fallzeit zu.

Beim radioaktiven Zerfall nimmt die Menge des ursprünglichen Präparates mit der Zeit ab.

Bei einem Pendel verändert sich die Lage periodisch mit der Zeit.

In der Physik ist es üblich, für einige Größen bestimmte Symbole zu benutzen. Für die Geschwindigkeit wird oft das Symbol v, für die Zeit das Symbol t benutzt. Diese Bezeichnungen sind aus dem Lateinischen abgeleitet (velocitas = Geschwindigkeit; tempus = Zeit). Für den Zusammenhang zwischen Fallgeschwindigkeit und Fallzeit können wir schreiben:

$v = g \cdot t$ $\qquad$ g = Fallbeschleunigung

Funktionen sind ihrer Definition nach eindeutige Beziehungen, d.h. jedem Argumentwert wird ein und nur ein Funktionswert zugeordnet. Rechenvorschriften, die einem x-Wert zwei oder mehrere y-Werte zuordnen, sind keine Funktionen.

---

1) Die Funktion ist durch die Angabe einer Funktionsgleichung noch nicht vollständig bestimmt. Sie muß durch die Angabe des Definitionsbereichs von x und des Wertevorrats ergänzt werden, soweit sich diese Angaben nicht unmittelbar aus dem Zusammenhang ergeben.

Beispiel: Gegeben sei die Gleichung $y^2 = x$. Man sieht unmittelbar, daß einem x-Wert - beispielsweise 4 - zwei y-Werte zugeordnet sind, nämlich

$y_1 = +2 \qquad y_2 = -2$

Durch Umformung der Gleichung $y^2 = x$ erhält man

$y = \pm\sqrt{x}$

Dadurch ist, wegen dieser Mehrdeutigkeit, keine *Funktion*[1] gegeben.

Wenn wir einen eindeutigen Zusammenhang beschreiben wollen, müssen wir angeben, welches Vorzeichen die Wurzel haben soll. Dann ist die Eindeutigkeit hergestellt, und wir erhalten eine Funktion.

Beispiel: Eine eindeutige Funktion ist

$y = +\sqrt{x}$

Sie ist für den *Definitionsbereich* $x \geq 0$ erklärt und besitzt den *Wertevorrat* oder *Wertebereich* $y \geq 0$.

Der Bereich von x, für den eine Funktion definiert ist, heißt *Definitionsbereich*. Der *Definitionsbereich* ist also nicht immer die Menge aller reellen Zahlen.

## 1.2 Koordinatensystem, Ortsvektor

Viele Funktionen lassen sich graphisch darstellen. In der Physik wird davon häufig Gebrauch gemacht. Grundlage der Darstellung ist ein Koordinatensystem. Für viele Fälle sind rechtwinklige Koordinatensysteme zweckmäßig. Nach Descartes bezeichnet man sie als cartesische Koordinatensysteme.
Die senkrechte Koordinatenachse - die y-Achse - heißt *Ordinaten-Achse*. Die waagerechte Achse - die x- Achse - heißt *Abszissen-Achse*. Die Koordinatenachsen tragen einen Maßstab. Die Wahl des Maßstabs ist eine Frage der Zweckmäßigkeit, sie hängt vom behandelten Problem und vom behandelten Wertebereich ab. Das Koordinatensystem teilt die Ebene in vier Bereiche auf. Sie heißen *Quadranten*. Die Quadranten numeriert man entgegen dem Uhrzeigersinn.

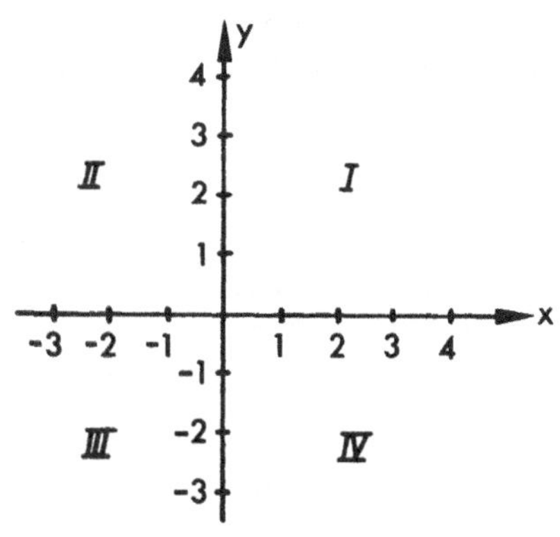


---

1) Durch die Gleichung $y = \pm\sqrt{x}$ wird eine *Relation* festgelegt. (s. Anhang III)

In einem ebenen Koordinatensystem läßt sich jeder Punkt P durch die Angabe von zwei Zahlenwerten eindeutig festlegen. Von P wird ein Lot auf die x-Achse gefällt. Das Lot trifft die Achse in $P_x$. Wir nennen $P_x$ die *Projektion* von P auf die x-Achse.
Dem Punkt $P_x$ entspricht eine Zahl auf der x-Achse. Diese Zahl heißt *x-Koordinate* oder *Abszisse*.
Ebenso wird die Projektion von P auf die y-Achse durchgeführt, die die *y-Koordinate* ergibt. Sie heißt *Ordinate*.
Kennen wir für einen Punkt beide Koordinaten, so ist der Punkt eindeutig bestimmt.

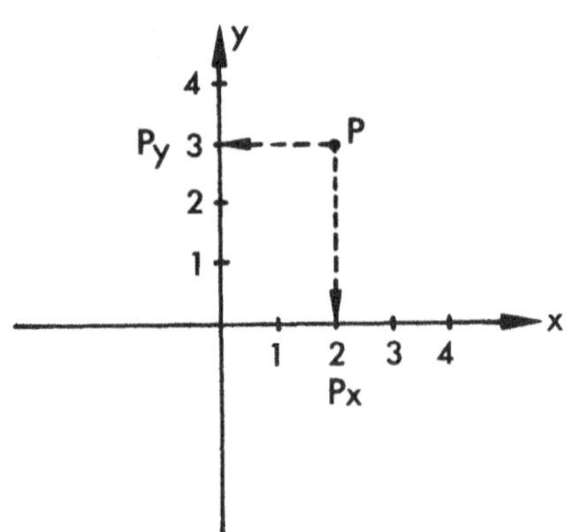


Für einen Punkt $P_1$ mit den Koordinaten $x_1$ und $y_1$ verwendet man i.a. die folgende Schreibweise:

$$P_1=(x_1,y_1)$$

Die beiden Koordinaten eines Punktes stellen ein geordnetes Zahlenpaar dar. Die Reihenfolge ist festgelegt. Zuerst kommt die x-, dann die y-Koordinate, wie im Alphabet. Der Punkt P in der Abb. heißt dann

$$P = (2, 3)$$

## 1.2.1 Bestimmung der Lage eines Punktes bei gegebenen Koordinaten

Gegeben sind die Koordinaten eines Punktes $P = (x_1, y_1)$. Gesucht ist die Lage des Punktes im Koordinatensystem.

Man findet die Lage nach folgender Handlungsvorschrift:

Auf der x-Achse wird der Wert der Koordinate $x_1$ abgetragen.

An der Stelle $x_1$ wird eine Senkrechte errichtet und auf ihr der Wert der Koordinate $y_1$ abgetragen.

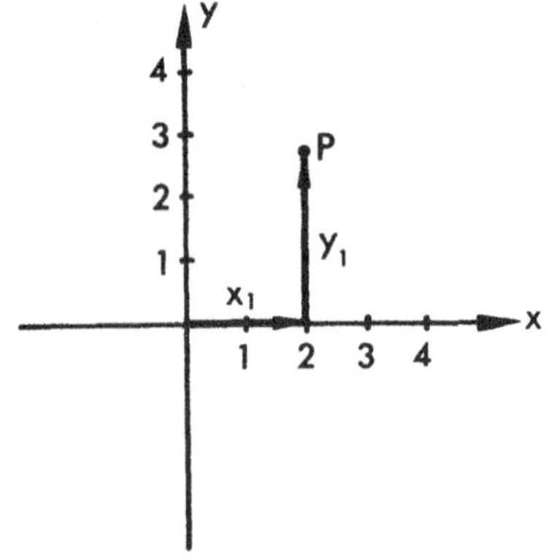


Damit ist der Punkt P erreicht. Man überzeugt sich leicht, daß man zum gleichen Ergebnis kommt, wenn man die Reihenfolge der Operationen umkehrt.

Die gerichtete Strecke vom Nullpunkt zum Punkt P nennt man den zu P gehörenden *Ortsvektor*. Die Projektionen des Ortsvektors auf die Achsen heißen *Komponenten* des Ortsvektors. Wir erhalten eine x-Komponente und eine y-Komponente. Die Komponenten des Ortsvektors sind gerichtete Strecken.

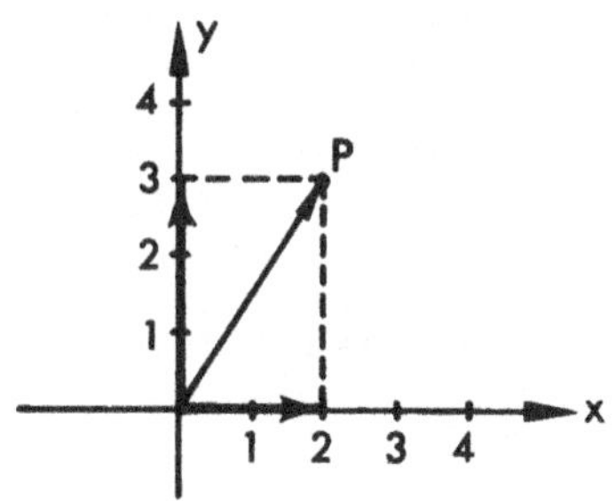


## 1.3 GRAPHISCHE DARSTELLUNG VON FUNKTIONEN

Die Bedeutung der graphischen Darstellung für die Physik liegt darin, daß sich mit ihrer Hilfe Funktionen geometrisch deuten lassen. Der Funktion

$$y = f(x)$$

entspricht eine geometrische Figur, der *Graph*. Der Zusammenhang der geometrischen und der analytischen - d.h. rechnerischen - Darstellung ist von Descartes gefunden worden. Die graphische Darstellung von Funktionen hat in der Physik vielfache Bedeutung:

*Veranschaulichung einer mathematischen Beziehung zwischen zwei physikalischen Größen*
Die Beziehung zwischen zwei physikalischen Größen sei mathematisch durch eine Funktionsgleichung beschrieben. Die charakteristischen Eigenschaften dieser Beziehung lassen sich anhand des Graphen dieser Funktion oft mit einem Blick übersehen.

*Veranschaulichung einer empirisch gefundenen Beziehung zwischen zwei physikalischen Größen*
Die Abbildung zeigt die Meßwerte für Spannung und Stromstärke an einer Glühlampe. Dabei ist die Spannung von Punkt zu Punkt um jeweils 10 Volt erhöht und die zugehörige Stromstärke gemessen worden. Jede Messung ist mehrfach wiederholt. Eingetragen ist der Mittelwert dieser Messungen. Die Einzelmessungen streuen infolge zufälliger und systematischer Meßfehler um diesen Mittelwert. Die Größe des Meßfehlers gibt man bei derartigen Darstellungen durch sogenannte *Fehlerbalken* an.[1]

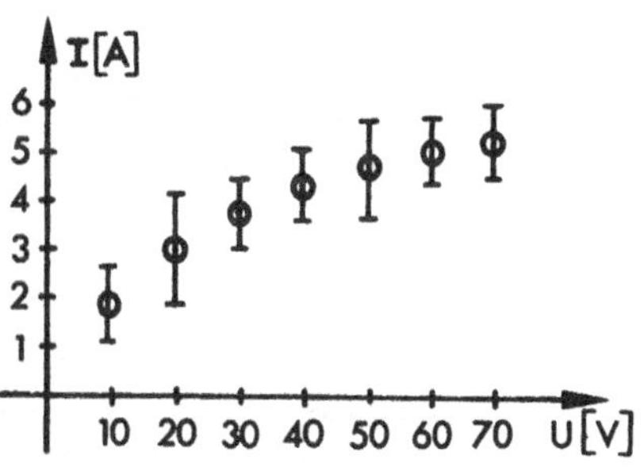


---

1) In Lektion 20 - Fehlerrechnung - wird auf diese Punkte ausführlich eingegangen.

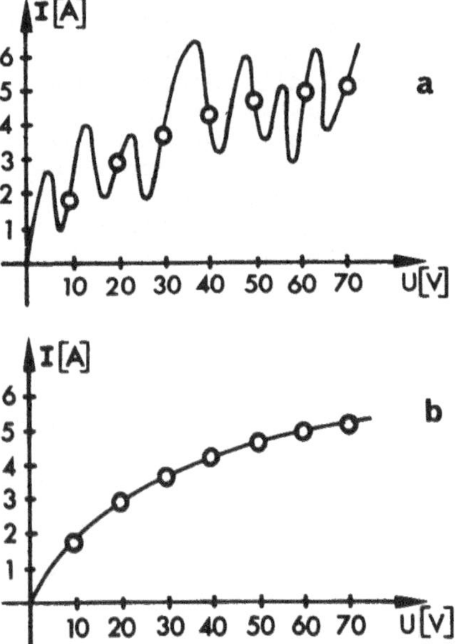


Unsere Aufgabe besteht darin, von den diskreten Punkten zu einer kontinuierlichen Kurve überzugehen. Die Werte zwischen den Meßpunkten sind unbekannt. Ein kontinuierlicher Kurvenzug kann in vielfacher Weise durch die Meßpunkte gelegt werden. Mit der Konstruktion des Kurvenzugs machen wir eine Voraussage über die Zwischenwerte - und das ist eine *Interpolation*. Sowohl Kurve a) wie Kurve b) sind mit den Messungen verträglich. Wir halten Kurve b) für wahrscheinlicher. Begründung: So lange es keine physikalischen Gründe gibt, die in Kurve a) enthaltenen Schwankungen anzunehmen, wird man immer die einfachere Kurve für wahrscheinlicher halten.

Das Vorgehen des Physikers, von diskreten Meßwerten graphisch zu einer kontinuierlichen Kurve überzugehen, ist immer eine Erweiterung des Erfahrungsbereichs; sie kann im Einzelfall mehr oder weniger gut gerechtfertigt sein. Die gezeichneten Kurven nennen wir *Ausgleichskurven*. Die Zuverlässigkeit der Ausgleichskurven hängt von der Größe der Fehler ab, mit denen die Messungen behaftet sind.

Demgegenüber ist der Übergang von einer gegebenen Formel zum Graphen immer möglich. Man kann eine Wertetabelle aufstellen und zu beliebig vielen Werten des Arguments die Funktionswerte berechnen. Die Wertetabelle wird dann Punkt für Punkt in das Koordinatensystem übertragen. Um den genauen Verlauf der Kurve zu erhalten, müßten unendlich viele Punkte aufgetragen werden. In der Praxis beschränkt man sich auf eine endliche Anzahl von Punkten und verbindet sie mit einer Kurve.

*Anschaulicher Vergleich zwischen Theorie und Experiment*
In der Theorie wird die Abhängigkeit physikalischer Größen durch eine Funktionsgleichung beschrieben; deren Graph kann gezeichnet werden. Gleichzeitig können experimentell gewonnene Meßpunkte eingetragen werden. Aus Übereinstimmung oder Abweichung der Meßpunkte mit der theoretischen Kurve ergibt sich sofort ein Überblick über die Übereinstimmung zwischen theoretischen Voraussagen und Meßwerten.

## 1.3.1 Ermittlung des Graphen aus der Funktionsgleichung für die Geradi

Gegeben sei eine Funktionsgleichung

$$y = 2x + 1$$

Gesucht ist die graphische Darstellung.

1. Schritt:
Aufstellung der Wertetabelle für $y = 2x + 1$

| x | y |
|---|---|
| -2 | -3 |
| -1 | -1 |
| 0 | 1 |
| 1 | 3 |
| 2 | 5 |

[1)]

2. Schritt:
Übertragung der Punkte in das Koordinatensystem

Hier ist die Wahl eines geeigneten Maßstabes für das Koordinatensystem notwendig, damit sich die Kurve gut zeichnen läßt. Einerseits darf die Kurve nicht zu klein werden. Dann gehen alle Einzelheiten verloren. Andererseits muß die Kurve in das Koordinatensystem hineinpassen.

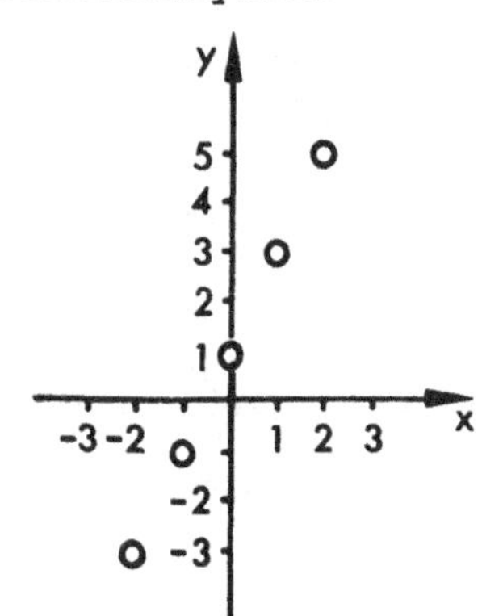


3. Schritt:
Verbindung der Punkte durch die Kurve.
In unserem Fall ergibt sich eine Gerade.

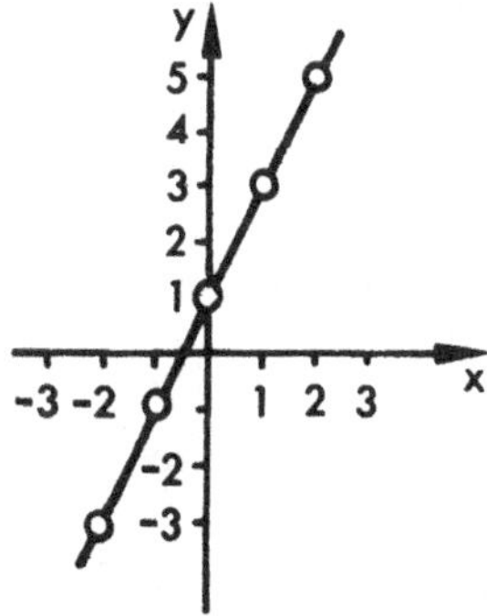


1) Wenn man bereits weiß, daß die Funktionsgleichung $y = 2x + 1$ eine Gerade beschreibt, genügen zwei beliebige Wertepaare.

Die Funktionsgleichung einer Geraden heißt:

$$y = a x + b$$

Für zwei spezielle Werte des Arguments x läßt sich der Funktionswert sofort angeben. Damit kann man sich in jedem Fall rasch eine Übersicht über den Verlauf der Geraden verschaffen.

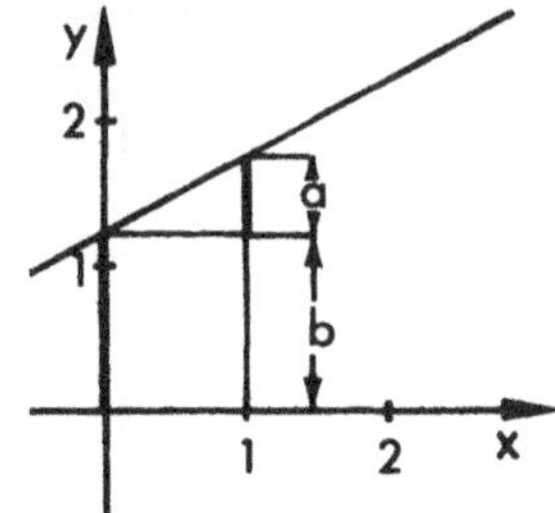


Für $x = 0$ ergibt sich $y(0) = b$

Für $x = 1$ ergibt sich $y(1) = a + b$

Geometrische Bedeutung der Konstanten a: a ist die *Steigung* der Geraden. Die Steigung einer Geraden ist definiert als

$$\frac{y_2 - y_1}{x_2 - x_1}$$

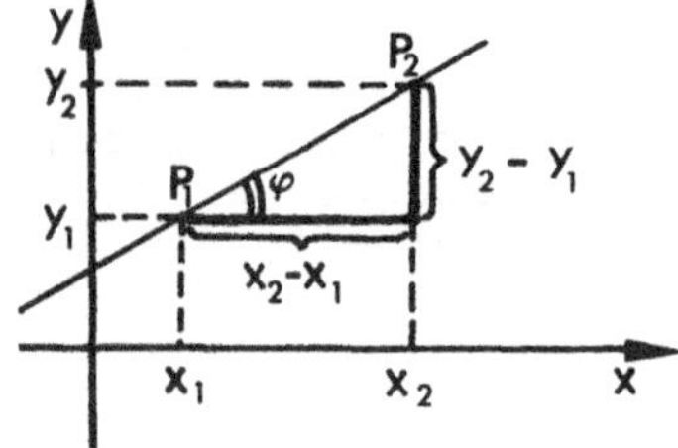


Dabei sind $(x_1;y_1)$ und $(x_2;y_2)$ zwei beliebige Punkte auf der Geraden (siehe nebenstehende Abbildung).
Für die Koordinaten $x_1$ und $y_1$ gilt

$y_1 = a\,x_1 + b$ und entsprechend

$y_2 = a\,x_2 + b$

Setzt man dies in die Definitionsgleichung für die Steigung ein, so erhält man:

$$\frac{(ax_2+b) - (ax_1+b)}{x_2 - x_1} = \frac{a(x_2-x_1)}{x_2 - x_1} = a$$

Sind also zwei Punkte der Geraden bekannt, so läßt sich a berechnen gemäß

$$a = \frac{y_2 - y_1}{x_2 - x_1}$$

Geometrische Bedeutung der Konstanten b: die Gerade schneidet die y-Achse; der Schnittpunkt hat die Ordinate b.

### 1.3.2 Bestimmung der Funktionsgleichung einer Geraden aus ihrem Graphen

Gegeben ist eine Gerade in einem Koordinatensystem.
Gesucht ist die zugehörige Funktionsgleichung.

In diesem Fall müssen wir die Überlegung des vorangegangenen Beispiels rückwärts gehen. Wir müssen zwei Konstanten bestimmen:

Steigung der Geraden: a
Konstantes Glied : b

Aus dem Vorangegangenen wissen wir:

Für x = 0 wird y = b
Für x = 1 wird y = a + b

Damit läßt sich der Wert für b wie der Wert für (a + b) an den Stellen x = 0 und x = 1 aus der Zeichnung entnehmen. Auf der vorhergehenden Seite sind in der oberen Zeichnung b = 1,3 und a = 0,5.

**Allgemein gilt: Sind von der Geraden zwei Punkte bekannt,** so läßt sich die Funktionsgleichung immer angeben.
Für die zwei festen Punkte gilt wie für einen festen Punkt und einen beliebigen Punkt der Geraden:

$$\text{Steigung } a = \frac{y_2 - y_1}{x_2 - x_1} = \frac{y - y_1}{x - x_1}$$

### 1.3.3 Graphische Darstellung von Funktionen

Gegeben sei die Funktionsgleichung

$$y = \frac{1}{x+1} + 1$$

Gesucht ist der Graph.

1. Schritt:
Aufstellung der Wertetabelle

Bei der Aufstellung von Wertetabellen ist es immer zweckmäßig, kompliziertere Funktionsterme und zusammengesetzte Funktionen schrittweise zu berechnen. Das ist hier im Beispiel durchgeführt.

| x | x+1 | $\frac{1}{x+1}$ | y |
|---|---|---|---|
| -4 | -3 | -0,33 | 0,67 |
| -3 | -2 | -0,5 | 0,5 |
| -2 | -1 | -1 | 0 |
| -1 | 0 | | |
| 0 | 1 | 1 | 2 |
| 1 | 2 | 0,5 | 1,5 |
| 2 | 3 | 0,33 | 1,33 |
| 3 | 4 | 0,25 | 1,25 |
| 4 | 5 | 0,2 | 1,2 |

2. Schritt:

Übertragung der Kurvenpunkte in das Koordinatensystem

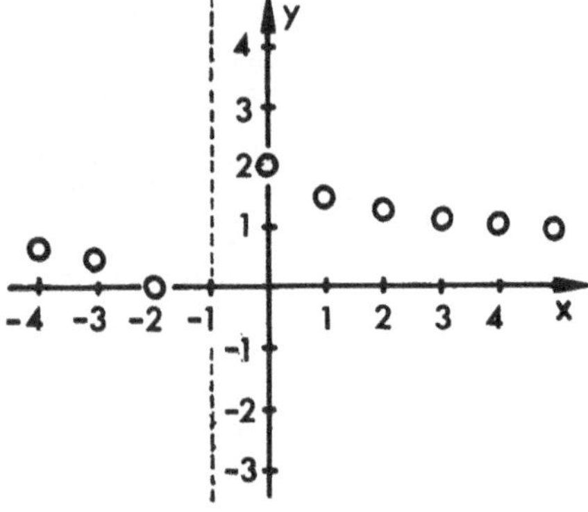


3. Schritt:

Zeichnung der Kurve

Für x = -1 ergibt sich eine Schwierigkeit. Nähert sich x dem Wert -1, dann wächst der Funktionswert über alle Grenzen. In dem Bereich zwischen -2 und Null könnte und müßte man mehrere zusätzliche Kurvenpunkte berechnen, wenn die Kurve genauer gezeichnet werden soll. Hier wird die Schwierigkeit bei der Aufstellung der Wertetabelle deutlich. In jenen Bereichen, in denen sich die Kurve stark ändert, muß man die Kurvenpunkte dicht legen. In anderen Bereichen können die Abstände größer sein. Die Abbildung zeigt eine Skizze der gesuchten Kurve. Durch Übung und Erfahrung erwirbt man die Kunst, Wertetabellen so geschickt anzulegen, daß sich der Graph gut zeichnen läßt.

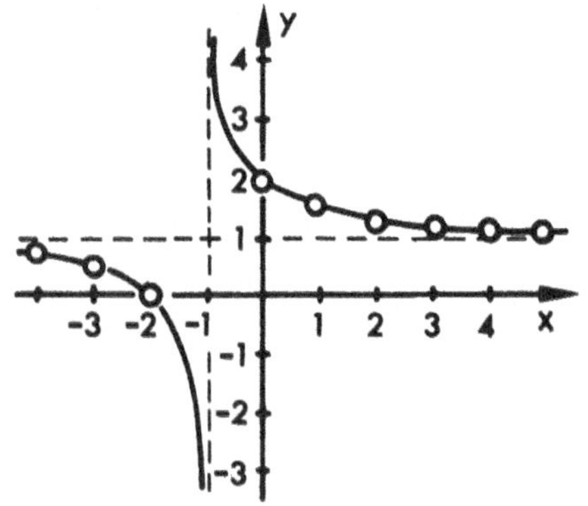


In vielen Fällen ist es für den Physiker wichtig, sich durch Freihandskizzen zunächst eine Übersicht zu verschaffen. Dazu ist es zweckmäßig, *charakteristische Punkte* der Kurve zu finden. Solche Punkte sind:

*Pole*: Solche Stellen, in deren Umgebung die Funktionswerte über alle Grenzen wachsen oder fallen, heißen Pole. In unserem Beispiel hat die Kurve einen Pol bei -1.

Bestimmung der Pole: Man sucht jene x-Werte der Funktionsgleichung, in denen y gegen Unendlich geht. Das ist beispielsweise der Fall für Brüche, deren Nenner gegen Null geht, während der Zähler nicht Null wird.
In unserem Beispiel ist der Bruch

$$\frac{1}{1 + x}$$

zu untersuchen.

Für x = -1 hat der Nenner den Wert Null, und der Zähler ist von Null verschieden. Unsere Funktion hat einen Pol an der Stelle

$$x_p = -1$$

Man findet Pole auch, indem man

$$\frac{1}{y}$$

bildet. Für y gegen Unendlich muß dieser Ausdruck gegen Null gehen. Der Nenner kann bei einer Polstelle das Vorzeichen wechseln.

*Asymptoten:* Manche Kurven nähern sich für große x-Werte einer Geraden beliebig nahe an. Derartige *Näherungsgeraden* heißen Asymptoten. In unserem Beispiel haben wir zwei Asymptoten: Die Parallele zur x-Achse durch y=1 und im Pol die Parallele zur y-Achse.

*Nullstellen.* Schneidet der Graph einer Funktion die x-Achse, so heißen die Abszissen der Schnittpunkte Nullstellen. Bestimmung der Nullstellen:

für y wird der Wert 0 eingesetzt.

In unserem Beispiel:

$$0 = \frac{1}{1+x} + 1$$

Daraus ergibt sich durch Auflösen nach x die Nullstelle zu:

$$x_o = -2.$$

Wir stellen die Funktion $y = x^2 - 2x - 3$ graphisch dar. Die Funktion hat weder Pole noch Asymptoten.Es ist eine Parabel.
Die Nullstellen finden wir, indem wir die quadratische Gleichung $x^2 - 2x - 3 = 0$ nach x auflösen[1).
Wir erhalten zwei Lösungen:

$$x_1 = 3$$
$$x_2 = -1$$

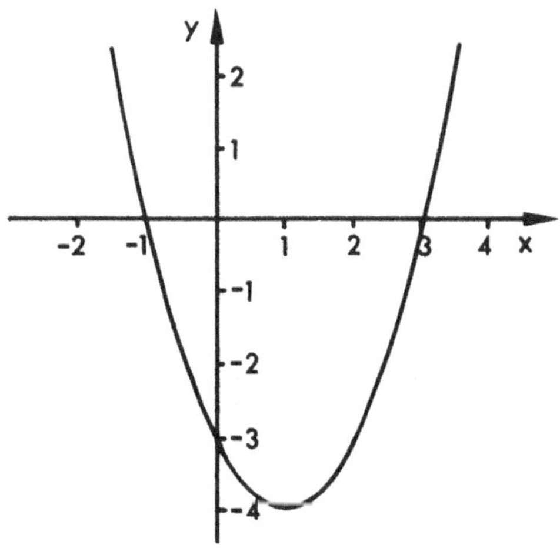


1) Die Lösung quadratischer Gleichungen ist im Anhang III dargestellt.

## 1.3.4 VERÄNDERUNG VON FUNKTIONSGLEICHUNGEN UND IHRER GRAPHEN

Oft werden Funktionen durch Variation bestimmter Konstanten verändert. Anhand der Graphen werden die Auswirkungen häufig vorkommender Veränderungen gezeigt. Wir gehen dabei von der Parabel aus. Die Veränderungen selbst sind nicht auf die Parabel beschränkt, sondern gelten allgemein. Derartige Betrachtungen werden später bei der Besprechung der trigonometrischen Funktionen wiederholt.

*Multiplikation des Funktionsterms mit einer Konstanten*

Veränderung: Streckung bzw. Stauchung des Graphen in y-Richtung um einen Faktor C.

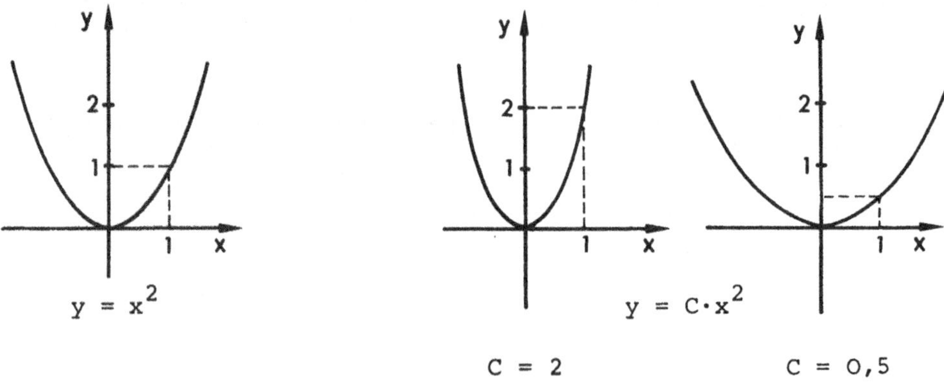


$y = x^2$ $\quad$ $y = C \cdot x^2$

C = 2 $\quad$ C = 0,5

*Addition einer Konstanten zum Funktionsterm*

Veränderung: Verschiebung des Graphen in y-Richtung um den Betrag C.

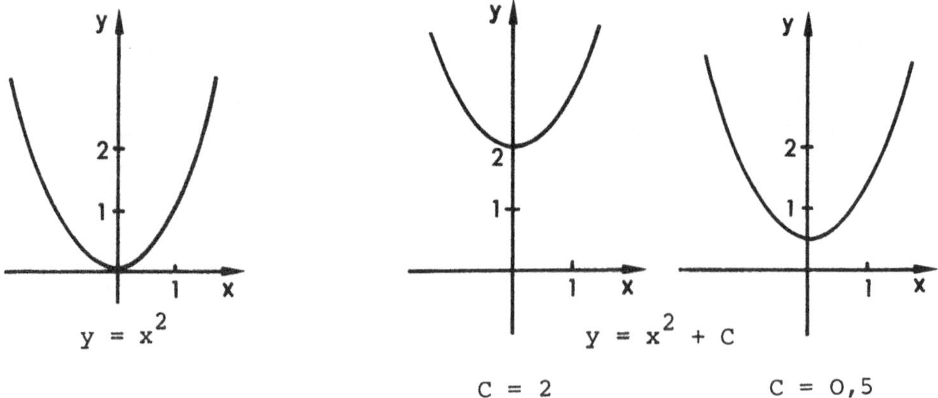


$y = x^2$ $\quad$ $y = x^2 + C$

C = 2 $\quad$ C = 0,5

*Multiplikation des Arguments mit einer Konstanten*

Veränderung: Streckung bzw. Stauchung des Graphen in x-Richtung um einen Faktor 1/C.

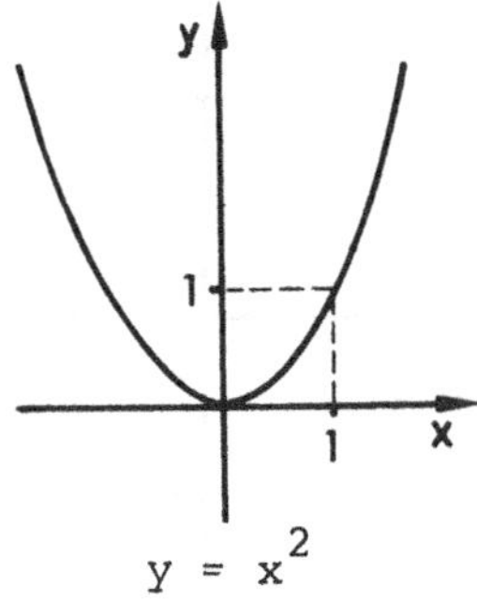


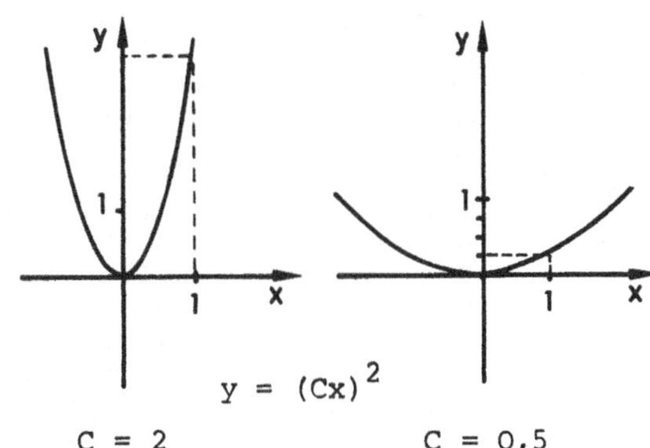


*Addition einer Konstanten zum Argument*

Veränderung: Verschiebung des Graphen nach links[1] um den Betrag C.

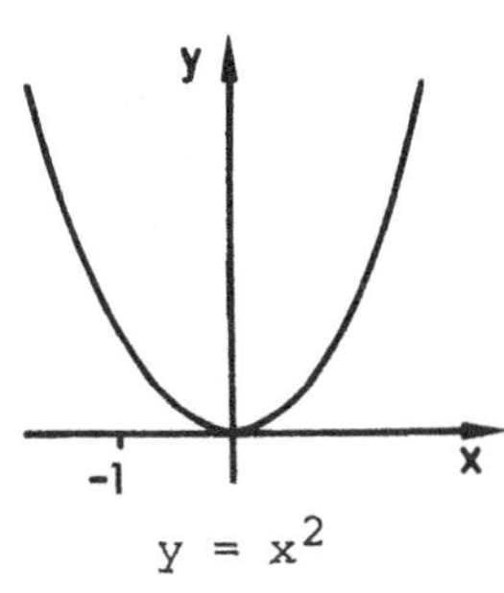


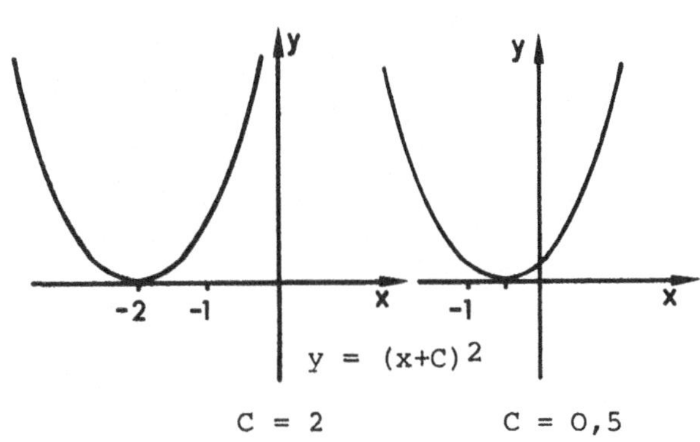


---

1) Voraussetzung: C ist positiv. Wenn C negativ ist, erfolgt die Verschiebung nach rechts.

# 1.4 WINKELFUNKTIONEN, TRIGONOMETRISCHE FUNKTIONEN

## 1.4.1 EINHEITSKREIS

*Einheitskreis* heißt in einem rechtwinkligen Koordinatensystem der Kreis um den Nullpunkt mit dem Radius 1. Der Einheitskreis ist ein für viele Zwecke hilfreicher Bezugsrahmen.

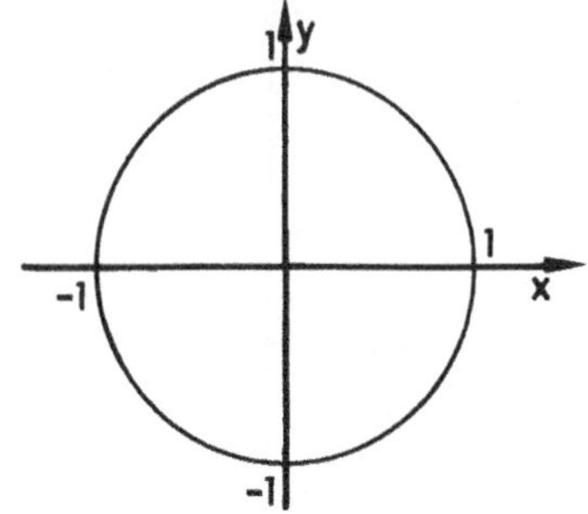


Messung von Winkeln: In der Geometrie werden Winkel im *Gradmaß* gemessen. Im Gradmaß hat ein rechter Winkel 90°. Ein ganzer Winkel hat 360°. In der Analysis und in der Physik werden Winkel meist im *Bogenmaß* gemessen. Gradmaß und Bogenmaß hängen folgendermaßen zusammen:

Der Winkel schließt in der Abbildung einen Kreisausschnitt des Einheitskreises ein. Die Größe des Winkels ist eindeutig bestimmt durch die Länge des aus dem Einheitskreis herausgeschnittenen Kreisbogens. Um einen Winkel zu kennzeichnen, genügt es, diese Länge als Maß für den Winkel anzugeben. Ein ganzer Winkel von 360° hat im Bogenmaß den Wert des Umfangs des Einheitskreises, nämlich $2\pi$.

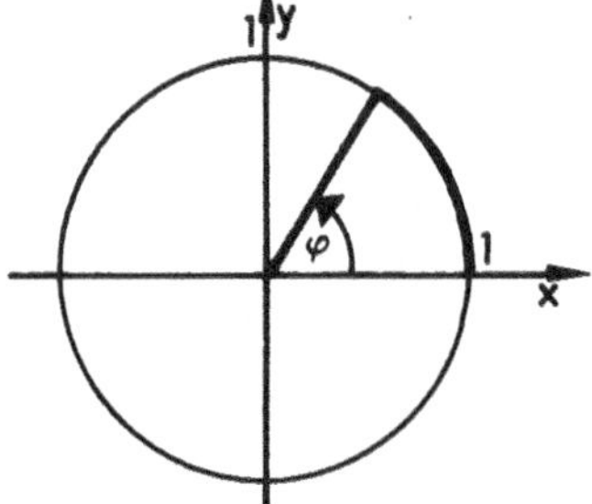


Die Einheit des Winkels im Bogenmaß heißt Radiant, Abkürzung rad. Der Winkel 1 rad im Bogenmaß entspricht etwa 57° und ist rechts dargestellt.

Die Umrechnung von Gradmaß in Bogenmaß merkt man sich leicht. Es gilt:

$$360^\circ = 2\pi \text{ rad}$$

Es sei: $\alpha$ = Winkel im Gradmaß
$\varphi$ = Winkel im Bogenmaß.

Dann verhält sich $\alpha : \varphi$ wie $360^\circ : 2\pi$.

$$\alpha = \frac{360}{2\pi} \cdot \varphi \qquad [^\circ]$$

$$\varphi = \frac{2\pi}{360} \cdot \alpha \qquad [\text{rad}]$$

Es gilt folgende Verabredung über den Richtungssinn:

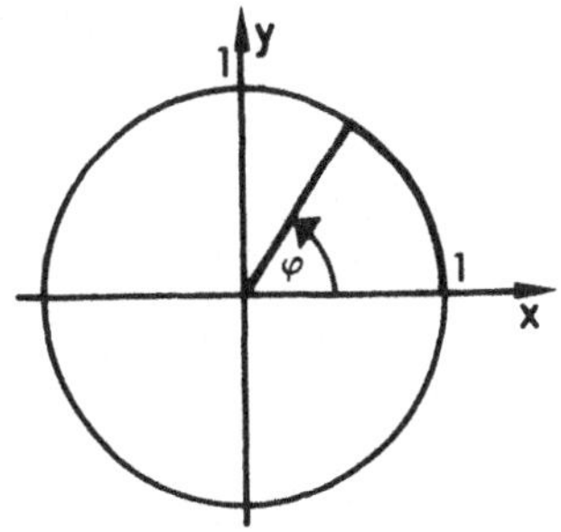


Winkel werden positiv in Gegenuhrzeigerrichtung gezählt. **Winkel in Uhrzeigerrichtung werden negativ gezählt. Gezählt wird von der positiven x-Achse aus.**

## 1.4.2 SINUSFUNKTION

Die Sinusfunktion wird in der Physik unter anderem zur Beschreibung von Schwingungsvorgängen (Pendelschwingung, elektrische Schwingung, Saitenschwingung und Schwingungen bei Wellen) gebraucht.

Der Sinus eines Winkels kann bekanntlich mit Hilfe eines rechtwinkligen Dreiecks definiert werden. Es ist der Quotient aus Gegenkathete und Hypotenuse.
Dieser Quotient ist unabhängig von der Größe des Dreiecks.

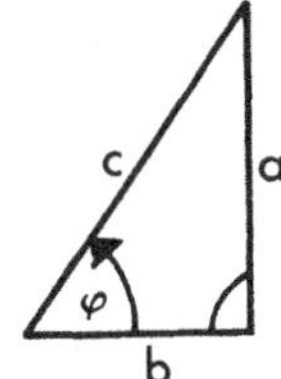


$$\sin\varphi = \frac{a}{c}$$

Um die *Sinusfunktion* zu gewinnen, übertragen wir die geometrische Definition auf eine Konstruktion im Einheitskreis. Der Ortsvektor des Punktes P schließt mit der Abszisse den Winkel $\varphi$ ein. Die y-Koordinate von P ist gleich dem Sinus des Winkels $\varphi$ , denn der Radius des Einheitskreises ist 1.

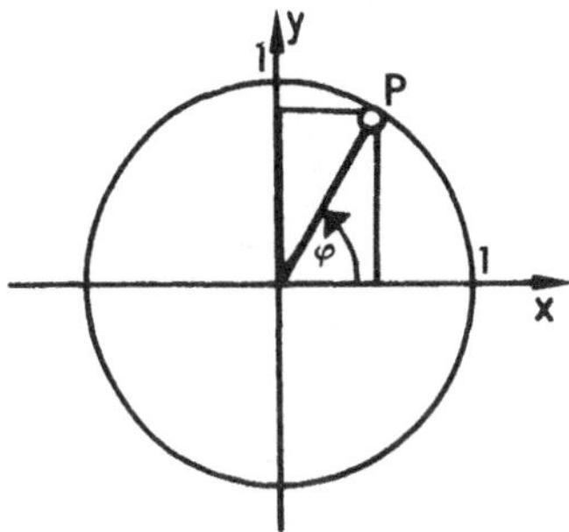


$$\sin\varphi = \frac{y}{r} = y.$$

Dies gilt für alle Punkte des Einheitskreises und damit für beliebige Winkel zwischen 0 und $2\pi$ .

Definition: Der Sinus eines Winkels $\varphi$ ist gleich der Ordinate des zum Winkel $\varphi$ gehörenden Punktes P auf dem Einheitskreis. Der Sinus ist eine *Winkelfunktion* oder *Trigonometrische Funktion*. (1-2)

Eine graphische Darstellung der *Sinusfunktion*

$$y = \sin \varphi$$

gewinnen wir, wenn wir die Beziehung zwischen $\varphi$ und $\sin \varphi$ in einem neuen Koordinatensystem darstellen. Wir tragen auf der Abszisse den Winkel $\varphi$ ab. Bei einem Umlauf des Punkes P wächst $\varphi$ von 0 bis $2\pi$. Dem entspricht im neuen Koordinatensystem der Abschnitt 0 bis $2\pi$. Über der Abszisse tragen wir nun schließlich für jeden Winkel als Ordinatenwert den Sinus auf. So erhalten wir die Sinusfunktion. Für wachsende Werte von $\varphi$ ist das in der Abbildungsreihe durchgeführt. Der Winkel $\varphi$ ist das Argument, der Sinus ist der Funktionswert.

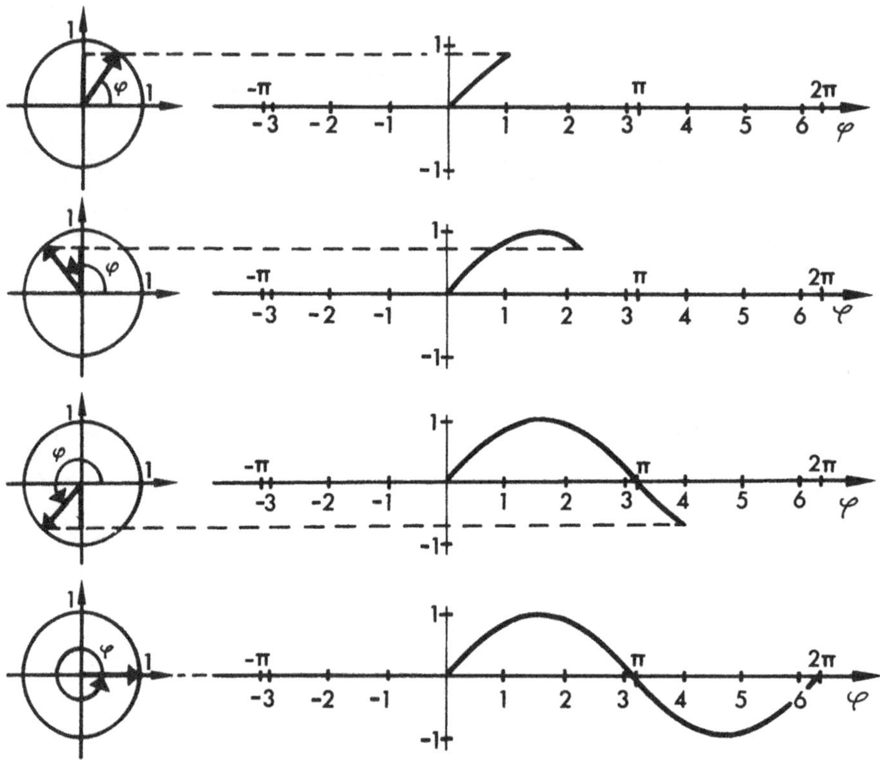

1. *Verallgemeinerung*: P kann den Einheitskreis mehrfach umlaufen. Dann wächst $\varphi$ über den Wert $2\pi$ hinaus und nimmt beliebig große Werte an. Mit jedem Umlauf wiederholen sich die Werte für $\sin\varphi$ periodisch.

Definition: Eine Funktion $y = f(x)$ heißt *periodisch* mit der Periode a, wenn gilt (1-3)

$$f(x+a) = f(x)$$

für alle x aus dem Definitionsbereich.

a ist dabei der kleinste Wert, für den die obige Gleichung gilt.
Bei einer periodischen Funktion wiederholt sich der Kurvenverlauf periodisch.

Die Sinusfunktion hat die Periode $2\pi$.

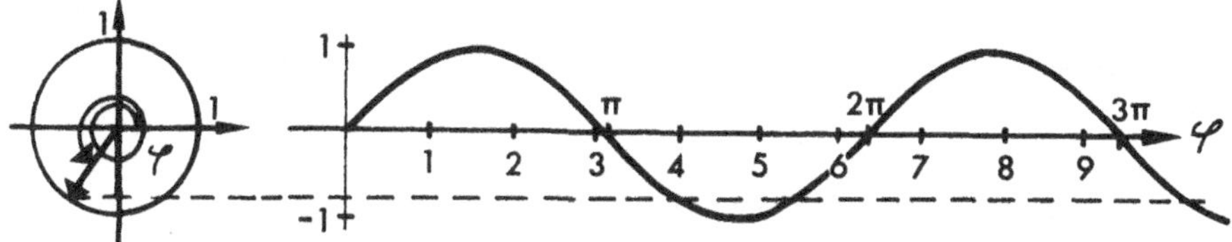


2. *Verallgemeinerung*: P kann den Einheitskreis in Gegenrichtung umlaufen. Damit kommen wir zu negativen Werten von $\varphi$. Dem entspricht die Fortsetzung der Sinusfunktion nach links.
Bei einem negativen x-Wert, z.B. $x = -1$, hat die Sinusfunktion, bis auf das Vorzeichen, den gleichen Wert wie bei $x = +1$. Allgemein gilt

$$\sin(-x) = -\sin x$$ [1)]

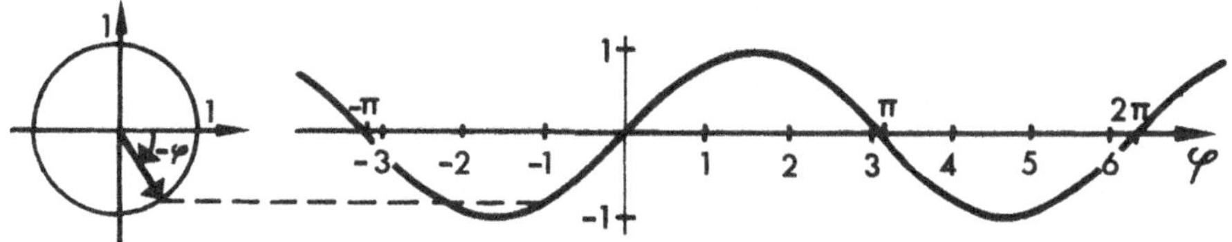


---

1) Funktionen, für die gilt

$$f(-x) = -f(x)$$

heißen *ungerade*, und Funktionen für die

$$f(-x) = f(x)$$

ist, heißen *gerade Funktionen*.

3. *Verallgemeinerung*: Bisher wurde die Sinusfunktion in einem $\varphi$-y-Koordinatensystem dargestellt. Benutzen wir ein normales x-y-Koordinatensystem, so müssen wir den Winkel umbenennen. Statt $\varphi$ müssen wir ihn x nennen. Das ist eine reine Bezeichnungsänderung. Ein Mißverständnis liegt jedoch nahe: x bedeutet jetzt Winkel im Einheitskreis und *nicht* Abszisse im Einheitskreis.

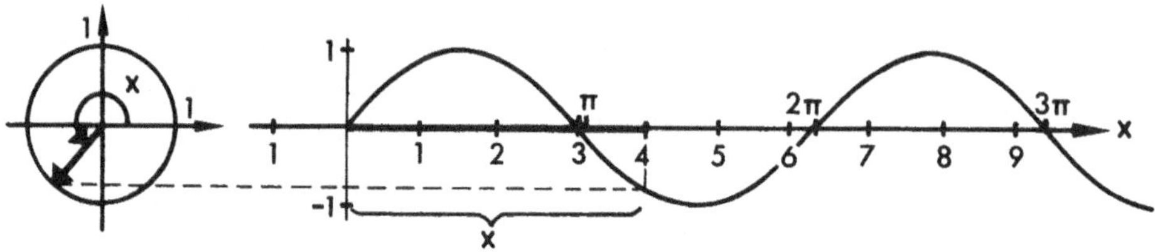


Die Notationen

$$y = \sin \varphi$$

$$y = \sin x$$

sind gleichwertig.

Für weitaus die meisten Zwecke genügt die hier im Anhang des Buches gegebene Tabelle. Aus ihr kann zu einem gegebenen Wert des Argumentes x der Wert des Sinus abgelesen werden. Umgekehrt kann zu gegebenem Sinus der Wert des Arguments entnommen werden.

Eine ausführliche Tabelle mit feinerer Einteilung ist:

Rottmann, K.: Mathematische Funktionstafeln;
B.I. Hochschultaschenbuch 14-14a
Mannheim

## AMPLITUDE

Die Sinusfunktion hat den größten Wert 1 und den kleinsten Wert -1[1]. Multipliziert man die Sinusfunktion mit einem konstanten Faktor A, so erhält man Funktionen, die den gleichen periodischen Charakter haben, deren Maximum aber größere oder kleinere Werte annimmt.

Definition: *Amplitude* ist der Faktor A in der Funktion $y = A \cdot \sin(x)$. (1-4)

---

1) Präziser ausgedrückt:
Die Funktion $y = \sin x$ hat den Wertevorrat $-1 \leq y \leq +1$ .

Die Abbildung unten zeigt die Sinusfunktion für die Werte A = 2, A = 1, A = 0,5[1].

$$y_1 = 2 \cdot \sin x$$

$$y_2 = \sin x$$

$$y_3 = 0{,}5 \cdot \sin x$$

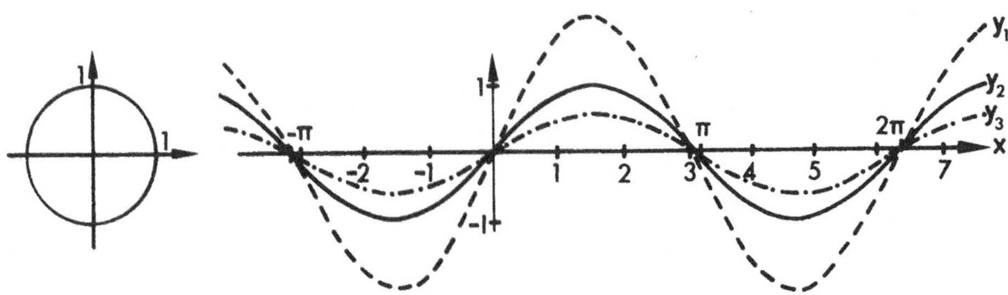


## PERIODE

Multipliziert man das Argument der Sinusfunktion mit einem konstanten Faktor, so verändert sich die Periode. Dies sei an einem konkreten Beispiel untersucht:

$$y = \sin(2x)$$

Der Funktionswert der Sinusfunktion wird von dem Term genommen, der hier in Klammern steht. In der Klammer steht jetzt bereits eine Funktion von x, nämlich 2x. Um die Funktion zu übersehen, stellen wir eine Wertetabelle auf.

Für einen gegebenen x-Wert wird zunächst der in der Klammer stehende Term ausgerechnet. Dann wird von diesem Term der Sinus ermittelt.

---

1) Hier werden die gleichen Veränderungen vorgenommen, die in Abschnitt 1.3.4 diskutiert wurden.

| x | 2x | sin 2x |
|---|---|---|
| 0 | 0 | 0 |
| $\frac{\pi}{4}$ | $\frac{\pi}{2}$ | 1 |
| $\frac{\pi}{2}$ | $\pi$ | 0 |
| $\frac{3\pi}{4}$ | $\frac{3\pi}{2}$ | -1 |
| $\pi$ | $2\pi$ | 0 |
| $\frac{5\pi}{4}$ | $\frac{5\pi}{2}$ | 1 |
| $\frac{3\pi}{2}$ | $3\pi$ | 0 |

In der Abbildung ist der Graph der Sinusfunktion gezeichnet. Die Funktion hat die Periode $\pi$ , d. h. sie oszilliert zweimal häufiger als die Funktion y=sinx.

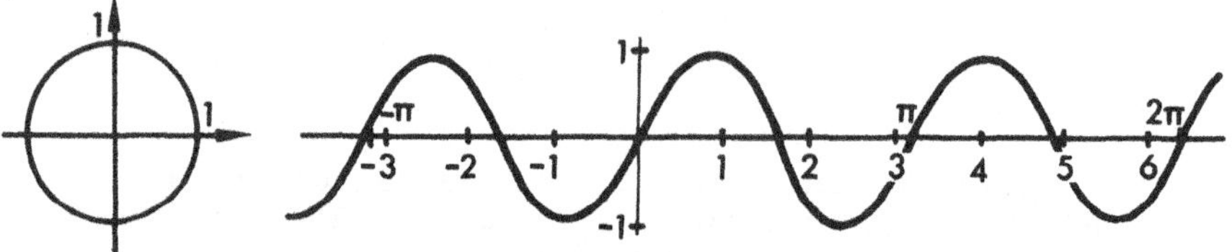


Bestimmen wir für den allgemeineren Fall

$$y = \sin(b \cdot x)$$

die Periode, d.h. die kleinste Zahl $x_p$, für die gilt

$$\sin(b(x+x_p)) = \sin(bx)$$

oder

$$\sin(bx + bx_p) = \sin(bx)$$

Wir wissen, daß jede Sinusfunktion die Periode $2\pi$ hat:

$$\sin(a+2\pi) \quad = \sin(a)$$

Die obige Gleichung wird also durch

$$bx = a$$

und

$$bx_p = 2\pi$$

erfüllt, d.h. die Periode von $y = \sin bx$ ist

$$x_p = \frac{2\pi}{b}$$

Ist der Betrag von b kleiner als 1 - wir schreiben dies $|b| < 1$ - so wird die Periode größer als $2\pi$ .

Für den Ungeübten ist besonders der Hinweis wichtig, sorgfältig auf den Unterschied zwischen einem konstanten Faktor A - Amplitude - ,der mit der ganzen Winkelfunktion multipliziert wird, und einem Faktor b, der mit dem Argument multipliziert wird, zu achten. Im letzteren Fall wird die Periode verändert.

Der Graph der Funktion $y = \sin bx$ ist für einen großen und einen kleinen Wert von b dargestellt:

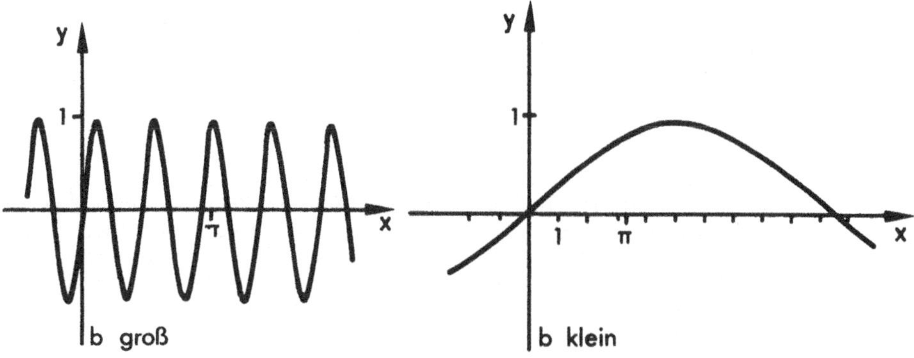


In der Physik tritt häufig folgende Notation auf:

$$y = \sin(\omega t)$$

Statt der Konstanten b steht hier das Symbol $\omega$ . Es heißt *Kreisfrequenz*. t hat in dieser Schreibweise häufig die Bedeutung der Zeit[1]).

---

1) Die Frequenz $\nu$ ist die Zahl der Schwingungen im Zeitintervall 1 sec.
Die Kreisfrequenz $\omega$ ist die Zahl der Schwingungen im Zeitintervall $2\pi$ sec.
Frequenz und Kreisfrequenz hängen zusammen:

$$\omega = 2\pi\nu$$

## PHASE

Hier soll noch die Bedeutung der Konstanten c in

$$y = \sin(x+c)$$

diskutiert werden. Als Argument der Sinusfunktion ist eine additive Konstante zugefügt. Um die Veränderung durch c zu untersuchen, nehmen wir einen konkreten Fall:

$$c = \frac{\pi}{2}$$

und stellen eine Wertetabelle auf. Rechts ist der Graph gezeichnet.

| $x$ | $x+\frac{\pi}{2}$ | $\sin(x+\frac{\pi}{2})$ |
|---|---|---|
| 0 | $\frac{\pi}{2}$ | 1 |
| $\frac{\pi}{2}$ | $\pi$ | 0 |
| $\pi$ | $\frac{3\pi}{2}$ | -1 |
| $\frac{3\pi}{2}$ | $2\pi$ | 0 |
| $2\pi$ | $\frac{5\pi}{2}$ | 1 |
| $\frac{5\pi}{2}$ | $3\pi$ | 0 |
| $3\pi$ | $\frac{7\pi}{2}$ | -1 |

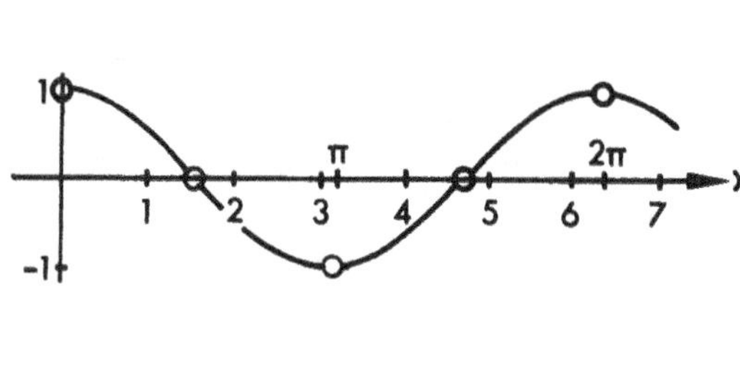


Der Graph zeigt unmittelbar, daß die Sinuskurve hier um den Wert $\pi/2$ nach links verschoben ist. Der Term, von dem der Sinus genommen wird, ist immer bereits um den Wert c größer als x. Das bedeutet aber, daß alle Werte der Funktion bereits bei einem um c kleineren Wert des Arguments x angenommen werden.
c heißt *Phase*.

Definition: Die *Phase* ist eine additive Konstante im Argument der Sinus-Funktion. (1-5)

Bei positiver Phase ist die Sinuskurve nach links verschoben. In der Physik wird die Phase oft $\varphi_0$ genannt. Gleichwertige Bezeichnungen sind:

$$y = \sin(bx+c)$$

und $$y = \sin(\omega t+\varphi_0).$$

Geometrisch bedeutet positives c eine Verschiebung nach links. Dementsprechend bedeutet $\varphi_0$ eine zeitliche Verschiebung, wenn durch die Sinusfunktion eine Schwingung dargestellt wird.

### 1.4.3 Kosinusfunktion

Geometrisch ist der Kosinus definiert als Verhältnis der Ankathete zur Hypotenuse im rechtwinkligen Dreieck.

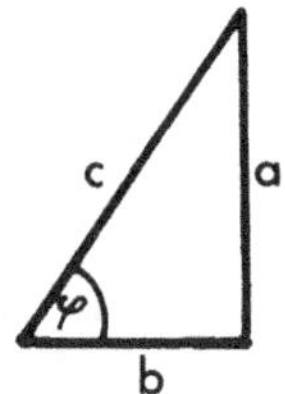


$$\cos \varphi = \frac{b}{c}$$

Wir betrachten wie bei der Sinusfunktion die Verhältnisse am Einheitskreis. Der Kosinus des Winkels $\varphi$ ist gleich der Abszisse des Punktes P.

Definition: Der Kosinus eines Winkels $\varphi$ ist gleich der Abszisse (x-Komponente) des zu$\varphi$gehörenden Punktes P auf dem Einheitskreis. (1-6)

Dementsprechend können wir schreiben:

$$x = \cos \varphi$$

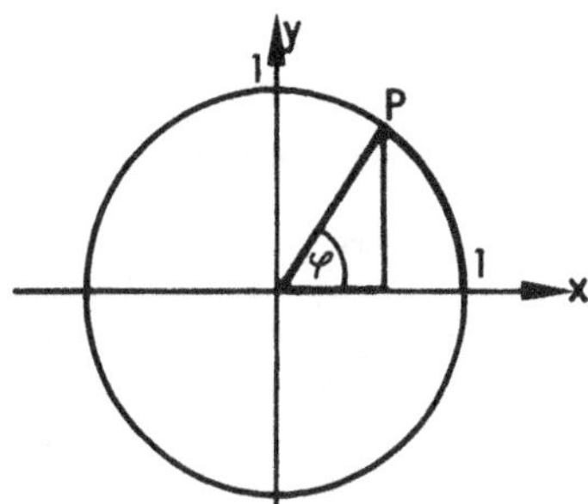


Diese Notierung ist jedoch unüblich, weil sie leicht zu Mißverständnissen führt. Die unabhängige Variable ist hier der Winkel $\varphi$, während es allgemeiner Brauch ist, sie x zu nennen.

Die abhängige Variable ist hier x, während es allgemeiner Brauch ist, sie y zu nennen.

Aus diesem Grund wechseln wir die Bezeichnung und ersetzen x durch y sowie $\varphi$ durch x. Der Einheitskreis in der Abbildung unten enthält die neuen Bezeichnungen. Für die Kosinusfunktion erhalten wir dann:

$$y = \cos x$$

sowie den Graphen für positive und negative Werte von x.

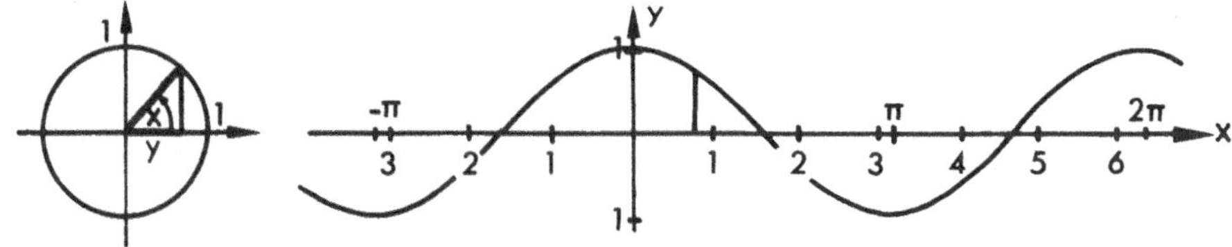


Kosinuskurve und Sinuskurve haben den gleichen Verlauf. Die Kosinuskurve ist eine um die Phase $\frac{\pi}{2}$ nach links verschobene Sinuskurve. Umgekehrt kann man die Sinuskurve als eine um die Phase $\frac{\pi}{2}$ nach rechts verschobene Kosinuskurve betrachten.
Es gilt:

$$\cos x = \sin\left(x+\frac{\pi}{2}\right)$$

Es ist eine Zweckmäßigkeitsfrage, ob zur Beschreibung physikalischer Vorgänge eine Sinus- oder eine Kosinusfunktion verwandt wird. Die Beziehung beider Funktionen zueinander wird in 1.4.4 weiter erläutert.

### AMPLITUDE, PERIODE, PHASE

Im allgemeinen Ausdruck

$$y = A \cos(b \cdot x + c)$$

haben die Konstanten A, b und c die gleiche Bedeutung und Wirkung wie bei der Sinusfunktion:

A ist die Amplitude

$\frac{2\pi}{b}$ ist die Periode

c ist die Phase und verschiebt die Funktionskurve nach links (für positives c)

## 1.4.4 ZUSAMMENHANG ZWISCHEN KOSINUS- UND SINUSFUNKTION

Der zum Punkt P führende Ortsvektor schließe mit der x-Achse den Winkel $\varphi$ ein. Der Punkt $P_1$ gehe aus P dadurch hervor, daß von $\varphi$ ein rechter Winkel abgezogen wird.
Dann gilt:

$$\varphi_1 = \varphi - \frac{\pi}{2}$$

Aus der Abbildung geht unmittelbar hervor, daß

$$\sin\varphi = \cos\varphi_1 = \cos(\varphi - \tfrac{\pi}{2}).$$

Man leitet selbst leicht her, daß weiter gilt:

$$\cos\varphi = + \sin(\varphi + \tfrac{\pi}{2})$$

Wenden wir den Satz des Pythagoras auf das rechtwinklige Dreieck in der Abbildung unten an, so ergibt sich

$$\sin^2\varphi + \cos^2\varphi = 1$$

Daraus folgen die beiden häufig benutzten Ausdrücke[1]:

$$\sin\varphi = \sqrt{1-\cos^2\varphi}$$
$$\cos\varphi = \sqrt{1-\sin^2\varphi}$$

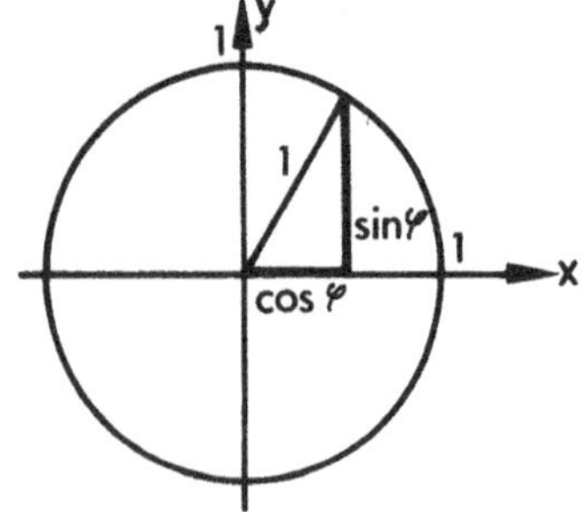


1) Die Lösung quadratischer Gleichungen ist im Anhang III dargestellt.

## 1.4.5 TANGENS, KOTANGENS

Der *Tangens* des Winkels $\varphi$ ist geometrisch definiert als Verhältnis der Gegenkathete zur Ankathete.

$$\tan\varphi = \frac{a}{b}$$

Mit Benutzung der Definition von Sinus und Kosinus wird daraus:

$$\tan\varphi = \frac{\sin\varphi}{\cos\varphi}$$

Ähnlich wie bei der Sinusfunktion läßt sich der Graph der Tangensfunktion geometrisch aus den Verhältnissen am Einheitskreis ableiten:
Wir errichten im Punkt (1;0) die Tangente an den Einheitskreis. Wir verlängern die Verbindung vom Nullpunkt zum Punkt P, bis sie die Tangente schneidet. Der Schnittpunkt hat die Ordinate $\tan\varphi$.
Nähert sich $\varphi$ dem Wert $\frac{\pi}{2}$, so wächst $\tan\varphi$ über alle Grenzen.
Die Abbildung zeigt den Graphen der Tangensfunktion

$$y = \tan\varphi$$

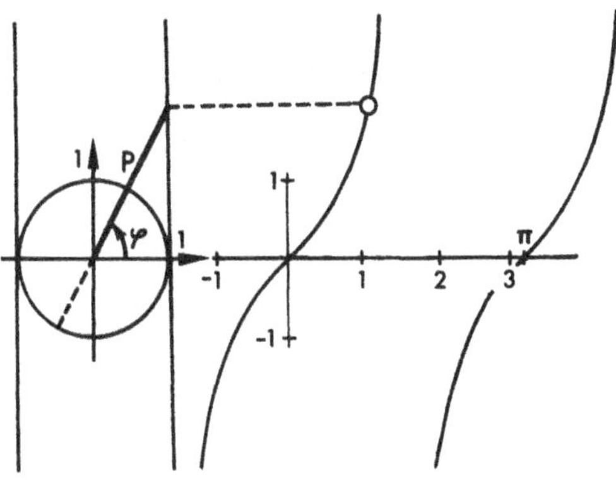


Die Tangensfunktion hat die Periode $\pi$. Wandert P aus dem 1. Quadranten in den 2. Quadranten, so verlängern wir den Ortsvektor nach rückwärts über den O-Punkt des Koordinatensystems hinaus. Diese Verlängerung hat wieder einen Schnittpunkt mit der Kreistangente der unteren Halbebene.

Der *Kotangens* ist als Kehrwert des Tangens definiert.

$$\cot\varphi = \frac{1}{\tan\varphi} = \frac{\cos\varphi}{\sin\varphi}$$

In der Tabelle Seite 50, 1-9, sind weitere Beziehungen zwischen Winkelfunktionen dargestellt. Die Beweise lassen sich durch geometrische Überlegungen und Umformungen der Definitionsgleichungen leicht führen.

## 1.4.6 Additionstheorem, Superposition von Trigonometrischen Funktionen

*Trigonometrische Funktion der Summe von zwei Winkeln, Additionstheorem*

Es ist bereits erläutert, daß Sinusfunktion und Kosinusfunktion *eines* Winkels in einer bestimmten Beziehung zueinander bestehen. Nun soll hier die Sinusfunktion sowie die Kosinusfunktion für die *Summe zweier Winkel* angegeben werden. Es läßt sich zeigen, daß diese als Kombination trigonometrischer Funktionen der Summanden dargestellt werden können. Diese Beziehungen heißen *Additionstheoreme*.

Additionstheoreme für die Summe zweier Winkel:

$$\sin(\varphi_1 + \varphi_2) = \sin\varphi_1 \cos\varphi_2 + \cos\varphi_1 \sin\varphi_2$$

$$\cos(\varphi_1 + \varphi_2) = \cos\varphi_1 \cos\varphi_2 - \sin\varphi_1 \sin\varphi_2$$

Die Additionstheoreme für die Differenz zweier Winkel ergeben sich durch Ersatz von $\varphi_2$ durch $-\varphi_2$.

Man beachte, daß $\sin(-\varphi_2) = -\sin\varphi_2$

$$\cos(-\varphi_2) = \cos\varphi_2$$

$$\sin(\varphi_1 - \varphi_2) = \sin\varphi_1 \cos\varphi_2 - \cos\varphi_1 \sin\varphi_2$$

$$\cos(\varphi_1 - \varphi_2) = \cos\varphi_1 \cos\varphi_2 + \sin\varphi_1 \sin\varphi_2$$

*Beweis der Additionstheoreme*

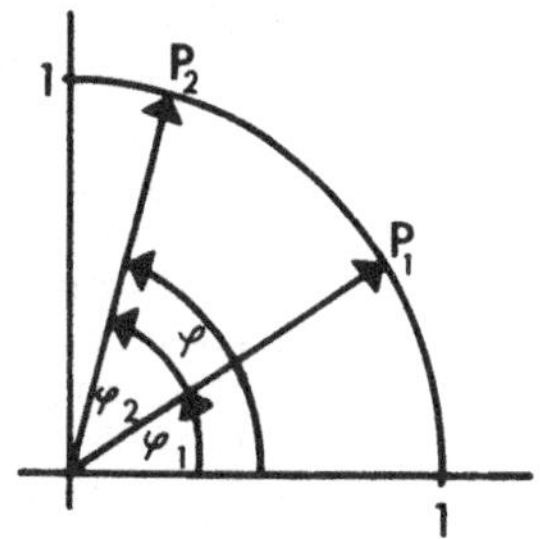


Gegeben ist das Problem, den Sinus bzw. Kosinus für die Summe $\varphi$ zweier Winkel $\varphi_1$ und $\varphi_2$ anzugeben.

$$\varphi = \varphi_1 + \varphi_2 .$$

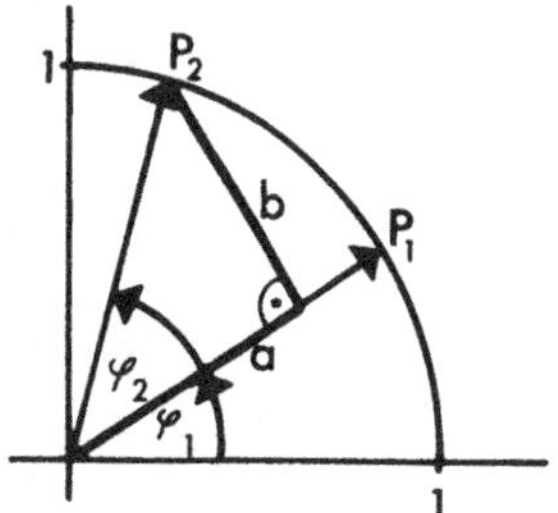


Von $P_2$ wird das Lot auf den Ortsvektor zu $P_1$ gefällt. Damit entsteht ein rechtwinkliges Dreieck mit den Seiten

$$a = \cos\varphi_2$$

$$b = \sin\varphi_2$$

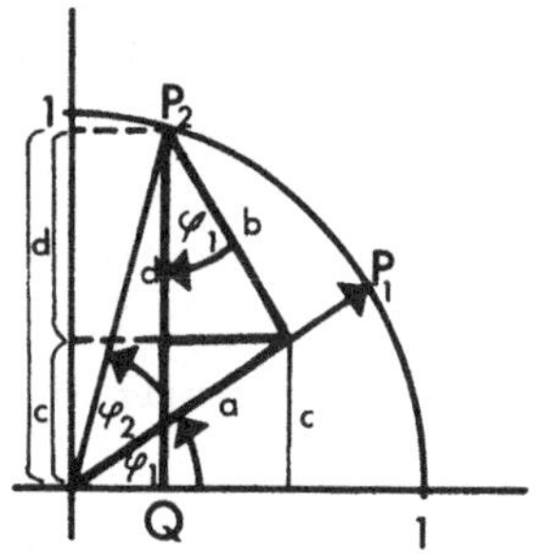


Der Sinus des Winkels $\varphi = \varphi_1 + \varphi_2$ - in nebenstehender Abbildung dargestellt durch $\overline{P_2Q}$ - setzt sich aus zwei Teilstücken zusammen:

$$\sin(\varphi_1 + \varphi_2) = c + d$$

$$= a \sin\varphi_1 + b \cos \varphi_1 .$$

a und b eingesetzt, ergibt:

$$\sin(\varphi_1 + \varphi_2) = \sin\varphi_1 \cos\varphi_2 + \cos\varphi_1 \sin\varphi_2$$

Für den Kosinus ergibt sich analog

$$\cos(\varphi_1 + \varphi_2) = \cos\varphi_1 \cos\varphi_2 - \sin\varphi_1 \sin\varphi_2$$

*Summe von zwei trigonometrischen Funktionen gleicher Periode (Superposition)*

Wir gehen von zwei trigonometrischen Funktionen gleicher Periode - also eines Winkels - aus. Die Funktionen können verschiedene Amplituden haben. Qualitativ ist vor allem wichtig, daß diese Summe wieder zu einer trigonometrischen Funktion der gleichen Periode führt. Gegenüber den ursprünglichen Funktionen ist sie phasenverschoben. Ihre Amplitude hängt von den Amplituden der Ausgangsfunktionen ab.

*Superposition* (Beweis siehe nächste Seite.)

$$A \sin\varphi + B \cos\varphi = C \sin(\varphi + \varphi_0)$$

Amplitude: $C = \sqrt{A^2 + B^2}$

Phase:[1] $\tan\varphi_0 = \frac{B}{A}$

Mit Hilfe dieser Beziehungen lassen sich in der Physik die Überlagerungen von Schwingungen und Wellen gleicher Frequenz darstellen.

Die Abbildung zeigt die Superposition einer Funktion $y_1 = 1{,}2 \sin\varphi$ mit einer Funktion $y_2 = 1{,}6 \cos\varphi$ zu einer Resultierenden $y_3 = 2 \sin(\varphi + 53^{o})$.

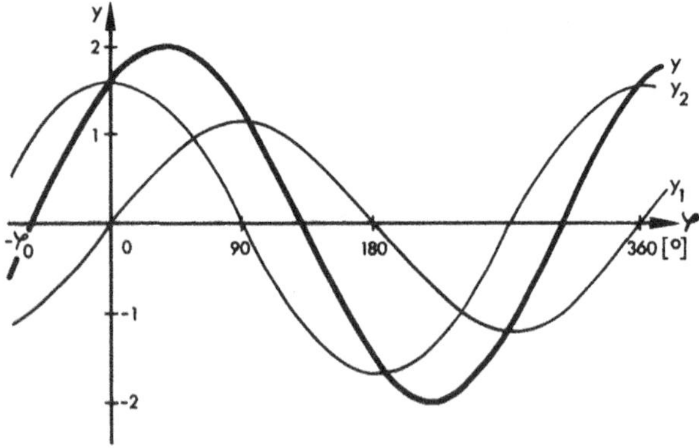


1) Bei der Berechnung von $\varphi_0$ aufgrund dieser Beziehung muß weiter beachtet werden: für ein gegebenes Verhältnis $\frac{A}{B}$ gibt es zwei Werte von $\varphi_0$. Der richtige Wert erfüllt die Zusatzbedingungen $\sin\varphi_0 = B$
$\cos\varphi_0 = A$

*Beweis der Formeln für die Superposition*

Wir entnehmen nebenstehender Abbildung:

$$a = A \sin\varphi$$

$$b = B \cos\varphi$$

Gleichzeitig gilt

$$a + b = C \sin(\varphi + \varphi_0)$$

Wir finden somit die Beziehung

$$a + b = A \sin\varphi + B \cos\varphi$$

$$= C \sin(\varphi + \varphi_0)$$

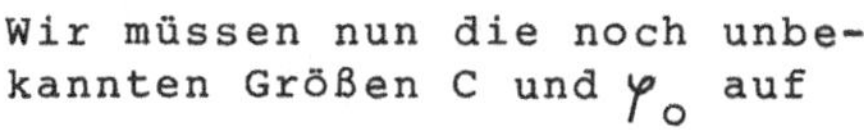

Wir müssen nun die noch unbekannten Größen C und $\varphi_0$ auf die bekannten Größen A und B zurückführen. Da B und A rechtwinklig aufeinander stehen, entnehmen wir sofort:

$$C = \sqrt{A^2 + B^2} \qquad \tan\varphi_0 = \frac{B}{A}$$

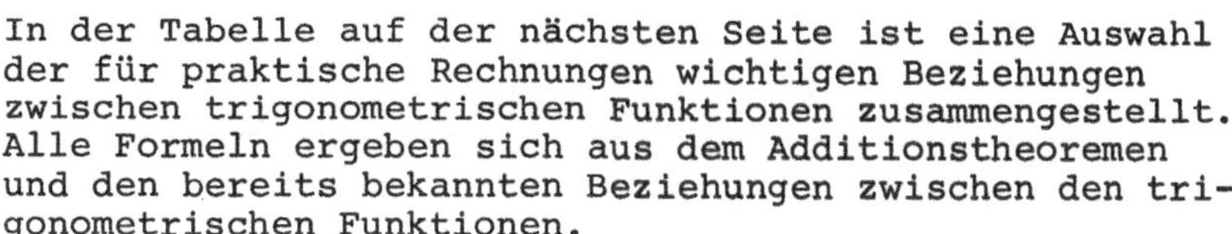

In der Tabelle auf der nächsten Seite ist eine Auswahl der für praktische Rechnungen wichtigen Beziehungen zwischen trigonometrischen Funktionen zusammengestellt. Alle Formeln ergeben sich aus dem Additionstheoremen und den bereits bekannten Beziehungen zwischen den trigonometrischen Funktionen.

## LITERATUR


1. Bronstein-Semendjajew: Taschenbuch der Mathematik, Frankfurt, 1971, Seite 67-72
2. Gellert-Küstner: Großes Handbuch der Mathematik, Köln, 1967, Seite 134-139, 145-149, 268-278
3. Höfling, O.: Physik Band II, Bonn, 1973, Seite 194-2o2

## Beziehungen zwischen trigonometrischen Funktionen

$\sin(-\varphi) = -\sin\varphi$

$\cos(-\varphi) = \cos\varphi$

$\sin(\varphi + \frac{\pi}{2}) = \cos\varphi$

$\cos(\varphi + \frac{\pi}{2}) = -\sin\varphi$

$\sin^2\varphi + \cos^2\varphi = 1$

$\tan\varphi = \frac{\sin\varphi}{\cos\varphi}$

$\cot\varphi = \frac{\cos\varphi}{\sin\varphi}$

Additionstheoreme:

$\sin(\varphi_1 + \varphi_2) = \sin\varphi_1 \cos\varphi_2 + \cos\varphi_1 \sin\varphi_2$

$\sin(\varphi_1 - \varphi_2) = \sin\varphi_1 \cos\varphi_2 - \cos\varphi_1 \sin\varphi_2$

$\cos(\varphi_1 + \varphi_2) = \cos\varphi_1 \cos\varphi_2 - \sin\varphi_1 \sin\varphi_2$

$\cos(\varphi_1 - \varphi_2) = \cos\varphi_1 \cos\varphi_2 + \sin\varphi_1 \sin\varphi_2$

$\sin 2\varphi = 2 \sin\varphi \cos\varphi$

$\sin \frac{\varphi}{2} = \sqrt{\frac{1}{2}(1 - \cos\varphi)}$

$\sin\varphi_1 + \sin\varphi_2 = 2(\sin\frac{\varphi_1 + \varphi_2}{2} \cos\frac{\varphi_1 - \varphi_2}{2})$

## Tabelle spezieller Funktionswerte

| Bogenmaß | 0 | $\frac{\pi}{6}$ | $\frac{\pi}{4}$ | $\frac{\pi}{3}$ | $\frac{\pi}{2}$ |
|---|---|---|---|---|---|
| Gradmaß | $0^\circ$ | $30^\circ$ | $45^\circ$ | $60^\circ$ | $90^\circ$ |
| $\sin\varphi$ | 0 | $\frac{1}{2}$ | $\frac{1}{2}\sqrt{2}=0,707$ | $\frac{1}{2}\sqrt{3}=0,866$ | 1 |
| $\cos\varphi$ | 1 | $\frac{1}{2}\sqrt{3}=0,866$ | $\frac{1}{2}\sqrt{2}=0,707$ | $\frac{1}{2}$ | 0 |
| $\tan\varphi$ | 0 | $\frac{1}{3}\sqrt{3}$ | 1 | $\sqrt{3}=1,732$ | - |

## ÜBUNGSAUFGABEN

1.3 A) Skizzieren Sie folgende Funktionen: a) $y = 3x - 4$
b) $y = x^3 - 2$

B) Skizzieren Sie die folgenden Funktionen und bestimmen Sie Nullstellen, Pole und Asymptoten:

a) $y = x^2 - 2x - 3$ b) $y = -\frac{1}{x}$

c) $y = \frac{1}{x^2+x+1}$ d) $y = \frac{1}{x} + x$

1.4.1 A) Geben Sie im Bogenmaß an: a) $1^\circ$ b) $120^\circ$ c) $45^\circ$ d) $412^\circ$

B) Geben Sie im Gradmaß an: a) 0,10 b) 1,79 c) 0,22 d) 2,27 e) 0,95 f) 3,14

1.4.2 A) Skizzieren Sie den Verlauf der folgenden Funktionen:

a) $y = 2\sin\frac{2}{3}x$ b) $y = \sin(\frac{\pi}{2}x - 2)$

c) $y = 3\sin(2x - 1)$

B) Wie lautet die Gleichung der abgebildeten Funktion?

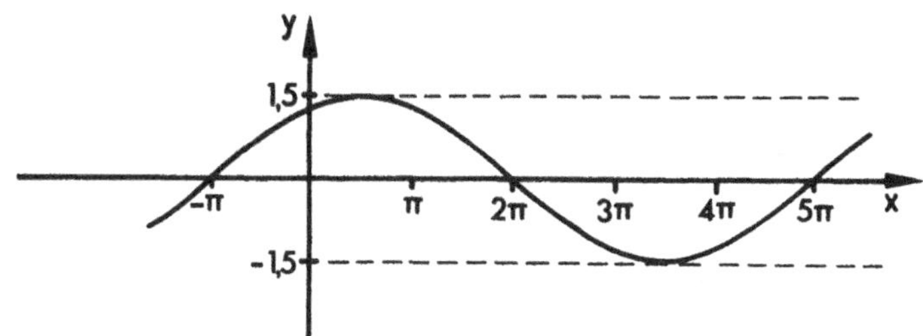


C) Bestimmen Sie die Periode der folgenden Sinusfunktionen:

a) $y = 3\sin(\frac{1}{2}x)$ b) $y = 2\sin(3x+\frac{1}{4})$

c) $y = \sin(\frac{3}{4}x - 2)$ d) $y = \sin(4\pi x)$

D) Wie lautet die Gleichung der Sinuskurve mit der Amplitude 4 und der Periode $\frac{\pi}{2}$?

1.4.3 a) Ergänzen Sie: $\cos(u) = \sin(\_\_\_\_\_)$
b) Bestimmen Sie die Periode von $y = A\cos(4x)$
c) Bestimmen Sie die Periode von $y = A\sin(4x)$

1.4.4 Drücken Sie die folgenden Kosinuswerte durch Sinuswerte aus:

a) $\cos 11^\circ$ b) $\cos 87^\circ$

c) $\cos(\frac{\pi}{4})$ d) $\cos(\frac{1}{3}\pi)$

1.4.5 A) Vereinfachen Sie folgende Ausdrücke:

a) $\cos^2\phi \cdot \tan^2\phi + \cos^2\phi$ b) $\frac{1 - \cos^2\phi}{\sin\phi \cdot \cos\phi}$

c) $1 - \frac{1}{\cos^2\phi}$ d) $\frac{1}{1-\sin\phi} + \frac{1}{1+\sin\phi}$

B) Formen Sie mit Hilfe der Tabelle auf S. 50 um:

a) $\frac{\sin(\omega_1+\omega_2)+\sin(\omega_1-\omega_2)}{\cos(\omega_1+\omega_2)+\cos(\omega_1-\omega_2)}$ b) $\cos(45^\circ+\alpha) - \cos(45^\circ-\alpha)$

c) $\frac{\cos^2\phi}{\sin 2\phi}$

C) Überprüfen Sie die Gleichung

$$\sin\phi_1 + \sin\phi_2 = 2\sin\frac{\phi_1+\phi_2}{2}\cos\frac{\phi_1-\phi_2}{2}$$

anhand der Werte $\phi_1 = \frac{\pi}{2}$; $\phi_2 = \frac{\pi}{6}$ $\left[\sin\frac{\pi}{6}=\frac{1}{2};\ \cos\frac{\pi}{6}=\sin\frac{\pi}{3}=\frac{1}{2}\sqrt{3}\right]$

LÖSUNGEN

1.3 A) a)

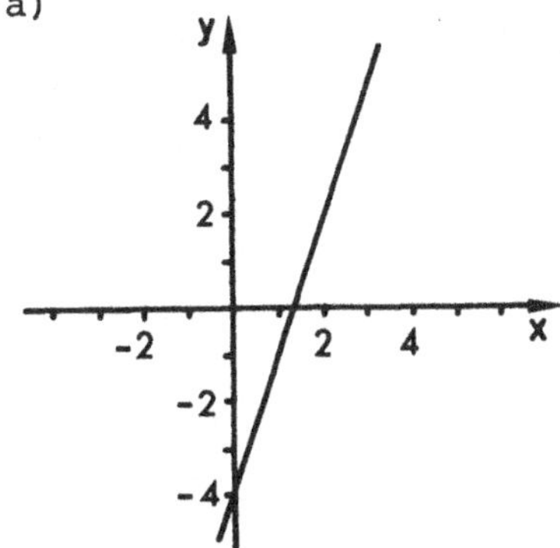


b)

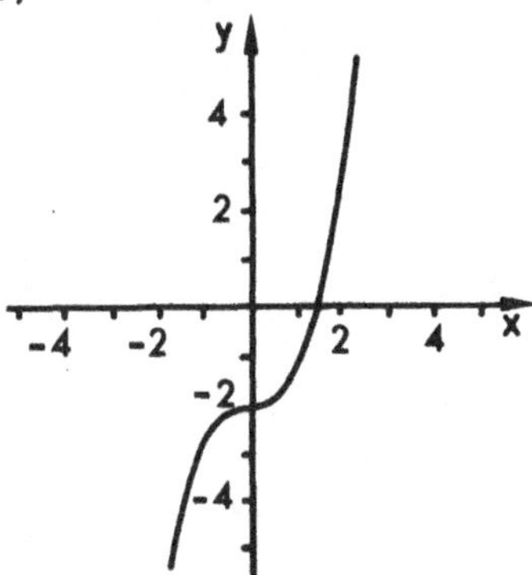


B) a)

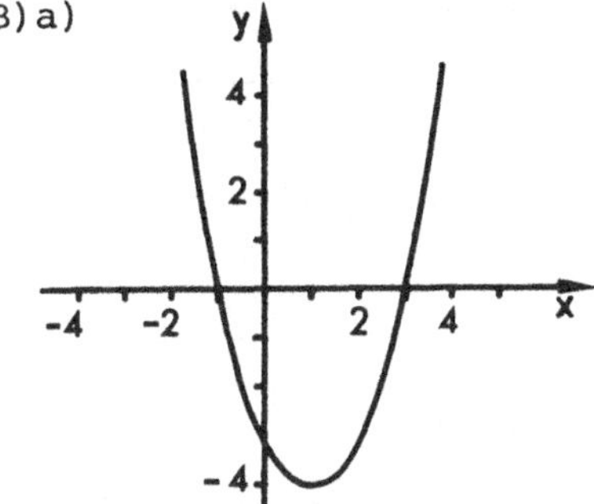


Nullst.: x=-1,x=3

b)

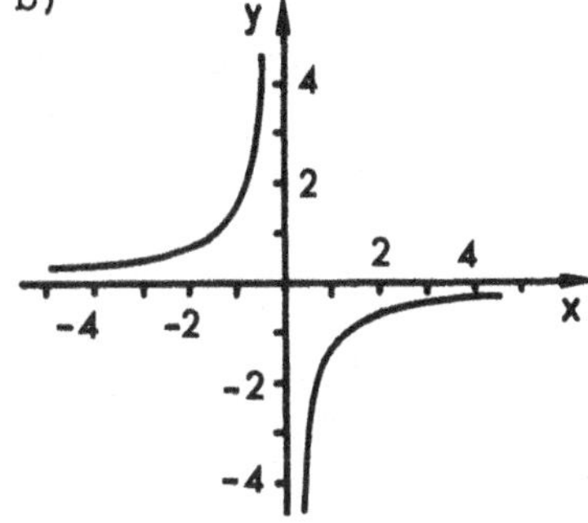


Nullst.: ---
Asympt.: x-Achse
Pol : x = 0

c)

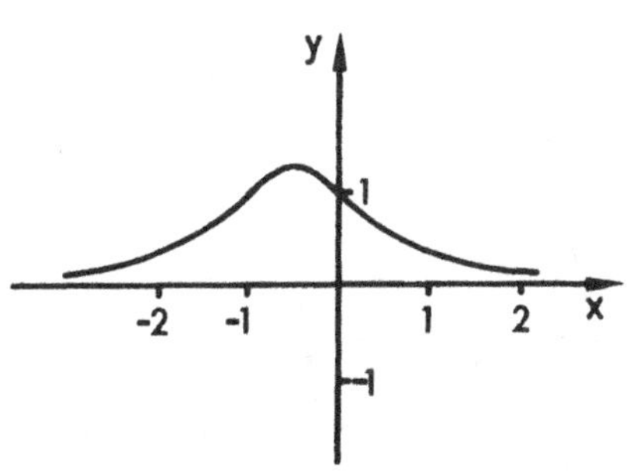


Nullst.: ---
Pol : ---
Asympt.: x-Achse

d)

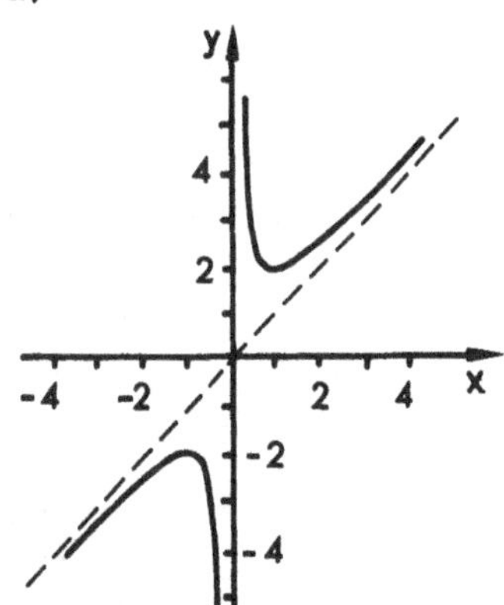


Nullst.:
Pol : x = 0
Asympt.: Gerade y = x

1.4.1 A) a) 0,017 b) 2,09 c) 0,785
d) 7,19

B) a) $5{,}73^{\circ}$ b) $102{,}56^{\circ}$ c) $12{,}60^{\circ}$
d) $130{,}06^{\circ}$ e) $54{,}43^{\circ}$ f) $180^{\circ}$

1.4.2 A) a)

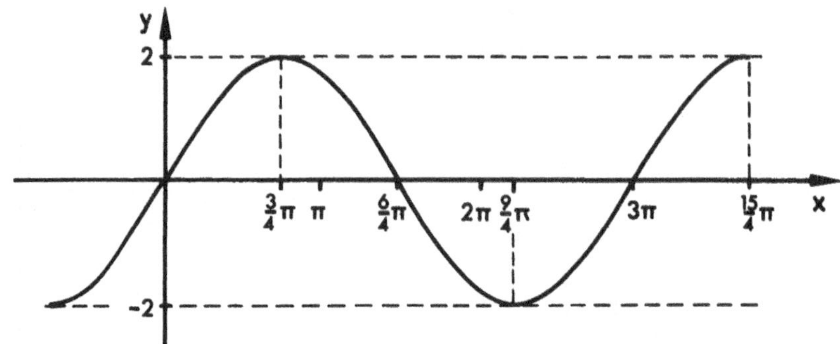


b)

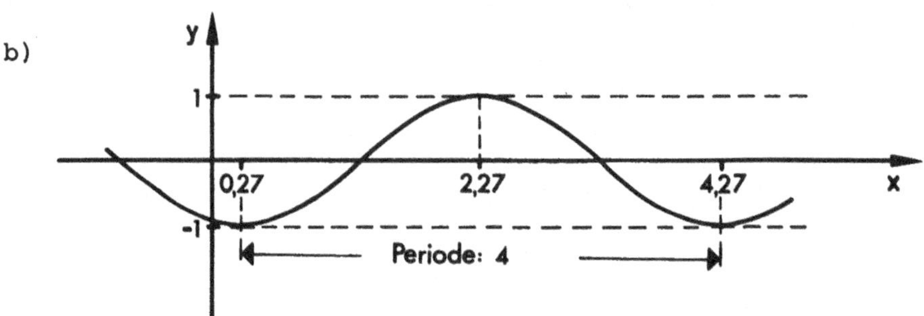


c)

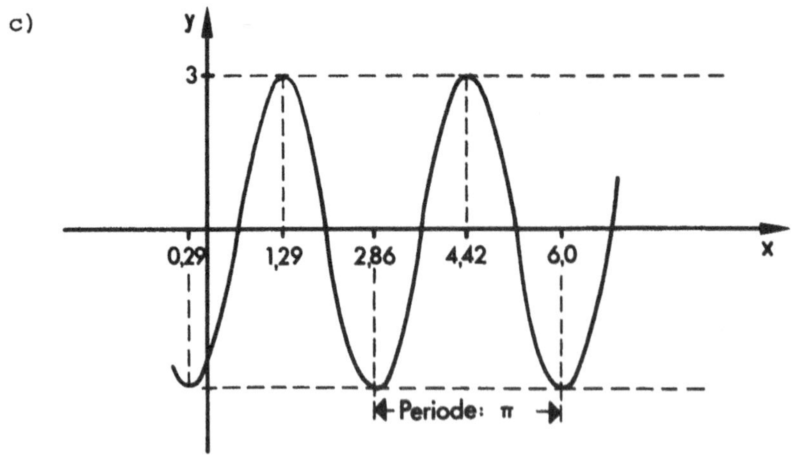

B) $y = 1{,}5\sin(\frac{x}{3} + \frac{\pi}{3})$

C) a) $4\pi$ b) $\frac{2}{3}\pi$ c) $\frac{8}{3}\pi$ d) $\frac{1}{2}$

D) $y = 4\sin(4x)$

1.4.3 a) $\sin(u + \frac{\pi}{2})$ b) $\frac{1}{2}\pi$ c) $\frac{1}{2}\pi$

1.4.4 a) $\sin 79^{\circ}$ b) $\sin 3^{\circ}$ c) $\sin(\frac{\pi}{4})$ d) $\sin(\frac{1}{6}\pi)$

1.4.5 A) a) 1 b) $\tan\phi$ c) $-\tan^2\phi$ d) $\frac{2}{\cos 2\phi}$

B) a) $\frac{2\sin\omega_1\cos\omega_2}{2\cos\omega_1\cos\omega_2} = \tan\omega_1$

b) $2\cos 45^{\circ}\cos\alpha = \sqrt{2}\cos\alpha$

c) $\frac{\cos 2\phi}{2\sin\phi\,\cos\phi} = \frac{1}{2}\cot\phi$

C) a) $\sin\frac{\pi}{2} + \sin\frac{\pi}{6} = \frac{3}{2}$; $2\sin\frac{\pi}{3}\cos\frac{\pi}{6} = \frac{3}{2}$

# 2 POTENZEN LOGARITHMUS UMKEHRFUNKTION

## 2.1 POTENZEN, EXPONENTIALFUNKTION

### 2.1.1 POTENZEN

Die Potenzschreibweise ist zunächst eine einfache Notation für Multiplikationen einer Zahl mit sich selbst.

Beispiel:
$$a^1 = a$$
$$a^2 = a \cdot a$$
$$a^3 = a \cdot a \cdot a$$
$$a^4 = a \cdot a \cdot a \cdot a$$
$$\ldots\ldots\ldots\ldots$$
$$a^n = \underbrace{a \cdot a \cdot a \cdot a \cdot \ldots \cdot a}_{n\text{-mal}}$$

Definition: Die *Potenz* $a^n$ ist das Produkt aus n gleichen Faktoren a.
a heißt *Basis*
n heißt *Hochzahl* oder *Exponent*

Hier sind Potenzen zunächst für positive ganzzahlige Exponenten definiert. Wir können die Fragestellung umkehren und die jeweils niedrigere Potenz aus der jeweils höheren gewinnen:

$$a^{n-1} = \frac{a^n}{a}$$

Lassen wir n sukzessive um 1 abnehmen und behalten wir diese Beziehung bei, so erhalten wir für n = 0 den Wert $a^0 = 1$ und die Bedeutung negativer Exponenten.

$n > 0$ $\qquad a^2 = \frac{a^3}{a} = a \cdot a$

$\qquad\qquad a^1 = \frac{a^2}{a} = a$

$n = 0$ $\qquad a^0 = \frac{a^1}{a} = 1$

$n < 0$ $\qquad a^{-1} = \frac{a^0}{a} = \frac{1}{a}$

$\qquad\qquad a^{-2} = \frac{a^{-1}}{a} = \frac{1}{a^2}$

Definition: $a^{-n} = \frac{1}{a^n}$

$a^0 = 1$ gilt für jede Basis a mit einer Ausnahme: $0^0$ bleibt undefiniert.

Wir haben hier Potenzen mit negativen Exponenten definiert, indem wir ein mathematisches Gesetz, das zunächst für einen begrenzten Definitionsbereich galt, auf andere Bereiche übertragen haben. Das Prinzip heißt *Permanenzprinzip*.

## 2.1.2 Rechenregeln für Potenzen

Bei gleicher Basis a gelten folgende Regeln:

Produkt: $a^n \cdot a^m = a^{n+m}$

Beweis: $a^n \cdot a^m = \underbrace{(aaa...a)}_{n\text{-mal}} \cdot \underbrace{(aaa...a)}_{m\text{-mal}} = a^{n+m}$

Quotient: $\frac{a^n}{a^m} = a^{n-m}$

Beweis: $\frac{a^n}{a^m} = \frac{\overbrace{(aaa...a)}^{n\text{-mal}}}{\underbrace{(aaa...a)}_{m\text{-mal}}} = a^{n-m}$

Potenz: $(a^n)^m = a^{n \cdot m}$

Beweis: $(a^n)^m = \underbrace{\underbrace{(aaa...a)}_{n\text{-mal}} \cdot \underbrace{(aaa...a)}_{n\text{-mal}} \ldots \underbrace{(aaa...a)}_{n\text{-mal}}}_{m\text{-mal}}$

Das ergibt ausgeschrieben m Klammern mit je n Faktoren. Insgesamt also n·m Faktoren a.

Wurzel[1]: $a^{\frac{1}{m}} = \sqrt[m]{a}$

Es folgt $a^{\frac{n}{m}} = a^{n \cdot \frac{1}{m}} = \sqrt[m]{a^n}$

---

1) Potenzen mit gebrochenen Exponenten werden hier nur für eine positive Basis a definiert.

In unseren Überlegungen hatten wir stillschweigend vorausgesetzt, daß n und m ganzzahlig sind. Diese Voraussetzung kann - hier ohne Beweis - fallen gelassen werden. Alle Rechenregeln gelten auch für beliebige reelle Zahlen. Die Potenzen für beliebige reelle Zahlen werden nach einer Methode berechnet, die erst in Lektion 7 (Taylorreihen, Reihen) erläutert werden kann. Die Ergebnisse derartiger Rechnungen werden in Tabellen zusammengefaßt. Sie sind die Grundlage für alle praktischen Rechnungen. Für die meisten Bedürfnisse genügen die in der Formelsammlung aufgestellten Tabellen. Ein umfangreicheres Tabellenwerk ist:

Rottmann, K., Mathematische Funktionstafeln
BI Hochschultaschenbuch 14/14a, Mannheim

Drei Werte werden besonders häufig als Basis für Potenzen benutzt:

Basis 10: In der Natur kommen extrem kleine Werte (Beispiel Atomphysik) und extrem große Werte (Astronomie) vor. Mit Hilfe von Potenzen zur Basis 10 lassen sich Werte verschiedener Größenordnung leicht in der gleichen Maßeinheit angeben.

Beispiele:

| | |
|---|---|
| Entfernung Erde-Mond: | $3{,}8 \cdot 10^{8}$ m |
| Größe eines Erwachsenen: | $1{,}8 \cdot 10^{0}$ m |
| Radius des Wasserstoffatoms: | $0{,}9 \cdot 10^{-10}$ m |

Basis 2: Potenzen zur Basis 2 werden in der Datenverarbeitung und der Informationstheorie benutzt.

Basis e: e ist die Eulersche Zahl. Ihr Zahlenwert: $e = 2{,}71828\ldots$
Die Bedeutung der Zahl e und der auf ihr aufbauenden Potenzen wird in den Abschnitten Differentialrechnung und Integralrechnung deutlich werden. Sie ist die in physikalischen Rechnungen am meisten benutzte Basis.

Insbesondere gilt:

$$a^1 = a \qquad a^0 = 1 \quad \text{für } a \neq 0$$

$$10^1 = 10 \qquad 10^0 = 1$$

$$e^1 = e \qquad e^0 = 1$$

$$2^1 = 2 \qquad 2^0 = 1$$

### 2.1.3 EXPONENTIALFUNKTION

Die Funktion $y = a^x$ heißt *Exponentialfunktion*. In der Exponentialfunktion steht die unabhängige Variable im Exponenten.

Beispiel: $y = 2^x$

Für diese Exponentialfunktion läßt sich die Wertetabelle leicht angeben. Aufgrund der Tabelle kann ein Graph gezeichnet werden.

| x | $2^x$ |
|---|---|
| -3 | 0,125 |
| -2 | 0,25 |
| -1 | 0,5 |
| 0 | 1 |
| 1 | 2 |
| 2 | 4 |
| 3 | 8 |

In der Abbildung sind die Graphen für die Exponentialfunktionen $y = 2^x$, $y = e^x$, $y = 10^x$ gezeichnet. Alle Exponentialfunktionen gehen für x = 0 durch den Punkt y = 1. Exponentialfunktionen sind grafisch schwer darzustellen, da sie für größere x-Werte rasch ansteigen. Die Exponentialfunktionen steigen für genügend große x-Werte schneller an als jede Potenzfunktion, wenn die Basis größer als 1 ist.

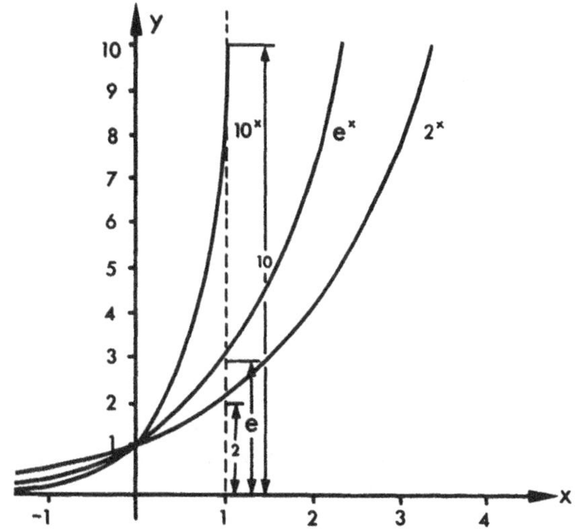

Exponentialfunktionen können Wachstumsgesetzmäßigkeiten beschreiben: In einer Kultur werden Bakterien gezüchtet. Durch Zellteilung vermehren sich die Bakterien in einem Zeitraum von 10 Stunden auf das Doppelte. Zu Beginn des Versuchs seien A Bakterien vorhanden. Die Wertetabelle gibt das Wachstum der Bakterien an.

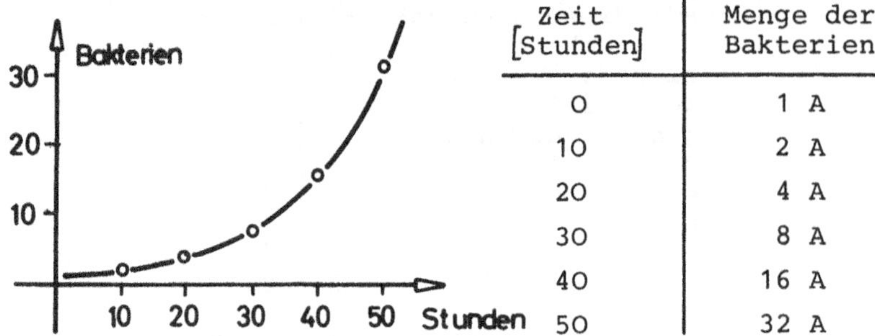


| Zeit [Stunden] | Menge der Bakterien |
|---|---|
| 0 | 1 A |
| 10 | 2 A |
| 20 | 4 A |
| 30 | 8 A |
| 40 | 16 A |
| 50 | 32 A |

Der Zusammenhang läßt sich durch eine Exponentialfunktion beschreiben:

$$y = A \cdot 2^{0,1t}$$

Der Koeffizient 0,1 ergibt sich aus der Überlegung, daß nach genau 10 Zeiteinheiten - hier rechnen wir in Stunden - eine Verdoppelung eintreten soll. Allgemein ergibt sich dieser Koeffizient als Kehrwert der "Verdoppelungszeit" T. Wir können also auch schreiben[1])

$$y = A \cdot 2^{\frac{t}{T}}$$

Im Bereich der Physik ist eine andere Gruppe von Exponentialfunktionen häufiger: die *fallende Exponentialfunktion*.

---

1) Unter Benutzung der im nächsten Abschnitt erläuterten Logarithmen sei eine gebräuchliche Umformung durchgeführt.
Es ist möglich, den gleichen Zusammenhang durch eine Exponentialfunktion zur Basis e auszudrücken. Dazu benutzen wir die Beziehung

$$2 = e^{\ln 2}$$

Setzen wir dies für den Wert 2 in die ursprüngliche Gleichung ein, erhalten wir

$$y = Ae^{(\ln 2)\frac{t}{T}}$$

Beispiel: Radium ist ein Stoff, der ohne äußere Einwirkung unter Aussendung von $\alpha$ -, $\beta$ -, $\gamma$ - Strahlung zerfällt. Messungen ergeben, daß von einer bestimmten Menge Radium in einem Zeitraum von 1580 Jahren genau die Hälfte zerfallen ist. Im Gegensatz zu den bisher behandelten Exponentialfunktionen nimmt hier die Menge des jeweils noch vorhandenen Radiums ab. Dieser Zusammenhang läßt sich durch eine Exponentialfunktion der Form

$$y = A \cdot 2^{-a \cdot x}$$

beschreiben. Die Zeit, in der die Hälfte des Radiums zerfallen ist, nennen wir Halbwertzeit $t_h$. Dann ergibt sich das radioaktive Zerfallsgesetz zu

$$y = A \cdot 2^{-\frac{t}{t_h}}$$ [1)]

Die Halbwertzeit muß natürlich immer durch Messungen bestimmt werden.

---

1) Auch diese Gleichung läßt sich als Exponentialfunktion zur Basis e schreiben.

Mit

$$2 = e^{\ln 2}$$

können wir schreiben

$$y = A \cdot e^{-(\ln 2)\frac{t}{t_h}}$$

oder

$$y = A \cdot e^{-\lambda t}$$

mit

$$\lambda = \frac{\ln 2}{t_h}$$

$\lambda$ wird als *Zerfallskonstante* bezeichnet.

Die fallende Exponentialkurve tritt auch bei gedämpften Schwingungen auf sowie bei Kondensatorentladungen und vielen Ausgleichsvorgängen.

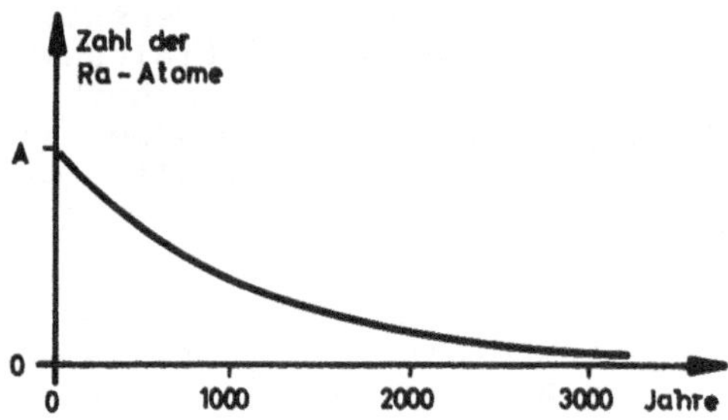


Die Abbildung zeigt die fallende Exponentialkurve für den Zerfall des Radiums.

Schließlich sei eine verwandte Funktion erwähnt, die sowohl für positive wie für negative Abszissenwerte endlich bleibt.

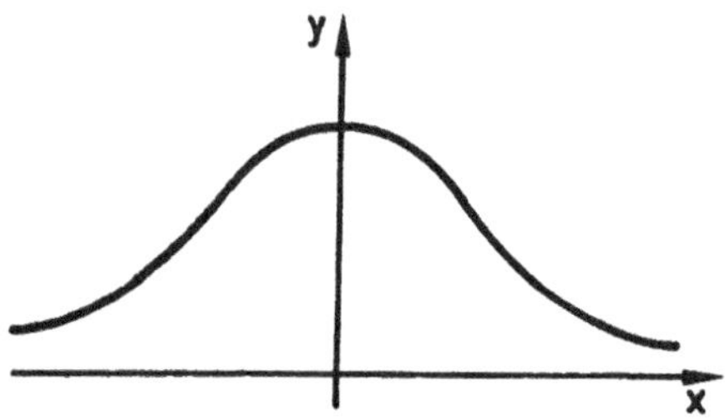


Es ist die Funktion $y = e^{-x^2}$. Ihre graphische Darstellung heißt auch Glockenkurve.

## 2.2 LOGARITHMUS, LOGARITHMUSFUNKTION

### 2.2.1 LOGARITHMUS

*a) Logarithmus zur Basis 10*

Bei der Potenzrechnung wurden Aufgaben des folgenden Typs gelöst:

$$y = 10^5$$

Zu berechnen war y. Im allgemeinen Fall hieß die Aufgabe:

$$y = 10^x \text{ oder}$$

$$y = a^x$$

Gegeben x, zu berechnen y.

Für ganzzahlige Werte von x ist die Rechnung unmittelbar auszuführen. Für gebrochene Werte von x muß auf die Tabellen zurückgegriffen werden.

In diesem Abschnitt betrachten wir die umgekehrte Fragestellung: Gegeben sei die Gleichung

$$10^x = 1000$$

gesucht ist der Exponent x.

Als Lösung ergibt sich unmittelbar (weil wir wissen, daß 1000 gleich $10^3$ ist):

$$x = 3$$

Wie wird die Lösung systematisch gewonnen? Offensichtlich nach folgendem Gedankengang: Die Gleichung

$$10^x = 1000$$

formen wir so um: *Wir schreiben beide Seiten der Gleichung als Potenzen zur gleichen Basis.*

$$10^x = 10^3$$

Damit haben wir die Möglichkeit gewonnen, die Exponenten miteinander zu vergleichen. Es gilt: Sind zwei Potenzen zur gleichen Basis gleich, so sind auch ihre Exponenten gleich.

Aus $\qquad 10^x = 10^3$

folgt $\qquad x = 3$

Neues Beispiel:

$$10^x = 100\,000$$

Gesucht ist wieder x.

1. Lösungsschritt: Wir schreiben beide Seiten der Gleichung als Potenz mit gleicher Basis

$$10^x = 10^5$$

2. Lösungsschritt: $x = 5$

Gegeben ist hier die Zahl 100 000. Gesucht ist der Exponent zur Basis 10, der eben diesen Wert ergibt. Dieser Exponent ist 5. Dieser Exponent hat einen neuen Namen. Er heißt *Logarithmus*.

Die folgenden Sätze sind gleichwertig:

x ist der Exponent zur Basis 10, der die Zahl 100 000 ergibt.

x ist der Logarithmus zur Zahl 100 000

Für diese Aussage wird eine neue Schreibweise eingeführt.

$$x = \log 100\,000 = 5$$

Gelesen: x ist der Logarithmus der Zahl 100 000
oder kürzer: x ist der Logarithmus von 100 000

Schreibweise: Die Gleichung

$$10^x = 100\,000$$

kann geschrieben werden:

$$10^x = 10^{\log 100\,000}$$

oder

$$x = \log 100\,000 = 5$$

Damit keine Zweifel über die Basis bestehen können, muß diese angegeben werden. Sie wird als Index geschrieben. Zwei Schreibweisen sind gebräuchlich:

$$x = \log_{10} 100\,000$$

$$x = {}_{10}\log 100\,000$$

Wir werden die erste Schreibweise benutzen.

*b) Logarithmus zur Basis 2*

Alle Überlegungen können auf die Potenzschreibweise mit der Basis 2 übertragen werden. Aufgabe: Die Gleichung $2^x = 64$ sei nach x aufzulösen.

Wir schreiben wieder beide Seiten als Potenz mit gleicher Basis

$$2^x = 2^6$$

$$x = 6$$

Die Hochzahl, die zur Basis 2 den angegebenen Wert 64 ergibt, ist 6. Dieses Ergebnis kann auch in unserer neuen Schreibweise ausgedrückt werden:

$$x = \log_2 64 = 6 \quad \text{oder}$$

$$2^{\log_2 64} = 64$$

*c) Allgemeine Definition des Logarithmus*

Wir führen den allgemeinen Begriff des Logarithmus bei beliebiger positiver Basis a ein:

Definition: Der Logarithmus einer Zahl c zur Basis a ist diejenige Hochzahl x, mit der man a potenzieren muß, um c zu erhalten.

In Gleichungsform lautet die Definition:

$$a^{\log_a c} = c$$

Man muß sich einprägen, daß der Logarithmus eine Hochzahl ist. Jetzt kann die Gleichung

$$a^x = c$$

systematisch nach x aufgelöst werden.

1. Lösungsschritt:

Wir schreiben beide Seiten als Potenz zu gleicher Basis

$$a^x = a^{\log_a c}$$

2. Lösungsschritt:

Wir vergleichen die beiden Exponenten

$$x = \log_a c$$

In den einführenden Beispielen waren die Zahlen c so gewählt, daß sie sich in der Form $a^x$ mit ganzzahligem x schreiben ließen. In den meisten Fällen ist x nicht ganzzahlig und läßt sich nicht unmittelbar bestimmen. Man entnimmt dann die Exponenten aus Tabellen. Die Grundlagen für die Berechnung derartiger Tabellen werden in Lektion 7 (Taylorreihen) erläutert. Für einfache Rechnungen sind im Anhang IV derartige Tabellen angegeben.

Viele Gleichungen mit x im Exponenten oder Gleichungen, in denen Exponenten auftreten, nehmen eine einfachere Gestalt an, wenn man sie logarithmiert. *Logarithmieren* ist eine Umformung; sie besteht aus zwei Schritten.

Gegeben sei die Gleichung

$$y = a^x$$

1. Lösungsschritt: Beide Seiten der Gleichung werden als Potenz zur gleichen Basis geschrieben.

$$a^{\log_a y} = a^x$$

2. Lösungsschritt: Auf beiden Seiten steht die gleiche Basis. Dann müssen auch die Hochzahlen gleich sein. Also gilt:

$$\log_a y = x \quad \text{oder} \quad \log_a(a^x) = x$$

Beim Logarithmus muß jeweils die Basis durch einen tiefgestellten Index angegeben werden. Die Schreibweise ist schwerfällig. Bei den gebräuchlichen Logarithmen sind daher Sonderbezeichnungen üblich. Man muß sie kennen.

Basis 10: Logarithmen zur Basis 10 heißen dekadische Logarithmen. Mit dekadischen Logarithmen werden numerische Rechnungen durchgeführt. Abkürzung:

$$\log_{10} = \lg$$

Basis e: Logarithmen zur Basis e heißen natürliche Logarithmen. Sie werden in der höheren Mathematik häufig benutzt, vor allem auch in analytischen Rechnungen, die sich auf physikalische Probleme beziehen. Abkürzung:

$\log_e = \ln$ (ln ist die Abkürzung für logarithmus naturalis)

Basis 2: Logarithmen zur Basis 2 werden vor allem in der Informationstheorie und in der Datenverarbeitung benutzt. Abkürzung:

$$\log_2 = \mathrm{ld}$$

(ld ist hergeleitet von logarithmus dualis)

Die numerischen Werte für Logarithmen sind in Logarithmentafeln zusammengestellt.

Beispiel: Rottmann: Mathematische Funktionstafeln
BI Taschenbuch 14/14 a
Schülke: Logarithmustafeln
Oft reichen bereits die Tabellen im Anhang IV aus.

### 2.2.2 Rechenregeln für Logarithmen

Die Rechenregeln für Logarithmen ergeben sich aus den Potenzgesetzen, da Logarithmen Exponenten sind. Bei gleicher Basis wird die Multiplikation von Potenzen auf die Addition der Exponenten zurückgeführt. Für die übrigen Rechenoperationen gilt das Analoge. Der Grundgedanke der Logarithmenrechnung ist, Rechnungen anstatt mit den Ausgangswerten mit deren Exponenten durchzuführen.

Die Rechenregeln werden zunächst für Logarithmen zur Basis 10 - also für dekadische Logarithmen - abgeleitet. Es werden folgende Abkürzungen benutzt:

$$10^n = A \quad \text{oder} \quad A = 10^{\lg A} \quad \text{oder } \lg A = n$$

$$10^m = B \quad \text{oder} \quad B = 10^{\lg B} \quad \text{oder } \lg B = m$$

**Multiplikation:** $\lg(AB) = \lg A + \lg B$

Beweis: Für Potenzen gilt:

$$A\,B = 10^n \cdot 10^m = 10^{n+m} = 10^{\lg A + \lg B}$$

Nun gilt, wie wir wissen

$$\lg 10^x = x$$

Also gilt weiter:

$$\lg AB = \lg 10^{\lg A + \lg B}$$

$$\lg AB = \lg A + \lg B$$

**Division:** $\lg\frac{A}{B} = \lg A - \lg B$

Für Potenzen gilt:

$$\frac{A}{B} = \frac{10^n}{10^m} = 10^{n-m}$$

also gilt weiter:

$$\lg\frac{A}{B} = \lg\frac{10^{\lg A}}{10^{\lg B}} = \lg 10^{(\lg A - \lg B)}$$

### Potenz

$$\lg A^m = m \lg A$$

Denn $A^m = (10^n)^m = 10^{nm}$

Also gilt weiter:

$$\lg A^m = \lg(10^{\lg A})^m = \lg 10^{m \lg A}$$

### Wurzel

$$\lg \sqrt[m]{A} = \frac{1}{m} \lg A$$

Für Potenzen gilt:

$$\sqrt[m]{A} = 10^{(\lg A)\frac{1}{m}}$$

Also gilt weiter:

$$\lg \sqrt[m]{A} = \lg 10^{\frac{1}{m} \cdot \lg A}$$

Es ist unmittelbar evident, daß die Regeln für das Rechnen mit dekadischen Logarithmen auf Logarithmen zu einer beliebigen Basis übertragen werden können. Allgemein gelten dann folgende Rechenregeln:

Multiplikation: $\log_a AB = \log_a A + \log_a B$

Man erhält den Logarithmus eines Produktes, indem man die Logarithmen der Faktoren addiert.

Division: $\log_a \frac{A}{B} = \log_a A - \log_a B$

**Man erhält den Logarithmus eines Bruches, indem man vom Logarithmus des Zählers den Logarithmus des Nenners abzieht.**

Potenz: $\log_a A^m = m(\log_a A)$

Man erhält den Logarithmus einer Potenz, indem man den Logarithmus der Basis mit dem Exponenten multipliziert.

WURZEL: $\log_a \sqrt[m]{A} = \frac{1}{m}(\log_a A)$

Man erhält den Logarithmus einer Wurzel, indem man den Logarithmus der unter dem Wurzelzeichen stehenden Zahl durch die Zahl dividiert, die über dem Wurzelzeichen steht.

Kennt man für beliebige Zahlen die Logarithmen, so kann man die Multiplikation auf die Addition ihrer Logarithmen zurückführen. Die Division wird auf die Subtraktion der Logarithmen zurückgeführt; Potenzen werden auf Multiplikationen der Logarithmen und das Wurzelziehen auf die Division der Logarithmen zurückgeführt.

Die Logarithmen selbst entnimmt man den Tabellen im Anhang IV sowie Tabellenwerken wie:

Rottmann: Mathematische Funktionstafeln
oder Schülke: Logarithmentafeln

Man kann Logarithmen einer gegebenen Basis auf eine andere Basis umrechnen.[1)]

---

1) Anmerkung: Umrechnung von Logarithmen auf eine beliebige Basis.

Die Umrechnung sei hier am Beispiel der Umrechnung dekadischer Logarithmen auf natürliche Logarithmen durchgeführt.

Gegeben sei der dekadische Logarithmus einer Zahl c. Gesucht sei der natürliche Logarithmus der Zahl c.

Dann gilt: $c = 10^{\lg c} = e^{\ln c}$.

Wir formen die Gleichung so um, daß auf beiden Seiten die gleiche Basis - nämlich 10 - benutzt wird.

Wegen $e = 10^{\lg e}$

können wir e ersetzen und erhalten

$$10^{\lg c} = 10^{\lg e \cdot \ln c}.$$

Damit gilt auch:

$$\lg c = \lg e \cdot \ln c,$$

denn zwei Potenzen mit gleicher Basis sind genau dann gleich, wenn ihre Exponenten gleich sind. Jetzt brauchen wir nur noch nach lnc aufzulösen und erhalten

$$\ln c = \frac{\lg c}{\lg e} \qquad \text{mit } \lg e = 0{,}434$$

$$\ln c = \frac{\lg c}{0{,}434}$$

### 2.2.3 LOGARITHMUSFUNKTION

Die Funktion

$$y = \log_a x$$

heißt *Logarithmusfunktion*. Die Gleichung ist gleichbedeutend mit

$$a^y = x (a > 0).$$

In der folgenden Abbildung ist die Logarithmusfunktion für a = 2 dargestellt:

$$y = \mathrm{ld} x$$

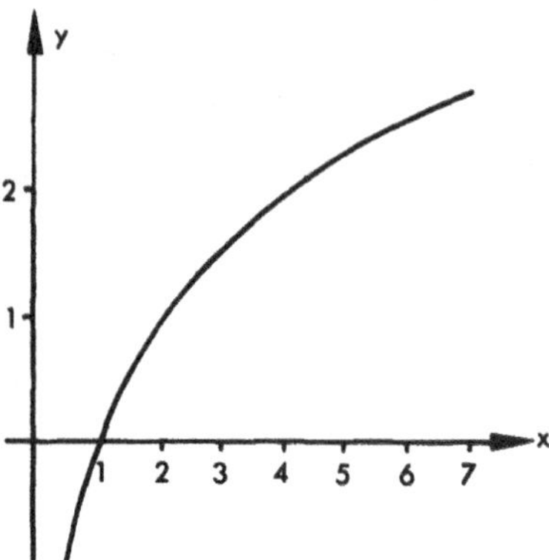


Unten sind die Logarithmusfunktionen für die Basis 10,2 und e aufgetragen.

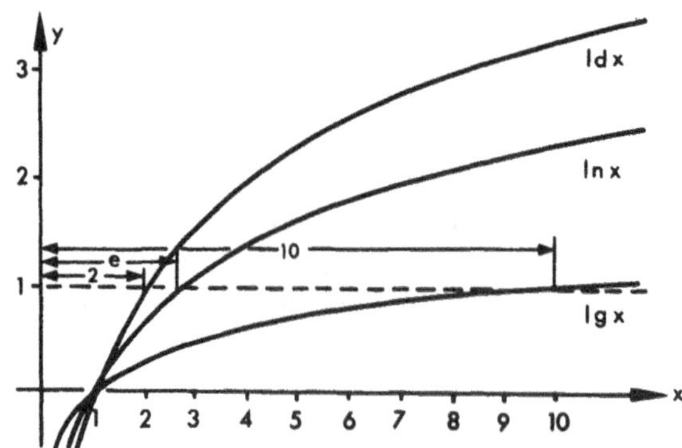

Alle Logarithmusfunktionen haben eine Unendlichkeitsstelle für x = 0 und eine Nullstelle bei x = 1. Denn es gilt

$$a^0 = 1 \qquad \log_a 1 = 0$$
$$e^0 = 1 \qquad \ln 1 = 0$$
$$10^0 = 1 \qquad \lg 1 = 0$$
$$2^0 = 1 \qquad \mathrm{ld}\, 1 = 0$$

Die Logarithmusfunktion steigt monoton.

## 2.3 UMKEHRFUNKTION (INVERSE FUNKTION), MITTELBARE FUNKTION

### 2.3.1 UMKEHRFUNKTION ODER INVERSE FUNKTION

Bisher haben wir Funktionen immer in der Form geschrieben:

$$y = f(x)$$

Bei einer monoton mit x wachsenden (oder fallenden) Funktion[1)] kann man die Funktionsgleichung oft nach x auflösen und in die Form

$$x = g(y)$$

bringen.
An dem durch die Funktion ausgedrückten Zusammenhang hat sich dadurch nichts geändert. Wertetabelle und Graph bleiben unverändert.

Beispiel: $y = 3x$

Umformung: $x = \frac{y}{3}$

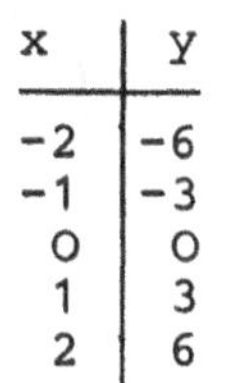

| x | y |
|---|---|
| -2 | -6 |
| -1 | -3 |
| 0 | 0 |
| 1 | 3 |
| 2 | 6 |

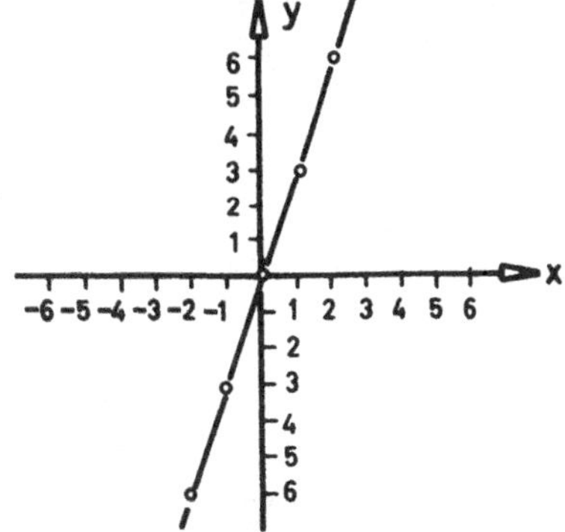


Eine neue Funktion - die *Umkehrfunktion* - gewinnt man jedoch, wenn man in der ursprünglichen Funktionsgleichung

$$y = f(x)$$

die Variablen x und y einfach vertauscht und nach y auflöst. Die neue Funktion heißt *Umkehrfunktion* oder *Inverse Funktion*.

1) Die Beschränkung auf monoton mit x wachsende (oder fallende) Funktionen ist deshalb notwendig, weil auch nach der Umformung eine eindeutige Beziehung zwischen x-Wert und y-Wert bestehen soll. Eine monoton steigende Funktion f(x) ist wie folgt definiert: aus $x_1 < x_2$ folgt $f(x_1) \leq f(x_2)$ für alle $x_1, x_2$ des Definitionsbereichs.

Beispiel: $y = 3x$

Bildung der Umkehrfunktion:

1.Schritt: Vertauschen von x und y : $x = 3y$ (2-9)

2.Schritt: Auflösen nach y : $y = \frac{1}{3}x$

Die Umkehrfunktion ist eine neue Funktion. Wertetabelle und Graph stehen unten. Um deutlich zu machen, daß die Umkehrfunktion eine neue Funktion ist, ist y mit einem Stern gekennzeichnet.

Wertetabelle:

| x | $y^*$ |
|---|---|
| -2 | $-\frac{2}{3}$ |
| -1 | $-\frac{1}{3}$ |
| 0 | 0 |
| 1 | $\frac{1}{3}$ |
| 2 | $\frac{2}{3}$ |

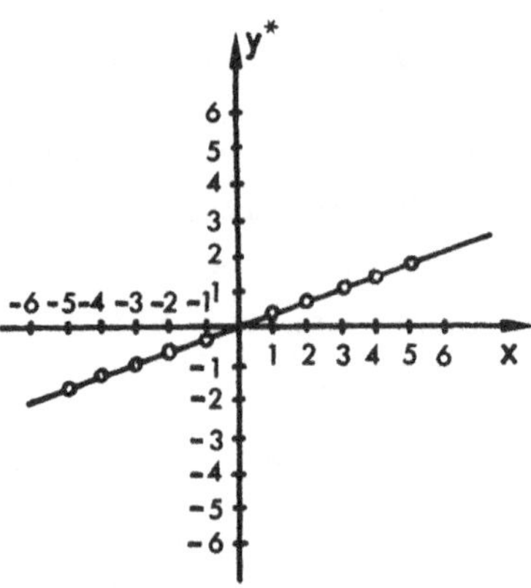


Geometrisch ist die neue Funktion leicht zu definieren. Betrachten wir einen Punkt P.

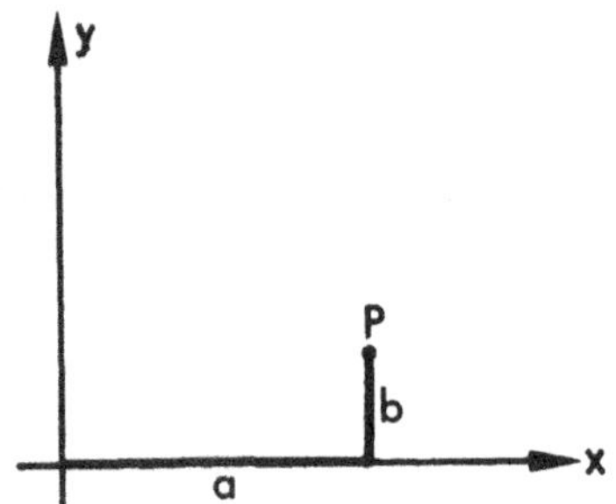


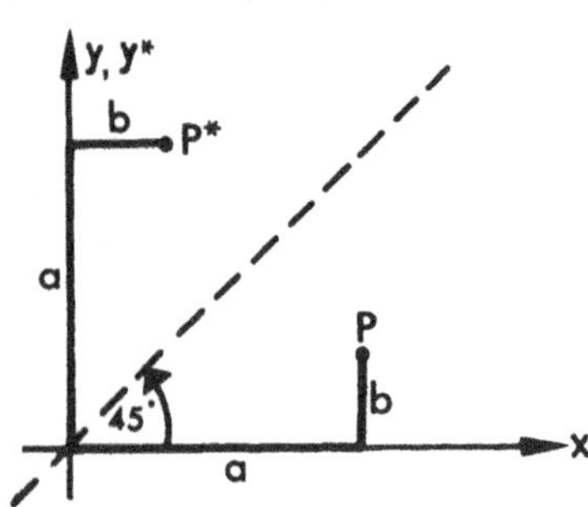


P hat die x-Koordinate a und die y-Koordinate b; P =(a,b). Vertauschen wir die x- und y-Koordinaten, so erhalten wir einen neuen Punkt P*mit den Koordinaten (b,a). Die Vertauschung der Koordinaten bedeutet geometrisch, daß der ursprüngliche x-Wert nun auf der y-Achse und der ursprüngliche y-Wert auf der x-Achse abgetragen wird.

**Geometrisch entspricht dieser Operation eine Spiegelung des Punktes an der Winkelhalbierenden des ersten Quadranten. Was für einen Punkt gilt, gilt für alle Punkte, also ist der Graph der Umkehrfunktion geometrisch die Spiegelung des ursprünglichen Graphen an der Winkelhalbierenden des ersten Quadranten. Statt Umkehrfunktion wird häufig der Ausdruck** *Inverse Funktion* **benutzt.**

Definition: Die *Umkehrfunktion* oder *Inverse Funktion* einer Funktion f(x) ist die Funktion, die man durch die folgenden Schritte erhält:
a) Vertauschung von x und y
b) Auflösen nach y

Nicht zu jeder Funktion existiert eine Umkehrfunktion. So führt beispielsweise $y = x^2$ zum Ausdruck

$$y = \pm\sqrt{x}$$

Dies ist keine Funktion, weil dadurch keine eindeutige Zuordnung mehr gegeben ist. Dies ist eine Relation.

## 2.3.2 LOGARITHMUSFUNKTION ALS UMKEHRFUNKTION DER EXPONENTIALFUNKTION

Die Funktionsgleichung der Exponentialfunktion ist

$$y = a^x$$

Bilden wir davon die Umkehrfunktion, so erhalten wir zunächst

$$x = a^y$$

Um nach y aufzulösen, logarithmieren wir die Funktion und erhalten:

$$y = \log_a x$$

Die Umkehrfunktion der Exponentialfunktion ist die Logarithmusfunktion. Die Abbildung zeigt die Exponentialfunktion und Logarithmusfunktion für die Basis 2 und e.

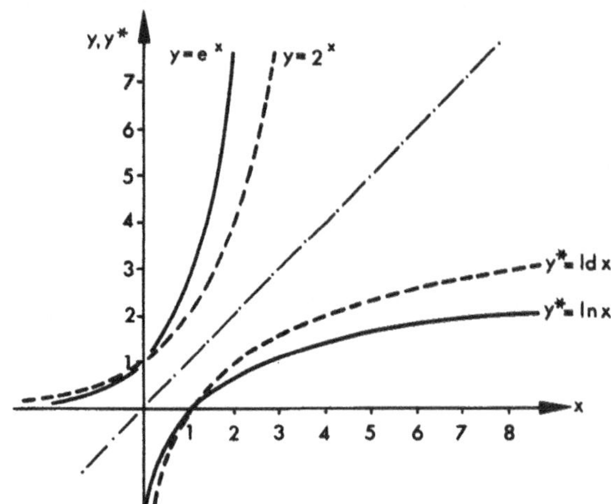

### 2.3.3 Mittelbare Funktion, Funktion einer Funktion

Es gibt Fälle, in denen es zweckmäßig ist, eine ineinandergeschachtelte Abhängigkeit zu betrachten. Beispiel: Die kinetische Energie eines fallenden Körpers ist eine Funktion der Geschwindigkeit v. Sie kann geschrieben werden:

$$E_{kin} = f(v)$$

Die Geschwindigkeit ist ihrerseits eine Funktion der Fallzeit t. Diese Funktion kann geschrieben werden:

$$v = g(t)$$

Es ist unmittelbar evident, daß die kinetische Energie damit eine Funktion der Fallzeit ist. Man kann statt v den Ausdruck g(t) in die ursprüngliche Gleichung einsetzen und gewinnt:

$$E_{kin} = f(g(t))$$

Die kinetische Energie ist damit die Funktion einer Funktion. Man nennt eine derartige Funktion *Mittelbare Funktion*.

Definition: Eine *mittelbare Funktion* ist eine Funktion, die sich in der Form

$$y = f(g(x))$$

schreiben läßt.

Beispiel:

$$y = g^2$$

$$g = x + 1$$

Gesucht ist $y = f(x)$

Durch Einsetzen läßt sich leicht ausrechnen:

$$f(x) = g^2 = (x + 1)^2$$

Dies war ein einfaches Beispiel. Der Gebrauch mittelbarer Funktionen erleichtert häufig Rechnungen. Ein Beispiel kennen wir bereits:

$$y = A \sin(bx + c)$$

Der Sinus ist von dem Term zu nehmen, der in der Klammer steht. Dieser Term muß immer als geschlossener Ausdruck behandelt werden: Sein Wert wird vorher berechnet, ehe in der Tabelle der Wert des Sinus aufgesucht wird. Es ist daher oft zweckmäßig, dies dadurch auszudrücken, daß der Term als eigenständige Funktion betrachtet wird. Mit der Abkürzung $g(x) = bx+c$ heißt dieser Ausdruck dann

$$y = A \sin(g(x))$$

Der Einfachheit halber schreibt man häufig

$$y = A \sin(g)$$

## LITERATUR:

1. Kleine Enzyklopädie der Mathematik 1968, Bibliographisches Institut Leipzig

   Seite: 49 - 60 (Potenzen, Wurzeln)
   152 -154 (Exponentialfunktion)
   60 - 64 (Logarithmen)
   154 f. (Logarithmusfunktion)
   132 f. (Umkehrfunktion)

2. Bronstein, Semendjajew: Taschenbuch der Mathematik 1971, Verlag Harri Deutsch, Frankfurt

   Seite: 74 - 78 (Exponential-, Logarithmusfunktion)
   113 f. (Rechengesetze, Potenzen, Logarithmen)
   231 (Umkehrfunktion)

3. Lambacher, Schweizer: Algebra 2; E.-Klett-Verlag,Stuttgart

   Seite:233 -243, 260 (Potenzen)
   271 f. (Exponentialfunktion)
   273-279 (Logarithmen)

## ÜBUNGSAUFGABEN

Berechnen Sie die Terme in den Aufgaben 2.1 und 2.2 oder geben Sie eine Umformung an.

2.1 A a) $a^{-n}$ b) $27^{\frac{1}{3}}$

c) $a^{\frac{1}{n}}$ d) $(0,1)^0$

e) $(y^3)^2$ f) $x^{-3/2}$

g) $10^3 \cdot 10^{-3} \cdot 10^2$ h) $3^{-3}$

B a) $(\sqrt{2})^{\frac{1}{2}}$ b) $e^{\frac{1}{10}}$

c) $(\ln 2)^0$ d) $\sqrt{5}\ \sqrt{7}$

e) $(0,5)^2\ (0,5)^{-4}\ (0,5)^0$ f) $\sqrt{8}\ \sqrt{3}$

2.2 A a) $\lg 100$ b) $\lg\frac{1}{1000}$

c) $10 \lg 10$ d) $\lg 10^6$

e) $10^{\lg 10}$ f) $(\lg 10)^{10}$

B a) $\mathrm{ld}\ 8$ b) $\mathrm{ld}\ 0,5$

c) $\mathrm{ld} 2^5$ d) $(a^3)^{\mathrm{ld} 4}$

e) $a^{(3 \cdot \mathrm{ld} 4)}$ f) $(\mathrm{ld}\ 2)^2$

g) $2^{\mathrm{ld} a}$ h) $2^{\mathrm{ld} 2}$

C a) $e^{\ln e}$ b) $e^{\ln 57}$

c) $\ln e^3$ d) $(e^{\ln 3})^0$

e) $(\ln e) e^4$ f) $\ln(e \cdot e^4)$

D a) $\lg 10^x$ b) $\lg\frac{1}{10^x}$

c) $\ln(e^{2x}\cdot e^{5x})$ d) $\frac{1}{n}\lg a$

e) $\mathrm{ld}(4^n)$ f) $m\ \mathrm{ld}\ 5$

E a) $\ln a\cdot b$ b) $\lg x^2$

c) $\mathrm{ld}(4\cdot 16)$ d) $\mathrm{ld}\sqrt{x}$

e) $\ln(e^{3x}\cdot e^{5x})$ f) $\lg\frac{10^x}{10^3}$

2.3 A Bilden Sie die Umkehrfunktion $y^*$ zu folgenden Funktionen

a) $y = 2x-5$ b) $y = 8x^3+1$ c) $y = \ln 2x$

B Berechnen Sie die mittelbaren Funktionen

a) $y = u^3$, $u = g(x) = x-1$; gesucht $y = f(g(x))$

b) $y = \frac{u+1}{u-1}$, $u = x^2$; gesucht $y = f(g(x))$

c) $y = u^2-1$, $u = \sqrt{x^3+2}$; gesucht $y = f(g(x))$

d) $y = \frac{1}{2}u$, $u = g(x) = x^2-4$; gesucht $y = f(g(1))$

e) $y = u + \sqrt{u}$, $u = \frac{x^2}{4}$; gesucht $y = f(g(2))$

f) $y = \sin(u+\pi)$, $u = \frac{\pi}{2}x$; gesucht $y = f(g(1))$

## LÖSUNGEN

2.1 A a) $\frac{1}{a^n}$ b) 3 c) $\sqrt[n]{a}$

d) 1 e) $y^6$ f) $\frac{1}{\sqrt{x^3}}$

g) $10^2$ h) $\frac{1}{27}$

B a) $\sqrt[4]{2}$ b) $\sqrt[10]{e}$ c) 1

d) $\sqrt{35}$ e) 4 f) $\sqrt{24} = 2\sqrt{6}$

2.2 A a) 2 b) -3 c) 10

d) 6 e) 10 f) 1

B a) 3 b) -1 c) 5

d) $a^6$ e) $a^6$ f) 1

g) a h) 2

C a) e b) 57 c) 3

d) 1 e) $e^4$ f) 5

D a) x b) -x c) 7x

d) $\lg(\sqrt[n]{a})$ e) 2n f) $\operatorname{ld} 5^m$

E a) $\ln a + \ln b$ b) $2 \lg x$ c) 6

d) $\frac{1}{2}\operatorname{ld} x$ e) 8x f) x - 3

2.3 A a) $y = \frac{x+5}{2}$ b) $y = \frac{\sqrt[3]{x-1}}{2}$ c) $y = \frac{e^x}{2}$

B a) $y = (x-1)^3$ b) $y = \frac{x^2+1}{x^2-1}$ c) $y = x^3+1$

d) $f(g(1)) = -\frac{3}{2}$ e) $f(g(2)) = 2$ f) $f(g(1)) = -1$

# 3 DIFFERENTIALRECHNUNG

## 3.1 FOLGE UND GRENZWERT

### 3.1.1 DIE ZAHLENFOLGE

Als einführendes Beispiel betrachten wir den Bruch $\frac{1}{n}$. Wir setzen für n nacheinander die natürlichen Zahlen 1,2,3,4,5,... ein. Wir erhalten eine Folge von Werten:

$$1,\ \frac{1}{2},\ \frac{1}{3},\ \frac{1}{4},\ldots$$

In der Abbildung unten sind diese Werte grafisch dargestellt.

| n | $a_n = \frac{1}{n}$ |
|---|---|
| 1 | $a_1 = 1$ |
| 2 | $a_2 = \frac{1}{2}$ |
| 3 | $a_3 = \frac{1}{3}$ |
| 4 | $a_4 = \frac{1}{4}$ |
| 5 | $a_5 = \frac{1}{5}$ |
| ⋮ | ⋮ |

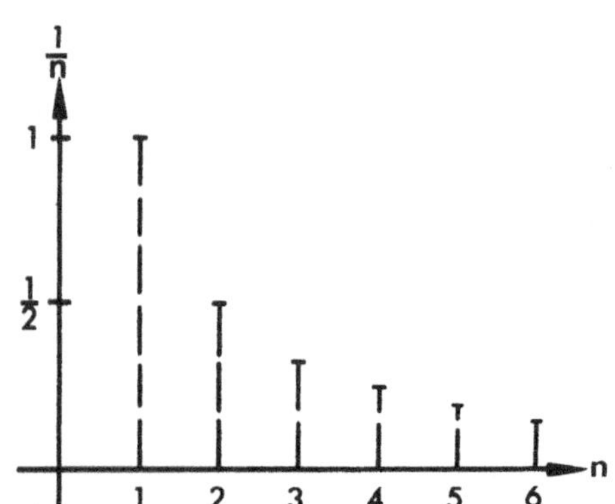


Wertetabelle und Graph der Folge $a_n = \frac{1}{n}$

In diesem Beispiel haben wir jeder natürlichen Zahl n eindeutig den Term $\frac{1}{n}$ zugeordnet. Bezeichnen wir allgemein mit $a_n$ den Funktionsterm, der zu n gehört, so nennen wir

$$a_1,\ a_2,\ \ldots,\ a_n,\ a_{n+1},\ldots;\ \text{kurz}\ \{a_n\}$$

eine *Zahlenfolge*. $a_n$ ist das n-te Glied der Zahlenfolge. Es wird auch *allgemeines Glied* genannt.

1. Beispiel: Der Rechenausdruck für $a_n$ sei

$$a_n = \frac{1}{n(n+1)}$$

Daraus ergibt sich die Zahlenfolge

$$\frac{1}{1\cdot 2}, \frac{1}{2\cdot 3}, \frac{1}{3\cdot 4}, \ldots$$

2. Beispiel: Der Rechenausdruck für $a_n$ sei

$$a_n = (-1)^n \cdot n$$

Dies ergibt die Zahlenfolge

$$-1, 2, -3, 4, -5, 6, \ldots$$

3. Beispiel: Im Sonderfall kann $a_n$ auch eine Konstante sein, d.h. das allgemeine Glied der Zahlenfolge ist von n unabhängig. Ist z.B.

$$a_n = 2$$

ergibt sich die Zahlenfolge

$$2, 2, 2, 2, \ldots$$

### 3.1.2 Grenzwert einer Zahlenfolge

Lassen wir für $a_n = \frac{1}{n}$ die Zahl n unbegrenzt wachsen, so strebt $\frac{1}{n}$ gegen Null. Man schreibt

$$\frac{1}{n} \to 0 \text{ für } n \to \infty$$

oder

$$\lim_{n\to\infty} \frac{1}{n} = 0 \quad .$$

Man nennt Null den *Grenzwert*[1] von $\frac{1}{n}$ für $n \to \infty$.

---

1) Die Schreibweise lim kommt vom lateinischen Wort limes für Grenze.

Wir haben hier ein Beispiel für eine Folge mit dem Grenzwert Null vor uns. Eine solche Folge heißt *Nullfolge*.

Die Zahlenfolge mit dem allgemeinen Glied $a_n = 1 + \frac{1}{n}$ dagegen strebt gegen den Grenzwert 1. Der Grenzwert kann im allgemeinen Fall eine beliebige Zahl g sein.

Definition: Strebt $a_n$ gegen eine einzige endliche Zahl g, sobald n gegen $\infty$ geht, so heißt g der *Grenzwert* (limes) der Folge $a_n$.
In Zeichen: $\lim\limits_{n\to\infty} a_n = g$[1]

Man sagt auch: Die Zahlenfolge *konvergiert* gegen den Wert g oder einfach: sie konvergiert. Eine Folge, die nicht konvergiert, heißt *divergent*.

Wir führen jetzt Beispiele für konvergente bzw. divergente Folgen auf.

*Konvergente Zahlenfolge*

Beispiel a: Die Folge $a_n = \frac{n}{n+1}$ hat für $n \to \infty$ den Grenzwert g = 1, denn je größer n wird, desto mehr gleichen sich Zähler und Nenner an, weil die 1 im Nenner gegenüber dem wachsenden n immer mehr an Bedeutung verliert.

| n | $a_n = \frac{n}{n+1}$ |
|---|---|
| 1 | $\frac{1}{2}$ |
| 2 | $\frac{2}{3}$ |
| 3 | $\frac{3}{4}$ |
| 4 | $\frac{4}{5}$ |
| 5 | $\frac{5}{6}$ |
| 6 | $\frac{6}{7}$ |
| ⋮ | ⋮ |

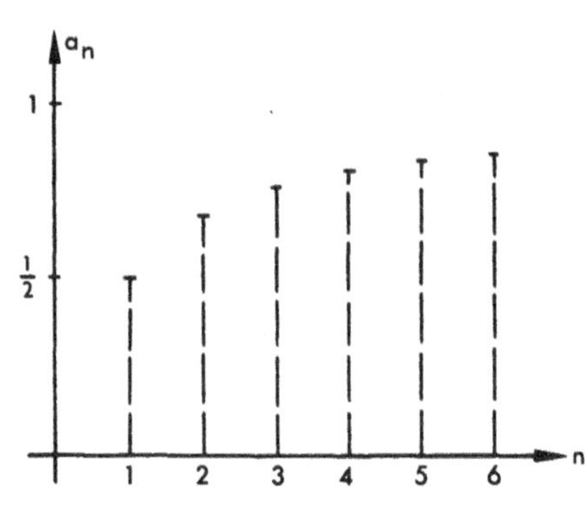


Wertetabelle und Graph der Folge $\left\{a_n = \frac{n}{n+1}\right\}$

---

1) In der mathematischen Literatur ist eine vielleicht weniger anschauliche, aber präzisere Definition üblich:
g heißt Grenzwert der Folge $a_n$, wenn für jede positive Zahl $\varepsilon$ nur endlich viele Folgenglieder einen Zahlenwert haben, der außerhalb des Zahlenbereiches von $g - \varepsilon$ bis $g + \varepsilon$ liegt.

Beispiel b: Die Folge $a_n = 2 + (-\frac{1}{2})^n$ ist mit Wertetabelle und Graph unten dargestellt. Auch diese Folge hat einen Grenzwert für $n \to \infty$, nämlich den Wert 2.

| n | $a_n = 2+(-\frac{1}{2})^n$ |
|---|---|
| 1 | 1,5 |
| 2 | 2,25 |
| 3 | 1,875 |
| 4 | 2,07 |
| ⋮ | ⋮ |

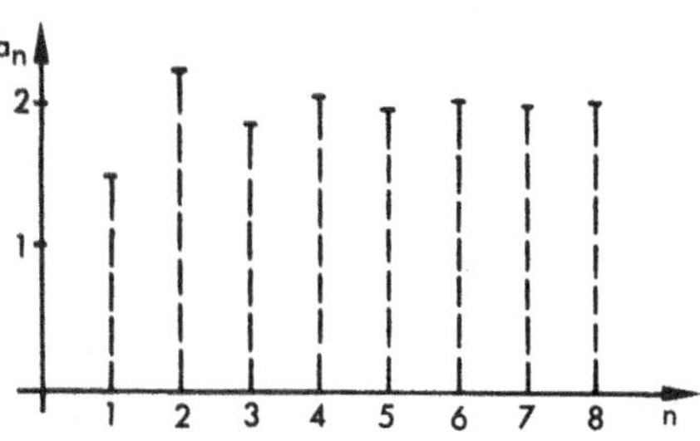


Wertetabelle und Graph der Folge $a_n=2+(-\frac{1}{2})^n$

**Der Grenzwert einer weiteren Folge kann hier nur ohne Beweis mitgeteilt werden: Die Folge**

$$a_n = (1 + \frac{1}{n})^n$$

hat den Grenzwert e = 2,71828...
Nach ihrem Entdecker heißt dieser Wert die *Euler'sche Zahl*.

Einen weiteren Grenzwert werden wir im Abschnitt 3.5.2 benötigen:

$$\lim_{n \to \infty}(e^{\frac{1}{n}} - 1) \cdot n = 1 \qquad (3\text{-}1)$$

Auch den Beweis dieser Aussage werden wir übergehen.

*Divergente Zahlenfolge*

Beispiel a: Die Folge $a_n = n^2$ wächst mit wachsendem n unbegrenzt.

| n | $a_n = n^2$ |
|---|---|
| 1 | 1 |
| 2 | 4 |
| 3 | 9 |
| 4 | 16 |
| ⋮ | ⋮ |

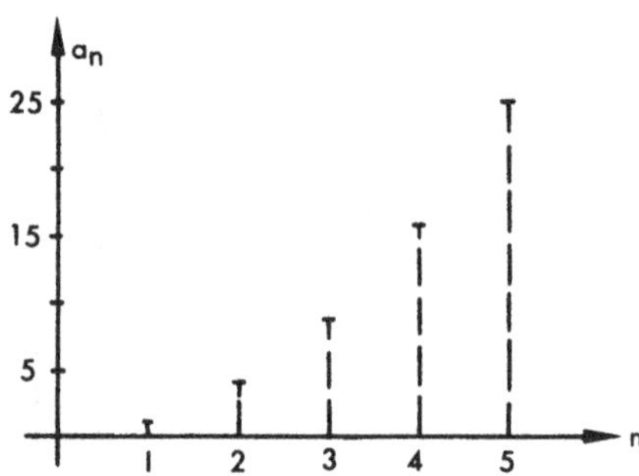


Wertetabelle und Graph der Folge $a_n = n^2$

Beispiel b: Die Folge $a_n = (-1)^n \frac{n}{n+1}$ nähert sich den beiden Zahlen +1 und -1.
Auch diese Folge hat keinen Grenzwert im Sinne unserer Definition.

| n | $a_n = (-1)^n \frac{n}{n+1}$ |
|---|---|
| 1 | $-\frac{1}{2}$ |
| 2 | $+\frac{2}{3}$ |
| 3 | $-\frac{3}{4}$ |
| 4 | $+\frac{4}{5}$ |
| 5 | $-\frac{5}{6}$ |
| ⋮ | ⋮ |

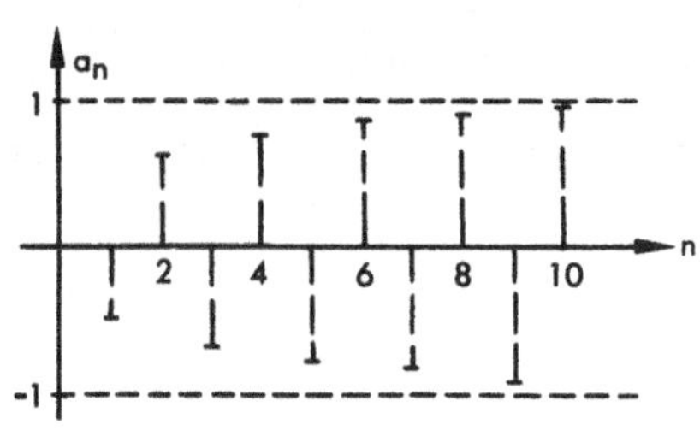


Wertetabelle und Graph der Folge $a_n=(-1)^n \frac{n}{n+1}$

### 3.1.3 Grenzwert einer Funktion

Den Begriff des Grenzwertes einer Zahlenfolge kann man ohne Schwierigkeit erweitern. Gegeben sei eine beliebige Funktion $y = f(x)$.
Die unabhängige Variable x möge eine Folge von Werten $x_1, x_2, \ldots$ durchlaufen. Wenn diese Werte den Definitionsbereich der Funktion nicht verlassen, gibt es zu jedem Wert $x_n$ einen Funktionswert $y_n = f(x_n)$.
Damit haben wir aus der Folge der $x_n$ eine neue Folge der Werte $y_n = f(x_n)$ gewonnen.

Definition: Wir denken uns alle Folgen $\{x_n\}$ aus dem Definitionsbereich von $y = f(x)$, die gegen einen bestimmten festen Wert $x_0$ konvergieren (bzw. über jedes Maß hinaus wachsen).

Strebt f(x) für alle diese Folgen gegen eine einzige endliche Zahl g, dann heißt g der *Grenzwert* oder *Limes* der Funktion f(x) *für* $x \to x_0$ (bzw. $x \to \infty$).

Man sagt auch: f(x) *konvergiert* gegen g und schreibt

$\lim_{x \to x_0} f(x) = g$, falls x gegen eine endliche Zahl $x_0$ geht

$\lim_{x \to \infty} f(x) = g$, falls x über alle Maßen wächst.

Beispiel: $y = \frac{1}{x}$ für $x \to \infty$.
Lassen wir x die Folge 1,2,3,... durchlaufen, so haben wir für die Funktionswerte x gerade die Zahlenfolge $a_n = \frac{1}{n}$ vor uns, die wir bereits kennen: sie hat den Grenzwert Null. Aber auch, wenn wir x die Folge 1,3,9,27,... oder $\frac{3}{7}, \frac{6}{7}, \frac{9}{7}, \frac{12}{7}, \ldots$ oder jede andere reelle Folge durchlaufen lassen, bekommen wir für y den Wert Null heraus; $y = \frac{1}{x}$ hat den Grenzwert $g = 0$ für $x \to \infty$.

*Beispiele für die praktische Grenzwertbildung*

Wir haben bisher kein klares und eindeutiges Verfahren angegeben, nach dem man jeden Grenzwert bestimmen könnte. Tatsächlich gibt es kein derartiges Verfahren - allein der Erfolg rechtfertigt ein bestimmtes Vorgehen. Immerhin gibt es aber einige Methoden, die in vielen Fällen zum Ziel führen.

1. Beispiel: Gesucht sei

$$\lim_{x \to \infty} \frac{x^2}{x^2 + x + 1}$$

Wir wissen: Wenn $x \to \infty$ geht, dann geht $\frac{1}{x} \to 0$. Wenn wir durch die höchste Potenz $x^2$ kürzen, können wir einige der Summanden für $x \to \infty$ zum Verschwinden bringen:

$$\lim_{x \to \infty} \frac{1}{1 + \frac{1}{x} + \frac{1}{x^2}}$$

Für $x \to \infty$ gehen $\frac{1}{x}$ und $\frac{1}{x^2}$ gegen 0.

Damit erhalten wir als Grenzwert

$$\lim_{x \to \infty} \frac{1}{1 + \frac{1}{x} + \frac{1}{x^2}} = 1$$

2. Beispiel: Der Grenzwert

$$\lim_{x \to 0} \frac{\sin x}{x}$$

wird uns bei der Berechnung der Differentialquotienten begegnen.

Wir gehen in diesem Fall von der Definition der Winkelfunktionen im Einheitskreis aus.

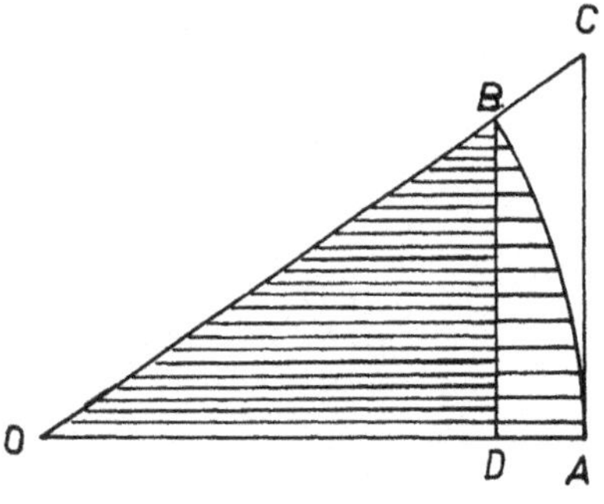


Abb. 3-8

Das Bogenstück des Sektors OAB sei x. Dann ist die Sektorenfläche F(OAB) größer als die Fläche F(ODB) des Dreiecks ODB und kleiner als die Fläche F(OAC) des Dreiecks OAC (s.Abb). Es gilt also

$$F(ODB) < F(OAB) < F(OAC)$$

$$\frac{\sin x \cdot \cos x}{2} < \frac{x}{2} < \frac{\tan x}{2}$$

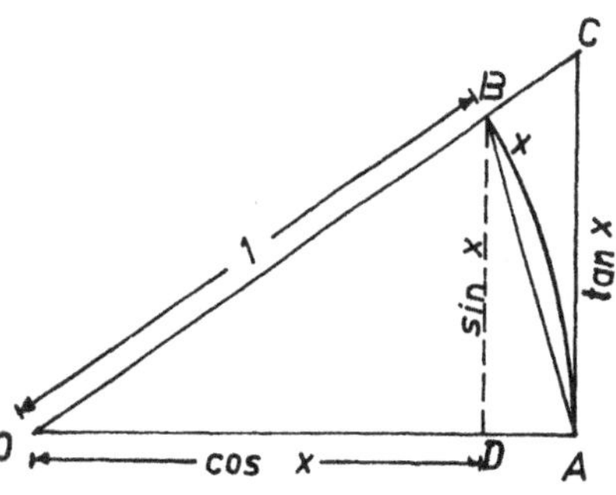


Wir multiplizieren mit 2 und teilen durch sinx

$$\cos x < \frac{x}{\sin x} < \frac{1}{\cos x}$$

Wir nehmen das Reziproke dieser Ungleichung ( < geht in > über):

$$\frac{1}{\cos x} > \frac{\sin x}{x} > \cos x$$

Für $x \to 0$ geht $\cos x \to 1$,
folglich geht auch $\frac{\sin x}{x} \to 1$. Wir haben also

$$\lim_{x \to 0} \frac{\sin x}{x} = 1 \qquad (3\text{-}2)$$

## 3.2 STETIGKEIT

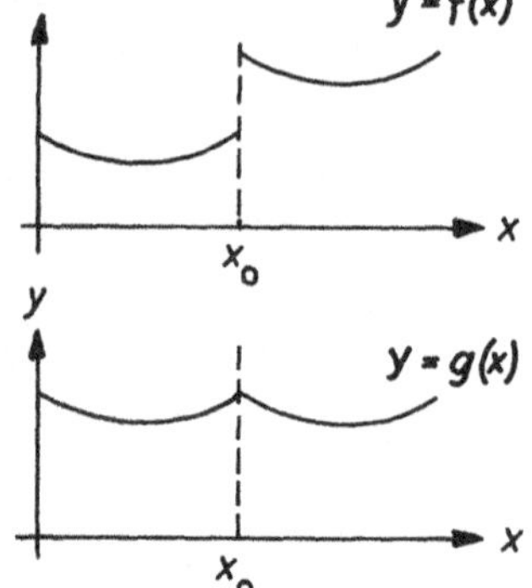


Die abgebildete Funktion $y = f(x)$ macht bei $x = x_o$ einen Sprung; sie ist *"unstetig"*.

Die Funktion $y = g(x)$ dagegen ist bei $x_o$ *"stetig"*.

Präziser und unabhängig von der Anschauung können wir den Stetigkeitsbegriff mit Hilfe des Grenzwertes definieren.

**Definition:** Die Funktion $y = f(x)$ heißt im Punkte $x = x_o$ *stetig*, wenn folgende Bedingungen erfüllt sind:

f(x) hat für $x \longrightarrow x_o$ denselben Grenzwert g, unabhängig davon, ob man sich von links oder rechts der Stelle $x_o$ nähert.

Der Grenzwert g stimmt mit dem Wert $f(x_o)$ überein, also mit dem Funktionswert an der Stelle $x = x_o$.

Zusammengefaßt kann man dann schreiben

$$\lim_{x \to \pm x_o} f(x) = f(\lim_{x \to \pm x_o} x) = f(x_o) = g$$

wobei $\pm x_o$ andeuten soll, daß man sich von links oder rechts an $x_o$ annähern kann.

## 3.3 Reihe und Grenzwert

Addiert man die Glieder einer Zahlenfolge, so entsteht eine *Reihe*.

Beispiel: Aus der Folge

$$1, \frac{1}{2}, \frac{1}{3}, \frac{1}{4}, \ldots, \frac{1}{n}$$

kann man die Reihe konstruieren:

$$1 + \frac{1}{2} + \frac{1}{3} + \frac{1}{4} + \ldots + \frac{1}{n}$$

Allgemeine Notierung:

Folge: $a_1, a_2, a_3, \ldots, a_i, \ldots, a_n$

Reihe: $a_1 + a_2 + a_3 + \ldots + a_i + \ldots + a_n$

$a_1$: *Anfangsglied* der Reihe

$a_n$: *Endglied* der Reihe

$a_i$: *Allgemeines Glied* der Reihe

i ist die *Laufzahl*, sie nimmt jeden Wert zwischen 1 und n an. Die Laufzahl wird auch häufig mit j, k oder einem anderen Buchstaben bezeichnet.

Für die Reihe benutzt man als Abkürzung das Summenzeichen: Es ist der große griechische Buchstabe Σ (Sigma) und steht für Summe. Durch das Summenzeichen vermeiden wir es, umständlich lange Reihen hinzuschreiben.

$$a_1+a_2+a_3+\ldots+a_n = \sum_{i=1}^{n} a_i = s_n$$

Das Summenzeichen ist eine sehr häufig gebrauchte Abkürzung.

Unter dem Summenzeichen steht die Laufzahl mit der Nummer des Anfangsgliedes (i = 1). Über dem Summenzeichen steht die Nummer des Endgliedes (n). Hinter dem Summenzeichen steht das allgemeine Glied ($a_i$).

Die Laufzahl ist durch ihre Grenzen (hier 1 und n) völlig bestimmt, es ist also gleichgültig, ob sie i, j oder sonst irgendwie heißt.

Beispiel: Reihe der Quadratzahlen:

$$1 + 2^2 + 3^2 + \ldots + i^2 + \ldots + n^2$$

Hier ist das allgemeine Glied das Quadrat der Laufzahl i:

$$a_i = i^2$$

Für eine Reihe mit unendlich vielen Gliedern, muß man den Grenzübergang $n \longrightarrow \infty$ bilden:

$$\lim_{n \to \infty} s_n = \lim_{n \to \infty} \sum_{i=0}^{n} a_i$$

Formal schreibt man meist:

$$s = \sum_{i=0}^{\infty} a_i$$

Eine derartige Reihe heißt *unendliche Reihe*.
Man darf aber nicht vergessen, daß mit dem Summenzeichen strenggenommen nicht eine "Summe aus unendlich vielen Gliedern", sondern der Grenzprozeß $n \to \infty$ gemeint ist; $s$ ist der *Grenzwert* von $s_n$ für $n \to \infty$, falls es einen solchen gibt.

### 3.3.1 Geometrische Reihe

Die Reihe

$$a+aq+aq^2+\ldots+aq^{n-1} \quad (a,q\text{: reelle Zahlen})$$

heißt *Geometrische Reihe.*

Das allgemeine Glied $a_i$ der Reihe hat hier die Form

$$a_i = aq^i$$

Wir wollen die Summe

$$s_n = \sum_{i=0}^{n-1} aq^i$$

der n ersten Glieder berechnen. Dazu benutzen wir einen Trick: Wir multiplizieren die Reihe gliedweise mit q und subtrahieren hiervon die ursprüngliche Reihe. Dann fallen alle mittleren Glieder fort.

$$q\cdot s_n = a\cdot q + a\cdot q^2 + a\cdot q^3 + \ldots + a\cdot q^{n-1} + a\cdot q^n$$

$$s_n = a + a\cdot q + a\cdot q^2 + a\cdot q^3 + \ldots + a\cdot q^{n-1}$$

$$q\cdot s_n - s_n = -a + a\cdot q^n$$

oder

$$s_n(q-1) = a\cdot(q^n-1)$$

oder

$$s_n = a\cdot\frac{q^n-1}{q-1} = a\cdot\frac{1-q^n}{1-q} \qquad (q \neq 1)$$

Das ist die Summe der n ersten Glieder einer geometrischen Reihe.
Nunmehr können wir auch die Summe der unendlichen Reihe bilden: Wir lassen $n \to \infty$ gehen. Hierbei müssen wir zwei Fälle unterscheiden:

1. Fall: $|q| < 1$

Dann ist $\lim\limits_{n\to\infty} q^n = 0$, und wir haben den Grenzwert

$$s = \lim_{n\to\infty} s_n = \lim_{n\to\infty} a\cdot\frac{1-q^n}{1-q} = a\cdot\frac{1}{1-q}$$

2. Fall: $|q| > 1$
Dann wächst $q^n$ für $n \to \infty$ über alle Grenzen, und wir bekommen keinen endlichen Grenzwert für die geometrische Reihe.

## 3.4 DIE ABLEITUNG EINER FUNKTION

### 3.4.1 DIE STEIGUNG EINER GERADEN

Definition: Unter der *Steigung einer Geraden* versteht man das Verhältnis von Höhendifferenzen $\Delta y$ zur Basislinie $\Delta x$, auf der diese Höhendifferenz erreicht wird.

Das Zeichen $\Delta$ ist der griechische Buchstabe "Delta" und soll "Differenz von..." bedeuten. $\Delta x$ heißt also nicht Delta mal x, sondern Differenz der beiden x-Werte $x_2$ und $x_1$.

Man kann die Steigung auch als Tangens des "Steigungswinkels" $\alpha$ schreiben:

$$\frac{\Delta y}{\Delta x} = \tan \alpha$$

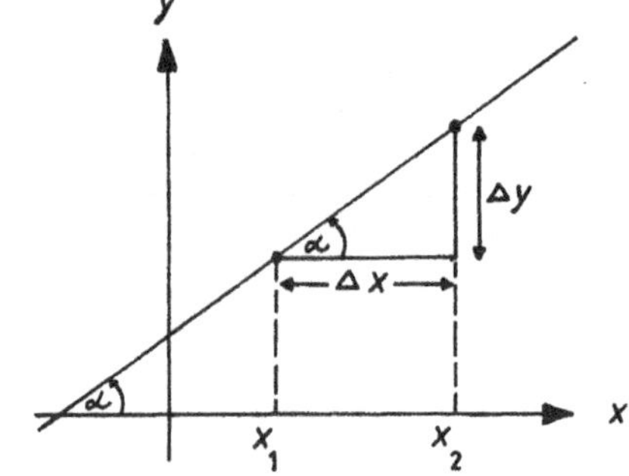


### 3.4.2 DIE STEIGUNG EINER BELIEBIGEN KURVE

Die Steigung einer beliebigen Kurve kann - zum Unterschied von der Geraden - von Punkt zu Punkt verschieden sein. Kennen wir die Steigung in einem festen Punkt P, dann soll die Gerade durch P mit dieser Steigung die *Tangente im Punkt P* heißen, und wir können "Steigung der Kurve" und "Tangentensteigung" als Synonyme verwenden. Das Problem ist jetzt, die Steigung der Kurve im Punkt P zu finden.

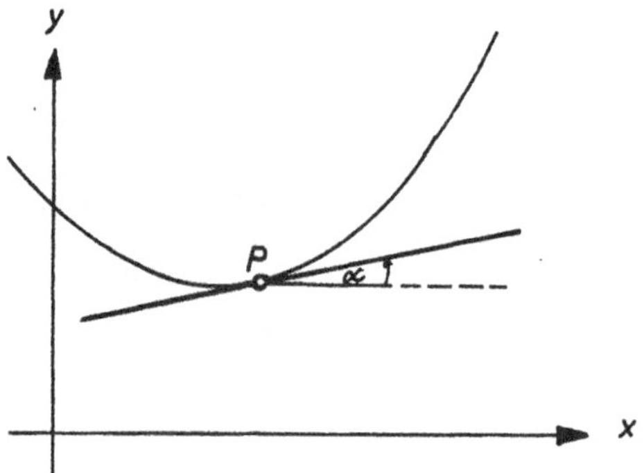

Wir gehen dabei von folgender anschaulicher Idee aus, deren Ergebnisse wir später noch präzisieren müssen: Wir betrachten neben P einen zweiten beliebigen Punkt Q auf der Kurve y = f(x). Die Verbindungsgerade von P zu Q heißt *Sekante*. Die Steigung der Sekante PQ kennen wir; sie ist

$$\tan \alpha' = \frac{\Delta y}{\Delta x}$$

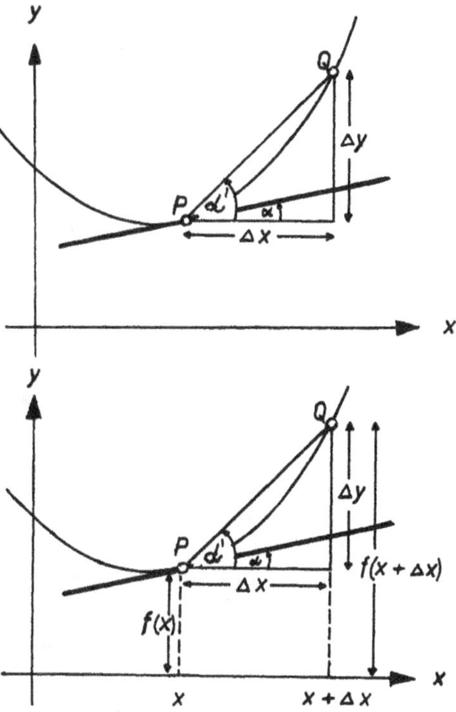


Lassen wir nun Q nach P wandern, so wird $\alpha'$ sich $\alpha$ nähern, und wenn Q mit P zusammenfällt, wird aus der Sekantensteigung $\tan \alpha'$ die gesuchte Steigung $\tan \alpha$ werden. Gleichzeitig geht $\Delta x$ gegen Null, sodaß wir für unsere anschauliche Steigung erhalten:

$$\tan \alpha = \lim_{\alpha' \to \alpha} \tan \alpha' =$$

$$= \lim_{\Delta x \to 0} \frac{\Delta y}{\Delta x}$$

oder, weil $\Delta y = f(x+ \Delta x) - f(x)$ ist,

$$\tan \alpha = \lim_{\Delta x \to 0} \frac{f(x+ \Delta x) - f(x)}{\Delta x}$$

Definition: Der Bruch $\frac{f(x+ \Delta x) - f(x)}{\Delta x} = \frac{\Delta y}{\Delta x}$ heißt *Differenzenquotient*.

Beispiel: Steigung der Parabel $y = x^2$ im Punkt $P = (\frac{1}{2}, \frac{1}{4})$

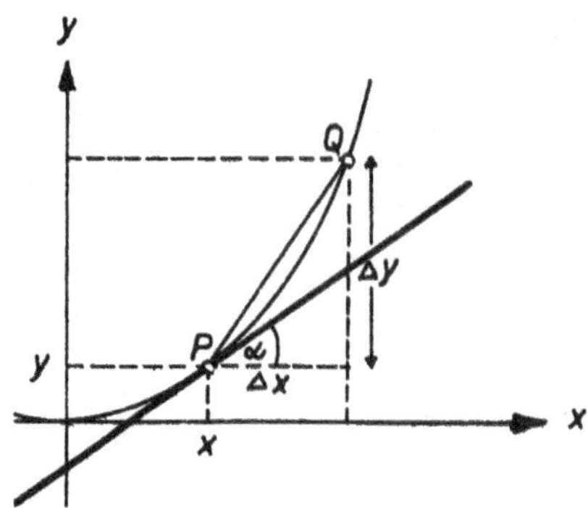


Die Sekantensteigung ist

$$\tan \alpha' = \frac{f(x+\Delta x) - f(x)}{\Delta x}$$

Wir müssen $\tan \alpha$ berechnen.
Für die Parabel ist

$$f(x) = x^2$$

$$f(x+\Delta x) = (x+\Delta x)^2$$

Die Steigung ist

$$\tan \alpha = \lim_{\Delta x \to 0} \frac{(x+\Delta x)^2 - x^2}{\Delta x}$$

$$= \lim_{\Delta x \to 0} \frac{x^2 + 2x \cdot \Delta x + (\Delta x)^2 - x^2}{\Delta x}$$

Wir kürzen durch $\Delta x$:

$$\tan \alpha = \lim_{\Delta x \to 0} (2x + \Delta x)$$

Beim Grenzübergang wird $\Delta x$ zu Null, und wir haben

$$\tan \alpha = 2x$$

Am Punkt $P = (\frac{1}{2}, \frac{1}{4})$ ist also

$$\tan \alpha = 1 \text{ entsprechend } \alpha = 45^\circ$$

Nun ist es durchaus nicht so, daß der Differenzenquotient für $\Delta x \to 0$ immer einen Grenzwert hat. Nicht jeder Kurve $y = f(x)$ kann in jedem beliebigen Punkt eine eindeutige Steigung zugeschrieben werden. Zum Beispiel kann man der Kurve in der Abbildung im Punkt P bestimmt keine eindeutige Steigung zuschreiben. Wir müssen also den Vorbehalt machen, daß es den obigen Grenzwert überhaupt gibt.

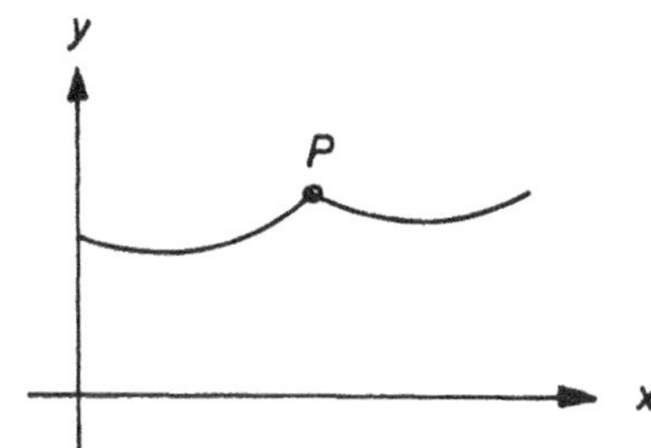


## 3.4.3 Der Differentialquotient

Wir lösen uns jetzt von der geometrischen Anschauung und betrachten den Differenzenquotienten $\frac{\Delta y}{\Delta x} = \frac{f(x+\Delta x)-f(x)}{\Delta x}$.

**Definition:** Hat der Differenzenquotient $\frac{\Delta y}{\Delta x}$ für $\Delta x \to 0$ einen Grenzwert, so heißt dieser Grenzwert die 1. *Ableitung* von $f(x)$ nach $x$ oder der *Differentialquotient* von $y = f(x)$.

Diesen Differentialquotienten nennt man $y'$, $f'(x)$ oder $\frac{dy}{dx}$.
(lies: dy nach dx; d wird nicht mit x oder y multipliziert, sondern ist das Symbol für "Differential von...")

Wir erhalten die folgende Zusammenstellung:

$$y' = f'(x) = \frac{dy}{dx} = \frac{d}{dx} f(x) =$$

$$\lim_{\Delta x \to 0} \frac{\Delta y}{\Delta x} = \lim_{\Delta x \to 0} \frac{f(x+\Delta x)-f(x)}{\Delta x}$$

Wir haben die erste Ableitung hier rein analytisch als Grenzwert definiert; die geometrische Bedeutung des Differentialquotienten ist die Steigung der Kurve bzw. der Tangente.

Dabei haben wir wesentlich mehr erhalten, als wir gefordert hatten: Statt der Steigung in einem Punkt P haben wir die Steigung als Funktion von x erhalten; wir können also die Steigung y' in *jedem* Punkt ausrechnen, an dem f'(x) bekannt ist und haben damit das Tangentenproblem allgemein gelöst.

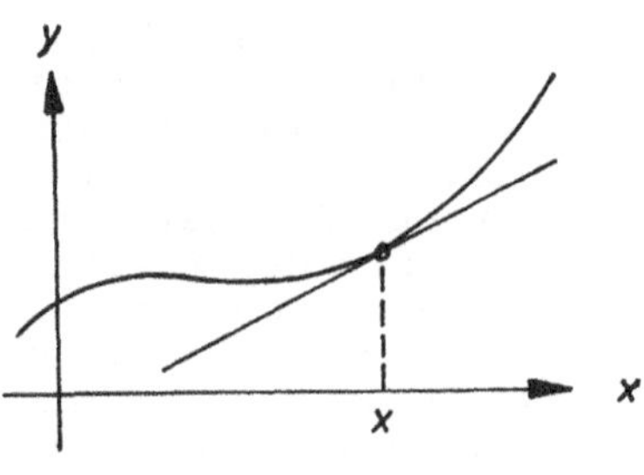


Die Bedeutung der Differentialrechnung in allen Naturwissenschaften beruht darauf, daß sie eine Beziehung herstellt zwischen Veränderungen zweier voneinander abhängiger Größen. Der Differentialquotient y' gibt das Verhältnis an zwischen einer Änderung von y und der Änderung von x. Im nächsten Abschnitt werden wir ein Beispiel aus der Physik betrachten.

## 3.4.4 Physikalische Anwendung: Die Geschwindigkeit

Nehmen wir an, ein Fahrzeug fahre gleichmäßig schnell eine Strecke $\Delta x$ entlang. Stoppen wir die Zeit $\Delta t$, die es dazu braucht, so ist

$$v_o = \frac{\Delta x}{\Delta t}$$

seine Geschwindigkeit (genauer: sein Geschwindigkeitsbetrag).

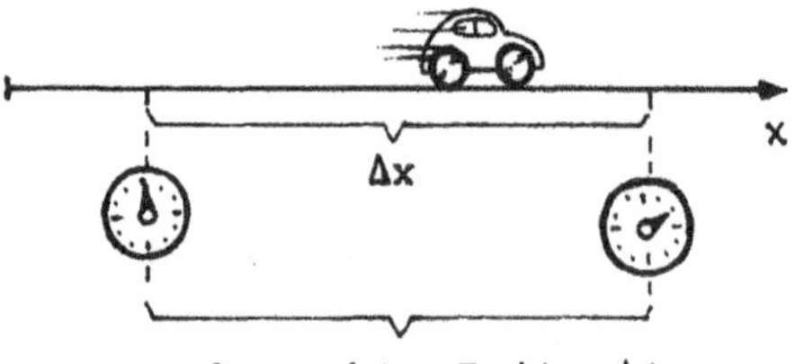


verbrauchte Zeit: $\Delta t$

Fährt das Fahrzeug nicht gleichmäßig schnell, so erhalten wir auf diese Weise lediglich seine Durchschnittsgeschwindigkeit. Wir wissen nicht, wie schnell es zu einem bestimmten Zeitpunktt fährt; d.h. wir kennen nicht seine *Momentangeschwindigkeit* $v(t)$.

Je kleiner wir aber $\Delta t$ und $\Delta x$ machen, desto besser werden wir uns der Momentangeschwindigkeit nähern.

Als Momentangeschwindigkeit werden wir demnach die 1. Ableitung der Ortskoordinate x nach der Zeit definieren:

$$v(t) = \lim_{\Delta t \to 0} \frac{\Delta x}{\Delta t}$$

Bezeichnung:

$$v(t) = \frac{dx}{dt} = \dot{x}$$

Dieser Grenzübergang $\Delta t \longrightarrow 0$ ist eine der fundamentalen mathematischen Abstraktionen der Physik, die nicht direkt nachvollziehbar sind - wir können ja beliebig kleine Zeiten nicht messen - die jedoch deswegen berechtigt sind, weil aus ihnen neue Folgerungen gezogen werden können, die dann ihrerseits experimentell bestätigt werden können. So läßt sich die zeitliche Änderung der Geschwindigkeit mit Hilfe einer weiteren Abstraktion - der Beschleunigung - mit einer physikalisch gut meßbaren Größe - der Kraft - verbinden und untersuchen.

### 3.4.5 DAS DIFFERENTIAL

**Wir haben den Ausdruck $\frac{dy}{dx}$ als Differentialquotienten eingeführt.**
**In dem Ausdruck**

$$\frac{dy}{dx} = \lim_{\Delta x \to 0} \frac{\Delta y}{\Delta x}$$

**gehörten dx und dy fest zusammen.**

Wir werden nun die Größen dx und dy definieren. dx und $\Delta x$ nehmen wir willkürlich als gleich an; wir fassen hier also dx als endliche Größe auf.

dx heißt Differential von x.

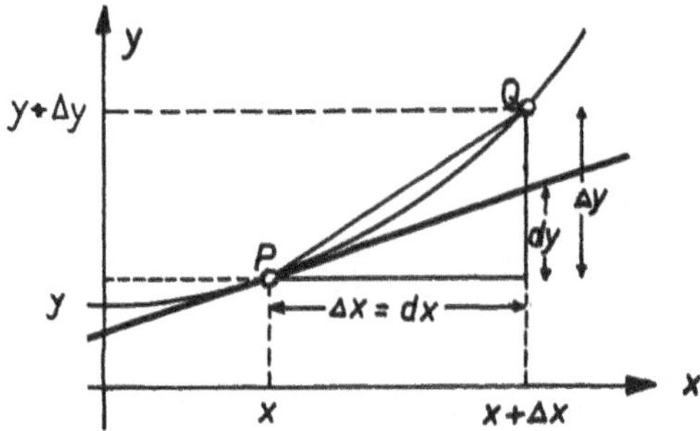


Gehen wir auf der Kurve $y = f(x)$ vom Punkt P zum Punkt Q, so ändert sich der Funktionswert um $\Delta y$.

$$\Delta y = f(x + \Delta x) - f(x)$$

Die Tangente an der Kurve im Punkt P ändert sich im gleichen Intervall um den Wert

$$dy = f'(x)dx$$

dy heißt Differential der Funktion $y = f(x)$.

Das Differential der Funktion ist im allgemeinen nicht gleich der Änderung des Funktionswertes:

$$dy \neq \Delta y$$

Das Differential dy ist eine Näherung für $\Delta y$, die umso besser gilt, je kleinere Intervalle betrachtet werden. Sobald wir die Ableitung y' einer Funktion berechnen können, können wir auch die Differentiale berechnen. Man benutzt sie in der Physik als *erste Näherung* für die Änderung eines Funktionswertes. Diese Näherung bedeutet geometrisch, daß die Funktion durch ihre Tangente ersetzt wird.

Analog der Bezeichnung

$x$ = unabhängige Variable
$y$ = abhängige Variable

heißt

$dx$ = *unabhängiges Differential*

$dy = f'(x)dx$ *abhängiges Differential* von $y = f(x)$.

Statt $dy$ schreibt man auch $df$.

## 3.5 Die praktische Berechnung des Differentialquotienten

Bevor wir an die Berechnung spezieller Differentialquotienten gehen, wollen wir einige Regeln ableiten, die allgemein für die Ableitung von Funktionen gelten.

### 3.5.1 Differentiationsregeln

1) Ein *konstanter Faktor* bleibt beim Differenzieren erhalten.

$$y = cf(x), \quad c = \text{const}$$

$$y' = cf'(x)$$

Beweis:

In unserer Definitionsgleichung für den Differentialquotienten können wir die Konstante $c$ ausklammern und vor das Limeszeichen ziehen, da sie vom Grenzprozeß $\Delta x \longrightarrow 0$ unberührt bleibt.

$$y' = \lim_{\Delta x \to 0} \frac{c \cdot f(x + \Delta x) - c \cdot f(x)}{\Delta x}$$

$$= \lim_{\Delta x \to 0} c \frac{f(x + \Delta x) - f(x)}{\Delta x}$$

$$= c \cdot f'(x)$$

2) *Summenregel:* Die Ableitung einer Summe von Funktionen ist die Summe der Einzelableitungen.

$$y = u(x) + v(x)$$

$$y' = u'(x) + v'(x)$$

Beweis: Wir können den Limes in eine Summe zweier Limites zerlegen, sofern der Limes der einzelnen Summanden existiert (man kann leicht beweisen, daß diese Zerlegung möglich ist).

$$y' = \lim_{\Delta x \to 0} \frac{u(x + \Delta x) + v(x + \Delta x) - (u(x) + v(x))}{\Delta x}$$

$$= \lim_{\Delta x \to 0} \frac{u(x + \Delta x) - u(x)}{\Delta x} + \frac{v(x + \Delta x) - v(x)}{\Delta x}$$

$$= \lim_{\Delta x \to 0} \frac{u(x + \Delta x) - u(x)}{\Delta x} + \lim_{\Delta x \to 0} \frac{v(x + \Delta x) - v(x)}{\Delta x}$$

$$= u'(x) + v'(x)$$

Die Regel gilt sinngemäß natürlich auch für die Differenz von Funktionen, ebenso für eine Summe oder Differenz beliebig vieler Funktionen, z.B.:

$$y = u_1(x) + u_2(x) + \ldots + u_n(x)$$

$$y' = u_1' + u_2' + \ldots + u_n'$$

3) *Produktregel:* Für die Ableitung eines Produktes zweier Funktionen $u(x)$ und $v(x)$ gilt

$$y = u(x) \cdot v(x)$$

$$y' = u'v + uv'$$

Beweis: Es ist

$$y' = \lim_{\Delta x \to 0} \frac{u(x+ \Delta x)v(x+ \Delta x) - u(x)v(x)}{\Delta x}$$

Im Zähler addiert man $u(x) \cdot v(x+ \Delta x)$ und zieht wieder ab.

$$y' = \lim_{\Delta x \to 0} \frac{u(x+ \Delta x)v(x+ \Delta x) - u(x)v(x) + u(x)v(x+ \Delta x) - u(x)v(x+ \Delta x)}{\Delta x}$$

Wir fassen so zusammen, daß Differenzenquotienten entstehen.

$$y' = \lim_{\Delta x \to 0} \frac{u(x+ \Delta x) - u(x)}{\Delta x} \cdot v(x+ \Delta x) + \lim_{\Delta x \to 0} u(x) \cdot \frac{v(x+ \Delta x) - v(x)}{\Delta x}$$

$$= u'(x)v(x) + u(x)v'(x)$$

4) *Quotientenregel:* Für die Ableitung des Quotienten zweier Funktionen u(x) und v(x) gilt

$$y = \frac{u(x)}{v(x)}$$

$$y' = \frac{u'v - uv'}{v^2}$$

Der Beweis beruht wieder auf dem Trick, eine Größe zu addieren und gleichzeitig abzuziehen; der Interessent findet den Beweis in jedem Lehrbuch der Differentialrechnung[1].

5) *Kettenregel:* Ist eine Funktion f von g abhängig, g selbst aber noch von x, so spricht man von einer mittelbaren Funktion[2] und schreibt:

$$y = f(g(x))$$

Für die Ableitung gilt:

$$y = f(g(x))$$

$$y' = \frac{df}{dg} \cdot g'(x)$$

mit anderen Worten, man muß erst f nach der Größe g ableiten, dann g nach x und dann beide Ableitungen miteinander multiplizieren.

---

1) Baule: Die Mathematik des Naturforschers und Ingenieurs, Band I, S. Hirzel, Leipzig
Courant: Vorlesungen über Differential- und Integralrechnung, Bd. I, Springer, Berlin, Göttingen, Heidelberg
Mangoldt, Knopp: Einführung in die Höhere Mathematik, Band II, S. Hirzel, Stuttgart

2) Der Begriff der mittelbaren Funktion ist bereits in Abschnitt 2.3.3 eingeführt worden.

### 3.5.2 Ableitung einfacher Funktionen

Wir müssen jetzt den Differentialquotienten y' ausrechnen, d.h. wir müssen den Grenzübergang

$$\lim_{\Delta x \to 0} \frac{f(x + \Delta x) - f(x)}{\Delta x}$$

für konkrete Funktionen $y = f(x)$ wirklich ausführen. Die grundsätzliche Schwierigkeit ist die, daß wir bei $\Delta x \to 0$ für den Bruch das Symbol $\frac{0}{0}$ erhalten, das als solches sinnlos ist.

Für jede Funktion, die wir für f(x) einsetzen, müssen wir den Bruch daher so umformen, daß beim Grenzübergang $\Delta x \to 0$ der Nenner nicht Null wird.

Die folgenden Beweise sind nicht unbedingt notwendig für das Verständnis der wesentlichen Zusammenhänge in der Differential- und Integralrechnung, wie man sie für die Anwendung in den Naturwissenschaften braucht; wir werden die Beweise daher verhältnismäßig kurz fassen.

1) Die Ableitung einer *Konstanten* verschwindet.

$$y(x) = \text{const.} \qquad y'(x) = 0$$

Denn wenn wir für f(x) und f(x + Δx) die Konstante c einsetzen, wird

$$y' = \lim_{\Delta x \to 0} \frac{c-c}{\Delta x}$$

$$= \lim_{\Delta x \to 0} 0 = 0$$

2) *Potenzfunktion*

$$y = f(x) = x^r \qquad y' = rx^{r-1}$$

r: rationale Zahl

Beweis: Für den Spezialfall, daß r eine positive ganze Zahl n ist:
Der Differenzenquotient für $y = x^n$ sieht folgendermaßen aus:

$$\frac{(x + \Delta x)^n - x^n}{\Delta x} =$$

Ausmultiplizieren der Klammer nach dem binomischen Satz:

$$= \frac{x^n + nx^{n-1}\Delta x + \ldots + (\Delta x)^n - x^n}{\Delta x}$$

$$= \frac{nx^{n-1}\Delta x + \ldots + (\Delta x)^n}{\Delta x}$$

Δx ausklammern und kürzen:

$$= nx^{n-1} + \frac{n(n-1)}{2} x^{n-2} \Delta x + \ldots + (\Delta x)^{n-1}$$

Beim Grenzübergang $\Delta x \to 0$ bleibt von der Summe nur das Glied $nx^{n-1}$ übrig.

Beispiel: $y = x^{-\frac{1}{2}}, \; y' = -\frac{1}{2} \cdot x^{-\frac{1}{2}-1} = -\frac{1}{2} \cdot x^{-\frac{3}{2}}$

3) *Trigonometrische Funktionen*

$$y = \sin x \qquad y' = \cos x$$

$$y = \cos x \qquad y' = -\sin x$$

$$y = \tan x \qquad y' = \frac{1}{\cos^2 x}$$

$$y = \cot x \qquad y' = \frac{-1}{\sin^2 x}$$

Bei den letzten beiden Ableitungen müssen natürlich die x-Werte ausgeschlossen werden, bei denen der Nenner Null wird.

Beweis: a) Ableitung der Sinusfunktion:
In diesem Falle hat der Differenzenquotient folgende Form:

$$\frac{\Delta y}{\Delta x} = \frac{\sin(x + \Delta x) - \sin x}{\Delta x}$$

$$= \frac{2\sin(\frac{\Delta x}{2})\cos(x + \frac{\Delta x}{2})}{\Delta x} \qquad \text{(siehe Anm. 1)}$$

$$= \frac{\sin\frac{\Delta x}{2}}{\frac{\Delta x}{2}} \cdot \cos(x + \frac{\Delta x}{2})$$

Nach Gleichung (3-2), Abschn. 3.1.4 gilt: $\lim\limits_{\Delta x \to 0} \frac{\sin \Delta x}{\Delta x} = 1$

Folglich ergibt sich:

$$\frac{dy}{dx} = \lim_{\Delta x \to 0} \frac{\sin\frac{\Delta x}{2}}{\frac{\Delta x}{2}} \cdot \cos(x + \frac{\Delta x}{2}) = \cos x.$$

b) Ableitung der Kosinusfunktion:
Wir wenden die Kettenregel auf den folgenden Ausdruck an:

$$y = \cos x = \sin(\frac{\pi}{2} - x)$$

Mit $g = \frac{\pi}{2} - x$, $f(g) = \sin g$ erhalten wir

$$y' = \cos g \cdot g' = \cos(\frac{\pi}{2} - x) \cdot (-1)$$

$$= -\sin x$$

---

1) Bei dieser Umformung haben wir die Formel aus der Tabelle am Ende der Lektion 1 benutzt:
$\sin\alpha - \sin\beta = 2(\sin\frac{\alpha - \beta}{2} \cdot \cos\frac{\alpha + \beta}{2})$. Hier ist

$$\alpha = x + \Delta x$$

$$\beta = x$$

Zum Beweise für die Ableitungen von tan x und cot x differenziert man die Beziehungen

$$y = \tan x = \frac{\sin x}{\cos x}$$

$$y = \cot x = \frac{\cos x}{\sin x}$$

mit Hilfe der Quotientenregel, was wir hier jedoch nicht im einzelnen ausführen wollen.

4) *Exponentialfunktion und Logarithmus*

$$y = e^x \qquad y' = e^x$$

$$y = \ln x \qquad y' = \frac{1}{x}$$

**Beweis:** a) Ableitung der Exponentialfunktion:
Im Zähler des Differenzenquotienten klammern wir $e^x$ aus:

$$\frac{f(x+\Delta x)-f(x)}{\Delta x} = \frac{e^{x+\Delta x} - e^x}{\Delta x} = \frac{e^x(e^{\Delta x} - 1)}{\Delta x}$$

Nach der Gleichung (3-1) gilt: $\lim\limits_{n\to\infty} (e^{\frac{1}{n}} - 1)\cdot n = 1$

Dieses Ergebnis bleibt richtig, wenn wir ganz beliebige Zahlenfolgen für n einsetzen. Da $\Delta x$ auf beliebige Weise gegen Null streben soll, können wir $\Delta x = \frac{1}{n}$ setzen, denn wenn $n \to \infty$ geht, strebt $\Delta x \to 0$. Beim Grenzübergang $\Delta x \to 0$ geht also $\frac{(e^{\Delta x}-1)}{\Delta x}$ gegen 1, und es bleibt $e^x$ übrig, wie behauptet.

b) Ableitung der Logarithmus-Funktion $y = \ln x$:
Wir exponenzieren die Gleichung $y = \ln x$, d.h. wir schreiben

$$e^y = e^{\ln x} = x$$

Bilden wir die Ableitung $\frac{dx}{dy}$ der Funktion $x = e^y$, so erhalten wir

$$\frac{dx}{dy} = e^y$$

Da wir den Differentialquotienten als Quotienten der Differentiale dx und dy auffassen können, können wir die Gleichung auch schreiben als:

$$\frac{dy}{dx} = \frac{1}{e^y} = \frac{1}{x}$$

Also ist:

$$y' = \frac{dy}{dx} = \frac{1}{x}$$

5) *Bemerkungen über die Bedeutung der Exponentialfunktion*

Die e-Funktion $y = e^x$ ist die Funktion, die beim Differenzieren erhalten bleibt, für die also $y' = y$ gilt. Nach unserer allgemeinen Interpretation der Ableitung gibt y' an, wie sich y mit x ändert (vgl. 3.4.3). Man sieht jetzt schon, daß die e-Funktion überall dort von Bedeutung sein wird, wo die Änderung einer Größe in enger Beziehung zur Größe selbst steht. Dies ist z.B. bei natürlichen Wachstums- und Zerfallsprozessen der Fall: Je mehr Menschen es gibt, desto stärker vermehren sie sich; sofern die Vermehrung nicht durch äußere Einflüsse gebremst wird, wächst die Zahl der Menschen "exponentiell" an.

Die Gleichung

$$y' = y$$

ist übrigens die erste "Differentialgleichung", der wir in diesem Kurs begegnet sind; *Differentialgleichung* deswegen, weil in *einer* Gleichung sowohl y als auch eine Ableitung von y vorkommt.

Wir halten fest, daß die Funktion

$$y = e^x$$

diese Differentialgleichung erfüllt; man sagt: $y = e^x$ ist eine Lösung der Differentialgleichung $y' = y$.

### 3.5.3 DIE DIFFERENTIATION KOMPLIZIERTER FUNKTIONEN

Die Ableitung komplizierter Funktionen erfordert die Kombination der allgemeinen Differentiationsregeln aus 3.5.1 und der Ableitungen einfacher Funktionen. Es folgen Beispiele:

*Konstanter Faktor:*

$y = a \sin x \qquad y' = a \cos x \qquad a = \text{const.}$

$y = ax^n \qquad y' = anx^{n-1}$

*Summe von Funktionen:*

$y = x^2 + x \qquad y' = 2x + 1$

$y = x^5 - \ln x \qquad y' = 5x^4 - \frac{1}{x}$

Die Ableitung einer "ganzen rationalen Funktion (Polynom) n-ten Grades"

$$y = a_o + a_1x + a_2x^2 + \ldots + a_nx^n$$

(n: natürliche Zahl)

ist

$$y' = a_1 + 2a_2x + \ldots + na_nx^{n-1}$$

*Produktregel:*

$$y = (x+1)x$$

Wir setzen

$u = x + 1 \qquad u' = 1$

$v = x \qquad v' = 1$

Dann wird

$$y' = u'v + uv' = x + (x+1)\cdot 1$$
$$= 2x + 1$$

Wir hätten übrigens (x+1)x auch ausmultiplizieren können:

$$y = x^2 + x$$

um dann gliedweise auszudifferenzieren; s. Beispiel zu "Summe von Funktionen"!

Es ist also durchaus nicht so, daß man immer eine bestimmte Regel anzuwenden hätte; manchmal hat man die Wahl zwischen mehreren und kann sich die bequemste aussuchen, in unserem Beispiel zweifellos die Regel über "Summe von Funktionen".

*Quotientenregel:*

$$y = \frac{x^2}{\sin x}$$

Hier setzen wir

$$u = x^2 \qquad u' = 2x$$

$$v = \sin x \qquad v' = \cos x$$

und erhalten

$$y' = \frac{u'v - uv'}{v^2} = \frac{2x\sin x - x^2\cos x}{\sin^2 x}$$

*Kettenregel:*

$$y = \cos ax \qquad (a = \text{const.})$$

Wir betrachten cos ax als zusammengesetzt aus der Funktion $g(x) = ax$ und $f(g) = \cos g$, also

$$y = f(g(x)) = \cos g(x)$$

Wir müssen jetzt f nach g und g nach x ableiten:

$$f(g) = \cos g \qquad \frac{df}{dg} = -\sin g$$

$$g = ax \qquad g' = \frac{dg}{dx} = a$$

Nach der Kettenregel ist dann

$$y' = \frac{df}{dg}\cdot g' = (-\sin g)\cdot a$$

$$= -a\cdot\sin ax$$

In der Physik hat man es oft mit den Wegen x zu tun, die von der Zeit t abhängen. Eine solche Abhängigkeit begegnet uns in der "harmonischen Bewegung"

$$x = f(t) = \cos \omega t$$

Wir brauchen in dem eben gerechneten Beispiel nur alle Größen umzubenennen - das ändert ja nichts an der Art und Weise, wie die eine Variable von der anderen abhängt - und schon können wir die Ableitung von x nach t angeben:
Wir substituieren

| | | | |
|---|---|---|---|
| x durch das frühere | | | y |
| t " | " | " | x |
| ω " | " | " | a |

$$x = \cos \omega t \qquad \dot{x} = \frac{dx}{dt} = -\omega \sin \omega t$$

(Der Punkt über dem x bezeichnet die Ableitung nach der Zeit)

Ein weiteres Beispiel ist

$$y = ((x+1)x)^3$$

Wir setzen

$$g(x) = (x+1)x \qquad g'(x) = 2x + 1$$

$$f(g) = g^3 \qquad \frac{df}{dg} = 3g^2 = 3((x+1)x)^2$$

Dann ist

$$y' = \frac{df}{dg} \cdot g' = 3((x+1)x)^2(2x+1)$$

## 3.6 HÖHERE ABLEITUNGEN

Wir haben schon bei der Ableitung des Differentialquotienten bemerkt, daß er nicht nur die Steigung in einem Punkt, sondern die Steigung für jeden x-Wert des Definitionsbereiches von f(x) liefert, für den die Ableitung existiert. Der Differentialquotient ist also selbst wieder eine Funktion von x. Wir haben das in der Schreibweise f'(x) bereits ausgedrückt. Es liegt also nahe, f'(x) nochmals nach x abzuleiten. Man erhält auf diese Weise die *2. Ableitung von y = f(x) nach x.*

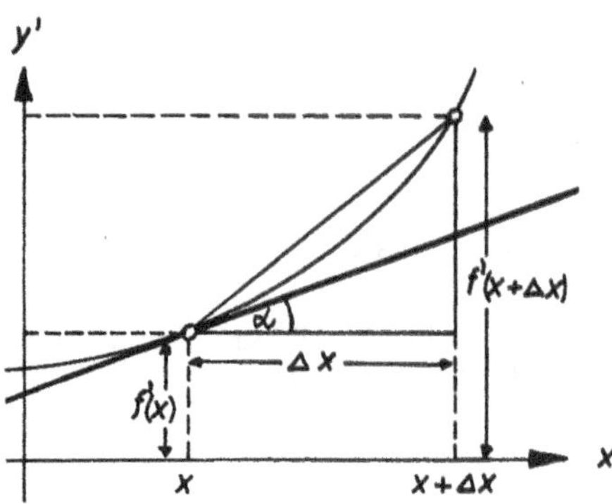


**Definition:** Der Grenzwert $\lim\limits_{\Delta x \to 0} \frac{f'(x+\Delta x)-f'(x)}{\Delta x} = f''(x) = y''(x)$ heißt *2. Ableitung* von y = f(x) nach x.
Schreibweise mit Hilfe von Differentialen:

$$y'' = \frac{d}{dx}\left(\frac{dy}{dx}\right) = \frac{d^2y}{dx^2} = \frac{d^2}{dx^2} f(x)$$

(gelesen: d-zwei-y nach d-x-Quadrat)

Weiter können wir die 3., 4.,..., allgemein die *n-te Ableitung* bilden:

$$y^{(n)} = \frac{d^ny}{dx^n} = \frac{d^n}{dx^n}f(x) = f^{(n)}(x)$$

Ebenso wie die erste Ableitung über die Steigung der Ursprungsfunktion f(x) Auskunft gibt, ist die zweite Ableitung die Steigung der ersten, die dritte die Steigung der zweiten usw.

Beispiele:
1. Für y = x ist y' = 1 und y" = 0. Jede weitere Ableitung ist ebenfalls 0.

2. Wir betrachten noch einmal die "Gleichung der harmonischen Bewegung".

$$x = \cos \omega t$$
$$\dot{x} = -\omega \sin \omega t$$
$$\ddot{x} = -\omega^2 \cos \omega t$$

## 3.7 MAXIMA UND MINIMA

Charakteristische Stellen einer Funktion wurden bereits in Lektion 1 behandelt. Anhand dieser Stellen läßt sich häufig ein rascher Überblick über den grundsätzlichen Verlauf des Graphen gewinnen. Diskutiert wurden Nullstellen, Pole, Asymptoten.
Jetzt können wir die Kurvendiskussion verfeinern und nach den Stellen suchen, an denen die Funktion Extremwerte annimmt, der Graph also Maxima oder Minima hat.

Definition: Eine Funktion f(x) hat an der Stelle $x_0$ ein (lokales) *Maximum*, wenn die Funktionswerte in einer Umgebung der Stelle $x_0$ alle kleiner als $f(x_0)$ sind.

Eine Funktion f(x) hat an der Stelle $x_0$ ein (lokales) *Minimum*, wenn die Funktionswerte in einer Umgebung von $x_0$ alle größer als $f(x_0)$ sind.

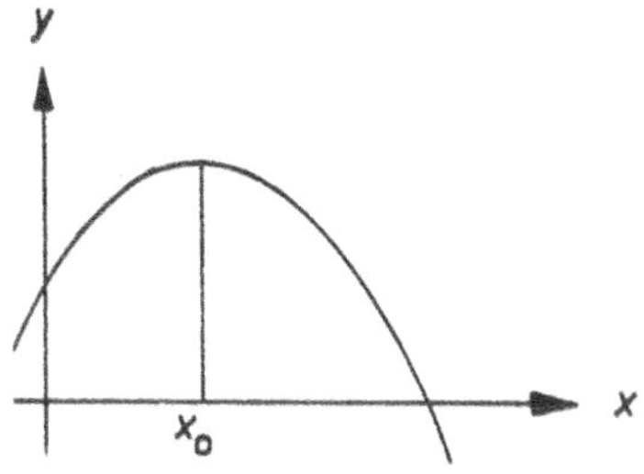


lokales Maximum

lokales Minimum

Hat die Kurve f(x) an der Stelle $x_o$ ein Minimum oder Maximum und dort keine Spitze, so sieht man unmittelbar, daß dort die Tangente horizontal sein muß; m.a.W. es muß $f'(x_o) = 0$ sein.

Man nennt diese Bedingung *notwendig*. Die Frage ist nun, ob man umgekehrt von der Bedingung $f'(x_o) = 0$ auf die Existenz eines Maximums oder Minimums schließen kann. Die Abbildung zeigt, daß man das nicht kann. Hier ist an der Stelle $x_1$ zwar die Steigung $f'(x_1) = 0$, aber rechts von $x_1$ sind die Funktionswerte größer, links sind sie kleiner als $f(x_1)$.
Wir haben also weder ein Maximum noch ein Minimum vor uns, sondern einen sogenannten *Wendepunkt* mit waagerechter Tangente. An Wendepunkten ändert sich das Krümmungsverhalten einer Kurve. Durchläuft man die hier abgebildete Kurve von links nach rechts, geht sie im Wendepunkt von Rechtskrümmung zu Linkskrümmung über.

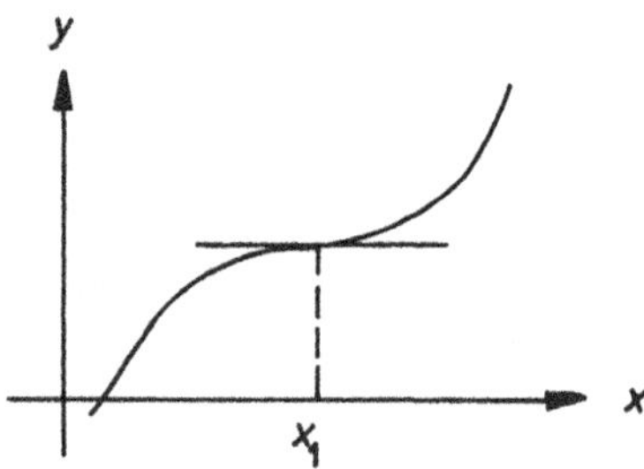


**Wendepunkt mit waagerechter Tangente**
auch *Sattelpunkt* genannt

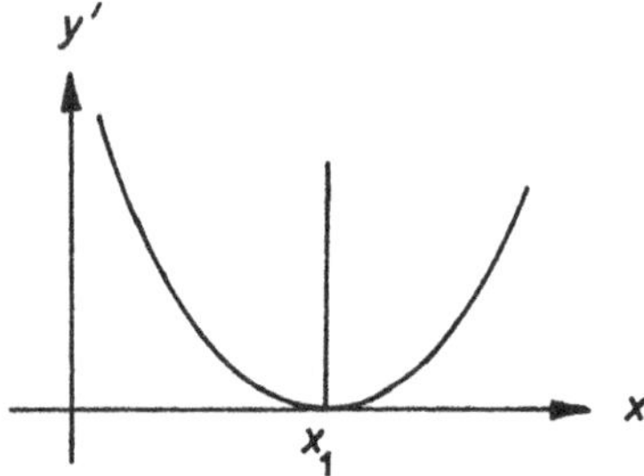


Verlauf der Steigung y' in der Umgebung des obigen Wendepunktes

Die Steigung der Funktion nimmt dementsprechend links vom Wendepunkt ab, erreicht im Wendepunkt den Wert Null und nimmt rechts vom Wendepunkt zu. Die Abbildung zeigt den Verlauf der Steigung, die durch die Funktion y' beschrieben wird. Für diesen Wendepunkt an der Stelle $x = x_1$ hat y' also ein Minimum, und es gilt damit $f''(x_1)=0$.

Wie wir an diesem Beispiel gesehen haben, ist die Bedingung $f'(x_o) = 0$ nicht *hinreichend* für die Existenz eines Extremwertes (Maximums oder Minimums), d.h. sie reicht nicht aus, um die Existenz eines Maximums oder Minimums sicherzustellen. Erst die Betrachtung der zweiten Ableitung $f''(x_o)$ gibt uns ein hinreichendes Kriterium[1].

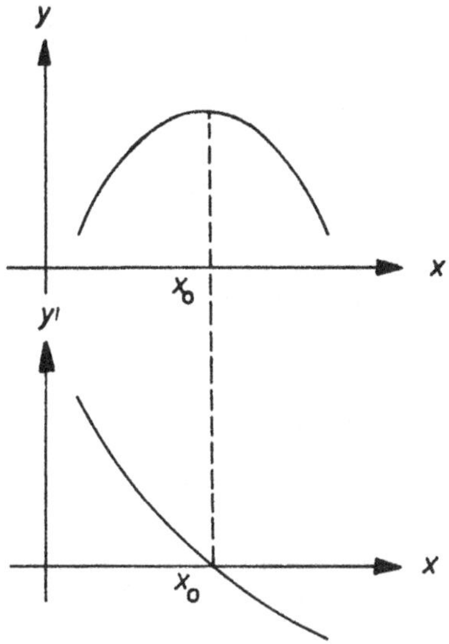


Verlauf der Funktion y(x) und der Steigung y'(x) in der Umgebung eines Maximums.

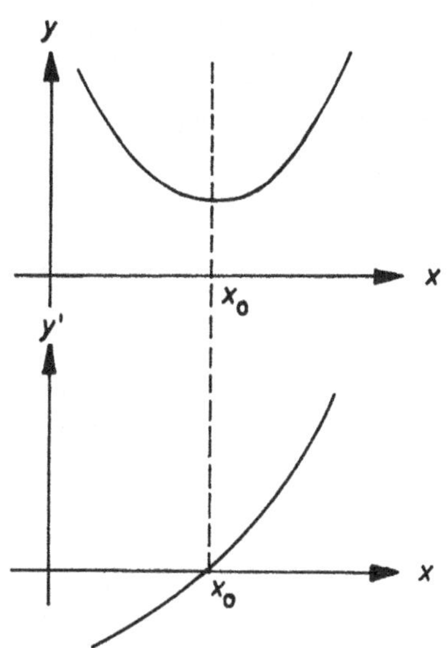


Verlauf der Funktion y(x) und der Steigung y'(x) in der Umgebung eines Minimums.

---

1) In manchen Fällen ist eine Entscheidung sogar erst durch die Analyse einer höheren Ableitung möglich.

Betrachten wir die Steigung einer Funktion in der Umgebung eines Maximums. Links ist sie positiv, rechts negativ. In der Umgebung von $x_o$ nimmt also die Steigung der Kurve f(x) monoton ab, also ist $y''(x_o) < 0$.

Für ein Minimum gilt entsprechend: $y''(x_o) > 0$.

Unser hinreichendes Kriterium heißt:

**Es sei $f'(x_o) = 0$. Gilt zusätzlich $f''(x_o) < 0$, liegt ein lokales Maximum vor, bei $f''(x_o) > 0$ ein lokales Minimum.**

Auch die Bedingung $f''(x_o) = 0$ für die Existenz eines Wendepunktes ist nur notwendig. Erst die zusätzliche Bedingung $f'''(x_o) > 0$ oder $< 0$ liefert ein hinreichendes Kriterium.

Handlungsanweisung für die Bestimmung von Maxima und Minima.

1. Wir setzen $f'(x) = 0$

Diese Gleichung lösen wir nach x auf und erhalten die Stellen $x_o, x_1, x_2, \ldots$, an denen sich Maxima und Minima befinden können.

2. Wir berechnen die zweite Ableitung $f''(x)$;
gilt $f''(x_o) < 0$, so liegt bei $x_o$ ein Maximum vor
gilt $f''(x_o) > 0$, so liegt bei $x_o$ ein Minimum vor

Bei $f''(x_o) = 0$ haben wir weder ein Maximum noch ein Minimum. Falls $f'''(x_o) \neq 0$, liegt ein Wendepunkt vor.

Dieselbe Probe müssen wir noch für die anderen Stellen $x_1, x_2, \ldots$ machen.

Beispiel: $y = x^2 - 1$. Wir setzen die 1. Ableitung Null:

$2x = 0$

Der Wert $x = 0$ ist also "maximum- bzw. minimum-verdächtig". Die 2. Ableitung $y'' = 2$ ist positiv, also liegt ein Minimum vor.

## DIFFERENTIATIONSREGELN

| Funktion $y = f(x)$ | Ableitung $y' = f'(x)$ |
|---|---|
| 1. Konstanter Faktor c | |
| $c\, f(x)$ | $c\, f'(x)$ |
| 2. Summe | |
| $u(x) + v(x)$ | $u'(x) + v'(x)$ |
| 3. Produkt | |
| $u(x) \cdot v(x)$ | $u'v + uv'$ |
| 4. Quotient | |
| $\frac{u(x)}{v(x)}$ | $\frac{u'v - uv'}{v^2}$ |
| 5. Kettenregel | |
| $f(g(x))$ | $\frac{df}{dg} \cdot g'(x)$ |

## ABLEITUNG EINFACHER FUNKTIONEN

| Funktion $y = f(x)$ | Ableitung $y' = f'(x)$ |
|---|---|
| 1. Konstante | |
| $y = \text{const}$ | $y' = 0$ |
| 2. $y = x^r$ | $y' = r \cdot x^{r-1}$ |
| 3. Trigonometrische Funktionen | |
| $y = \sin x$ | $y' = \cos x$ |
| $y = \cos x$ | $y' = -\sin x$ |
| $y = \tan x$ | $y' = \frac{1}{\cos^2 x}$ |
| $y = \cot x$ | $y' = \frac{-1}{\sin^2 x}$ |
| 4. Exponentialfunktion | |
| $y = e^x$ | $y' = e^x$ |
| 5. Logarithmusfunktion | |
| $y = \ln x$ | $y' = \frac{1}{x}$ |

## ÜBUNGSAUFGABEN

3.1 A Bestimmen Sie den Grenzwert der Folgen für $n \to \infty$

a) $a_n = \frac{\sqrt{n}}{n}$ b) $a_n = \frac{5 + n}{2n}$

c) $a_n = (-\frac{1}{4})^n - 1$ d) $a_n = \frac{2}{n} + 1$

e) $a_n = \frac{n^3 + 1}{2n^3 + n^2 + n}$ f) $a_n = 2 + 2^{-n}$

g) $a_n = \frac{n^2 - 1}{(n + 1)^2} + 5$

B Berechnen Sie die folgenden Grenzwerte

a) $\lim\limits_{x \to 0} \frac{x^2 + 1}{x - 1}$ b) $\lim\limits_{x \to 2} \frac{1}{x}$

c) $\lim\limits_{x \to 0} \frac{x^2 + 10x}{2x}$ d) $\lim\limits_{x \to \infty} e^{-x}$

3.2 a) Ist die Funktion $y = 1 + |x|$ im Punkte $x = 0$ stetig?

b) Bestimmen Sie die Unstetigkeitsstellen bei den folgenden Funktionen:

$$f(x) = \left\{ \begin{array}{ll} 1 & \text{für } 2k \leq x \leq 2k + 1 \\ -1 & \text{für } 2k + 1 < x < 2(k+1) \end{array} \right. \quad (k = 0,1,2,3,\ldots)$$

c)

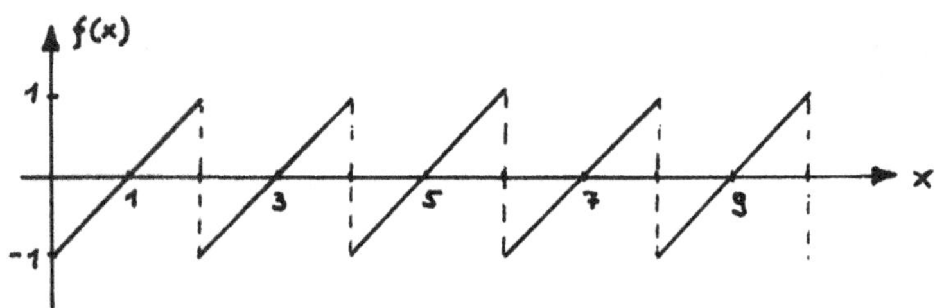


An welchen Stellen ist die Funktion f(x) (s. Abb.) unstetig?

3.3 Bestimmen Sie folgende Summen:

a) $s_5 = \sum_{v=1}^{5} (1 + \frac{1}{v})$

b) $s_{10} = \sum_{n=1}^{10} 3 \cdot (\frac{1}{2})^n$ $\qquad (2^{10} = 1024)$

Wie groß ist die Summe

$s = \sum_{n=1}^{\infty} 3 \cdot (\frac{1}{2})^n$ ?

3.4 a) Gegeben sei die Kurve $y = x^3 - 2x$. Berechnen Sie die Steigung der Sekante durch die Kurvenpunkte an der Stelle $x_1 = 1$ und $x_2 = \frac{3}{2}$. Vergleichen Sie diese Sekantensteigung mit der Steigung der Tangente an der Stelle $x_1=1$.

b) Das Weg-Zeit-Gesetz einer Bewegung sei $s(t) = 3t^2 - 8t$. Wie groß ist die Momentangeschwindigkeit zur Zeit $t = 3$ sec? Angabe in [m/sec].

c) Bestimmen Sie jeweils das Differential dy für die Funktionen $y = f(x)$:

c1) $f(x) = x^2 + 7x$ $\qquad$ c2) $f(x) = x^5 - 2x^4 + 3$

c3) $f(x) = 2(x^2 + 3)$

3.5 A Berechnen Sie die Ableitungen folgender Funktionsterme:

a) $3x^5$ $\qquad$ b) $8x - 3$

c) $x^{\frac{7}{3}}$ $\qquad$ d) $7x^3 - 4x^{\frac{3}{2}}$

e) $\frac{x^3 - 2x}{5x^2}$

B Bilden Sie die Ableitungen:

a) $y = 2 \cdot x^3$ b) $y = \sqrt[3]{x}$

c) $y = \frac{1}{x^2}$ d) $y = \frac{2x}{4 + x}$

e) $y = (x^2 + 2)^3$ f) $y = x^4 + \frac{1}{x}$

g) $y = \sqrt{1 + x^2}$

C Differenzieren Sie:

a) $y = 3 \cdot \cos(6x)$ b) $y = 4 \sin(2\pi x)$

c) $y = A\, e^{-x} \cdot \sin(2\pi x)$ d) $y = \ln(x + 1)$

e) $y = \sin x \cdot \cos x$ f) $y = \sin x^2$

g) $y = (3x^2 + 2)^2$ h) $y = a \sin(bx + c)$

i) $y = e^{2x^3 - 4}$

3.6 Bilden Sie die Ableitungen:

a) $g(\phi) = a \sin\phi + tg\phi$, gesucht $g'(\phi)$ (1. Ableitung)

b) $v(u) = u \cdot e^u$; gesucht $v''(u)$ (2. Ableitung)

c) $f(x) = \ln x$; gesucht $f''(u)$ (2. Ableitung)

d) $h(x) = x^5 + 2x^2$; gesucht $h^{IV}(x)$ (4. Ableitung)

3.7 Bestimmen Sie die Nullstellen und Extremwerte folgender Funktionen:

a) $y = 2x^4 - 8x^2$ b) $y = 3 \sin\phi$

c) $y = \sin(0{,}5x)$ d) $y = 2 + \frac{1}{2}x^3$

e) $y = 2(\cos(\phi + 2))$ f) $y = \frac{2}{3}x^3 - 2x^2 - 6x$

## LÖSUNGEN

3.1 A Grenzwerte

a) 0     b) $\frac{1}{2}$     c) -1

d) 1     e) $\frac{1}{2}$     f) 2

g) 6

B

a) -1     b) $\frac{1}{2}$     c) 5

d) 0

3.2 a)

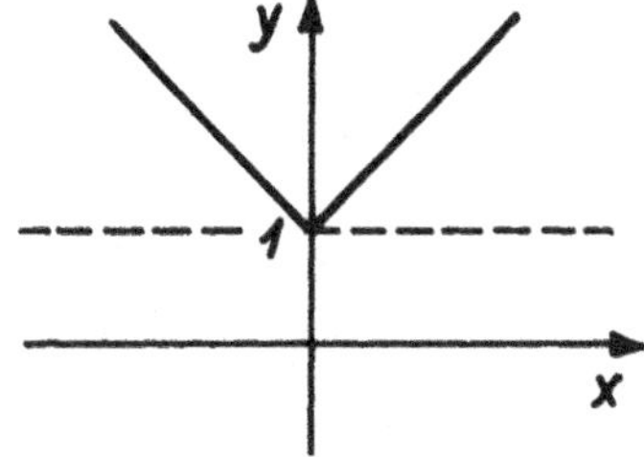


Die Funktion ist im Punkte x = 0 stetig - aber nicht differenzierbar.

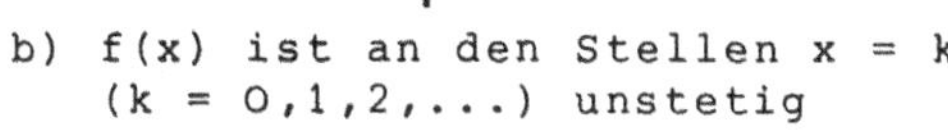

b) f(x) ist an den Stellen x = k (k = 0,1,2,...) unstetig

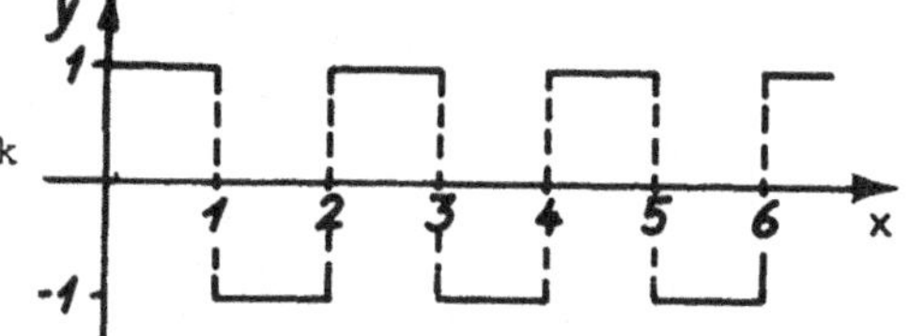


c) Unstetigkeitsstellen x = 2k, k = 0,1,2,...

3.3 a) $s_5 = 2 + \frac{3}{2} + \frac{4}{3} + \frac{5}{4} + \frac{6}{5} = 7\frac{17}{60} = 7{,}28$

b) $s_{10} = 3\frac{1-(\frac{1}{2})^{10}}{\frac{1}{2}} = 3\cdot\frac{1023}{512} = 5{,}994$

$s = 3\cdot\frac{1}{\frac{1}{2}} = 6$

3.4 a) Endpunkte der Sekante: $P_1(1/-1)$, $P_2(\frac{3}{2} / \frac{3}{8})$

Steigung der Sekante: $m_S = \frac{\Delta y}{\Delta x} = 2{,}75$

Steigung der Tangente: $m_T = y'(1) = 1$

b) $v(t) = \frac{ds}{dt} = 6t - 8$ ; $v(3) = 10$ m/sec

c1) $dy = (2x + 7)dx$     c2) $dy = (5x^4 - 8x^3)dx$

c3) $dy = 4x\ dx$

3.5 A

a) $15x^4$ b) $8$ c) $\frac{7}{3}x^{\frac{4}{3}}$

d) $21x^2 - 6\sqrt{x}$ e) $\frac{x^2+2}{5x^2}$

B

a) $6x^2$ b) $\frac{1}{3\sqrt[3]{x^2}}$ c) $-\frac{2}{x^3}$

d) $\frac{8}{(4+x)^2}$ e) $6x(x^2+2)^2$ f) $4x^3 - \frac{1}{x^2}$

g) $\frac{2x}{2\sqrt{1+x^2}} = \frac{x}{\sqrt{1+x^2}}$

C

a) $-18\sin(6x)$ b) $8\pi\cos(2\pi x)$

c) $Ae^{-x}\left[2\pi\cos(2\pi x)-\sin(2\pi x)\right]$ d) $\frac{1}{x+1}$

e) $\cos^2 x - \sin^2 x$ f) $2x\cos x^2$ g) $12x(3x^2+2)$

h) $a\cdot b\cdot\cos(bx+c)$ i) $6x^2e^{2x^3-4}$

3.6 a) $a\cos\phi + \frac{1}{\cos^2\phi}$ b) $e^u(2+u)$ c) $\frac{-1}{x^2}$

d) $120x$

3.7

| | Nullstellen | Extremwerte | |
|---|---|---|---|
| a) | $x_1 = 2$ | $(-\sqrt{2}, -8)$ | Min |
| | $x_2 = -2$ | $(0, 0)$ | Max |
| | $x_3 = x_4 = 0$ | $(\sqrt{2}, -8)$ | Min |
| b) | $x = k\pi$ | $x = \pm\frac{\pi}{2}, \pm\frac{5\pi}{2}, \pm\frac{9\pi}{2}, \ldots$ | Max |
| | $(k = 0, \pm 1, \pm 2, \ldots)$ | $x = \pm\frac{3}{2}\pi, \pm\frac{7}{2}\pi, \pm\frac{11}{2}\pi, \ldots$ | Min |
| c) | $x = 2k\pi$ | $x = \pm\pi, \pm 5\pi, \pm 9\pi, \ldots$ | Max |
| | $(k = 0, \pm 1, \pm 2, \ldots)$ | $x = \pm 3\pi, \pm 7\pi, \pm 11\pi, \ldots$ | Min |
| d) | $x = \sqrt[3]{-4} = -1{,}59$ | keine | |
| e) | $x = (2k+1)\frac{\pi}{2} - 2$ | $x = 2k\pi - 2$ | Max |
| | $(k = 0, \pm 1, \pm 2, \ldots)$ | $x = (2k+1)\pi - 2$ | Min $(k = 0, \pm 1, \pm 2, \ldots)$ |
| f) | $x_1 = \frac{3}{2}(1+\sqrt{5})$ | $(-1, 3\frac{1}{3})$ | Max |
| | $= 4{,}85$ | $(3, -18)$ | Min |
| | $x_2 = \frac{3}{2}(1-\sqrt{5})$ | | |
| | $= 1{,}85$ | | |
| | $x_3 = 0$ | | |

# 4 Integralrechnung

## 4.1 Die Stammfunktion

### 4.1.1 Grundproblem der Integralrechnung

In der vorhergehenden Lektion - Differentialrechnung - gingen wir von dem Graphen einer differenzierbaren Funktion aus und bestimmten die Steigung.

Gegeben war eine Funktion $y = f(x)$

Gesucht war die Ableitung $f'(x) = \frac{dy}{dx}$

Man kann die Problemstellung umkehren. Von einer Funktion sei uns die Ableitung bekannt. Können wir dann die Funktion angeben?

Beispiel:
Von einer Funktion sei bekannt, daß sie im gesamten Definitionsbereich überall die gleiche Steigung habe.

$$f'(x) = y' = a$$

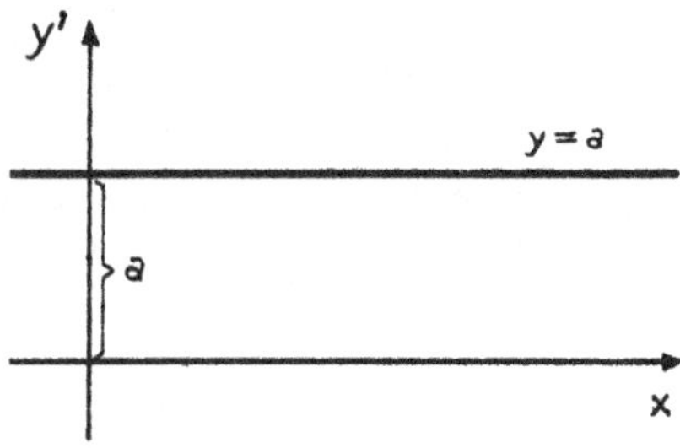


Können wir die Funktion angeben?

Dazu müssen wir die uns bekannten Funktionen daraufhin durchmustern, ob eine unter ihnen ist, die überall die gleiche Steigung hat.
Eine derartige Funktion haben wir kennengelernt. Es ist die Gerade.
Eine mögliche Lösung des Problems ist also eine Gerade mit der Steigung a.

$$y(x) = a \cdot x$$

Der Graph zeigt diese Funktion. Die Rechenoperation, aus einer Ableitung auf eine Funktion zu schließen, heißt *integrieren*.

Eine allgemeine Formulierung dieses Problems lautet:

Gegeben sei eine Funktion f(x). Wir betrachten f(x) als Ableitung einer zu bestimmenden Funktion F(x). Dann muß F(x) folgender Bedingung genügen:

$$F'(x) = f(x)$$

Die Funktion F(x) nennt man *Stammfunktion* zur Funktion f(x)[1].

Definition: F(x) heißt *Stammfunktion* von f(x), wenn gilt (4-1)

$$F'(x) = f(x)$$

Beispiel: Gegeben sei f(x) = a
Wir hatten eine Lösung bereits bestimmt zu:
F(x) = a·x

Daß diese Lösung richtig ist, können wir durch Differenzieren verifizieren:

$$f(x) = \frac{d}{dx}(ax) = a$$

Nun erinnern wir uns, daß beim Differenzieren additive Konstante fortfallen. Damit können wir weitere Stammfunktionen angeben:

$$F(x) = ax + C$$

Die Konstante C verschwindet beim Differenzieren. Ersichtlich gibt es nicht nur eine Lösung zu einer Integrationsaufgabe. Es gibt beliebig viele, die sich durch eine additive Konstante unterscheiden.

Die Lösung der Gleichung

$$F'(x) = f(x)$$

führt damit auf eine Kurvenschar. Für sie gilt

$$y = F(x) + C$$

---

1) Es ist häufig üblich, Stammfunktionen durch Großbuchstaben zu bezeichnen.

Für unser Beispiel sind alle Geraden mit der Steigung a Stammfunktionen für f(x) = a. Um aus der Menge der Stammfunktionen genau eine zu bestimmen, muß eine zusätzliche Angabe vorliegen.
Diese Zusatzangabe kann in folgender Forderung bestehten:
der Graph der Funktion soll durch einen bestimmten Punkt gehen, dessen Koordinaten vorgegeben sind.
Eine solche Zusatzangabe wird in der Physik häufig *Randbedingung* genannt.

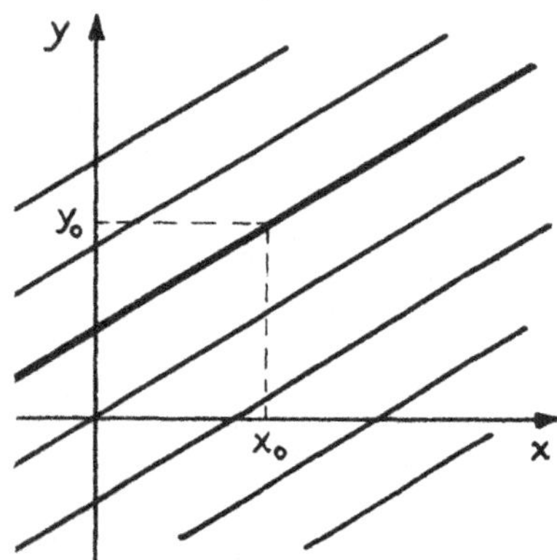


Das Aufsuchen einer Stammfunktion heißt *integrieren*. In der Integralrechnung wird von der Ableitung einer Funktion auf die zugehörige Stammfunktion geschlossen. Die Stammfunktion ist nur bis auf eine additive Konstante C festgelegt. Die Konstante C kann erst dann bestimmt werden, wenn eine zusätzliche Randbedingung angegeben wird.

## 4.2 FLÄCHENPROBLEM UND BESTIMMTES INTEGRAL

**In diesem Abschnitt gewinnen wir einen anschaulichen zweiten Zugang zur Integralrechnung. Zusammenhänge werden dann im nächsten Abschnitt deutlich.**

Von der Funktion f(x), der x-Achse und den Parallelen zur y-Achse x = a und x = b wird die Fläche F eingeschlossen. Ist f(x) eine Gerade, dann läßt sich F leicht berechnen. Wir wollen jetzt ein Verfahren zur Berechnung von F entwickeln., das auf beliebige, im Intervall $a \leq x \leq b$ stetige Funktionen anwendbar ist.
(f(x) ist zunächst im betrachteten Intervall positiv.)
Dazu unterteilen wir das Intervall in n Teilintervalle $\Delta x_1, \Delta x_2, \ldots, \Delta x_n$ und wählen aus jedem Teil-

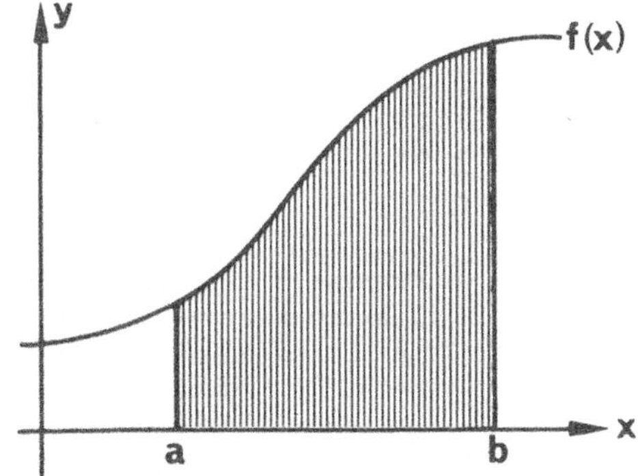

intervall $\Delta x_i$ einen Wert der Variablen $x_i$ aus.

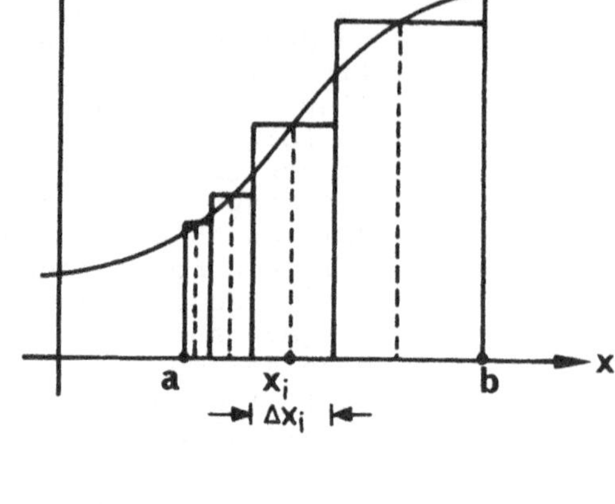


Die Fläche F läßt sich näherungsweise darstellen als Summe der Rechtecke mit der Höhe $f(x_i)$ und der Breite $\Delta x_i$:

$$F \approx \sum_{i=1}^{n} f(x_i)\Delta x_i$$

Vergrößern wir n unbegrenzt (dabei soll gleichzeitig die Länge *aller* Teilintervalle $\Delta x_i$ gegen Null gehen), dann ist es anschaulich klar, daß wir den exakten Wert von F erhalten:

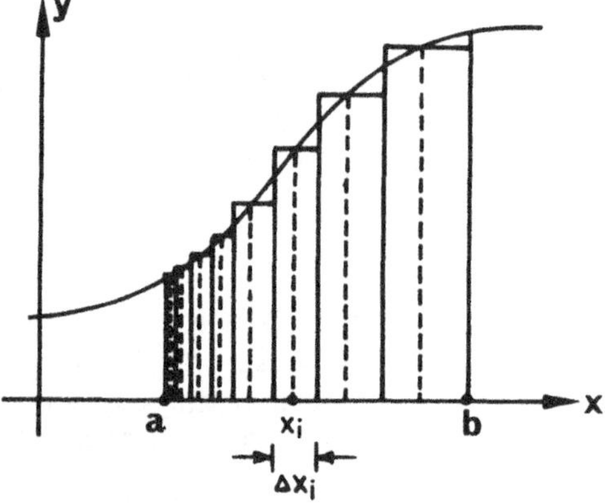


$$F = \lim_{n\to\infty} \sum_{i=1}^{n} f(x_i)\Delta x_i$$

$(\Delta x_i \longrightarrow 0$ für $i = 1,\ldots n)$

Für diesen Grenzwert[1] führen wir ein neues Symbol ein:

$$F = \lim_{n\to\infty} \sum_{i=1}^{n} f(x_i)\Delta x_i$$

$$= \int_a^b f(x)\,dx$$

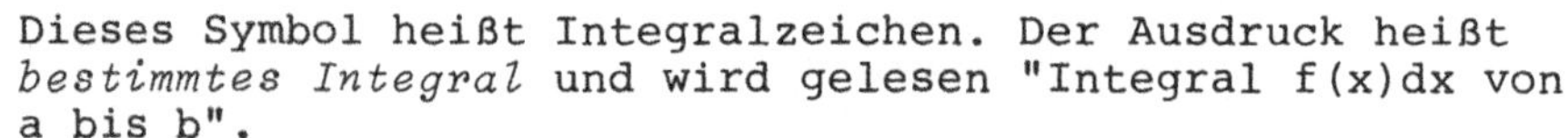

Dieses Symbol heißt Integralzeichen. Der Ausdruck heißt *bestimmtes Integral* und wird gelesen "Integral f(x)dx von a bis b".

1) Für stetige Funktionen ist dieser Grenzübergang immer durchführbar. Bei nicht stetigen Funktionen muß jeweils bewiesen werden, daß dieser Grenzwert existiert. Nehmen wir als Höhe der Rechtecke den größten Funktionswert innerhalb des Streifens, so erhalten wir als Summe dieser Streifen eine obere Grenze für den Flächeninhalt. Diese Summe heißt Obersumme. Nehmen wir als Höhe den jeweils kleinsten Wert, erhalten wir eine untere Grenze, die Untersumme.
Bei stetigen Funktionen fallen im Grenzübergang Obersumme und Untersumme zusammen.

Das von Leibniz eingeführte Integralzeichen ist aus einem langgestreckten S entstanden. Es soll daran erinnern, daß hier der Grenzwert einer Summe gemeint ist. Das bestimmte Integral hat einen festen, eindeutig bestimmbaren Wert.

Das Integral wird wie beim Flächenproblem in allen denjenigen Fällen angewendet, bei denen Produkte aufsummiert werden, deren Anzahl immer größer wird und deren Werte immer kleiner werden.

Das Integralzeichen in Verbindung mit dx, das nicht fehlen darf, ist als Befehl zur Ausführung einer Operation aufzufassen. Als geometrische Bedeutung haben wir die Summierung von Flächenstreifen kennengelernt, deren Streifenbreite gegen 0 geht.

Die Ausführung der Operation wird im übernächsten Abschnitt dargestellt.

Definition: $$F = \lim_{n\to\infty} \sum_{i=1}^{n} f(x_i)\Delta x_i = \int_a^b f(x)\,dx \qquad (4-2)$$

Das Symbol $\int_a^b f(x)\,dx$ heißt *bestimmtes Integral* von f(x) zwischen den Grenzen a und b

a heißt *untere Integrationsgrenze*

b heißt *obere Integrationsgrenze*

f(x) heißt *Integrand*

x heißt *Integrationsvariable*

## 4.3 HAUPTSATZ DER DIFFERENTIAL- UND INTEGRALRECHNUNG
## DIE FLÄCHENFUNKTION ALS STAMMFUNKTION VON f(x)

Wir gehen von einer stetigen und positiven Funktion f(x) aus. Wir interessieren uns für die Fläche unterhalb der Funktionskurve im schraffierten Intervall.
Im Gegensatz zum oben behandelten Flächenproblem sehen wir nun die rechte Intervallgrenze als variabel an. Dann ist der Flächeninhalt nicht mehr konstant, sondern eine Funktion der rechten Intervallgrenze x.

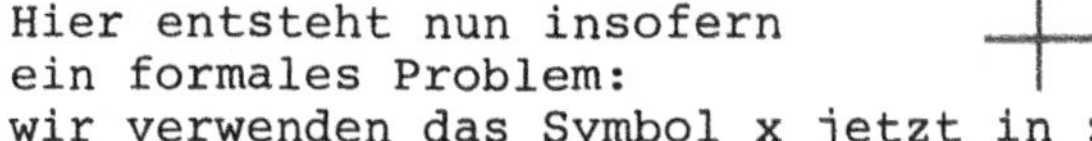

Hier entsteht nun insofern ein formales Problem:
wir verwenden das Symbol x jetzt in zwei Bedeutungen

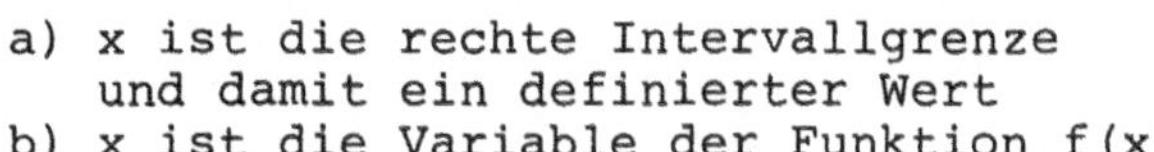

a) x ist die rechte Intervallgrenze und damit ein definierter Wert
b) x ist die Variable der Funktion f(x)

Wir vermeiden Schwierigkeiten infolge dieser Doppeldeutigkeit, wenn wir die Bezeichnungen verändern.
Wir bezeichnen die Variable der Ausgangsfunktion y mit t und betrachten die Fläche unter der Funktionskurve f(t) zwischen der festen Intervallgrenze t = a und der variablen Intervallgrenze t = x.

Unter Benutzung des Integralsymbols schreiben wir für die Fläche:

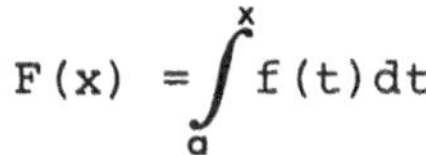

$$F(x) = \int_a^x f(t)\,dt$$

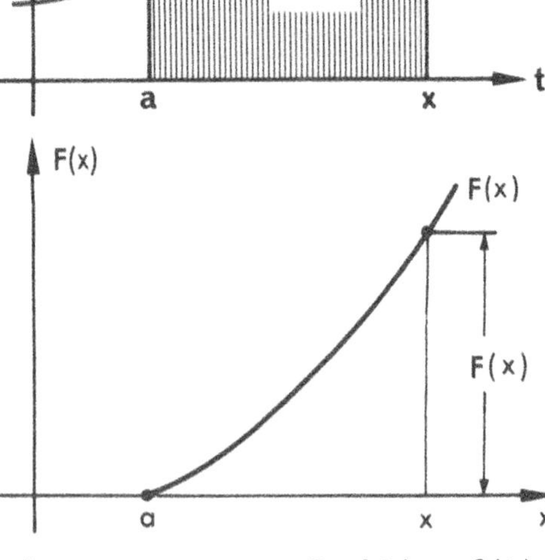


Hierdurch haben wir eine Funktion F(x) definiert, deren Funktionswert angibt, welche Fläche unter der Kurve f(t) in den Grenzen t = a und t = x liegt.
Die Funktion Γ(x) nennen wir *Flächenfunktion*.
In der Abbildung rechts ist die Flächenfunktion für die oben angenommene Funktion f(t) gezeichnet.

Welche Eigenschaft hat nun diese Flächenfunktion F(x)? Wir betrachten eine Verschiebung der rechten Intervallgrenze um $\Delta x$ nach rechts.

Die Fläche vergrößert sich dann um den schraffierten Streifen. Dieser Flächenzuwachs $\Delta F$ muß gleich sein dem Funktionszuwachs.

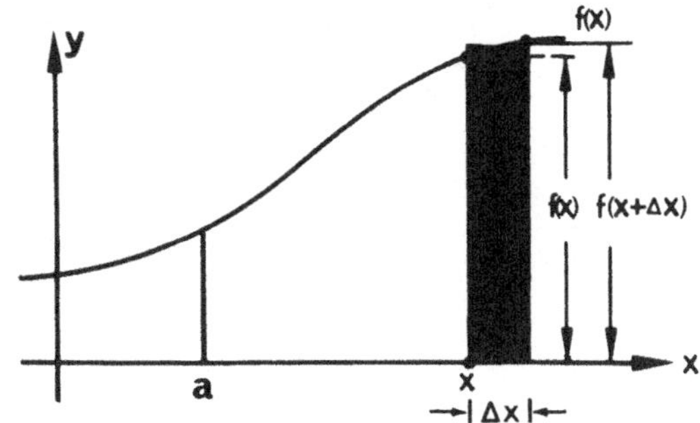


Wir können zwei Grenzen angeben, zwischen denen die Fläche des schraffierten Streifens liegt[1]:

$$\Delta x \cdot f(x) \leq \Delta F \leq \Delta x \cdot f(x+\Delta x)$$

Wir teilen durch $\Delta x$:

$$f(x) \leq \frac{\Delta F}{\Delta x} \leq f(x+\Delta x)$$

Wir haben eine Ungleichung erhalten. Wir führen nun den Grenzübergang $\Delta x \rightarrow 0$ aus.

$$\lim_{\Delta x \to 0} \frac{\Delta F}{\Delta x} = \frac{dF}{dx} = F'$$

Weiter gilt:

$$\lim_{\Delta x \to 0} f(x+\Delta x) = f(x)$$

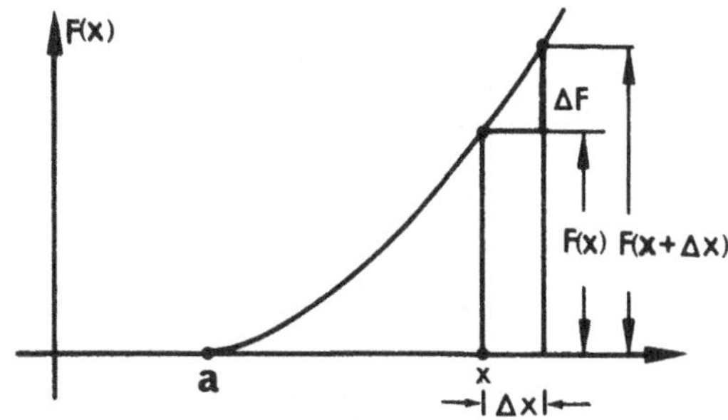


Wir erhalten

$$f(x) \leq F' \leq f(x)$$

Aus diesem Ausdruck können wir einen Schluß ziehen.

F' wird von gleichen Größen eingeschlossen. Damit gilt:

$$F'(x) = f(x)$$

Die Ableitung der Flächenfunktion F(x) an der Stelle x ist gleich f(x). Unser grundlegendes Ergebnis ist:
*Die Flächenfunktion ist eine Stammfunktion von f(x).*

**Das ist der Hauptsatz der Differential- und Integralrechnung. Er enthält die grundlegende Beziehung zwischen Differential- und Integralrechnung. Eine Umformung hebt diese Beziehung deutlich hervor: Die Flächenfunktion ist gegeben durch:**

$$F(x) = \int_a^x f(t)dt$$

Wir differenzieren

$$F'(x) = \frac{d}{dx}\left[\int_a^x f(t)dt\right] = f(x)$$

---

1) Hier gilt die Voraussetzung einer monoton steigenden Funktion. Bei einer fallenden Funktion müssen die Grenzen vertauscht werden.

Das bedeutet: Führt man nacheinander eine Integration in der Klammer und dann eine Differentiation durch, so heben sich diese Operationen auf.

Integrieren und Differenzieren sind einander inverse Operationen. Oder: *Die Integration ist die Umkehrung der Differentiation.*

Hauptsatz der Differential- und Integralrechnung: (4-3)

Für $F(x) = \int_a^x f(t)dt$ gilt:

$F'(x) = f(x)$

Bisher haben wir stillschweigend vorausgesetzt, daß es für die Bestimmung der Flächenfunktion gleichgültig ist, von welcher linken Intervallgrenze a ausgehend die Flächenfunktion bestimmt wird. Daß das in der Tat so ist, soll nun gezeigt werden.

Wir ersetzen die linke Intervallgrenze a durch die neue Grenze a'.
Wie verläuft die neue Flächenfunktion $\bar{F}$?
An der Stelle a' hat $\bar{F}$ den Wert Null. An der Stelle a erreicht $\bar{F}$ den Wert $\bar{F}(a)$, der der Fläche zwischen a' und a entspricht.
Ihren weiteren Verlauf können wir leicht angeben, wenn wir die ursprüngliche Flächenfunktion F(x) benutzen.
Die neue Flächenfunktion setzt sich nämlich aus zwei Anteilen zusammen:

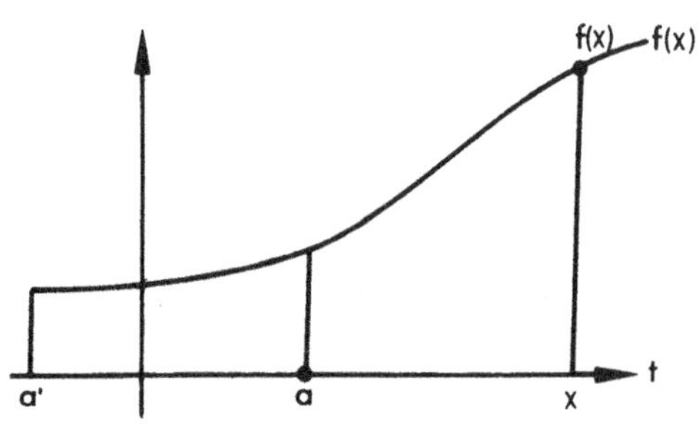


$\bar{F}(a)$ als Fläche im Intervall a' bis a

F(x) als Fläche im Intervall a bis x

Damit gilt

$$\bar{F}(x) = F(x) + \bar{F}(a)$$

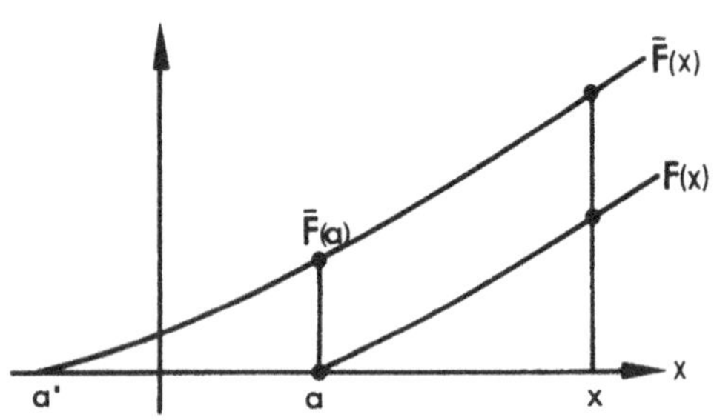


Durch beliebige Wahl der linken Intervallbegrenzung entstehen neue Flächenfunktionen, die sich jedoch nur durch additive Konstante unterscheiden. Dem entspricht, daß wir auch eingangs im ersten Abschnitt die Stammfunktion nur bis auf eine additive Konstante bestimmen konnten.

## 4.4 BERECHNUNG DES BESTIMMTEN INTEGRALS

Wir leiten die Berechnung des bestimmten Integrals aus der geometrischen Bedeutung der Stammfunktion als Flächenfunktion ab.

**Es sei die Fläche unter der Funktion y = x über dem Intervall vom Anfangspunkt a bis zum Endpunkt b zu bestimmen.** Die Fläche ist in der Abbildung schraffiert.

Eine Stammfunktion, die der Bedingung

$$F'(x) = f(x)$$

genügt, läßt sich angeben[1]):

$$F(x) = \frac{x^2}{2}$$

Diese Stammfunktion ist die Flächenfunktion für die untere Intervallgrenze x = 0. Diese Stammfunktion gibt als Flächenfunktion die Fläche unter der Kurve im Intervall vom Anfangspunkt x = 0 bis zum variablen Endpunkt x an.

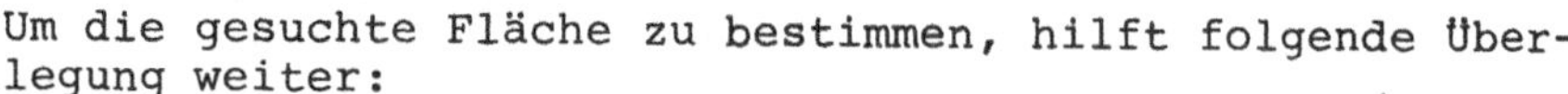

Um die gesuchte Fläche zu bestimmen, hilft folgende Überlegung weiter:

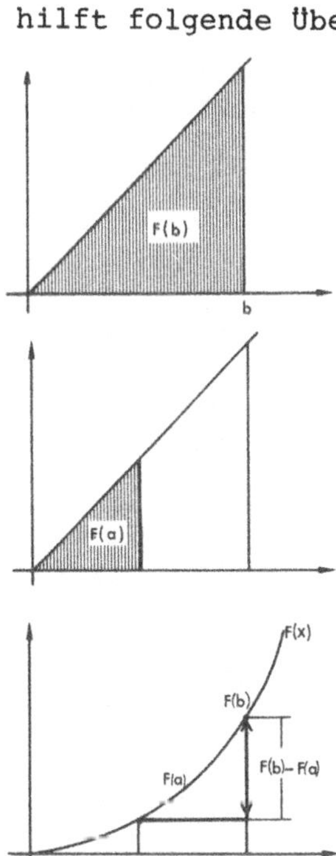


Die gesuchte Fläche F kann als Differenz zweier Flächen dargestellt werden. Von der Fläche F(b) unter der Kurve zwischen x = 0 und x = b wird die Fläche F(a) unter der Kurve zwischen x = 0 und x = a abgezogen. Damit ist die gesuchte Fläche F

$$F = F(b) - F(a)$$

Die Fläche F ist also gleich der Ordinatendifferenz der Flächenfunktion. Für unser Beispiel:

$$F = \left(\frac{b^2}{2} - \frac{a^2}{2}\right)$$

1) Daß diese Stammfunktion der Bedingung genügt, läßt sich leicht verifizieren:

$$F'(x) = \frac{d}{dx}\left(\frac{x^2}{2}\right) = x$$

Verallgemeinerung: Wir haben das bestimmte Integral für ein konkretes Beispiel ermittelt. Das Verfahren ist allgemeingültig. Man sucht für den Integranden eine Stammfunktion und bildet die Differenz[1]

$$\int_a^b f(x)dx = F(b) - F(a)$$

Das bestimmte Integral ist nicht auf diese geometrische Bedeutung eingeschränkt[2].
Ist für eine vorgegebene Funktion f(x) eine beliebige Stammfunktion gefunden, so läßt sich das *bestimmte Integral* als Differenz angeben: vom Wert der Stammfunktion an der oberen Grenze wird der Wert der Stammfunktion an der unteren Grenze abgezogen.

Berechnung des bestimmten Integrals (4-4)

$$\int_a^b f(x)dx = F(b) - F(a)$$

Ist F(x) eine Stammfunktion der Funktion f(x), dann ist

$$\int_a^b f(x)dx = \Big[F(x)\Big]_a^b = F(b) - F(a) \qquad (4\text{-}5)$$

Durch den mittleren Ausdruck in der Gleichung wird angedeutet, daß in dem Term F(x) der Stammfunktion die Werte x = b und x = a einzusetzen und die Differenz zu bilden ist.

1) Stammfunktionen für ein gegebenes f(x) können sich nur durch eine additive Konstante unterscheiden. Diese fällt bei der Differenzbildung heraus.

2) Beispiel für ein bestimmtes Integral ohne geometrische Bedeutung:

Es sei der von einem Fahrzeug zurückgelegte Weg s in dem Zeitintervall t = 0 bis t = 12 (sec) gesucht. Dann gilt:

$s = \int_0^{12} v dt$. Ist die Geschwindigkeit konstant, so erhalten wir:

$$s = \int_0^{12} v dt = \Big[v \cdot t\Big]_0^{12} = 12 \cdot v \text{ sec}$$

### 4.4.1 Beispiele für das bestimmte Integral

*Flächenberechnung:*

Gesucht sei die Fläche unterhalb der Parabel $y = x^2$ im Intervall $x_1 = 1$ bis $x_2 = 2$.

Die gesuchte Fläche ergibt sich zu

$$F = \int_1^2 x^2 dx$$

Wir bestimmen zunächst eine Stammfunktion:

Für $f(x) = x^2$ ist eine Stammfunktion[1]:

$$F(x) = \frac{x^3}{3}$$

Folglich gilt[2]:

$$F = \int_1^2 x^2 dx = \left[\frac{x^3}{3}\right]_1^2 = \frac{8}{3} - \frac{1}{3} = \frac{7}{3}$$

Gesucht sei die Fläche unter der Kosinusfunktion im Intervall $0 \leq x \leq \frac{\pi}{2}$:

$$F = \int_0^{\frac{\pi}{2}} \cos x \, dx$$

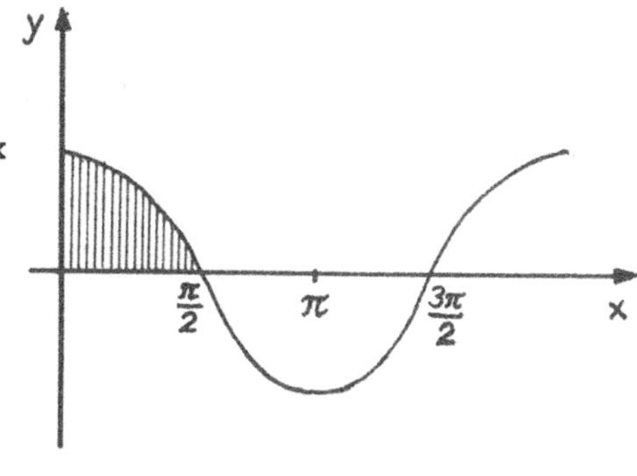


Eine Stammfunktion von $f(x)=\cos x$ können wir sofort angeben: $F(x) = \sin x$.
Also ist das bestimmte Integral

$$\int_0^{\frac{\pi}{2}} \cos x \, dx = \left[\sin x\right]_0^{\frac{\pi}{2}} = \sin \frac{\pi}{2} - \sin(0) = 1$$

Liegt die das Flächenstück begrenzende Kurve unterhalb der x-Achse, liefert das zugehörige bestimmte Integral einen negativen Wert.

1) Man überzeuge sich durch Verifizierung von der Richtigkeit dieser Aussage. Dazu differenziere man die Stammfunktion. Dann muß man die gegebene Funktion erhalten.

2) Bemerkung zur Notierung: Die Stammfunktion wird beim bestimmten Integral häufig in eckige Klammern geschrieben. Die Integrationsgrenzen werden an der hinteren Klammer unten und oben angegeben. Die Schreibweise erleichtert die Übersicht bei der Differenzbildung.

Gesucht sei die Fläche unter der Kurve $f(x) = \cos x$ im Intervall

$\frac{\pi}{2} \leq x \leq 3\frac{\pi}{2}$

$$\int_{\frac{\pi}{2}}^{\frac{3\pi}{2}} \cos x \, dx = \left[\sin x\right]_{\frac{\pi}{2}}^{\frac{3\pi}{2}}$$

$$= -1 - 1 = -2$$

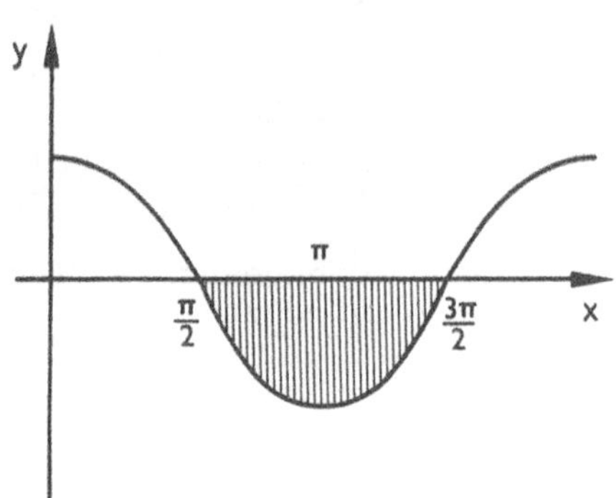


Wünscht man bei Flächenberechnungen den Absolutwert der Fläche, so muß man beachten, ob die begrenzende Kurve oberhalb oder unterhalb der x-Achse verläuft.
Verläuft die Kurve in einem bestimmten Bereich unterhalb der x-Achse, so muß man in diesem Fall das bestimmte Integral in zwei Anteile aufteilen.
Dies sei am Beispiel erläutert:

Gesucht sei der Absolutwert der Fläche, die zwischen der Kosinusfunktion und der x-Achse im Intervall 0 bis π liegt.

Das bestimmte Intervall wird in zwei Anteile aufgeteilt:

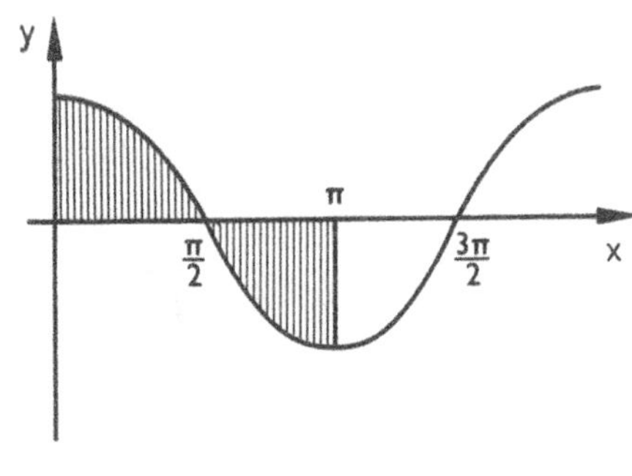


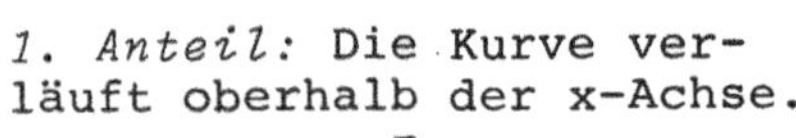

*1. Anteil:* Die Kurve verläuft oberhalb der x-Achse.

Grenzen: 0 ; $\frac{\pi}{2}$

Flächeninhalt: $F_1 = 1$

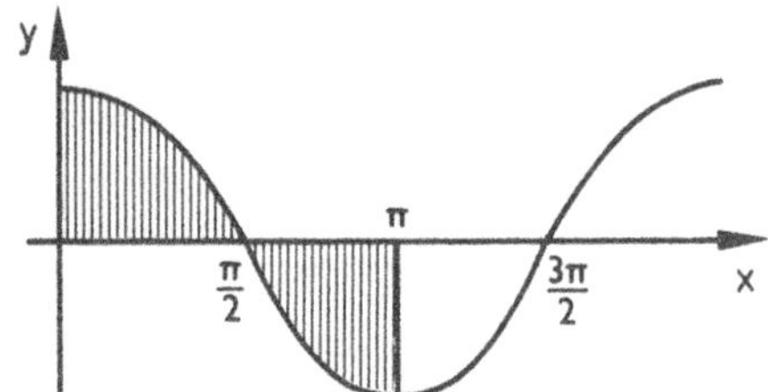


*2. Anteil:* Die Kurve verläuft unterhalb der x-Achse.
Grenzen: $\frac{\pi}{2}$ ; $\pi$

Das bestimmte Integral ergibt die Fläche mit negativem Vorzeichen:

$$\int_{\frac{\pi}{2}}^{\pi} \cos x \, dx = \left[\sin x\right]_{\frac{\pi}{2}}^{\pi} = -1.$$

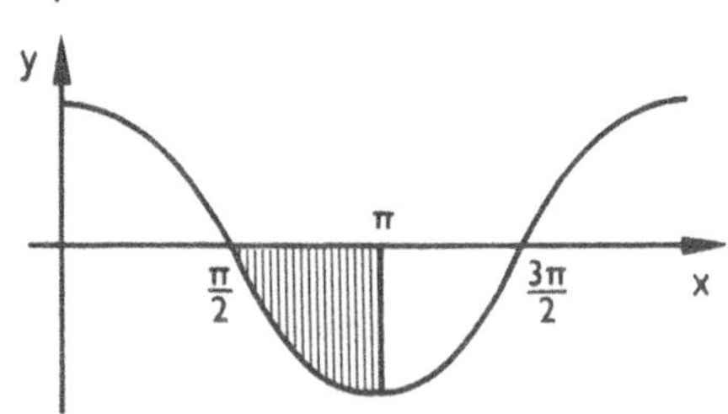

Will man diese Fläche positiv zählen, so muß hier der Absolutwert genommen werden:

$$F_2 = |-1| = 1$$

Die Summe beider Anteile ist dann:

$$F = F_1 + F_2 = 2$$

*Beispiele, die nicht auf eine Flächenberechnung zurückgeführt werden:*

Gesucht ist die Geschwindigkeit v einer Rakete **40 Sekunden** nach dem Start . Bekannt sei die - konstante - Beschleunigung a:

$$a = 15 \frac{m}{sec^2}$$

Für den Zusammenhang zwischen Beschleunigung und Geschwindigkeit gilt:

$$a = \frac{dv}{dt}$$

$$v = \int_0^{40} a dt = \left[ a \cdot t \right]_0^{40} = 15 \cdot 40 \frac{m}{sec} = 600 \frac{m}{sec}$$

Gesucht ist nun der Weg, den die Rakete 40 sec nach dem Start zurückgelegt hat. Bekannt sei die mit der Zeit zunehmende Geschwindigkeit.
Es ist das gleiche Beispiel zugrundegelegt. Es handelt sich um eine gleichförmig beschleunigte Bewegung.

$$v = a \cdot t \qquad \text{mit } a = 15 \frac{m}{sec^2}$$

Der Weg s ist das bestimmte Integral

$$s = \int_0^{40} a \cdot t \cdot dt = \left[ \frac{a}{2} \cdot t^2 \right]_0^{40}$$
$$= \left[ \frac{15}{2} \cdot \{(40)^2 - 0\} m \right] = 12\ 000\ m$$

## 4.5 ZUR TECHNIK DES INTEGRIERENS

Zunächst werden allgemeine Techniken zur Bestimmung der Stammfunktion mitgeteilt. Die Menge aller Stammfunktionen von f(x) wird *unbestimmtes Integral* genannt und durch das Symbol

$$\int f(x)\,dx$$

gekennzeichnet.

### 4.5.1 VERIFIZIERUNGSPRINZIP

Die Aufgabe der Differentialrechnung - Bestimmung der Ableitung einer differenzierbaren Funktion - kann immer gelöst werden. Man muß dazu die Differentiationsregeln algorithmisch anwenden.

Die Aufgabe der Integralrechnung - Bestimmung der Stammfunktion bei gegebener Ableitung - kann nicht immer gelöst werden. Es gibt kein algorithmisches Lösungsverfahren, das immer zum Ziel führt. Ein Lösungsverfahren, das für den Physiker wichtig ist, ist das *Verifizierungsprinzip*.

Beispiel:
Gegeben ist eine Funktion f(x). Wir vermuten, daß die Funktion F(x) eine Stammfunktion von f(x) ist. Dann prüfen wir die Vermutung, indem wir F(x) differenzieren und F'(x) und f(x) vergleichen. Gilt F'(x) = f(x), dann war unsere Annahme richtig: F(x) ist eine Stammfunktion zu f(x). Diese Prüfung ist ein *Beweis* dafür, daß F(x) Stammfunktion von f(x) ist.
War die Annahme falsch, müssen wir eine neue Annahme machen und solange suchen, bis die Lösung gefunden ist.

**Es gibt kein algorithmisches Verfahren zur Integration beliebiger Funktionen. Bereits scheinbar einfache Funktionen sind gelegentlich nicht integrierbar. Man muß heuristisch** vorgehen und verschiedene Möglichkeiten ausprobieren. Eine große Hilfe sind dabei Integrationstafeln, in denen Lösungen für viele Fälle zusammengetragen sind (siehe z.B. Bronstein-Semendjajew: Taschenbuch der Mathematik)

Am Ende dieser Lektion befindet sich eine für viele Fälle ausreichende Tabelle von Lösungen.

## 4.5.2 Stammintegrale

Zu einer Reihe von elementaren Funktionen lassen sich durch Anwendung des Hauptsatzes der Differential- und Integralrechnung - die Integration ist die Umkehrung der Differentiation - leicht die zugehörigen Stammfunktionen angeben. Diese Stammfunktionen nennt man auch *Grundintegrale* oder *Stammintegrale*. Mit Hilfe des Verifizierungsprinzipes kann man unmittelbar überprüfen, daß das Stammintegral jeweils eine richtige Lösung der Integralaufgabe für die gegebene Funktion darstellt.

(4-6)

| Funktion | Stammintegral |
|---|---|
| $x^n \quad (n \neq -1)$ | $\frac{x^{n+1}}{n+1} + C$ |
| $\sin x$ | $-\cos x + C$ |
| $\cos x$ | $\sin x + C$ |
| $e^x$ | $e^x + C$ |
| $\frac{1}{x} \quad (x \neq 0)$ | $\ln \lvert x \rvert + C$ (Der Logarithmus ist nur für positives Argument definiert.) |

### 4.5.3 KONSTANTER FAKTOR UND SUMME

Viele Integrale lassen sich durch zwei einfache Operationen vereinfachen. Es ist zweckmäßig, diese Vereinfachungen durchzuführen, ehe nach einer Lösung des Integrals in einer Tabelle gesucht wird.

*Konstanter Faktor:*
Ein konstanter Faktor kann vor das Integral gezogen werden:

$$\int c\, f(x)dx = c\int f(x)dx \qquad (4-7)$$

Beweis siehe Anmerkung 1)

*Summe und Differenz von Funktionen:*
Das Integral der Summe zweier - oder mehrerer - Funktionen ist gleich der Summe der Integrale dieser Funktionen.

$$\int (f(x)+g(x))dx = \int f(x)dx + \int g(x)dx \qquad (4-8)$$

Beweis siehe Anmerkung 2)

Das Integral der Differenz zweier - oder mehrerer - Funktionen ist gleich der Differenz der Integrale der Funktion.

---

1) Wir führen den Beweis mit Hilfe des Verifizierungsprinzips.
Es sei

$$F(x) = \int f(x)dx$$

Dann gilt auch:

$$c\, F(x) = c\int f(x)dx$$

Wir differenzieren beide Seiten und erhalten:

$$c\, F' = c\, f(x)$$

2) Wir führen den Beweis mit Hilfe des Verifizierungsprinzips.
$F(x)$ sei die Stammfunktion zu $f(x)$; $G(x)$ sei die Stammfunktion zu $g(x)$.
Dann gilt:

$$F(x) + G(x) = \int f(x)dx + \int g(x)dx$$

Wir differenzieren auf beiden Seiten und erhalten

$$F'(x) + G'(x) = f(x) + g(x)$$

### 4.5.4 Integration durch Substitution

Wir wollen das Integral $\int (1 + 2x)^8 dx$ berechnen. Durch Ausmultiplizieren könnten wir eine Summe von Grundintegralen erhalten. Dies kostet aber viel Mühe.

Substituieren wir im Integranden die Funktion 1 + 2x durch u, dann erhalten wir für den Integranden die Funktion $f(u) = u^8$, die sich elementar integrieren läßt. Diese *Substitution* im Integranden führt aber noch nicht völlig zum Ziel, da noch dx zu substituieren ist. Wir müssen dx noch durch die Variable u ausdrücken.

Wir differenzieren die Gleichung $u = 1 + 2x$ nach x und erhalten

$$\frac{du}{dx} = 2$$

oder

$$dx = \frac{du}{2}$$

Damit ergibt sich

$$\int (1 + 2x)^8 dx = \int u^8 \cdot \frac{du}{2} = \frac{u^9}{18} + C$$

Wir können jetzt die Substitution $u = 1 + 2x$ rückgängig machen und erhalten

$$\int (1 + 2x)^8 dx = \frac{(1 + 2x)^9}{18} + C$$

Allgemein gilt:

$$\int f(a+bx)dx = \frac{1}{b}\int f(u)du \tag{4-9}$$

Die Substitution erfolgt in vier Schritten:

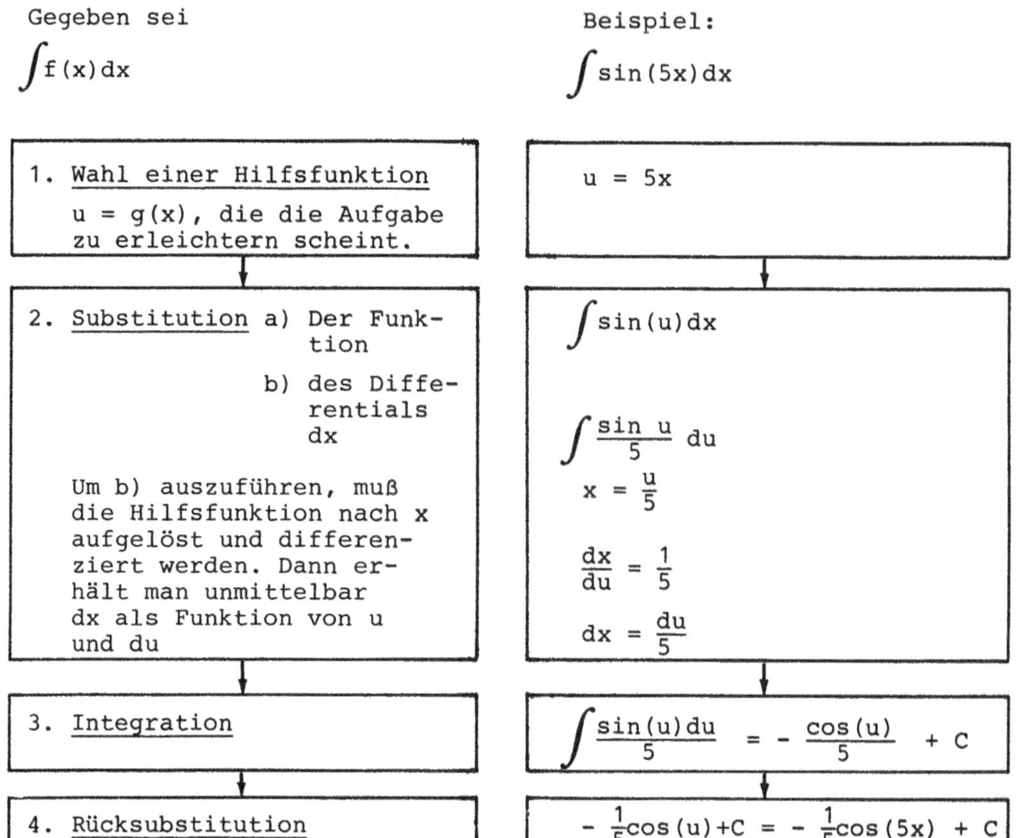


Die Kunst des Integrierens besteht darin, das gegebene Integral durch eine geeignete Substitution in ein Grundintegral zu überführen. Zur Auffindung der Substitution lassen sich keine allgemeingültigen Regeln geben.

## 4.5.5 PARTIELLE INTEGRATION

Aus der Produktregel der Differentialrechnung folgt die Integrationstechnik *Partielle Integration*. Gegeben seien die Funktionen u(x) und v(x). Differenziert man das Produkt u·v nach der Produktregel, so erhält man:

$$\frac{d}{dx}(u(x)\cdot v(x)) = \frac{du}{dx}\cdot v(x) + \frac{dv}{dx}\cdot u(x)$$

Abgekürzt geschrieben:

$$(u\ v)' = u'v + uv'$$

oder umgeformt

$$uv' = (uv)' - u'v \qquad (4\text{-}10)$$

Wir integrieren die letzte Gleichung. Dabei kann die Stammfunktion nur für den ersten Term nach dem Gleichheitszeichen sofort hingeschrieben werden.

$$\int uv'dx = [uv] - \int vu'dx \qquad (4\text{-}11)$$

Die erhaltene Gleichung kann dann eine Hilfe sein, wenn das rechts stehende Integral leichter lösbar ist als das links stehende. Nach dieser Formel gilt es, den Integranden in zwei Faktoren zu zerlegen. Diese Faktoren werden als u und v' aufgefaßt. Das ist dann sinnvoll, wenn das entstehende Integral auf der rechten Seite gelöst werden kann. Die richtige Wahl von u und v' ist entscheidend für die Brauchbarkeit des Verfahrens.

1. Beispiel:

Zu lösen sei: $\int xe^x dx$

Wir setzen $u = x$

$v' = e^x$

Damit ist $u' = 1$

$v = e^x$

Einsetzen in die Formel

$$\int uv'dx = [uv] - \int vu'dx$$

liefert

$$\int xe^x dx = xe^x - \int e^x dx = xe^x - e^x + C = e^x(x-1) + C$$

(Der Leser versuche, das Integral mit den Faktoren $u = e^x$ und $v' = x$ zu lösen!)

2. Beispiel:

Zu lösen sei: $\int \sin^2 x \, dx$

Wir wählen $u = \sin x$
$v' = \sin x$

Daraus folgt $u' = \cos x$
$v = -\cos x$

$$\int \sin^2 x \, dx = - \cos x \sin x + \int \cos^2 x \, dx$$

Für $\cos^2 x$ setzen wir $\cos^2 x = 1 - \sin^2 x$ ein

$$\int \sin^2 x \, dx = - \cos x \sin x + \int (1-\sin^2 x) dx$$

$$\int \sin^2 x \, dx = - \cos x \sin x + x - \int \sin^2 x \, dx$$

Addieren wir auf beiden Seiten $\int \sin^2 x dx$ und dividieren durch 2, erhalten wir

$$\int \sin^2 x \, dx = - \frac{1}{2}\cos x \sin x + \frac{x}{2} + C$$

Für den Anfänger betonen wir, daß nur über häufiges Üben ausreichende Fähigkeiten im Integrieren erreicht werden können!

## 4.6 Rechenregeln für bestimmte Integrale

Auch für bestimmte Integrale gelten die Rechenregeln, die für das unbestimmte Integral abgeleitet wurden:

*Konstanter Faktor:* Konstante Faktoren können vor das Integral gezogen werden.

*Summe und Differenz:* Ist der Integrand eine Summe (Differenz), kann das Integral in eine Summe (Differenz) von Integralen zerlegt werden.

Das bestimmte Integral haben wir geometrisch als Flächeninhalt unter einer Kurve gedeutet. Aus dieser Deutung lassen sich leicht Eigenschaften des bestimmten Integrals ableiten. Sie sind hier teilweise ohne Beweis zusammengestellt. Sie sind geometrisch evident.

## Zerlegung in Teilbereiche

Das Integral über den ganzen Integrationsbereich ist gleich der Summe der Integrale über die Teilbereiche.

$$\int_a^b f(x)dx = \int_a^c f(x)dx + \int_c^b f(x)dx$$

Die Regel ist aufgrund ihrer geometrischen Bedeutung evident.

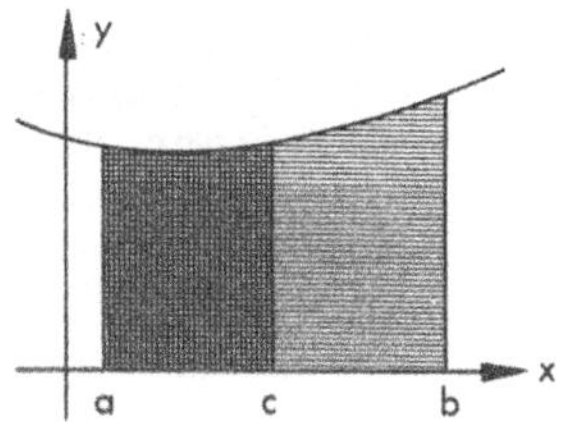


## Vertauschung der Integrationsgrenzen

Vertauscht man die Integrationsgrenzen, so wechselt das Integral das Vorzeichen.

$$\int_a^b f(x)dx = -\int_b^a f(x)dx \qquad (4\text{-}12)$$

Beweis:

$$\begin{aligned}\int_a^b f(x)dx &= F(b) - F(a)\\ &= -[F(a) - F(b)]\\ &= -\int_b^a f(x)dx\end{aligned}$$

## Untere und obere Integrationsgrenze sind gleich

Sind obere und untere Integrationsgrenze gleich, so verschwindet das bestimmte Integral

$$\int_a^a f(x)dx = 0$$

### Bezeichnungsweise

Der Wert eines bestimmten Integrals ist unabhängig von der Bezeichnungsweise

$$\int_a^b f(x)\,dx = \int_a^b f(z)\,dz = \int_a^b f(u)\,du \qquad (4\text{-}13)$$

**Das bestimmte Integral hängt nur von seinen Grenzen ab, nicht von der Bezeichnung der Integrationsvariablen.**
Man kann die Integrationsvariable durch beliebige Bezeichnungen substituieren. In der Physik wird davon häufig Gebrauch gemacht.

## 4.7 Substitution bei bestimmten Integralen

Durch geeignete Substitutionen lassen sich Integrale häufig in Grundintegrale überführen. Das Verfahren der Substitution kann auch bei bestimmten Integralen angewandt werden. Das Verfahren wird wie bei unbestimmten Integralen durchgeführt. Nach Abschluß der Integration muß die Rücksubstitution in die ursprüngliche Variable durchgeführt werden. Erst dann können die Grenzen eingesetzt werden.

**Beispiel:**

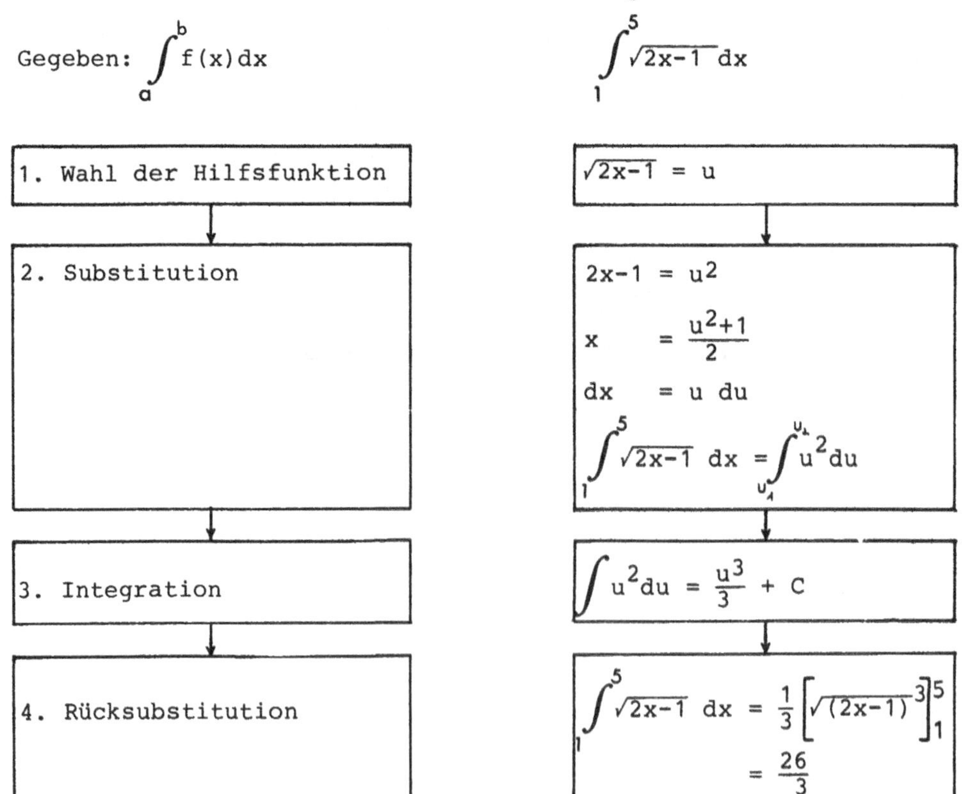

Bei diesem Verfahren haben wir das bestimmte Integral erst nach der Rücksubstitution ausgerechnet. Hierbei haben wir vermieden, auf die Frage einzugehen, wie sich die Grenzen bei der Substitution verändern. Die Frage ist leicht zu beantworten: Für die Grenzen sind die entsprechenden Werte der neuen Variablen einzusetzen.

**Will man auf die Rücksubstitution verzichten und das bestimmte Integral unmittelbar nach der Ausführung der Integration berechnen, so müssen die substituierten Grenzen eingesetzt werden:**

Beispiel:

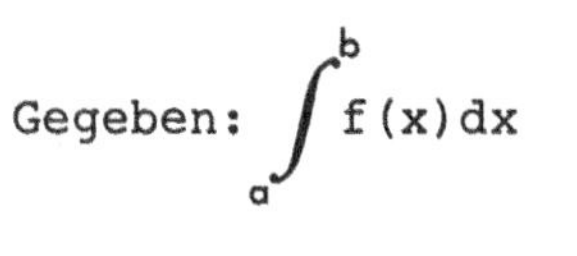

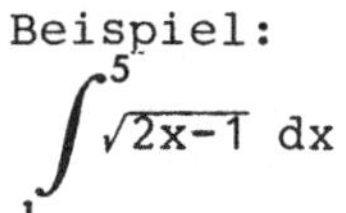

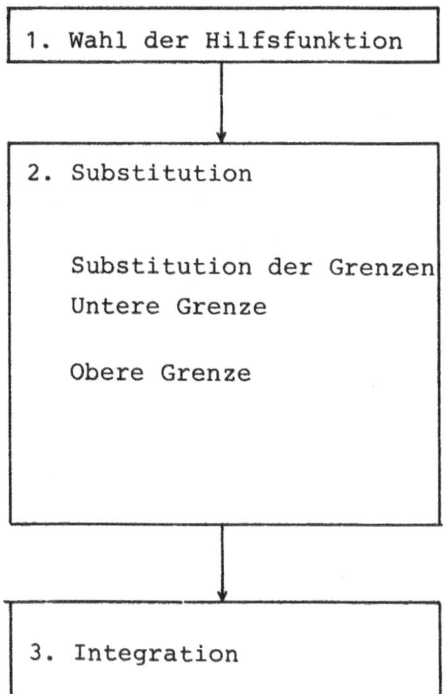


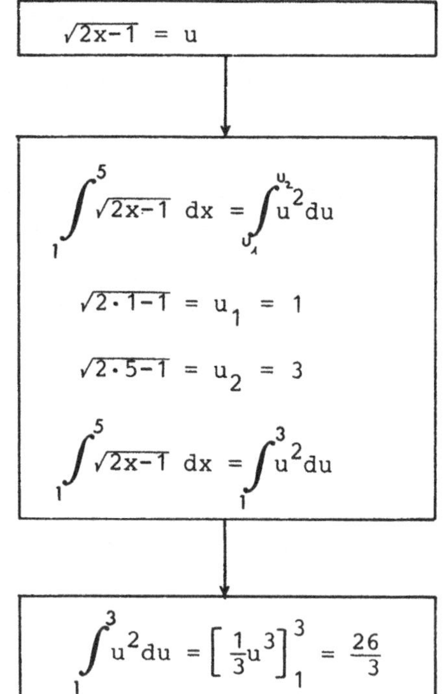

## 4.8 Mittelwertsatz der Integralrechnung

Es sei f(x) eine stetige Funktion. Dann gilt der unmittelbar einleuchtende Satz

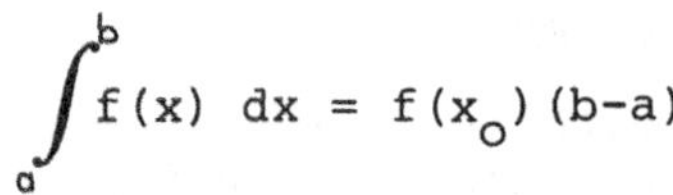

$$\int_a^b f(x)\,dx = f(x_0)\,(b-a)$$

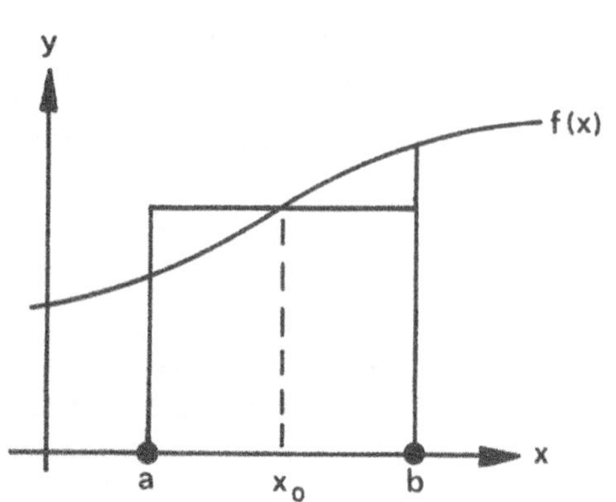


In Worten:
Es gibt mindestens einen Wert $x_0$ im Intervall a bis b, für den der Flächeninhalt des Rechtecks mit den Seiten $f(x_0)$ und (b - a) gleich dem Flächeninhalt unter der Funktionskurve im Intervall ist.

**Auf den Beweis verzichten wir hier.**

## 4.9 Uneigentliche Integrale

Gegeben sei die Funktion $y = f(x) = \frac{1}{x^2}$ $\quad ( x \neq 0 )$

Es soll der Inhalt des schraffierten Flächenstücks F berechnet werden.

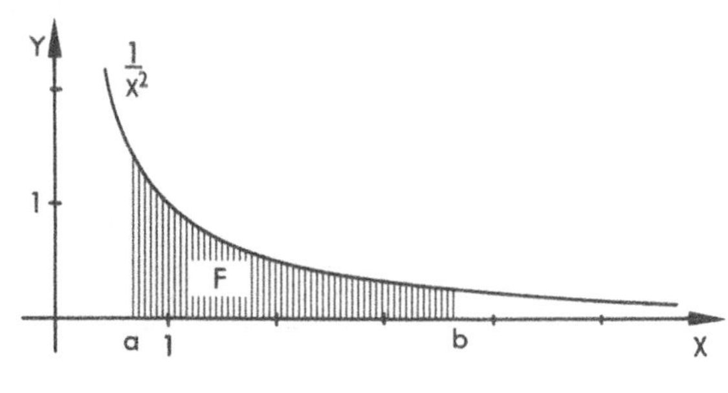


Diese Aufgabe ist lösbar:

$$F = \int_a^b \frac{dx}{x^2} = \left[-\frac{1}{x}\right]_a^b =$$

$$= \left(-\frac{1}{b}\right) - \left(-\frac{1}{a}\right) = \frac{1}{a} - \frac{1}{b}$$

Wir können nun das Flächenstück F nach rechts erweitern, indem wir b beliebig weit nach rechts verschieben. Der Flächeninhalt wächst dabei überraschenderweise nicht beliebig an.

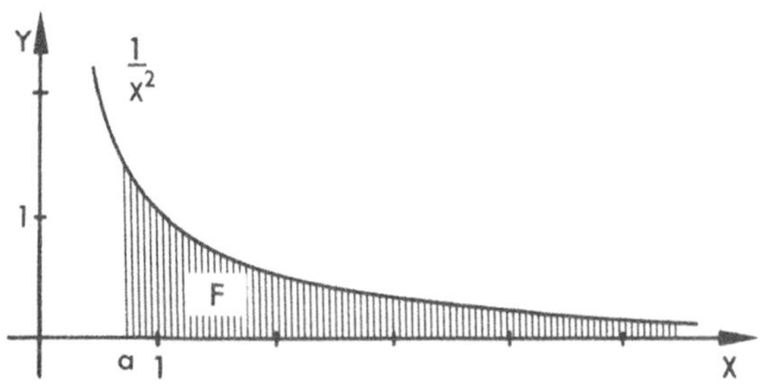

Wir haben einen Grenzübergang:

$$F = \lim_{b\to\infty} \int_a^b \frac{dx}{x^2} = \lim_{b\to\infty}\left(\frac{1}{a} - \frac{1}{b}\right) = \frac{1}{a}$$

Für diesen Sachverhalt schreibt man einfacher:

$$\int_a^\infty \frac{dx}{x^2} = \frac{1}{a}$$

Ein solches Integral heißt ein *uneigentliches Integral*. Ein uneigentliches Integral kann also durchaus einen endlichen Wert haben.

Definition: Integrale mit unendlichen Integrationsgrenzen heißen *uneigentliche Integrale*[1]). Das uneigentliche Integral heißt *konvergent*, wenn sein Wert endlich ist, *divergent*, wenn sein Wert unendlich wird.

Durch diese Definition haben wir den Begriff des bestimmten Integrals, der anfangs nur für endliche Intervalle aufgestellt wurde, auf unendliche Intervalle erweitert.

Nicht alle Integrale mit unendlichen Integrationsgrenzen konvergieren.

Beispiel: $\int_a^\infty \frac{dx}{x}$

Betrachten wir zunächst das zugehörige bestimmte Integral mit endlicher oberer Integralgrenze b. Dieses Integral läßt sich berechnen:

$$\int_a^b \frac{dx}{x} = \ln b - \ln a$$

---

1) Außerdem nennt man ein Integral uneigentlich, wenn der Integrand im Integrationsbereich Unendlichkeitsstellen hat.
Beispiel:
Das Integral $\int_1^2 \frac{dx}{\sqrt{x-1}}$ ist uneigentlich, weil an der Stelle x = 1 die Funktion $f(x) = \frac{1}{\sqrt{x-1}}$ eine Polstelle hat. Dennoch ist die Fläche unterhalb der Kurve im Intervall x = 1 bis x = 2 endlich.

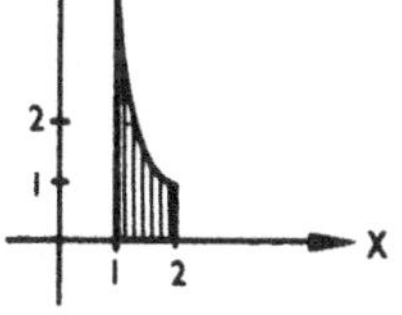


$$\int_1^2 \frac{dx}{\sqrt{x-1}} = \left[2\sqrt{x-1}\right]_1^2 = 2$$

Lassen wir nun $b \longrightarrow \infty$ gehen, so strebt auch der Ausdruck ln b gegen unendlich ($\ln b \longrightarrow \infty$).
Das Integral

$$\int_a^\infty \frac{dx}{x}$$

besitzt keinen endlichen Wert.
Symbolisch geschrieben

$$\int_a^\infty \frac{dx}{x} = \infty$$

## 4.10 Arbeit im Gravitationsfeld

Das uneigentliche Integral $\int_a^\infty \frac{dx}{x^2}$ tritt in der Physik im Zusammenhang mit dem Gravitationsgesetz und dem Coulombschen Gesetz auf. Hier sei das Gravitationsgesetz diskutiert:

Es soll eine Arbeit W berechnet werden, die erforderlich ist, um einen Körper mit der Masse m, der sich im Abstand r von der felderzeugenden Masse M befindet, gegen die Anziehungskraft F um ein bestimmtes Stück dr zu bewegen.

Nach dem Newtonschen Gravitationsgesetz ist:

$$F = \gamma \frac{Mm}{r^2} \qquad (\gamma \text{ ist die Gravitationskonstante})$$

$$dW = F dr = \gamma \frac{Mm}{r^2} dr$$

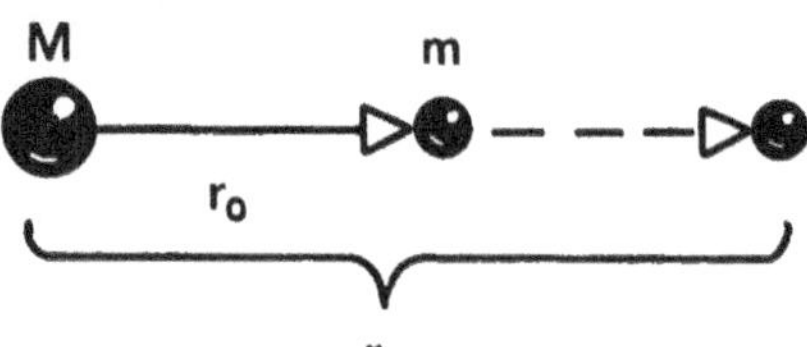


Soll der Körper mit der Masse m aus dem Abstand $r_0$ in den Abstand $r_1$ gebracht werden, erhalten wir die dafür erforderliche Arbeit W durch Integration.

$$W = \int_{r_0}^{r_1} \gamma \frac{Mm}{r^2} dr = (\gamma Mm) \cdot \int_{r_0}^{r_1} \frac{dr}{r^2} = (\gamma Mm) \left(\frac{1}{r_0} - \frac{1}{r_1}\right)$$

Von besonderem Interesse ist der Fall, daß der Körper mit der Masse m ganz aus dem Feld entfernt werden soll ($r_1 = \infty$).

Die Berechnung der hierfür erforderlichen Arbeit führt auf ein uneigentliches Integral.

$$W = \int_{r_0}^{\infty} \gamma \frac{Mm}{r^2} dr = (\gamma Mm) \int_{r_0}^{\infty} \frac{dr}{r^2} = \gamma \frac{Mm}{r_0}$$

## INTEGRATIONSREGELN UND -TECHNIKEN

1.1 Für $a \leq c \leq b$ gilt:

$$\int_a^b f(x)dx = \int_a^c f(x)dx + \int_c^b f(x)dx$$

1.2 $\int_a^b kf(x)dx = k\int_a^b f(x)dx$ (k = const.)

1.3 $\int_a^b f(x)dx = -\int_b^a f(x)dx$

1.4 $\int_a^a f(x)dx = 0$

1.5 $\int_a^b [f(x) + g(x)]\,dx = \int_a^b f(x)dx + \int_a^b g(x)dx$

2.1 Integration durch Substitution

$$\int_a^b f(x)dx = \int_{g^*(a)}^{g^*(b)} f(g(z))g'(z)dz$$

Dabei ist $x = g(z)$ (Substitution) und folglich $dx = g'(z)dz$. $g^*(x)$ ist die Umkehrfunktion der Funktion $x = g(z)$ (s.Seite 72).

2.2 Partielle Integration

$$\int_a^b u(x)v'(x)dx = \Big[u(x)v(x)\Big]_a^b - \int_a^b u'(x)v(x)dx$$

Die Regeln 1.1, 1.2, 1.5, 2.1, 2.2 gelten entsprechend auch für unbestimmte Integrale.

## TABELLE DER WICHTIGSTEN GRUNDINTEGRALE

| $f(x)$ | $\int f(x)dx$ [1] | $f(x)$ | $\int f(x)dx$ [1] |
|---|---|---|---|
| $c$ | $cx$ | $\sin x$ | $-\cos x$ |
| $x^n$ | $\frac{x^{n+1}}{n+1}$ $(n \neq -1)$ | $\sin^2 x$ | $\frac{1}{2}(x-\sin x\cdot\cos x)$ |
| $\frac{1}{x}$ | $\ln\lvert x\rvert$ $(x \neq 0)$ | $\frac{1}{\sin x}$ | $\ln\lvert\tan\frac{x}{2}\rvert$ |
| $e^x$ | $e^x$ | $\frac{1}{\sin^2 x}$ | $-\cot x$ |
| $a^x$ | $\frac{a^x}{\ln a}$ $\binom{a>0}{a\neq 1}$ | $\cos x$ | $\sin x$ |
| $\ln x$ | $x\ln x - x$ $(x>0)$ | $\cos^2 x$ | $\frac{1}{2}(x+\sin x\cdot\cos x)$ |
| $\frac{1}{x-a}$ | $\ln\lvert x-a\rvert$ | $\frac{1}{\cos x}$ | $\ln\lvert\tan(\frac{x}{2}+\frac{\pi}{4})\rvert$ |
| $\frac{1}{(x-a)^2}$ | $-\frac{1}{x-a}$ | $\frac{1}{\cos^2 x}$ | $\tan x$ |
| $\frac{1}{x^2-a^2}$ | $\frac{1}{2a}\ln\frac{x-a}{x+a}$ $(\lvert x\rvert > \lvert a\rvert)$ | $\frac{1}{1+\sin x}$ | $\tan(\frac{x}{2}-\frac{\pi}{4})$ |
| $\frac{1}{a^2+x^2}$ | $\frac{1}{a}\arctan\frac{x}{a}$ [2] | $\frac{1}{1-\sin x}$ | $-\cot(\frac{x}{2}-\frac{\pi}{4})$ |
| $\sqrt{ax+b}$ | $\frac{2}{3a}\sqrt{(ax+b)^3}$ | $\frac{1}{1+\cos x}$ | $\tan\frac{x}{2}$ |
| $\frac{1}{\sqrt{ax+b}}$ | $\frac{2}{a}\sqrt{ax+b}$ | $\frac{1}{1-\cos x}$ | $-\cot\frac{x}{2}$ |
| $\frac{1}{\sqrt{a^2-x^2}}$ | $\arcsin\frac{x}{a}$ [3] | $\tan x$ | $-\ln\lvert\cos x\rvert$ |
| $\sqrt{a^2-x^2}$ | $\frac{x}{2}\sqrt{a^2-x^2}+\frac{a^2}{2}\arcsin\frac{x}{a}$ | $\tan^2 x$ | $\tan x - x$ |
| $\frac{1}{\sqrt{x^2+a^2}}$ | $\ln(x+\sqrt{x^2+a^2})$ | $\cot x$ | $\ln\lvert\sin x\rvert$ |
| $\sqrt{x^2+a^2}$ | $\frac{x}{2}\sqrt{x^2+a^2}+\frac{a^2}{2}\ln(x+\sqrt{a^2+x^2})$ | $\cot^2 x$ | $-\cot x - x$ |

1) Die Integrationskonstante wurde weggelassen
2) arctan x ist die Umkehrfunktion zu tan x
3) arcsin x ist die Umkehrfunktion zu sin x

## ÜBUNGSAUFGABEN

4.1 Gegeben sei f(x). Bestimmen Sie diejenigen Stammfunktionen F(x) zu f(x), die die angegebenen Randbedingungen erfüllen:

a) $f(x) = 3x$ Randbedingung: $F(1) = 2$

b) $f(x) = 3x$ " : $F(2) = 1$

c) $f(x) = 3x$ " : $F(0) = 0$

d) $f(x) = 2x + 3$ " : $F(1) = 0$

4.3 A Geben Sie ohne Rechnung die Ableitung der folgenden Funktionen F(x) an:

a) $F(x) = \int_0^x \sqrt{2x^5 - 3x}\, dx$ b) $F(t) = \int_0^t \sin(wt + \alpha)dt$

c) $F(x) = \int_0^x e^{Ax}\, dx$

B

a) Wie lautet die zur Funktion $f(x) = x^2$ gehörende Flächenfunktion F(x)? (Randbedingung $F(0) = 0$)

b) Welcher Funktionswert von F(x) entspricht der schraffierten Fläche?

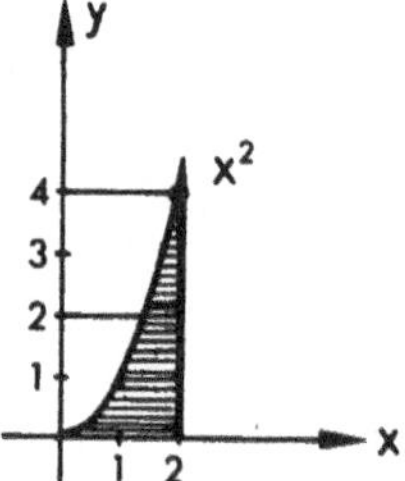


4.4 A Berechnen Sie die bestimmten Integrale

a) $\int_0^{\frac{\pi}{2}} 3 \cos x\, dx$ b) $\int_{-\frac{\pi}{2}}^{\frac{\pi}{2}} 3 \cos x\, dx$

c) $\int_0^{\pi} 3 \cos x\, dx$

B Berechnen Sie die Fläche zwischen Graph und x-Achse

a) $\int_{-2}^{0} (x-2)\, dx$ b) $\int_0^2 (x-2)\, dx$

c) $\int_0^4 (x-2)dx$

4.5 A Überprüfen Sie folgende Gleichungen mit Hilfe des Verifizierungsprinzips:

a) $\int \frac{2dx}{(x+1)^2} = \frac{x-1}{x+1} + C$ b) $2\int \sin^2(4x-1)dx = x - \frac{1}{8} \sin(8x-2) + C$

c) $\int \frac{1 - x^2}{(1+x^2)^2}dx = \frac{x}{1+x^2} + C$

B Lösen Sie folgende Aufgaben, indem Sie ggf. die Tabelle auf S. 12 benutzen.

a) $\int \frac{dx}{x-a}$ b) $\int \frac{1}{\cos 2x} dx$

c) $\int \frac{a}{\sqrt{x^2+a^2}} dx$ d) $\int \sin^2\alpha \, d\alpha$

e) $\int a^t dt$ f) $\int \sqrt[3]{x^7}\, dx$

g) $\int 5(x^2 + x^3)dx$ h) $\int (\frac{3}{2}t^3 + 4t)dt$

4.5.4 Integrieren Sie

a) $\int \sin 4\pi x \, dx$ b) $\int \cos (ax)\, dx$

c) $\int 4\sin(4t)\, dt$ d) $\int 2\pi\sin(2\pi x)dx$

e) $\int 0{,}5\pi \cos(0{,}5\pi t)dt$ f) $\int e^{(3x-1)}\, dx$

4.5.5 Lösen Sie mit Hilfe partieller Integration:

a) $\int x \ln x \, dx$ b) $\int x \sin x \, dx$

c) $\int x^2 \cos x \, dx$ d) $\int \sin x \cos x \, dx$

4.6 a) $\int_{-\pi}^{-\pi} \cos x \, dx$ b) $\int_{3}^{3} x^4 \, dx$

c) $\int_{3}^{0} x^2 \, dx$ d) $\int_{0}^{0,5} x^2 dx + \int_{0,5}^{1,5} x^2 dx + \int_{1,5}^{2} x^2 dx$

4.7 Lösen Sie durch Substitution

a) $\int_{0}^{1} (5x - 4)^3 \, dx$ b) $\int_{1}^{2} \frac{dx}{\sqrt{7 - 3x}}$ Substituieren Sie: $u = 7 - 3x$

c) $\int_{1}^{\frac{3}{2}} \sin (\pi x + \frac{5\pi}{2})\, dx$ d) $\int_{-1}^{1} x^2\sqrt{2x^3 + 4}\, dx$

4.9 Berechnen Sie:

a) $\int_{4}^{\infty}\frac{d\rho}{\rho^2}$

b) $\int_{10}^{\infty}\frac{dx}{x}$

c) $\gamma\int_{r_0}^{\infty}\frac{dr}{r^2}$

d) $\int_{1}^{\infty}\frac{d\lambda}{\lambda}$

e) $\int_{1}^{\infty}\frac{dr}{r^3}$

f) $\int_{1}^{\infty}(1 + \frac{1}{x^2})\,dx$

g) $\int_{-\infty}^{-1}\frac{dx}{x^2}$

h) $\int_{1}^{\infty}\frac{1}{\sqrt{x}}\,dx$

## LÖSUNGEN

4.1 a) $F(x) = \frac{3}{2}x^2 + C_1$; $C_1 = \frac{1}{2}$, $F(x) = \frac{3}{2}x^2 + \frac{1}{2}$

b) $F(x) = \frac{3}{2}x^2 + C_2$; $C_2 = -5$, $F(x) = \frac{3}{2}x^2 - 5$

c) $F(x) = \frac{3}{2}x^2 + C_3$; $C_3 = 0$, $F(x) = \frac{3}{2}x^2$

d) $F(x) = x^2 + 3x + C$; $C = -4$, $F(x) = x^2 + 3x - 4$

4.3 A

a) $F'(x) = \sqrt{2x^5 - 3x}$ (Hauptsatz der Differential- und Integralrechnung)

b) $F'(x) = \sin(wt + \alpha)$

c) $F'(x) = e^{Ax}$

B

a) $F(x) = \frac{x^3}{3}$

b) $F = F(2)$

4.4 A

a) 3

b) 6

c) 0

B

a) $\left[\frac{x^2}{2} - 2x\right]_{-2}^{0} = -6$ Rechnen wir die Fläche positiv, so gilt $F = |-6| = 6$

b) $F = |-2| = 2$

c) Hier muß abschnittsweise integriert werden.

$$F = \left|\left[\frac{x^2}{2} - 2x\right]_0^2\right| + \left|\left[\frac{x^2}{2} - 2x\right]_2^4\right| = 4$$

4.5 A Differenzieren der jeweiligen Stammfunktion ergibt:

a) $\frac{d}{dx}\left(\frac{x-1}{x+1}\right) = \frac{2}{(x+1)^2}$

b) $\frac{d}{dx}\left(x - \frac{1}{8}\sin(8x-2)\right) = 1 - \cos(2(4x-1))$

$= 1 - \cos^2(4x-1) + \sin^2(4x-1) = \sin^2(4x-1) + \sin^2(4x-1) = 2\sin^2(4x-1)$

c) $\frac{d}{dx}\left(\frac{x}{1+x^2}\right) = \frac{1-x^2}{(1+x^2)^2}$

B

a) $\ln(x - a) + C$ | b) $\tan x + C$

c) $a \ln(x + \sqrt{x^2+a^2}) + C$ | d) $\frac{1}{2}(\alpha - \sin\alpha - \cos\alpha) + C$

e) $\frac{a^t}{\ln a} + C$ | f) $\int x^{\frac{7}{3}} dx = \frac{3}{10} x^{\frac{10}{3}} = \frac{3}{10}\sqrt[3]{x^{10}}$

g) $5\int x^2 dx + 5\int x^3 dx = \frac{5}{3}x^3 + \frac{5}{4}x^4 + C$ | h) $\frac{3}{8}t^4 + 2t^2$

4.5.4 a) $\frac{-1}{4\pi}\cos 4\pi x + C$ | b) $\frac{1}{a}\sin ax + C$

c) $-\cos 4t + C$ | d) $-\cos(2\pi x) + C$

e) $\sin(0{,}5\pi t) + C$ | f) $\frac{1}{3}e^{3x-1} + C$

4.5.5 a) $\frac{x^2}{2}\ln x - \frac{x^2}{4} + C$; Rechengang: $\ln x = u$, $x = v'$

$$\int x \ln x = \frac{x^2}{2}\ln x - \int \frac{x^2}{2}\frac{dx}{x} = \frac{x^2}{2}\ln x - \frac{x^2}{4} + C$$

b) $- x \cos x + \sin x + C$; Rechengang: $x = u$, $\sin x = v'$

$$\int x \sin x\, dx = x(-\cos x) + \int \cos x \cdot 1 dx$$
$$= x \cos x + \sin x + C$$

c) $x^2 \sin x + 2x \cos x - 2 \sin x + C$, Rechengang: $x^2 = u$, $\cos x = v'$

$$\int x^2 \cos x\, dx = x^2 \sin x - \int 2x \sin x\, dx$$
$$= x^2 \sin x + 2x \cos x - 2 \sin x + C$$
(nach Aufgabe 7b)

d) $\frac{1}{2}\sin^2 x + C$, Rechengang: $\sin x = u$, $\cos x = v'$

$$\int \sin x \cos x\, dx = \sin^2 x - \int \sin x \cos x\, dx$$
$$2\int \sin x \cos x\, dx = \sin^2 x \Rightarrow \int \sin x \cos x\, dx = \frac{1}{2}\sin^2 x$$

4.6 a) 0 | b) 0

c) $-9$ (wegen $\int_3^0 x^2 dx = -\int_0^3 x^2 dx$) | d) $\frac{8}{3}$ (Die drei Integrale können zu einem zusammengezogen werden.)

4.7 a) $-12\frac{3}{4}$

Rechengang: Substitution $5x - 4 = u$, $dx = \frac{1}{5}du$

$$\int_0^1 (5x-4)^3 dx = \int_{-4}^1 u^3 \frac{1}{5}du = \frac{1}{5}\left[\frac{u^4}{4}\right]_{-4}^1 = \frac{-51}{4} = -12\frac{3}{4}$$

b) $\frac{2}{3}$

Rechengang: Substitution $u = 7 - 3x$, $dx = -\frac{du}{3}$

$$\int_1^2 \frac{dx}{\sqrt{7-3x}} = \int_4^1 \frac{1}{\sqrt{u}}\left(-\frac{1}{3}du\right) = \frac{1}{3}\int_1^4 \frac{du}{\sqrt{u}} = \left[\frac{2}{3}\sqrt{u}\right]_1^4 = \frac{2}{3}$$

c) $\frac{-1}{\pi}$

Rechengang: Substitution $u = \pi x + \frac{5\pi}{2}$, $dx = \frac{u}{\pi}$

$$\int_1^{\frac{3}{2}} \sin\left(\pi x + \frac{5\pi}{2}\right)dx = \int_{\frac{7\pi}{2}}^{4\pi} \sin u \frac{1}{\pi}du = \left[\frac{-1}{\pi}\cos u\right]_{\frac{7\pi}{2}}^{4\pi} = \frac{-1}{\pi}\left[1 - 0\right] = \frac{-1}{\pi}$$

d) $\frac{1}{9}(6\sqrt{6} - 2\sqrt{2}) = 1{,}32$

Rechengang: Substitution $u = 2x^3 + 4$, $dx = \frac{1}{6x^2}du$

$$\int_{-1}^1 x^2 \sqrt{2x^3+4}\,dx = \int_2^6 x^2\sqrt{u}\,\frac{1}{6x^2}\,du = \int_2^6 \frac{1}{6}\,udu$$

$$= \frac{1}{9}(6^{3/2} - 2^{3/2}) = \frac{1}{9}(6\sqrt{6} - 2\sqrt{2}) = \frac{2\sqrt{2}}{9}(3\sqrt{3} - 1) = 1{,}32$$

4.8 a) $\frac{1}{4}$ b) $\infty$

c) $\gamma\frac{1}{r_o}$ d) $\infty$

e) $\frac{1}{2}$ Rechengang: $\int_1^\infty \frac{dr}{r^3} = \lim\limits_{b\to\infty}\int_1^b \frac{dr}{r^3} = \lim\limits_{b\to\infty}\left[\frac{-1}{2r^2}\right]_1^b = \lim\limits_{b\to\infty}\left[\frac{-1}{2b^2} - \left(-\frac{1}{2}\right)\right] = \frac{1}{2}$

f) $\infty$ Rechengang: $\int_1^\infty \left(1 + \frac{1}{x^2}\right)dx = \lim\limits_{b\to\infty}\left[x - \frac{1}{x}\right]_1^b = \infty$

g) 1 Rechengang: $\int_{-\infty}^{-1} \frac{dx}{x^2} = \lim\limits_{b\to\infty}\left[\frac{-1}{b} + 1\right] = 1$

h) $\infty$ Rechengang: $\int_1^\infty \frac{dx}{\sqrt{x}} = \lim\limits_{b\to\infty}(2\sqrt{b} - 2) = \infty$

# 5 VEKTORRECHNUNG I

## 5.1 SKALARE UND VEKTOREN

In der Physik wird die Mathematik zur zweckmäßigen Beschreibung von Naturvorgängen benutzt. Dabei verwendet der Physiker weitgehend Größen, die durch Angabe eines Zahlenwertes und einer Maßeinheit bestimmt sind.

Dieses Verfahren führt nun keineswegs immer zum Erfolg. Über die Luftbewegung liege eine Angabe aus der Wettervorhersage vor:

"Über der Nordsee herrscht Windstärke 4 aus Nordost."

Die Angabe über die Luftbewegung besteht aus zwei Anteilen, der Windstärke, die in der Physik als Windgeschwindigkeit in Meter pro Sekunde gemessen würde und der Angabe der Richtung. Ohne diese Richtungsangabe ist die Luftbewegung nicht vollständig beschrieben. Wetterkarten enthalten diese Richtungsangaben in Form von Richtungspfeilen. Für einen Segler ist es unmittelbar evident, daß er diese Richtung kennen muß. Die Überlegung gilt allgemein für jede Geschwindigkeitsangabe, die erst dann vollständig und eindeutig ist, wenn neben dem Betrag die Richtung angegeben wird. In der Physik gehören viele Größen zu diesem Typ, der nicht durch eine einzige Zahlenangabe charakterisiert werden kann. Derartige Größen, von denen wir hier als Beispiel die Geschwindigkeit betrachtet haben, heißen *vektorielle Größen* oder *Vektoren*.

Auch in der Mathematik gibt es Vektoren. Betrachten wir die Ortsverschiebung eines Punktes von $P_1$ nach $P_2$.

Diese Ortsveränderung - auch Punktverschiebung genannt - hat einen Betrag und eine eindeutig definierte Richtung. Wir können diese Punktverschiebung als Pfeil darstellen.

Die Länge des Pfeils gibt den Betrag der Verschiebung an, die Richtung ist durch die Lage im Koordinatensystem - oder allgemeiner - im Raum

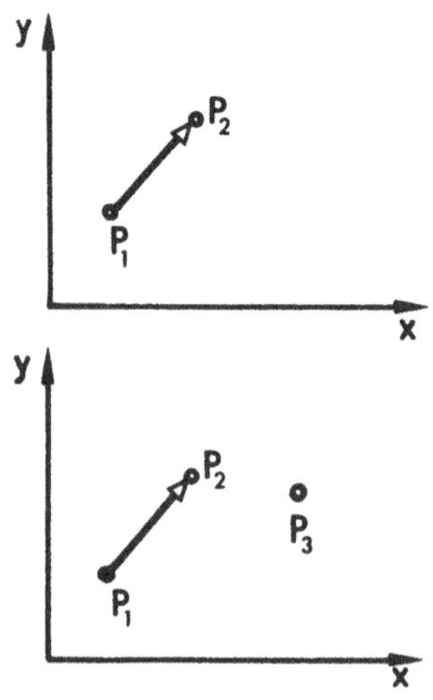

angegeben. Die Punktverschiebung ist ebenfalls ein Vektor.

Die Zweckmäßigkeit dieser Betrachtung ergibt sich, wenn wir die Parallelverschiebung[1])einer Figur im Raum oder in der Ebene betrachten. In der Abbildung sei ein Rechteck aus der Lage A in die Lage B verschoben. Jeder Punkt des Rechtecks ist dabei um den gleichen Betrag und in die gleiche Richtung verschoben. Wir verabreden, Verschiebungen in gleicher Richtung und um den gleichen Betrag als gleich zu betrachten. Mit der Angabe eines einzigen Verschiebungsvektors a ist daher die gesamte Verschiebung eindeutig bestimmt[2]). Hier wird deutlich, daß es sinnvoll und vorteilhaft ist, Vektoren, die die Verschiebung der einzelnen Punkte angeben, als gleich zu betrachten.

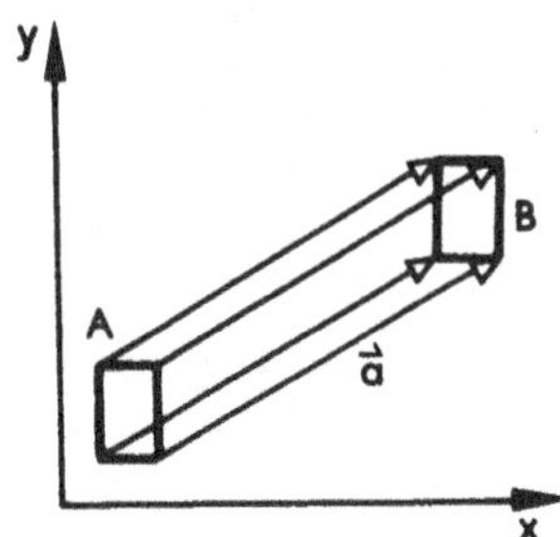


Für die betrachtete Klasse von Vektoren gilt:

*Zwei Vektoren werden als gleich betrachtet, wenn sie in ihrer Länge und in ihrer Richtung überein stimmen.*

Vektoren können parallel zu sich verschoben werden, wie in der Abbildung rechts. Da Richtung und Größe erhalten bleiben, sind alle Vektoren äquivalent und gleich im Sinne unserer Verabredung.
Das gilt ebenso, wenn ein Vektor in seiner Richtung verschoben wird.

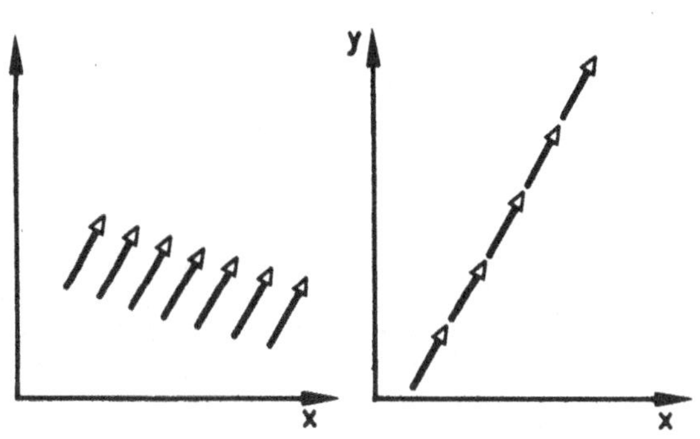


1) Parallelverschiebungen sind Verschiebungen, bei denen die Richtung aller Geraden der verschobenen Figur erhalten bleibt.

2) Mit dieser Verabredung teilen wir alle Verschiebungen in Klassen ein. Jede Klasse enthält Verschiebungen in gleicher Richtung und um den gleichen Betrag. Eine Klasse von Verschiebungen ist dann vollständig beschrieben durch die Angabe *eines einzigen Repräsentanten* aus dieser Klasse.

Für Vektoren lassen sich bestimmte Verknüpfungsregeln zweckmäßig bilden. Dies sei hier zur Einführung am Beispiel der *Addition* von Vektoren skizziert.

Wir betrachten die Verschiebung eines Punktes $P_1$ nach $P_2$ und eine zweite darauf folgende Verschiebung von $P_2$ nach $P_3$. Die beiden aufeinander folgenden Verschiebungen sind in der Abbildung durch je einen Vektor dargestellt. Das Ergebnis der beiden Verschiebungen ist der neue Vektor $\overrightarrow{P_1P_3}$. Wir können die Aufeinanderfolge zweier Verschiebungen als Summe zweier Verschiebungsvektoren interpretieren, deren Ergebnis der dritte Vektor ist.

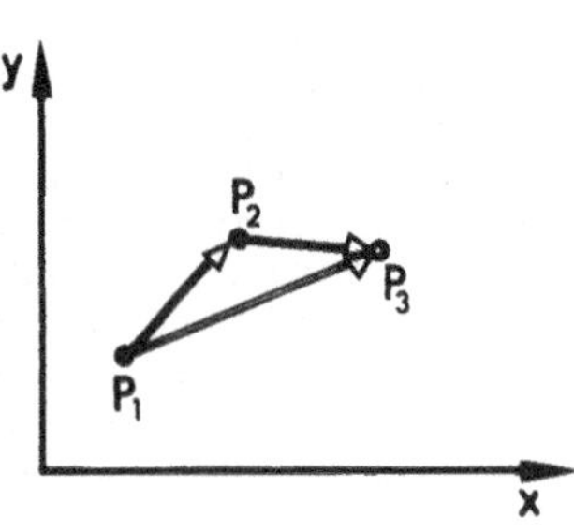


Wenn Vektoren zur Abbildung physikalischer vektorieller Größen benutzt werden, so muß bei dieser Abbildung eine Zuordnung zwischen der physikalischen Maßeinheit und der Längeneinheit getroffen werden.

Definition: *Vektoren* sind Größen, die durch Betrag und Richtungsangabe bestimmt sind.

Das geometrische Bild eines physikalischen Vektors ist ein Pfeil mit der Richtung des Vektors, dessen Länge den Betrag des Vektors repräsentiert.

Zur Unterscheidung von vektoriellen Größen heißen diejenigen physikalischen Größen, die durch Angabe eines Zahlenwertes und einer Maßeinheit beschrieben werden können, *skalare Größen* oder *Skalare*[1]. Derartige Größen können oft auf der Skala eines Meßinstrumentes abgelesen werden.

Definition: *Skalare* sind Größen, die durch einen Betrag (Maßzahl und Maßeinheit) vollständig bestimmt sind.

1) Der Begriff skalare Größe leitet sich ab von dem Wort scala = Leiter. Es sind Größen, die sich auf einer Zahlengeraden abbilden lassen.

Das Rechnen mit skalaren Größen ist das vertraute Rechnen mit positiven und negativen Zahlen einschließlich der Maßeinheiten. Das Rechnen mit Vektoren scheint zunächst schwieriger. Es wird jedoch durch die anschauliche geometrische Darstellung vektorieller Größen erleichtert. Mit Vektoren ist eine prägnante Darstellung und eine übersichtliche Schreibweise vieler physikalischer Zusammenhänge möglich.

*Bezeichnungsweise*: Für Vektoren sind unterschiedliche Bezeichnungen im Gebrauch:

a) zwei Großbuchstaben, über die ein Pfeil gesetzt wird, der den Richtungssinn angibt: $\overrightarrow{P_1P_2}$

   ($P_1$ ist der Anfangspunkt, $P_2$ der Endpunkt des Vektors.)

b) kleine lateinische Buchstaben mit darübergesetztem Pfeil: $\vec{a}$, $\vec{b}$, $\vec{c}$

Wir werden im folgenden diese Bezeichnungen benutzen. In anderen Büchern findet man noch:

c) kleine oder große deutsche Buchstaben: $\mathfrak{a}$, $\mathfrak{A}$

d) Fettdruck lateinischer Buchstaben: **a**, **A**

e) unterstrichene oder unterkringelte Kleinbuchstaben: $\underline{a}$, $\underset{\sim}{a}$, $\underline{b}$, ...

Wollen wir von der Richtung eines Vektors absehen und nur den Betrag betrachten, benutzen wir das in der Mathematik übliche Zeichen für den *Betrag*: $|\vec{a}|$ = a bedeutet Betrag des Vektors $\vec{a}$. Der Betrag $|\vec{a}|$ ist eine skalare Größe.

## 5.2 Addition von Vektoren

Die geometrischen Bilder von Vektoren kann man aufgrund einfacher Regeln verknüpfen. Für den Physiker ist es wichtig, daß die Ergebnisse der Operationen (Summe, Differenz) genau dem Verhalten der abgebildeten vektoriellen physikalischen Größen entsprechen.

### 5.2.1 Summe zweier Vektoren: Geometrische Addition

Ein Beispiel für die Summe zweier Vektoren war bereits die Zusammensetzung zweier Verschiebungen. Das Ergebnis zweier aufeinander folgender Verschiebungen kann durch einen neuen Verschiebungsvektor dargestellt werden. Dieses Verfahren läßt sich bereits auf den allgemeinen Fall übertragen:
Zwei Vektoren seien zu addieren. Gesucht ist die Summe $\vec{c}$ der Vektoren $\vec{a}$ und $\vec{b}$: $\vec{c} = \vec{a} + \vec{b}$

Wenn man von einer beliebigen Lage der Vektoren ausgeht, ist durch eine Verschiebung zunächst zu erreichen, daß beide Vektoren einen gemeinsamen Anfangspunkt A haben. Dann verschieben wir den Vektor $\vec{b}$ parallel zu sich, bis sein Anfangspunkt in den Endpunkt von $\vec{a}$ fällt.

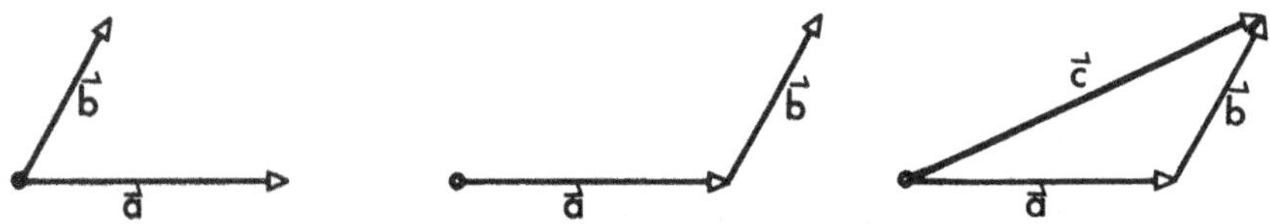


Als Summe von $\vec{a}$ und $\vec{b}$ definieren wir den Vektor $\vec{c}$, dessen Anfangspunkt mit dem Anfangspunkt von $\vec{a}$ und dessen Endpunkt mit dem Endpunkt von $\vec{b}$ zusammenfällt. Diese Addition heißt *geometrische Addition*.

Schreibweise: $\vec{a} + \vec{b} = \vec{c}$

Die Summe mehrerer Vektoren erhält man durch sukzessive geometrische Addition. In der Abbildung unten ist die Summe aus vier Vektoren gebildet.

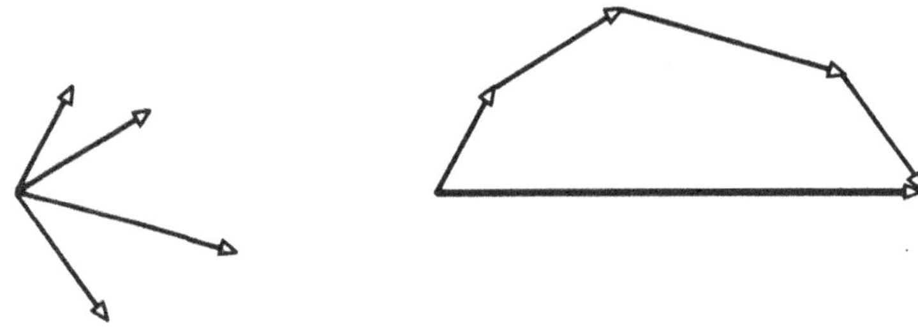

Bei der Vektoraddition wird also eine fortlaufende Kette der Vektoren gebildet. Die Reihenfolge in der die Vektoren addiert werden, hat keinen Einfluß auf das Ergebnis (assoziatives Gesetz). Das Ergebnis der Vektoraddition ist wieder ein Vektor. Man nennt ihn: *Summenvektor* oder *resultierenden Vektor* oder *Resultante*[1]).

Für Vektoren gilt das *kommutative Gesetz:*

$$\vec{a} + \vec{b} = \vec{b} + \vec{a}$$

Weiter gilt für Vektoren das *assoziative Gesetz:*

$$\vec{a} + (\vec{b}+\vec{c}) = (\vec{a}+\vec{b}) + \vec{c} =$$

## 5.3 SUBTRAKTION VON VEKTOREN

### 5.3.1 DER GEGENVEKTOR

Die Subtraktion von Vektoren läßt sich auf die Addition zurückführen. Zu diesem Zweck führen wir den Begriff des Gegenvektors ein.

Definition: Als *Gegenvektor* eines Vektors $\vec{a}$ bezeichnen wir einen Vektor mit entgegengesetzter Richtung und gleichem Betrag.

Schreibweise: $-\vec{a}$

Hat $\vec{a}$ den Anfangspunkt A und den Endpunkt B, so gilt:

$$\vec{a} = \overrightarrow{AB}; \quad -\vec{a} = \overrightarrow{BA}$$

Die Summe von Vektor und Gegenvektor verschwindet.

$$\vec{a} + (-\vec{a}) = 0$$

0 heißt in der Vektorrechnung *Nullvektor*.

---

1) Die Vektoraddition ist auch als Newton'sches Kräfteparallelogramm bekannt. Kräfte darf man nämlich nur dann geometrisch addieren, wenn sie an einem Punkt angreifen. Die Konstruktion des Summenvektors aus den beiden Vektoren $\vec{a}$ und $\vec{b}$ geht wie folgt vor sich:

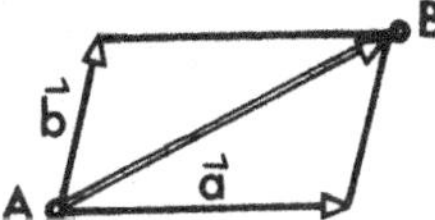


$\vec{a}$ und $\vec{b}$ werden zu einem Parallelogramm ergänzt. Der Summenvektor $\vec{a} + \vec{b} = \vec{c}$ wird dann durch die orientierte Diagonale $\overrightarrow{AB}$ repräsentiert (Parallelogrammregel).

Es ist unmittelbar evident, daß beide Verfahren gleichwertig sind.

## 5.3.2 DIFFERENZ ZWEIER VEKTOREN $\vec{a}$ UND $\vec{b}$ : GEOMETRISCHE SUBTRAKTION

Zu lösen ist die Aufgabe

$$\vec{a} - \vec{b} = \vec{c}$$

Das Ergebnis nennen wir *Differenzvektor* $\vec{c}$. Der Differenzvektor

$$\vec{c} = \vec{a} - \vec{b}$$

kann als Summe von $\vec{a}$ und dem Gegenvektor zu $\vec{b}$ aufgefaßt werden:

$$\vec{c} = \vec{a} + (-\vec{b})$$

Die geometrische Ausführung zeigt die Abbildung unten in drei Schritten:

Bildung des Gegenvektors zu $\vec{b}$: $-\vec{b}$

Addition: $\vec{a}$ + Gegenvektor zu $\vec{b}$: $\vec{a} - \vec{b}$

Einzeichnen des Differenzvektors: $\vec{c} = \vec{a} + (-\vec{b})$

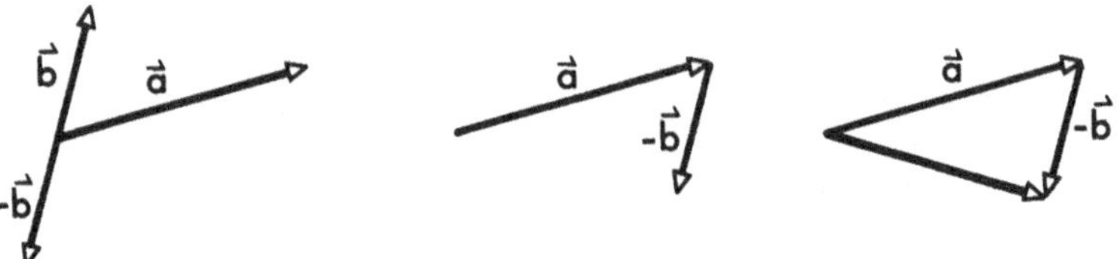


Sind mehrere Vektoren zu addieren und zu subtrahieren, so kann wieder schrittweise vorgegangen werden.

Der Differenzvektor $\vec{c} = \vec{a} - \vec{b}$ läßt sich auch auf andere Weise konstruieren: Wir ergänzen die Vektoren $\vec{a} + \vec{b}$ zu einem Prallelogramm. Hier wird der Vektor $\vec{c} = \vec{a} - \vec{b}$ durch die Diagonale $\overrightarrow{BA}$ repräsentiert.

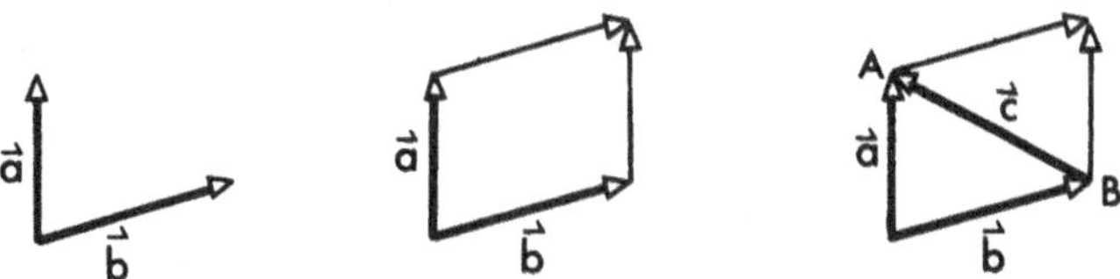


Man kann sich leicht davon überzeugen, daß beide Konstruktionen zum gleichen Vektor führen. Bei der letzteren Konstruktion wird deutlich, daß der Differenzvektor als geometrische Differenz der Endpunkte der beiden voneinander zu subtrahierenden Vektoren aufgefaßt werden kann.

## 5.4 Komponente und Projektion eines Vektors

Wir betrachten die Verschiebung eines Massenpunktes um den Vektor $\vec{a}$. Wir fragen nun, um wieviel der Punkt dabei in x-Richtung verschoben ist. Um die Verschiebung in x-Richtung zu ermitteln, fällen wir vom Anfangs- und vom Endpunkt des Vektors das Lot auf die x-Achse.

Die durch diese Projektion der beiden Punkte auf der x-Achse abgeschnittene Strecke ist die *Projektion* des Vektors $\vec{a}$ auf die x-Achse[1]). Diese Projektion heißt auch *Komponente* von $\vec{a}$ in x-Richtung. Sie ist die Verschiebung in x-Richtung. Den Betrag der Komponente von $\vec{a}$ in x-Richtung erhalten wir als Differenz der x-Koordinaten von Endpunkt und Anfangspunkt des Vektors $\vec{a}$. Ist Anfangs- und Endpunkt von $\vec{a}$ in Koordinatendarstellung gegeben mit

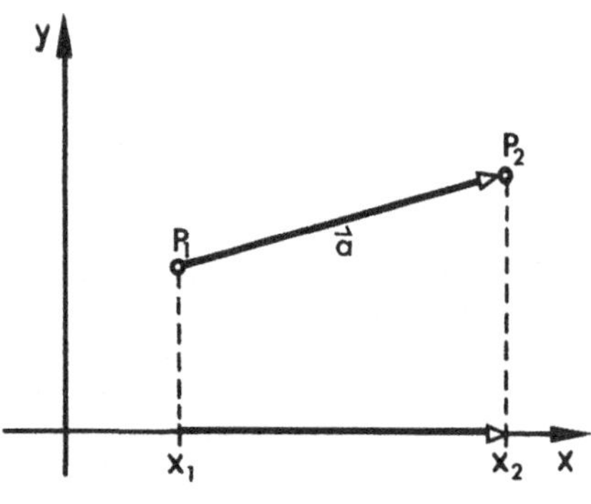


$$P_1 = (x_1, y_1)$$
$$P_2 = (x_2, y_2)$$

so ergibt sich der Betrag der Komponente von $\vec{a}$ in x-Richtung zu:

$$x_2 - x_1$$

Den Betrag der Komponente von $\vec{a}$ in x-Richtung nennen wir *Koordinate* der x-Komponente von $\vec{a}$. Analog gewinnen wir die Verschiebung in y-Richtung. Anfangs- und Endpunkt von $\vec{a}$ werden auf die y-Achse projiziert. Damit ist die Projektion von $\vec{a}$ in y-Richtung festgelegt. Sie heißt auch *y-Komponente* von $\vec{a}$. Der Betrag der y-Komponente heißt *y-Koordinate* des Vektors $\vec{a}$. Er ist gegeben durch

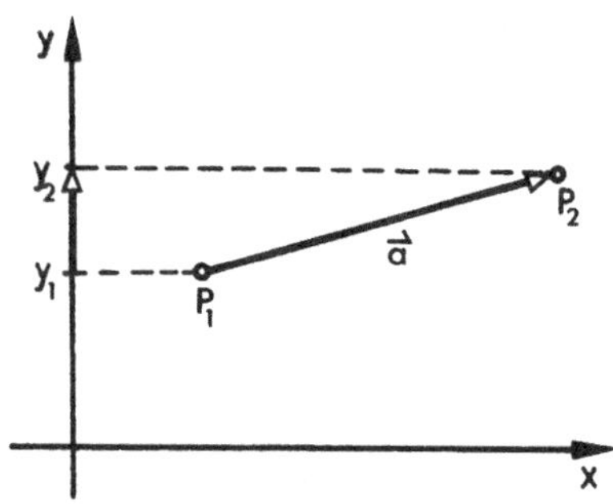


$$a_y = y_2 - y_1$$

Die Koordinaten des Vektors $\vec{a}$ sind dann $a_x$, $a_y$.

---

1) Bei schiefwinkligen Koordinaten - wir benutzen sie hier nicht - ist zu unterscheiden zwischen senkrechter Projektion und einer Projektion parallel zu den Koordinatenachsen. Die letztere wäre dann anzuwenden. In unserem Fall fallen beide zusammen.

Verallgemeinerung des Begriffs der Projektion: Bisher haben wir die Projektion eines Vektors auf die Koordinatenachse betrachtet. Den Projektionsbegriff können wir verallgemeinern. Die Projektion eines Vektors $\vec{a}$ auf einen Vektor $\vec{b}$ erhalten wir wie folgt:

Wir fällen vom Anfangs- und Endpunkt von $\vec{a}$ das Lot auf die Wirkungslinie[1] des Vektors $\vec{b}$. Die beiden Lote teilen von dieser Wirkungslinie eine gerichtete Strecke ab, die wir Komponente von $\vec{a}$ in Richtung $\vec{b}$ nennen. Bezeichnung der Komponente von $\vec{a}$ in Richtung $\vec{b}$: $\vec{a}_b$.

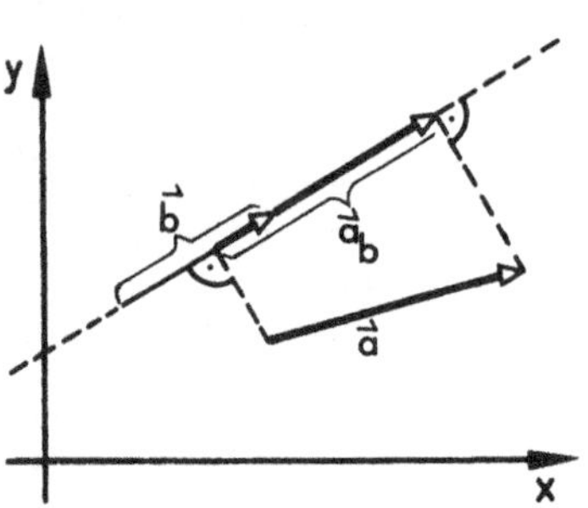


Eine Erleichterung der Konstruktion erhält man, wenn man zunächst einen der Vektoren so verschiebt, daß beide Vektoren einen gemeinsamen Anfang haben. Der Betrag der Projektion von $\vec{a}$ auf $\vec{b}$ läßt sich aus dem rechtwinkligen Dreieck in der Abbildung rechts leicht berechnen:

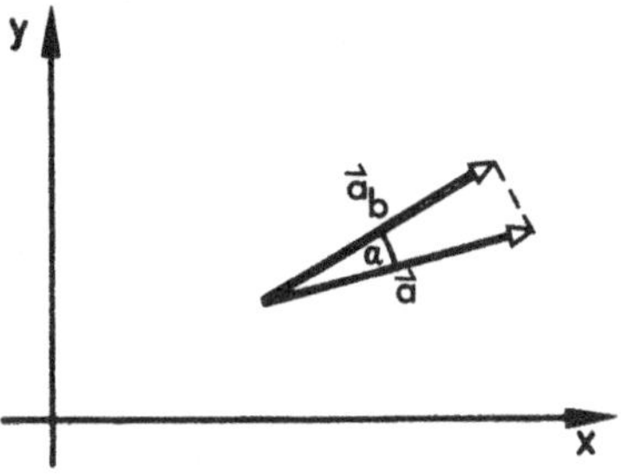


$$|\vec{a}_b| = |\vec{a}| \cos \alpha$$

Entsprechend erhält man die Projektion des Vektors $\vec{b}$ auf den Vektor $\vec{a}$.

---

1) Wirkungslinie nennen wir die durch einen gezeichneten Pfeil bestimmte Gerade - also praktisch die Verlängerung des Vektors nach beiden Seiten.

## 5.5 KOMPONENTENDARSTELLUNG IM KOORDINATENSYSTEM

Vorbemerkung:
Die zeichnerische Addition und Subtraktion von Vektoren läßt sich leicht bei einer Darstellung in der Fläche durchführen. Häufig sind jedoch räumliche Probleme zu lösen. Sie lassen sich rechnerisch lösen, wenn die Komponenten der Vektoren in Richtung der Koordinatenachsen bekannt sind. Dann können die Komponenten in einer Koordinatenrichtung wie Skalare bezüglich der Addition und Subtraktion behandelt werden.

### 5.5.1 ORTSVEKTOREN

Ein Sonderfall der Vektoren sind *Ortsvektoren*. Der Ortsvektor ist die bereits in Lektion 1 eingeführte Verbindung des Koordinatenursprungs mit einem beliebigen Raumpunkt. Damit ist jedem Punkt $P_i$ im Raum eindeutig ein Ortsvektor zugeordnet. Ortsvektoren gehen von einem Punkt aus und sind nicht verschiebbar. Derartige Vektoren heißen auch *gebundene Vektoren*.
Die Addition zweier Ortsvektoren ist nicht möglich. Die Differenz zweier Ortsvektoren kann demgegenüber gebildet werden und hat eine sinnvolle Bedeutung.

Die Differenz zweier Ortsvektoren $\vec{p}_1 - \vec{p}_2$ ist der Vektor, der vom Punkt $P_1$ zum Punkt $P_2$ führt. Es ist die gerichtete Verbindung der beiden Punkte.

### 5.5.2 EINHEITSVEKTOREN

Vektoren haben Betrag und Richtung. Will man *nur* die Richtung angeben, so benutzt man dazu den *Einheitsvektor*. Einheitsvektoren haben den Betrag 1. Man kann sie als Träger der Richtung auffassen.

In der Abbildung rechts sind die zu den drei Vektoren $\vec{a}$, $\vec{b}$ und $\vec{c}$ gehörigen Einheitsvektoren gezeichnet. Damit gewinnt man die Möglichkeit, den Betrag eines Vektors getrennt zu betrachten.

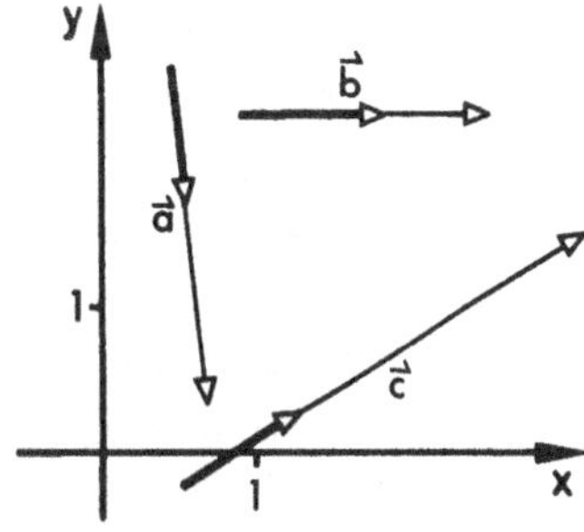

Von besonderer Bedeutung sind die Einheitsvektoren in Richtung der Koordinatenachsen (siehe Abbildung rechts). Im dreidimensionalen Koordinatensystem bezeichnet man sie häufig mit den Symbolen $\vec{i},\vec{j},\vec{k}$; oder $\vec{e}_x,\vec{e}_y,\vec{e}_z$ oder $\vec{e}_1,\vec{e}_2,\vec{e}_3$.

Im folgenden wollen wir die Einheitsvektoren in Richtung der Koordinatenachsen mit $\vec{e}_x,\vec{e}_y,\vec{e}_z$ bezeichnen.

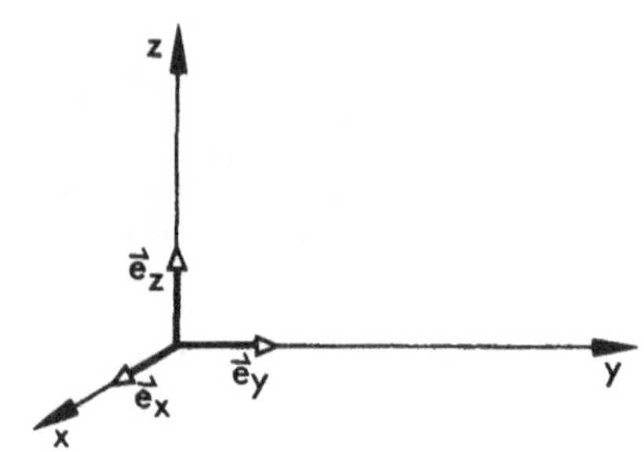


Hat ein Punkt P die Koordinaten $p_x,p_y,p_z$, dann erhalten wir für die drei *Komponenten* seines Ortsvektors:

Komponente in Richtung der x-Achse: $p_x\cdot\vec{e}_x$

Komponente in Richtung der y-Achse: $p_y\cdot\vec{e}_y$

Komponente in Richtung der z-Achse: $p_z\cdot\vec{e}_z$

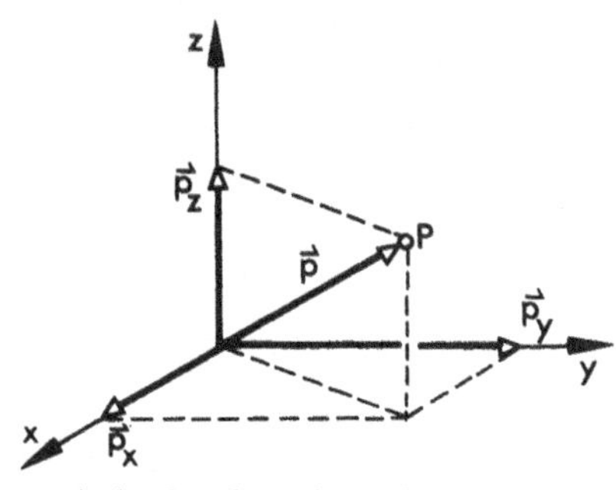


Aus der Zeichnung ist unmittelbar ersichtlich, daß der Ortsvektor $\vec{p}$ sich dann als Summe schreiben läßt:

$$\vec{p} = p_x\cdot\vec{e}_x + p_y\cdot\vec{e}_y + p_z\cdot\vec{e}_z$$

## 5.5.3 Komponentendarstellung eines Vektors

Jeder Vektor läßt sich konstruieren, wenn seine Komponenten in Richtung der Koordinatenachsen bekannt sind. Um einen Vektor festzulegen, genügen also zwei Angaben:

1) Das benutzte Koordinatensystem

2) Die Komponenten des Vektors in Richtung der Koordinatenachsen.

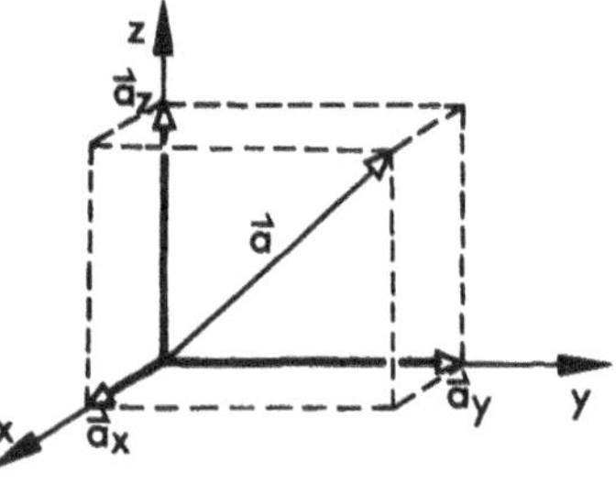


Wenn das Koordinatensystem als bekannt vorausgesetzt werden kann, gibt man nur die Koordinaten an. Seien $a_x,a_y,a_z$

die Koordinaten des Vektors $\vec{a}$, so schreibt man die Gleichung:

$$\vec{a} = a_x\vec{e}_x + a_y\vec{e}_y + a_z\vec{e}_z$$

in abgekürzter Notierung:

$$\vec{a} = (a_x, a_y, a_z)$$

oder

$$\vec{a} = \begin{pmatrix} a_x \\ a_y \\ a_z \end{pmatrix}$$

Der Vektor $\vec{a}$ ist damit eindeutig durch die drei Zahlen $a_x, a_y$ und $a_z$ bestimmt[1]).

Man gibt bei dieser Darstellung nur noch die Beträge der Komponenten in Richtung der Koordinatenachsen an. Es ist eine abgekürzte Schreibweise, denn man muß diese Koordinaten noch mit den Einheitsvektoren als Träger der Richtung multiplizieren, um den Vektor zu konstruieren.

Definition: Die Schreibweise

$$\vec{a} = (a_x, a_y, a_z) = \begin{pmatrix} a_x \\ a_y \\ a_z \end{pmatrix}$$

heißt *Komponentendarstellung* des Vektors $\vec{a}$

Beispiel: Der Vektor in der Abbildung hat die Komponentendarstellung

$$\vec{a} = (1,3,3)$$

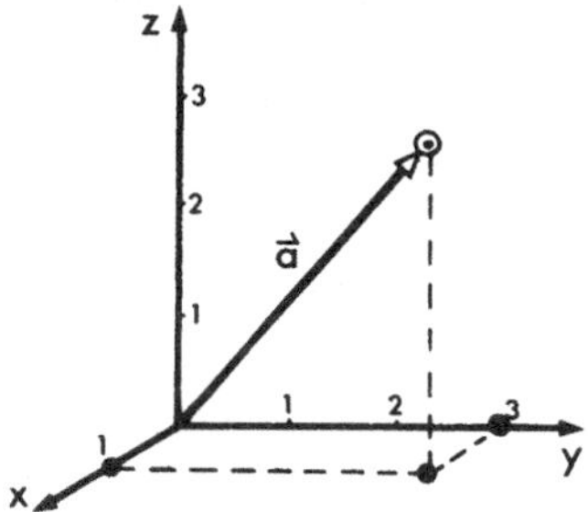


Zwei Vektoren sind genau dann gleich, wenn ihre Komponenten gleich sind. Daher stellt die *Vektorgleichung*

$$\vec{a} = \vec{b}$$

zwischen den beiden Vektoren $\vec{a}$ und $\vec{b}$ eine Zusammenfassung der drei Gleichungen dar:

$$a_x = b_x$$
$$a_y = b_y$$
$$a_z = b_z$$

---

1) Die Koordinaten des Vektors sind Skalare. Die Komponenten sind Vektoren. Um diesen Unterschied zu betonen, nennt man die Komponenten auch Vektorkomponenten.

### 5.5.4 Darstellung der Summe zweier Vektoren in Komponentenschreibweise

Hier wird gezeigt, daß das Ergebnis der geometrischen Addition zweier Vektoren auch rein rechnerisch dadurch erhalten werden kann, daß die Komponenten in jeder Richtung separat addiert werden.

Gegeben seien die beiden Vektoren $\vec{a}$ und $\vec{b}$. Wir betrachten zunächst das ebene Problem. Unter Benutzung der Einheitsvektoren besitzt der Vektor $\vec{a} = (a_x, a_y)$ die ausführliche Darstellung

$$\vec{a} = a_x \cdot \vec{e}_x + a_y \cdot \vec{e}_y$$

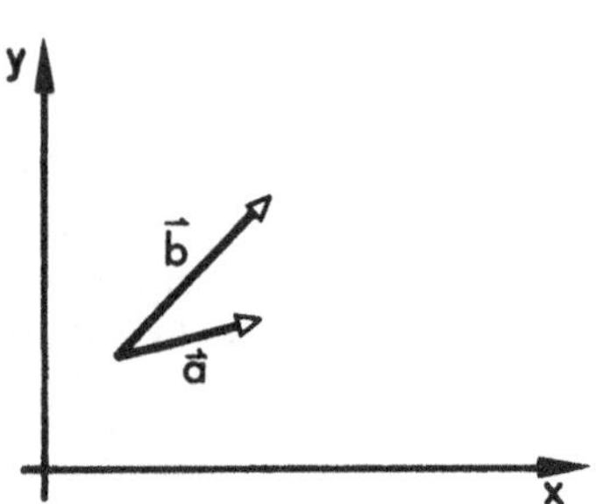


Analog gilt für den Vektor $\vec{b} = (b_1, b_2)$

$$\vec{b} = b_x \cdot \vec{e}_x + b_y \cdot \vec{e}_y$$

Wir addieren $\vec{a}$ und $\vec{b}$ geometrisch und erhalten den resultierenden Vektor $\vec{c}$

$$\vec{c} = \vec{a} + \vec{b}$$

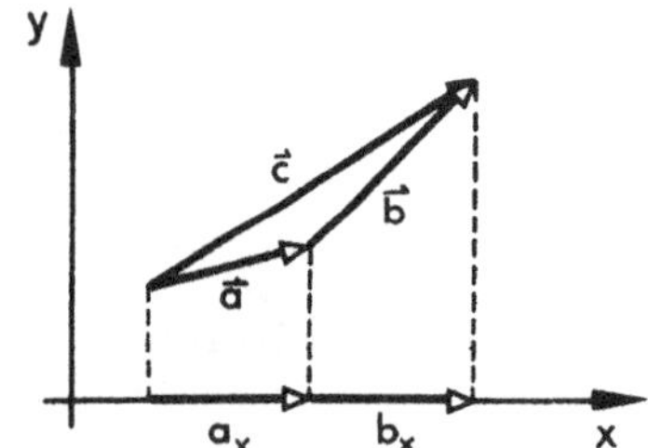


Wir ermitteln die x-Komponente von $\vec{c}$ und erhalten

$$c_x \cdot \vec{e}_x = a_x \cdot \vec{e}_x + b_x \cdot \vec{e}_x$$

Wir klammern den Einheitsvektor aus und erhalten

$$c_x \cdot \vec{e}_x = (a_x + b_x) \cdot \vec{e}_x$$

Das bedeutet, daß die x-Komponenten des resultierenden Vektors gleich der algebraischen Summe der x-Komponenten der Ausgangsvektoren ist.

In gleicher Weise können wir für die y-Komponenten vorgehen. Dort erhalten wir

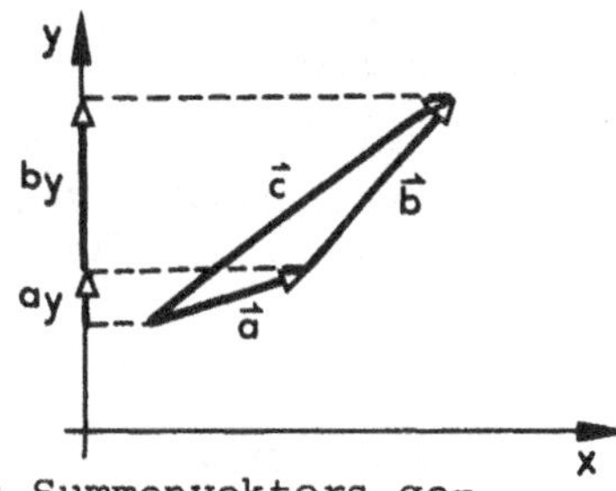


$$c_y \cdot \vec{e}_y = a_y \cdot \vec{e}_y + b_y \cdot \vec{e}_y$$

oder nach Ausklammern von $\vec{e}_y$:

$$c_y \cdot \vec{e}_y = (a_y + b_y) \cdot \vec{e}_y$$

Damit haben wir die Komponenten des Summenvektors gewonnen. Wir können den Summenvektor vollständig hinschreiben und erhalten

$$\vec{c} = (a_x + b_x) \cdot \vec{e}_x + (a_y + b_y) \cdot \vec{e}_y$$

Der Summenvektor $\vec{a} + \vec{b}$ hat also die beiden Koordinaten

$$(a_x + b_x) \; ; \; (a_y + b_y)$$

In Komponentenschreibweise:

$$\vec{a} + \vec{b} = (a_x + b_x, \; a_y + b_y)$$

*Man bildet die Summe zweier Vektoren, indem man die Koordinaten der Komponenten in jeder Achsenrichtung einzeln algebraisch addiert.*

Das Verfahren läßt sich auf drei und beliebig viele Dimensionen übertragen. Bei räumlichen Vektoren $\vec{a}$ und $\vec{b}$ mit $\vec{a} = (a_x, a_y, a_z)$ und $\vec{b} = (b_x, b_y, b_z)$ gilt entsprechend:

$$\vec{a} + \vec{b} = (a_x + b_x, \; a_y + b_y, \; a_z + b_z)$$

Allgemein gilt: Die Summe zweier oder mehrerer Vektoren kann gefunden werden, indem die Vektorkomponenten in jeder Koordinatenrichtung einzeln aufsummiert werden.

Dies ist für die praktische Lösung von Problemen von Vorteil, denn kennen wir die Komponentendarstellung der Vektoren, so ist ihre Addition und - wie sich zeigen wird - auch ihre Subtraktion rechnerisch bequem zu lösen.

### 5.5.5 DIFFERENZ VON VEKTOREN IN KOMPONENTENSCHREIBWEISE

Die Differenz $\vec{a} - \vec{b}$ zweier Vektoren $\vec{a}$ und $\vec{b}$ kann mit Hilfe des Gegenvektors auf die Addition zurückgeführt werden.
Hier gilt sinngemäß, daß die Komponenten der zu subtrahierenden Vektoren negativ gezählt werden. Für den zweidimensionalen Fall:

$$\vec{a} - \vec{b} = (a_x - b_x, a_y - b_y)$$

Für den dreidimensionalen Fall gilt analog:

$$\vec{a} - \vec{b} = (a_x - b_x, a_y - b_y, a_z - b_z)$$

Beispiel: Gegeben seien die Vektoren $\vec{a} = (2,5,1)$ und $\vec{b} = (3, -7,4)$
Der Differenzvektor $\vec{a} - \vec{b}$ hat dann die Komponentendarstellung

$$\vec{a} - \vec{b} = (2-3, 5+7, 1-4) = (-1, 12, -3)$$

Eine besondere praktische Bedeutung hat die Bildung des Differenzvektors für den Sonderfall der Differenz zweier Ortsvektoren. Dann ist der Differenzvektor der Vektor, der die beiden Endpunkte der Ortsvektoren verbindet. Anders ausgedrückt, der Differenzvektor zweier Ortsvektoren ist die Verbindung zweier Punkte.

Der in der Abbildung von Punkt $P_2$ zu $P_1$ führende Vektor $\vec{c}$ ist die Differenz der beiden Ortsvektoren $\vec{p}_1 - \vec{p}_2$. In Formeln bei gegebenen Koordinaten der Vektoren $\vec{p}_2$ und $\vec{p}_1$:

$\vec{c} = \vec{p}_1 - \vec{p}_2 = (p_{x1} - p_{x2}, p_{y1} - p_{y2})$

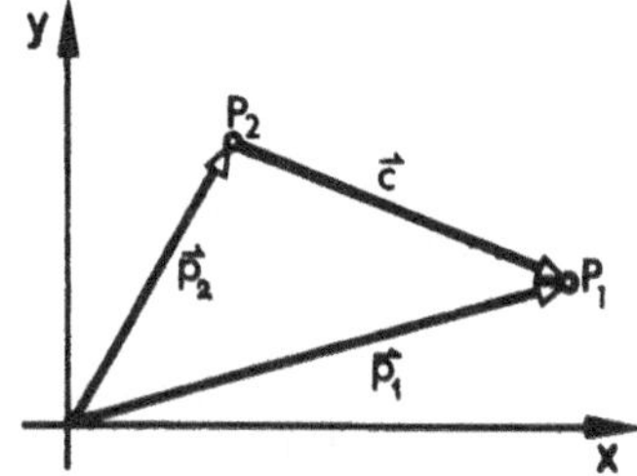


Wir können $\vec{c}$ auch direkt als Differenz schreiben:
$\vec{c} = \vec{p}_1 - \vec{p}_2$.
Damit haben wir die Möglichkeit gewonnen, jeden Vektor in beliebiger Lage zu beschreiben, wenn nur Anfangs- und Endpunkt des Vektors bekannt sind. Wir können ihn dann darstellen als Differenz zwischen Ortsvektor zum Endpunkt minus Ortsvektor zum Anfangspunkt.

Beispiel: Sind $p_1 = (3, -1,0)$ und $p_2 = (-2,3,-1)$ zwei Punkte im Raum, so ist der Vektor $\vec{a} = \vec{p}_2 - \vec{p}_1$

$$\vec{a} = (-2-3, 3-(-1), -1-0) = (-5,4,-1)$$

## 5.6 MULTIPLIKATION EINES VEKTORS MIT EINEM SKALAR

Gezeigt wird hier, wie man einen Vektor mit einem Skalar multiplizieren kann. Das Ergebnis ist ein Vektor, dessen Richtung unverändert und dessen Betrag gleich dem Produkt des ursprünglichen Betrages mit dem Skalar ist.

Bildet man den Summenvektor $\vec{s} = \vec{a} + \vec{a}$ - Verdoppelung - , so hat dieser den Betrag

$$|\vec{s}| = |2\vec{a}|$$

Es ist daher üblich zu schreiben:

$$\vec{s} = \vec{a} + \vec{a} = 2\vec{a}$$

Hier soll nun allgemein definiert werden, was unter dem Vektor $\lambda \cdot \vec{a}$ zu verstehen ist, falls $\lambda$ eine reelle positive Zahl - also ein Skalar - ist.

Definition: Multiplikation eines Vektors mit einem Skalar

Der Vektor $\lambda\vec{a}$ hat
1. die Länge $\lambda a$
2. dieselbe Richtung wie $\vec{a}$

Der Vektor $-\lambda\vec{a}$ hat
1. die Länge $\lambda a$
2. die entgegengesetzte Richtung wie $\vec{a}$.

Für $(-1)\vec{a}$ schreibt man kürzer $-\vec{a}$.

Die Multiplikation eines Vektors mit einem Skalar ist besonders einfach, wenn die Komponenten des Vektors bekannt sind.

*Sei $\lambda$ eine reelle Zahl und sei $\vec{a} = (a_x, a_y, a_z)$.*
*Dann besitzt der Vektor $\lambda\vec{a}$ die Komponentendarstellung:*

$$\lambda\vec{a} = (\lambda a_x, \lambda a_y, \lambda a_z)$$

Falls $\lambda = 0$ ist, erhalten wir einen Vektor mit der Komponentendarstellung (0,0,0). Ein solcher Vektor heißt *Nullvektor*.

Beispiel: Gegeben sei $\vec{a} = (2,5,1)$

Dann haben die Vektoren $3\vec{a}$ und $-3\vec{a}$ die Komponentendarstellung:

$$3\vec{a} = (6,15,3)$$
$$-3\vec{a} = (-6,-15,-3)$$

## 5.7 BETRAG EINES VEKTORS

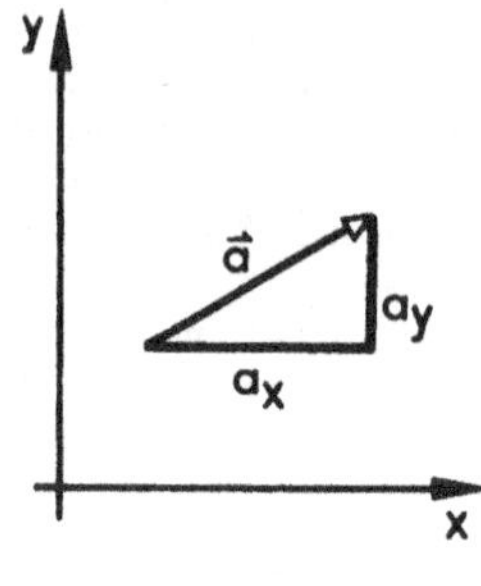


Sind die Komponenten eines Vektors bekannt, läßt sich der Betrag des Vektors unmittelbar unter Benutzung des Satzes des Pythagoras angeben.
Gegeben sei der Vektor $\vec{a}$ in der Ebene. Er habe die Komponentendarstellung

$$\vec{a} = (a_x, a_y)$$

Für das rechtwinklige Dreieck läßt sich unmittelbar angeben:

$$a^2 = a_x^2 + a_y^2$$

Der Betrag selbst ist dann:

$$|\vec{a}| = \sqrt{a_x^2 + a_y^2}$$

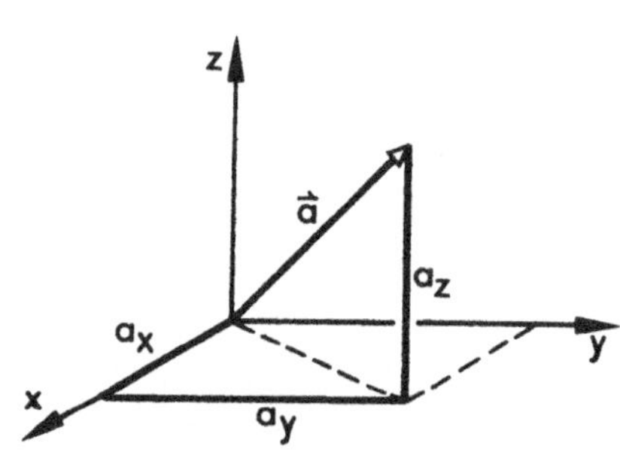


Die Betrachtung läßt sich auf das räumliche Problem übertragen.
Gegeben seien die drei Koordinaten des Vektors $\vec{a}$:

$$\vec{a} = (a_x, a_y, a_z)$$

Dann gilt wieder:

$$a^2 = a_x^2 + a_y^2 + a_z^2$$

oder

$$|\vec{a}| = a = \sqrt{a_x^2 + a_y^2 + a_z^2}$$

Beispiel: Für den Vektor $\vec{a}$ sei gegeben:

$$\vec{a} = (3, -7, 4)$$

Dann ist der Betrag:

$$a = \sqrt{9 + 49 + 16} = \sqrt{74} \approx 8{,}60$$

Der Betrag eines Vektors, dessen Komponenten bekannt sind, läßt sich also immer unmittelbar berechnen. Wichtig ist die Bestimmung des Abstandes zweier Punkte, deren Koordinaten bekannt sind. Die Koordinaten der Verbindung zweier Punkte ist die Differenz der Ortsvektoren. Die Entfernung der beiden Punkte ermitteln wir dann als Betrag des Verbindungsvektors.

Beispiel:
Gegeben seien zwei Punkte mit den Koordinaten

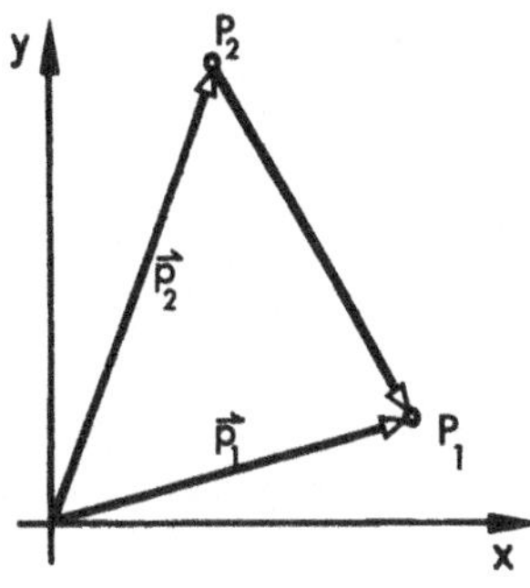


$P_1 = (x_1, y_1)$
$P_2 = (x_2, y_2)$

Gesucht ist der Abstand der beiden Punkte.
Wir suchen zunächst die Koordinaten des Verbindungsvektors $\overrightarrow{P_2P_1}$. Sie sind

$$\overrightarrow{P_2P_1} = (x_1 - x_2,\ y_1 - y_2)$$

Den Betrag des Verbindungsvektors finden wir jetzt zu:

$$|\overrightarrow{P_2P_1}| = \sqrt{(x_1 - x_2)^2 + (y_1 - y_2)^2}$$

Eine Übertragung auf den dreidimensionalen Fall ist unmittelbar gegeben: Bei gegebenen Koordinaten ist die Distanz zwischen $p_1$ und $p_2$ dann

$$|\overrightarrow{P_2P_1}| = \sqrt{(x_1 - x_2)^2 + (y_1 - y_2)^2 + (z_1 - z_2)^2}$$

Zu jedem Vektor können wir nun den Einheitsvektor angeben. Gegeben sei der Vektor

$$\vec{a} = (a_x,\ a_y,\ a_z)$$

Der Betrag von $\vec{a}$ ist

$$|\vec{a}| = \sqrt{a_x^2 + a_y^2 + a_z^2}$$

Dann erhalten wir den Einheitsvektor $\vec{e_a}$ in Richtung von $\vec{a}$, indem wir $\vec{a}$ mit $\lambda = \frac{1}{|\vec{a}|}$ multiplizieren

$$\vec{e_a} = \lambda\vec{a} = \frac{1}{|\vec{a}|}\vec{a} = \left(\frac{a_x}{|\vec{a}|}, \frac{a_y}{|\vec{a}|}, \frac{a_z}{|\vec{a}|}\right)$$

## ÜBUNGSAUFGABEN

5.1 Welche der folgenden physikalischen Größen sind Vektoren?

a) Beschleunigung | b) Leistung
c) Zentrifugalkraft | d) Geschwindigkeit
e) Wärmemenge | f) Impuls
g) elektr. Widerstand | h) magnet. Feldstärke
i) Atomgewicht

5.2 A Gegeben sind die Vektoren $\vec{a}$, $\vec{b}$ und $\vec{c}$. Zeichnen Sie jeweils den Summenvektor $\vec{a} + \vec{b} + \vec{c} = \vec{s}$

a)

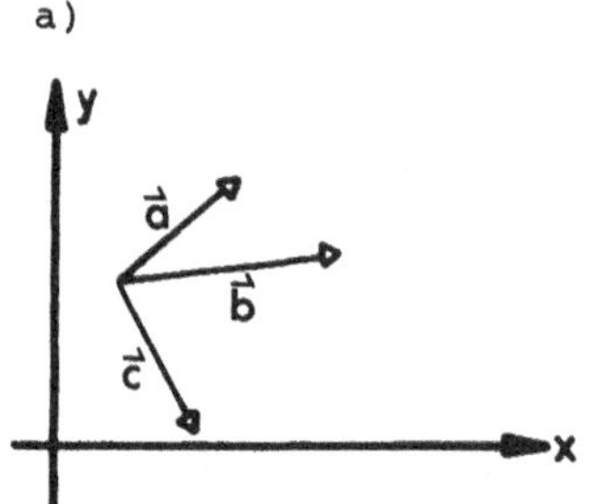

b)

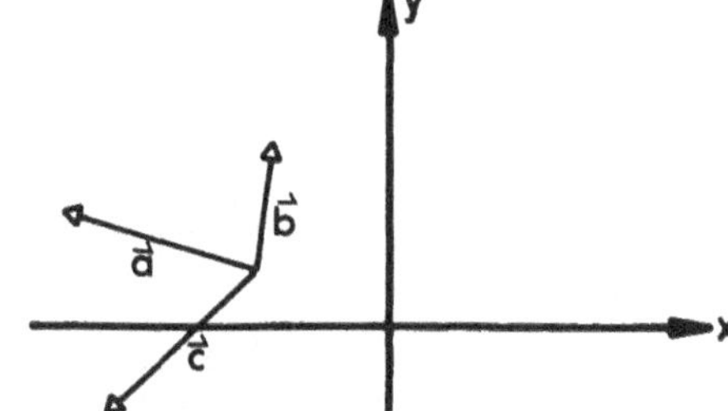

B Zeichnen Sie den Summenvektor $\vec{a}_1 + \vec{a}_2 + \ldots + \vec{a}_n$

a)

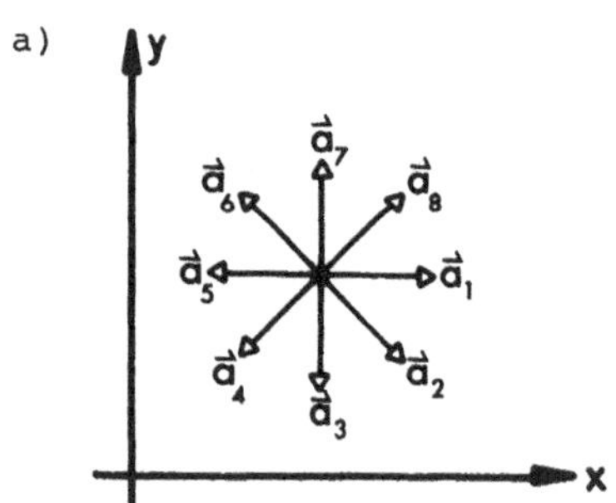

b)

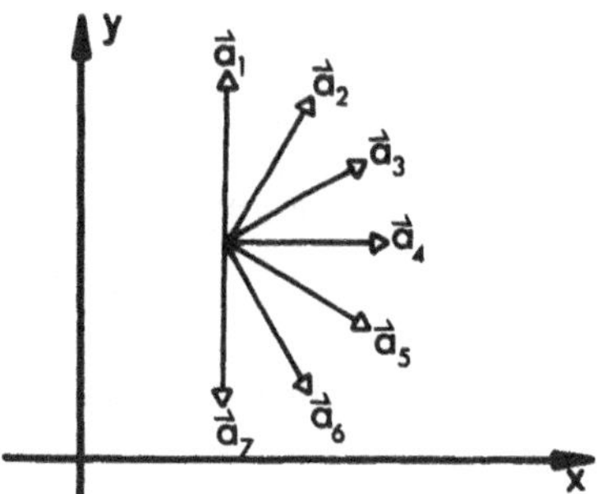

5.3 Zeichnen Sie den Vektor $\vec{c} = \vec{a} - \vec{b}$

a)

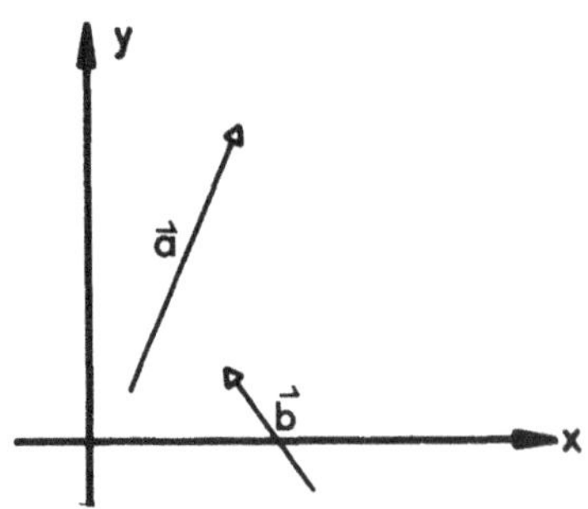

b)

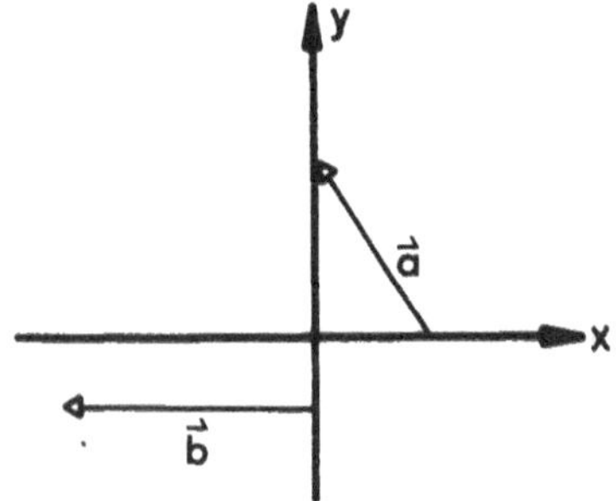

5.4 A Projizieren Sie den Vektor $\vec{a}$ auf den Vektor $\vec{b}$

a)

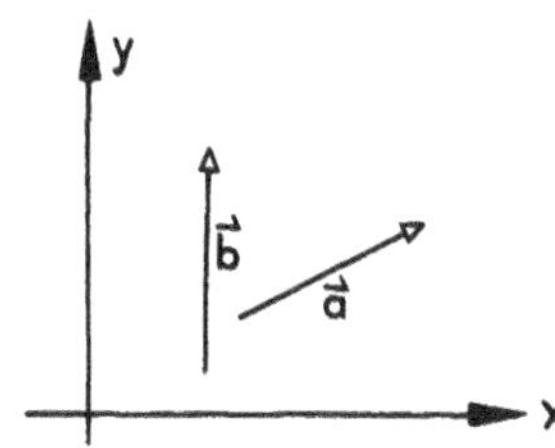


b)

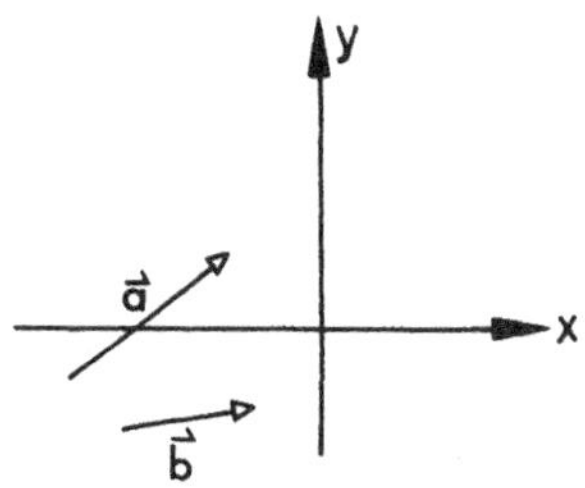


B Berechnen Sie den Betrag der Projektion von $\vec{a}$ auf $\vec{b}$

a) $|\vec{a}| = 5, \quad \sphericalangle(\vec{a},\vec{b}) = \frac{\pi}{3}$ b) $|\vec{a}| = 2, \quad \sphericalangle(\vec{a},\vec{b}) = \frac{\pi}{2}$

c) $|\vec{a}| = 4, \quad \sphericalangle(\vec{a},\vec{b}) = 0$ d) $|\vec{a}| = \frac{3}{2}, \quad \sphericalangle(\vec{a},\vec{b}) = \frac{2}{3}\pi$

5.5 a) Gegeben sind die Punkte $P_1=(2,1)$, $P_2=(7,3)$ und $P_3=(5,-4)$. Berechnen Sie den 4. Eckpunkt des Parallelogramms $P_1P_2P_3P_4$, das durch die Vektoren $\vec{a} = \overrightarrow{P_1P_2}$ und $\vec{b} = \overrightarrow{P_1P_3}$ aufgespannt wird.

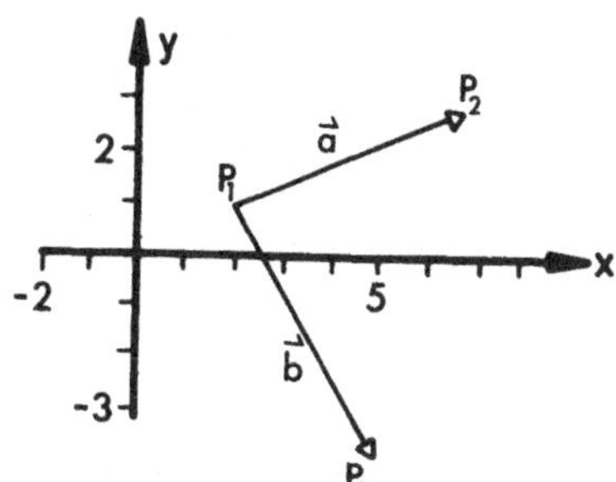


b) $P_1=(x_1,y_1)$, $P_2=(x_2,y_2)$, $P_3=(x_3,y_3)$ und $P_4=(x_4,y_4)$ seien vier beliebige Punkte in der xy-Ebene und es gelte $\vec{a} = \overrightarrow{P_1P_2}$, $\vec{b} = \overrightarrow{P_2P_3}$, $\vec{c} = \overrightarrow{P_3P_4}$, $\vec{d} = \overrightarrow{P_4P_1}$. Berechnen Sie die Komponenten des Summenvektors $\vec{s} = \vec{a} + \vec{b} + \vec{c} + \vec{d}$ und zeigen Sie somit $\vec{s} = 0$.

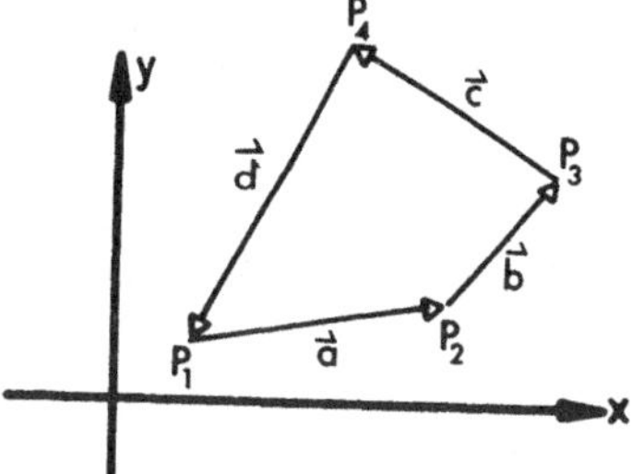


c) An einem Wagen ziehen 4 Hunde. Die Komponenten der 4 Kräfte $\vec{F_1}$, $\vec{F_2}$, $\vec{F_3}$, $\vec{F_4}$ sind:

$\vec{F_1} = (20\text{ N}, 25\text{ N})$
$\vec{F_2} = (15\text{ N}, 5\text{ N})$
$\vec{F_3} = (25\text{ N}, -5\text{ N})$
$\vec{F_4} = (30\text{ N}, -15\text{ N})$

Wie groß ist die Gesamtkraft $\vec{F}$?

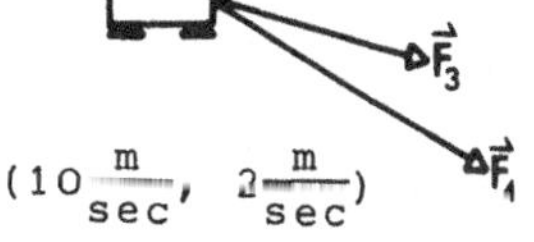


d) Gegeben: $\vec{v_1} = (5\frac{m}{sec}, 5\frac{m}{sec})$, $\vec{v_2} = (10\frac{m}{sec}, 2\frac{m}{sec})$

Gesucht: $\vec{v} = \vec{v_1} - \vec{v_2}$

5.6 A Gegeben: $\vec{a} = (3,2,1)$, $\vec{b} = (1,1,1)$, $\vec{c} = (0,0,2)$

Gesucht:

a) $\vec{a} + \vec{b} - \vec{c}$ b) $2\vec{a} - \vec{b} + 3\vec{c}$

B Berechnen Sie jeweils den Vektor $\vec{d} = \lambda_1\vec{a_1} + \lambda_2\vec{a_2} - \lambda_3\vec{a_3}$

a) $\vec{a}_1 = (2,-3,1)$, $\vec{a}_2 = (-1,4,2)$, $\vec{a}_3 = (6,-1,1)$; $\lambda_1=2, \lambda_2=\frac{1}{2}, \lambda_3=3$

b) $\vec{a}_1 = (-4,2,3)$, $\vec{a}_2 = (-5,-4,3)$, $\vec{a}_3 = (2,-4,3)$; $\lambda_1=-1, \lambda_2=3, \lambda_3=-2$

5.7 A Berechnen Sie jeweils den Einheitsvektor $\vec{e}_a$ in Richtung von $\vec{a}$

a) $\vec{a} = (3,-1,2)$ b) $\vec{a} = (2,-1,-2)$

B Berechnen Sie den Abstand $\vec{d}$ der Punkte $P_1$ und $P_2$

a) $P_1 = (3,2,0)$
$P_2 = (-1,4,2)$

b) $P_1 = (-2,-1,3)$
$P_2 = (4,-2,-1)$

C Ein Flugzeug fliege auf Nordkurs. Seine Geschwindigkeit gegenüber der Luft beträgt

$\vec{v}_1 = (0\frac{km}{h}, 300\frac{km}{h})$

Geben Sie die Geschwindigkeit des Flugzeuges über Land für drei verschiedene Windgeschwindigkeiten an:

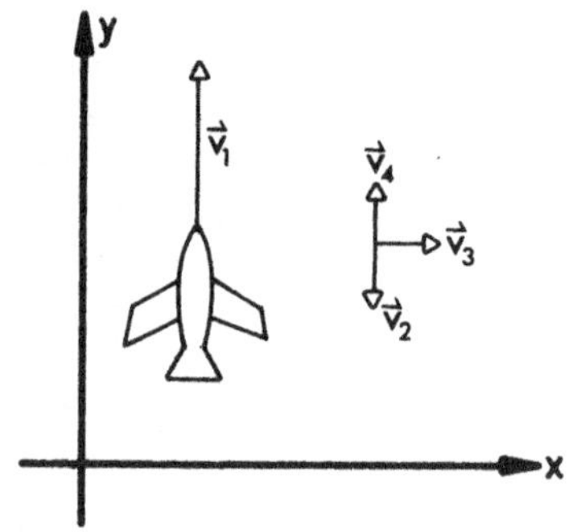


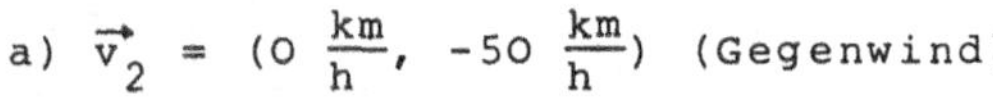

a) $\vec{v}_2 = (0\ \frac{km}{h}, -50\ \frac{km}{h})$ (Gegenwind)

b) $\vec{v}_3 = (50\frac{km}{h},\ 0\ \frac{km}{h})$ (Seitenwind)

c) $\vec{v}_4 = (\ 0\frac{km}{h}, +50\ \frac{km}{h})$ (Rückenwind)

Geben Sie den Betrag der Absolutgeschwindigkeit über dem Erdboden für alle drei Fälle an.

d) $|\vec{v}_1+\vec{v}_2|$ e) $|\vec{v}_1+\vec{v}_3|$ f) $|\vec{v}_1+\vec{v}_4|$

LÖSUNGEN

5.1 Vektoren sind: Beschleunigung, Zentrifugalkraft, Geschwindigkeit, Impuls, magnetische Feldstärke

5.2 Die Reihenfolge, in der die Vektoren addiert werden, ist beliebig. Es ist jeweils nur eine der möglichen Ketten von Vektoren angegeben.

A a)

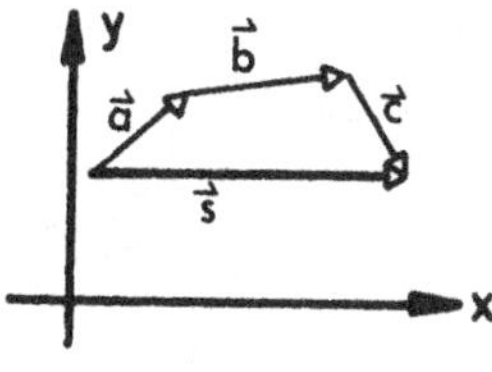

b)

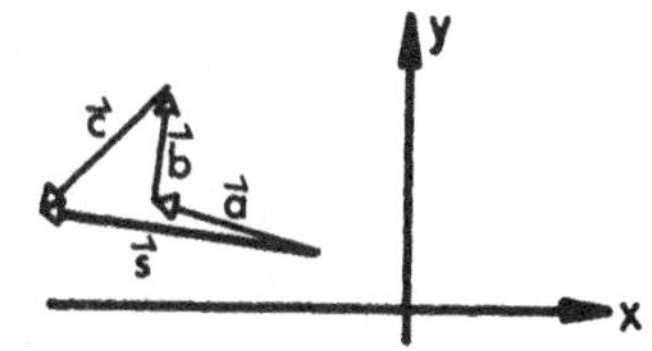

B a)

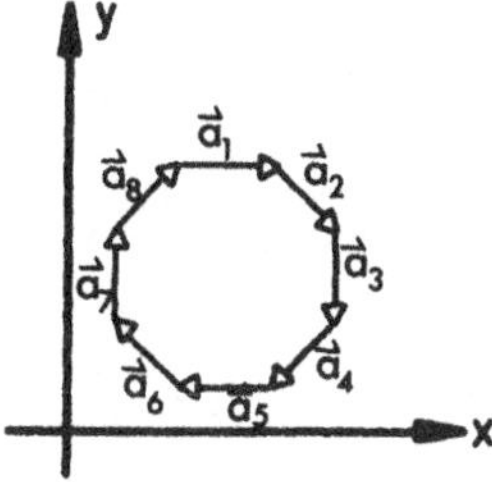

b)

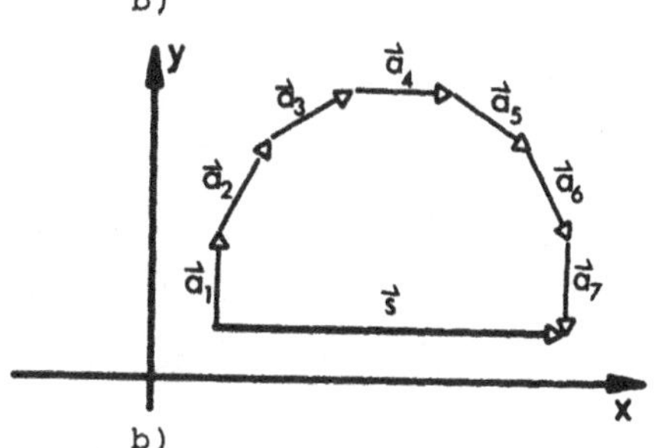

5.3 A a)

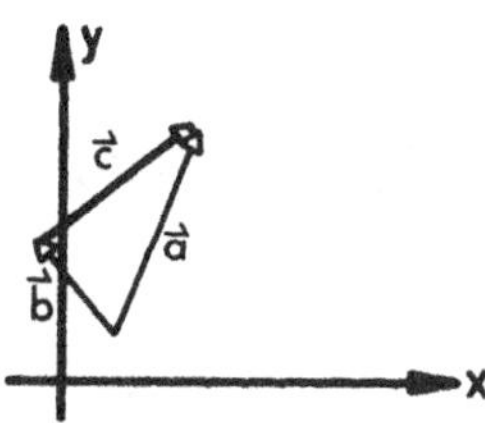

b)

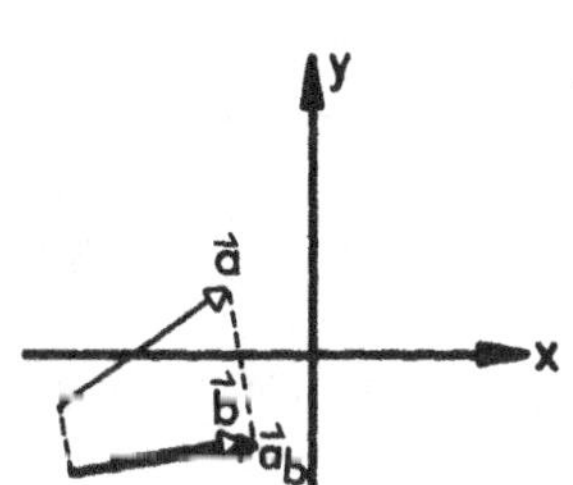

5.4 A a)

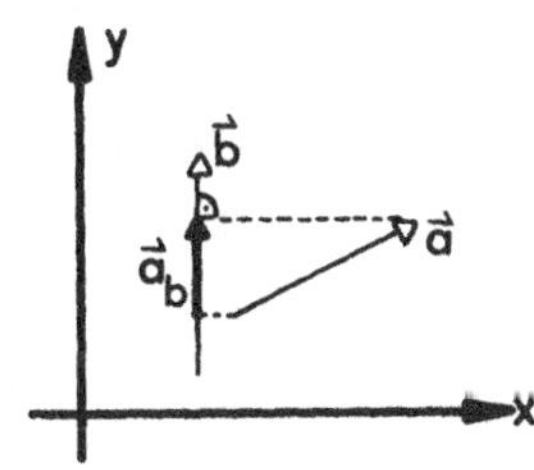

b)

B a) $|\vec{a}_b| = |\vec{a}| \cos 60^\circ$ b) $|\vec{a}_b| = 0$

$= 5 \cdot \frac{1}{2} = 2{,}5$

c) $|\vec{a}_b| = 4$ d) $|\vec{a}_b| = \frac{3}{2}\cos(\pi - \frac{\pi}{3})$

$= \frac{3}{2}(-\cos\frac{\pi}{3}) = \frac{3}{4}$

5.5 a) P (10,-2)

Rechengang:

$\vec{P}_i$ sei der zum Punkt $P_i$ gehörende Ortsvektor.

$\vec{a} = \overrightarrow{P_1P_2} = \vec{P}_2 - \vec{P}_1 = (5,2)$

$\vec{b} = \vec{P}_3 - \vec{P}_1 = (3,-5)$

$\vec{P}_4 = \vec{P}_1 + \vec{a} + \vec{b} = (10,-2)$

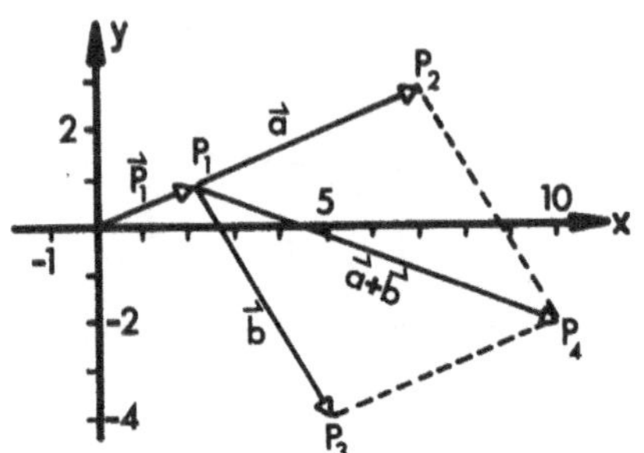


b) $\vec{a} = \overrightarrow{P_1P_2} = (x_2-x_1,\ y_2-y_1)$ $\vec{b} = (x_3-x_2,\ y_3-y_2)$

$\vec{c} = (x_4-x_3,\ y_4-y_3)$ $\vec{d} = (x_1-x_4,\ y_1-y_4)$

$\vec{s} = (x_2-x_1+x_3-x_2+x_4-x_3+x_1-x_4, y_2-y_1+y_3-y_2+y_4-y_3+y_1-y_4)$

$= (0,0) = 0$

c) $\vec{F} = (90\ \text{N},\ 10\ \text{N})$ d) $\vec{v} = (-5\frac{\text{m}}{\text{sec}},\ 3\frac{\text{m}}{\text{sec}})$

5.6 A a) (4,3,0) b) (5,3,7)

B a) $\vec{d} = (-14\frac{1}{2},\ -1,\ 0)$ b) $\vec{d} = (-7,-22,\ 12)$

5.7 A a) $\vec{e}_a = (\frac{3}{\sqrt{14}},\ \frac{-1}{\sqrt{14}},\ \frac{2}{\sqrt{14}})$ b) $\vec{e}_a = (\frac{2}{3},\ \frac{-1}{3},\ \frac{-2}{3})$

B a) $\vec{d} = \sqrt{24} = 2\sqrt{6} = 4{,}90$ b) $\vec{d} = \sqrt{53} = 7{,}28$

C a) $\vec{v}_1+\vec{v}_2 = (0\ \frac{\text{km}}{\text{h}},\ 250\ \frac{\text{km}}{\text{h}})$ b) $\vec{v}_1+\vec{v}_3 = (50\frac{\text{km}}{\text{h}},\ 300\frac{\text{km}}{\text{h}})$

c) $\vec{v}_1+\vec{v}_4 = (0\ \frac{\text{km}}{\text{h}},\ 350\ \frac{\text{km}}{\text{h}})$ d) $\vec{v}_1+\vec{v}_2 = \sqrt{(250\frac{\text{km}}{\text{h}})^2} = 250\frac{\text{km}}{\text{h}}$

e) $|\vec{v}_1+\vec{v}_3| = \sqrt{(50\frac{\text{km}}{\text{h}})^2 + (300\frac{\text{km}}{\text{h}})^2} = \sqrt{92\ 500(\frac{\text{km}}{\text{h}})^2} = 304\frac{\text{km}}{\text{h}}$

f) $|\vec{v}_1+\vec{v}_4| = \sqrt{(350\frac{\text{km}}{\text{h}})^2} = 350\frac{\text{km}}{\text{h}}$

# 6 VEKTORRECHNUNG II
## SKALARPRODUKT, VEKTORPRODUKT

In der Physik gibt es außer Addition und Subtraktion vektorieller Größen zwei weitere Verknüpfungen. Für sie gelten andere Verknüpfungsregeln.

In der Physik ist die Arbeit definiert als Produkt aus Kraft und Weg[1]. Vorausgesetzt wird dabei, daß Kraft und Weg gleiche Richtung haben. Ist das nicht der Fall, gilt:

> Arbeit ist das Produkt aus Weg und Kraftkomponente in Wegrichtung[2].

Die Bestimmung der Arbeit ist eine neue Verknüpfung zweier vektorieller Größen. Das Ergebnis ist ein Skalar. Die Verknüpfung heißt *Skalarprodukt*.

Das Drehmoment einer Kraft, die an einem Körper angreift, der um eine Achse drehbar gelagert ist, ist definiert als Produkt aus Kraft und Hebelarm. Vorausgesetzt ist, daß die Kraft senkrecht am Hebelarm angreift. Ist das nicht der Fall, gilt:

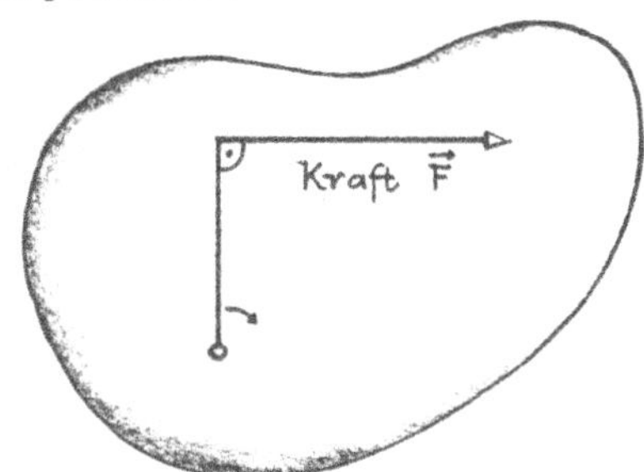


> Das Drehmoment ist das Produkt aus Hebelarm und Kraftkomponente senkrecht zum Hebelarm[2].

Das Ergebnis ist ein Vektor - das Drehmoment - in Richtung der Drehachse. Eine Verknüpfung zweier vektorieller Größen, die der Bildung des Drehmoments entspricht, ist das *Vektorprodukt*.

Im folgenden wird zunächst jeweils das physikalische Ausgangsproblem und seine Lösung entwickelt und daraufhin wird die allgemeine Verknüpfungsregel definiert.

---

1) Unter Weg verstehen wir die Ortsverschiebung des Punktes, an dem die Kraft angreift.
Hier wird die Kraft als vektorielle Größe behandelt. Das ist unter der Voraussetzung richtig, daß die Kraft an einem definierten Punkt angreift.

2) Die Begriffe Arbeit und Drehmoment sind ausführlich dargestellt in:

Martienssen: Einführung in die Physik, Akad. Verlagsgesellschaft

Gehrtsen : Physik, Ein Lehrbuch zum Gebrauch neben Vorlesungen, Springer Verlag

## 6.1 SKALARPRODUKT

Physikalisches Ausgangsproblem: Wir betrachten einen von Schienen geführten Wagen, der sich nur in Richtung der x-Achse bewegen kann. An dem Wagen greife eine konstante Kraft $\vec{F}$ an, die mit der Fahrtrichtung den Winkel $\alpha$ bildet.

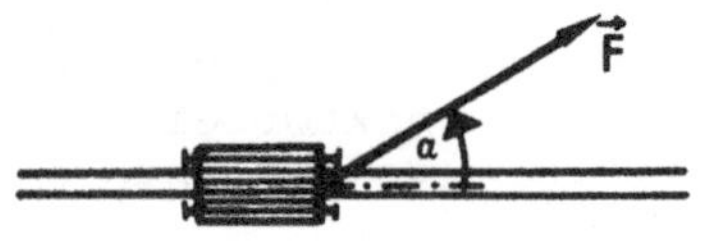


Gesucht ist die Arbeit, die von $\vec{F}$ bei einer Fortbewegung des Wagens um eine Strecke $\vec{s}$ geleistet wird.

Um die Wirkung der Kraft $\vec{F}$ zu studieren, zerlegen wir sie in zwei Komponenten:

Kraftkomponente in Richtung des Weges: $\vec{F}_s$

Kraftkomponente senkrecht zum Weg: $\vec{F}_\perp$

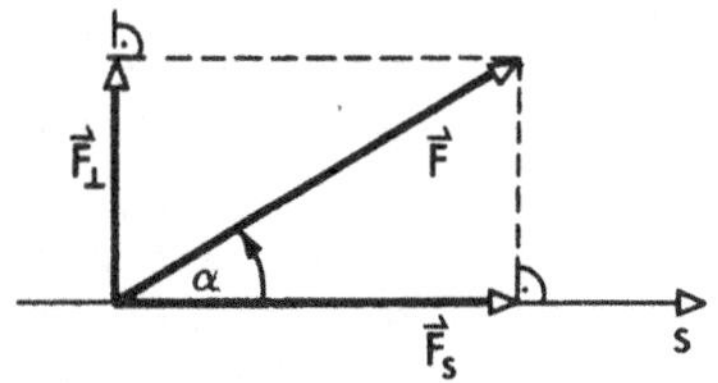


Die Arbeit ist das Produkt aus Kraft und zurückgelegtem Weg, und zwar für eine Kraft, die parallel zum Weg liegt. Das ist der Fall für die Kraftkomponente in Wegrichtung und den Wegvektor.

Definitionsgemäß leistet die zum Weg senkrechte Komponente keine Arbeit[1)].

Die Kraftkomponente in Wegrichtung ist die Projektion von $\vec{F}$ auf den Weg $\vec{s}$. Damit wird die Arbeit:

$$A = \vec{F}_s \cdot \vec{s}$$

Die Projektion von $\vec{F}$ auf $\vec{s}$ ist

$$|\vec{F}_s| = |\vec{F}| \cdot \cos\alpha$$

Damit ist die Arbeit:

$$A = |\vec{F}| \cdot |\vec{s}| \cdot \cos\alpha$$

---

1) Unmittelbar einsichtig ist dies, wenn man eine Bewegung in horizontaler Richtung unter dem Einfluß der Gewichtskraft betrachtet. Weg und Kraft stehen aufeinander senkrecht, es wird keine Arbeit geleistet.

Verallgemeinerung: Um die Arbeit zu berechnen, haben wir die Beträge zweier Vektoren miteinander multipliziert und die Richtungsabhängigkeit der Vektoren berücksichtigt. Als Ergebnis erhielten wir nicht einen Vektor, sondern einen Skalar. Diese Art der Multiplikation heißt *skalares* oder *inneres Produkt* zweier Vektoren.

Schreibweise: Arbeit = A = $\vec{F} \cdot \vec{s}$

oder allgemein für zwei beliebige Vektoren $\vec{a}$ und $\vec{b}$

inneres Produkt = $\vec{a} \cdot \vec{b}$

Definition: Das *innere* oder *skalare* Produkt zweier Vektoren ist gleich dem Produkt ihrer Beträge mit dem Kosinus des von ihnen eingeschlossenen Winkels.

$$\vec{a} \cdot \vec{b} = |\vec{a}| \cdot |\vec{b}| \cdot \cos (\vec{a}, \vec{b})$$

Zur Schreibweise: Gleichwertig zur Notierung $\vec{a} \cdot \vec{b}$ sind die Schreibweisen: $(\vec{a}, \vec{b})$ und $\langle \vec{a}, \vec{b} \rangle$.

Geometrische Deutung: Das skalare Produkt zweier Vektoren $\vec{a}$ und $\vec{b}$ ist gleich dem Produkt aus

dem Betrag des Vektors $\vec{a}$ und dem Betrag der Projektion von $\vec{b}$ auf $\vec{a}$

$\vec{a}\,\vec{b} = |\vec{a}|\,|\vec{b}| \cos \alpha$

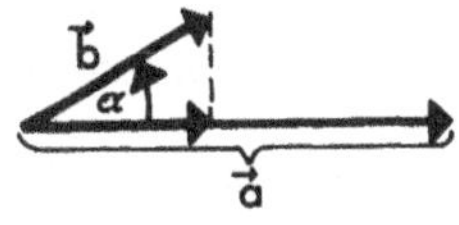


oder dem Produkt aus

dem Betrag des Vektors $\vec{b}$ und dem Betrag der Projektion von $\vec{a}$ auf $\vec{b}$

$\vec{a}\,\vec{b} = |\vec{b}|\,|\vec{a}| \cos \alpha$

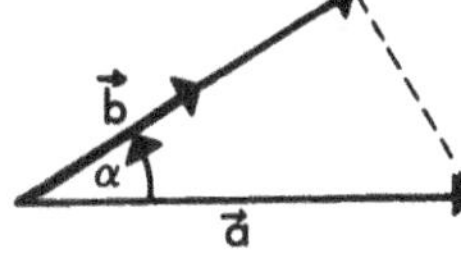


Übertragen wir dies auf das Ausgangsproblem:

Wir können die Arbeit auch so ermitteln, daß wir die Ortsverschiebung in zwei Komponenten zerlegen:

Wegkomponente in Kraftrichtung

Wegkomponente senkrecht zur Kraftrichtung

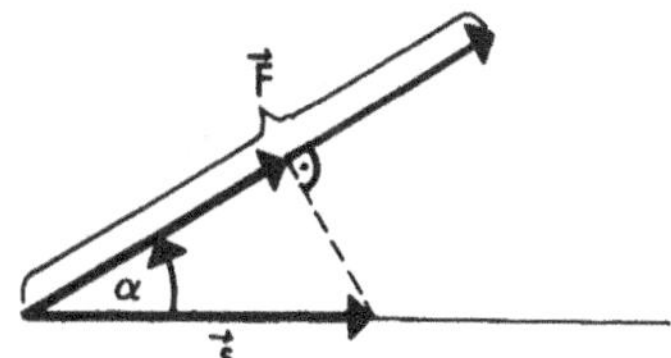


Auch dann gilt für die Arbeit:

$A = \vec{F} \cdot \vec{s}$

$A = |\vec{F}| \cdot |\vec{s}| \cos \alpha$

Beispiel: An einem Körper greife die Kraft $\vec{F}$ mit einem Betrag $|\vec{F}| = 5$ N an. Der Körper wird um die Wegstrecke $|\vec{s}| = 10$ m verschoben. Der von $\vec{F}$ und $\vec{s}$ eingeschlossene Winkel betrage $60^0$. Die von $\vec{F}$ geleistete mechanische Arbeit A beträgt dann:

$$A = \vec{F}\cdot\vec{s} = |\vec{F}|\cdot|\vec{s}| \cos (\vec{F},\vec{s})$$

$$A = 5 \text{ N} \cdot 10 \text{ m} \cdot \cos 60^0$$

$$A = 5 \text{ N} \cdot 10 \text{ m} \cdot \frac{1}{2} = 25 \text{ N}\cdot\text{m}$$

Wichtig ist, bei physikalischen Größen jeweils die Maßeinheiten (N, m) mit zu berücksichtigen. Dieses Beispiel kann aufgefaßt werden als die Bewegung eines Körpers auf einer durch die Richtung von $\vec{s}$ gegebenen schiefen Ebene unter dem Einfluß der Gewichtskraft $\vec{F} = m\vec{g}$.

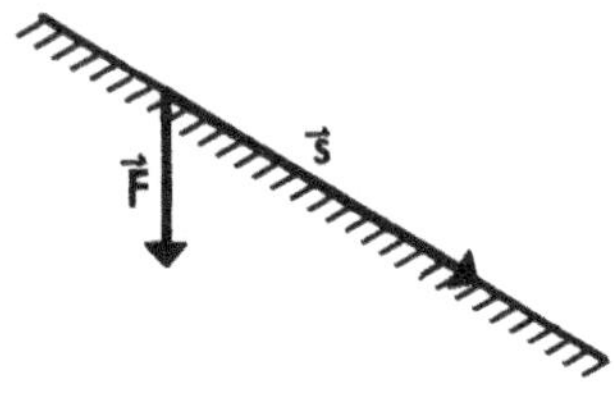


## 6.1.1 SONDERFÄLLE

1. Die beiden Vektoren $\vec{a}$ und $\vec{b}$ stehen senkrecht aufeinander.

In diesem Fall ist $\alpha = \frac{\pi}{2}$ und $\cos \frac{\pi}{2} = 0$.

Damit ist auch das Skalarprodukt beider Vektoren 0.

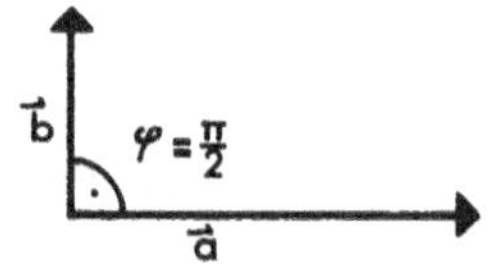


Die Umkehrung dieses Sachverhalts ist wichtig: Ist bekannt, daß das Skalarprodukt zweier Vektoren $\vec{a}$ und $\vec{b}$ verschwindet, folgt zwangsläufig, daß die Vektoren $\vec{a}$ und $\vec{b}$ senkrecht aufeinander stehen, falls $\vec{a} \neq 0$ und $\vec{b} \neq 0$ ist.

*Zwei Vektoren $\vec{a}\neq 0$ und $\vec{b}\neq 0$ stehen genau dann aufeinander senkrecht, wenn ihr inneres Produkt $\vec{a}\cdot\vec{b} = 0$ ist.*

2. Die beiden Vektoren $\vec{a}$ und $\vec{b}$ sind parallel. Der von $\vec{a}$ und $\vec{b}$ eingeschlossene Winkel ist Null. Wegen cos(0) = 1 erhält man

$$\vec{a}\cdot\vec{b} = |\vec{a}|\cdot|\vec{b}| = a\cdot b$$

### 6.1.2 Kommutativ- und Distributivgesetz

Für das Skalarprodukt gelten Kommutativgesetz und Distributivgesetz. Beide werden hier ohne Beweis mitgeteilt.

*Kommutativgesetz:*

$$\vec{a}\cdot\vec{b} = \vec{b}\cdot\vec{a}$$

*Distributivgesetz:*

$$\vec{a}(\vec{b}+\vec{c}) = \vec{a}\vec{b} + \vec{a}\vec{c}$$

## 6.2 Kosinussatz

Mit Hilfe des inneren Produktes läßt sich der Kosinussatz unmittelbar gewinnen. Für die drei Vektoren in der Abbildung gilt:

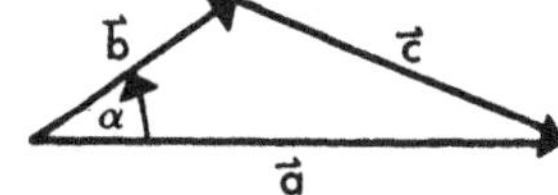


$$\vec{c} + \vec{b} = \vec{a}$$

$$\vec{c} = (\vec{a} - \vec{b})$$

Bildet man das innere Produkt der Vektoren mit sich selbst, erhält man

$$c^2 = (\vec{a} - \vec{b})^2$$

$$c^2 = a^2 + b^2 - 2\vec{a}\cdot\vec{b}$$

$$c^2 = a^2 + b^2 - 2|\vec{a}|\,|\vec{b}|\cos\alpha$$

Das ist der bekannte Kosinussatz.

Für $\alpha = \frac{\pi}{2}$ geht er in den Satz des Pythagoras für rechtwinklige Dreiecke über.

## 6.3 SKALARES PRODUKT IN KOMPONENTENDARSTELLUNG

Sind zwei Vektoren in Komponentendarstellung bekannt, läßt sich das Skalarprodukt ermitteln. Für die Überlegung ist es hilfreich, zunächst die Ergebnisse des Skalarproduktes von Einheitsvektoren in Richtung der Koordinatenachsen zu ermitteln. Das innere Produkt von Einheitsvektoren in gleicher Richtung ist 1; das innere Produkt von Einheitsvektoren, die senkrecht aufeinander stehen, verschwindet.
Also gilt für ein rechtwinkliges ebenes Koordinatensystem:

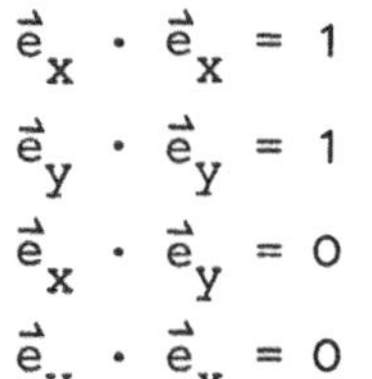

$$\vec{e}_x \cdot \vec{e}_x = 1$$
$$\vec{e}_y \cdot \vec{e}_y = 1$$
$$\vec{e}_x \cdot \vec{e}_y = 0$$
$$\vec{e}_y \cdot \vec{e}_x = 0$$

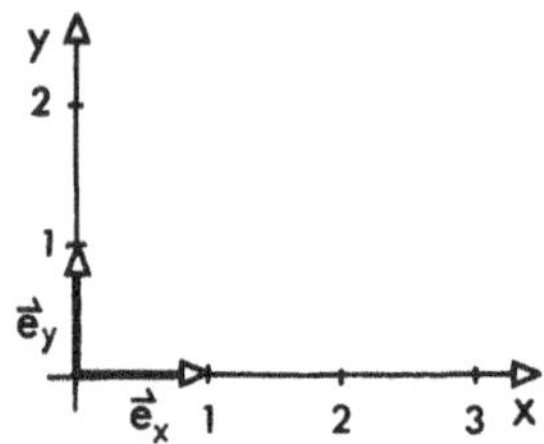


In einem ebenen kartesischen Koordinatensystem seien zwei Vektoren $\vec{a}$ und $\vec{b}$ so verschoben, daß sie im Nullpunkt beginnen. Wir zerlegen beide Vektoren in ihre Vektorkomponenten in Achsenrichtung:

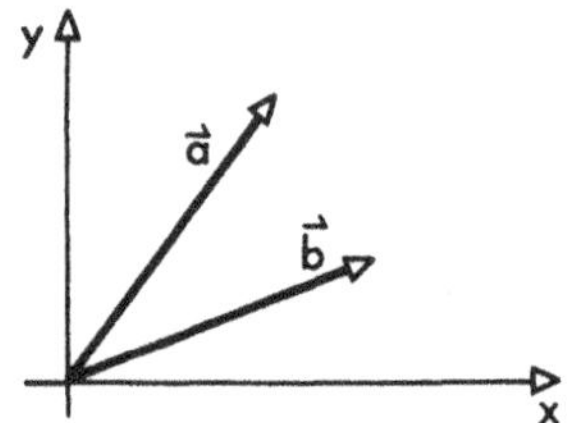


$$\vec{a} = a_x \cdot \vec{e}_x + a_y \cdot \vec{e}_y$$
$$\vec{b} = b_x \cdot \vec{e}_x + b_y \cdot \vec{e}_y$$

In dem Ausdruck $\vec{a} \cdot \vec{b}$ ersetzen wir die Vektoren durch ihre Vektorkomponenten. Dann erhält man:

$$\vec{a} \cdot \vec{b} = (a_x \vec{e}_x + a_y \vec{e}_y) \cdot (b_x \vec{e}_x + b_y \vec{e}_y)$$

Ausmultipliziert ergibt sich

$$\vec{a} \cdot \vec{b} = a_x b_x \, \vec{e}_x \cdot \vec{e}_x + a_x b_y \vec{e}_x \cdot \vec{e}_y + a_y b_x \vec{e}_y \cdot \vec{e}_x + a_y b_y \vec{e}_y \cdot \vec{e}_y$$

Setzen wir die Ergebnisse der inneren Produkte der Einheitsvektoren ein, erhalten wir:

$$\vec{a} \cdot \vec{b} = a_x b_x + a_y b_y \qquad (6\text{-}7)$$

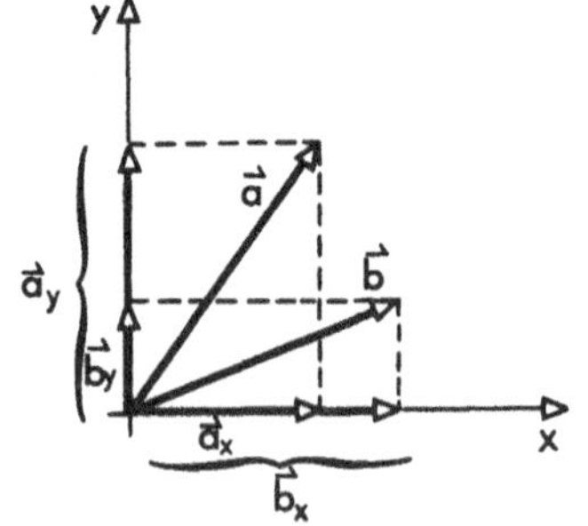


Sind die Komponenten zweier Vektoren $\vec{a}$ und $\vec{b}$ bekannt, läßt sich das Skalarprodukt also einfach ausrechnen. Es ist die Summe der Produkte jener Komponenten, die gleiche Richtung haben. Bei räumlichen Vektoren muß zusätzlich die z-Koordinate betrachtet werden.

Dann ergibt sich, ohne daß der Beweis hier geführt wird, entsprechend:

Regel: Skalarprodukt in Komponentendarstellung[1)]

$$\vec{a}\cdot\vec{b} = a_x b_x + a_y b_y + a_z b_z$$

Damit ist auch ein einfacher Weg gegeben, den Betrag eines Vektors aus seinen Komponenten zu berechnen. Es gilt:

$$\vec{a}\cdot\vec{a} = a^2$$

In Komponenten:

$$a^2 = a_x a_x + a_y a_y + a_z a_z$$

$$|\vec{a}| = \sqrt{a_x{}^2 + a_y{}^2 + a_z{}^2}$$

Beispiel: Gegeben: $\vec{a} = (2,3,1)$, $\vec{b} = (-1,0,4)$
Gesucht: Skalarprodukt der beiden Vektoren $\vec{a}$ und $\vec{b}$

Lösung:

$$\vec{a}\cdot\vec{b} = a_x b_x + a_y b_y + a_z b_z$$

$$\vec{a}\cdot\vec{b} = 2(-1) + 3\cdot 0 + 1\cdot 4 = -2 + 0 + 4 = 2$$

Als Betrag der Vektoren $\vec{a}$ und $\vec{b}$ erhält man:

$$|\vec{a}| = a = \sqrt{a^2} = \sqrt{2^2+3^2+1^2} = \sqrt{4+9+1} = \sqrt{14} \approx 3{,}74$$

$$|\vec{b}| = b = \sqrt{b^2} = \sqrt{(-1)^2+0^2+4^2} = \sqrt{1+16} = \sqrt{17} \approx 4{,}12$$

## 6.4 Vektorprodukt

### 6.4.1 Drehmoment

Ein starrer Körper sei um eine feste Drehachse drehbar gelagert. An diesem Körper greife im Punkt P eine Kraft $\vec{F}$ an. Die Kraft erzeugt ein Drehmoment D. Für den Sonderfall, daß der Ortsvektor von der Drehachse zum Punkt P und die Kraft aufeinander senkrecht stehen, ist das Drehmoment gleich dem Produkt der Beträge von Ortsvektor $\vec{r}$ (Hebelarm) und Kraft $\vec{F}$.

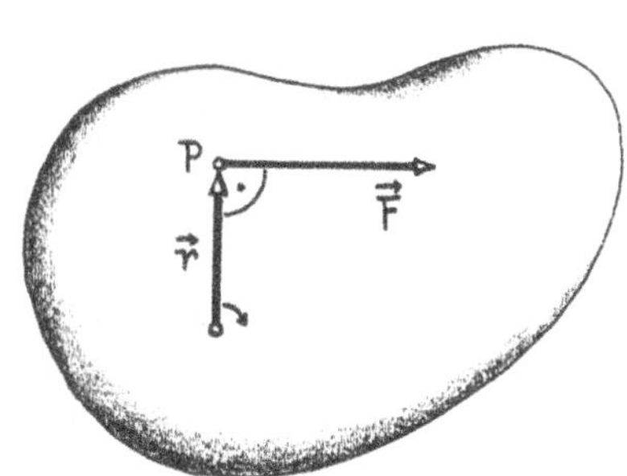


$$D = |\vec{r}|\cdot|\vec{F}| \quad \text{(Hebelgesetz)}$$

1) Das Skalarprodukt führt unabhängig von der Lage des Koordinatensystems immer zu dem gleichen Zahlenwert. Dies gilt, obwohl sich bei einer Drehung des Koordinatensystems die einzelnen Komponenten der Vektoren im allgemeinen ändern.

Für den zweiten Sonderfall, daß der Ortsvektor zum Angriffspunkt der Kraft und die Kraft die gleiche Richtung haben, erzeugt die Kraft $\vec{F}$ kein Drehmoment auf den Körper.

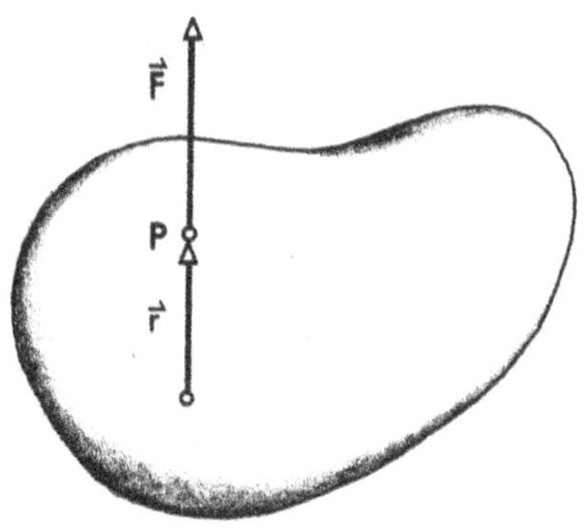


$$D = 0$$

Im allgemeinen Fall schließen die Vektoren $\vec{r}$ und $\vec{F}$ den Winkel $\alpha$ miteinander ein . Hier liegt es nahe, die Berechnung des Drehmomentes D auf die beiden Sonderfälle zurückzuführen. Dazu wird der Kraftvektor in zwei Komponenten zerlegt:

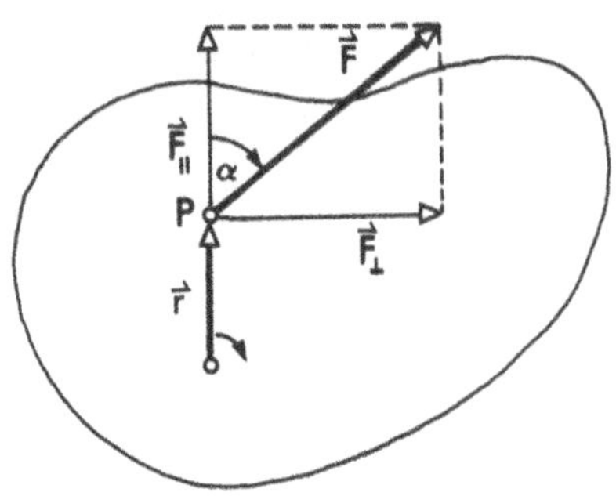


Eine Komponente senkrecht zu $\vec{r}$: $\vec{F}_\perp$

Eine Komponente in Richtung von $\vec{r}$: $\vec{F}_\parallel$

Nur die erste Komponente liefert einen Beitrag zum Drehmoment. Wenn $\vec{F}$ und $\vec{r}$ den Winkel $\alpha$ einschließen , erhalten wir die zu $\vec{r}$ senkrechte Komponente von $\vec{F}$ als Projektion von $\vec{F}$ auf eine Senkrechte zu $\vec{r}$:

$$|\vec{F}_\perp| = |\vec{F}| \cdot \sin\alpha$$

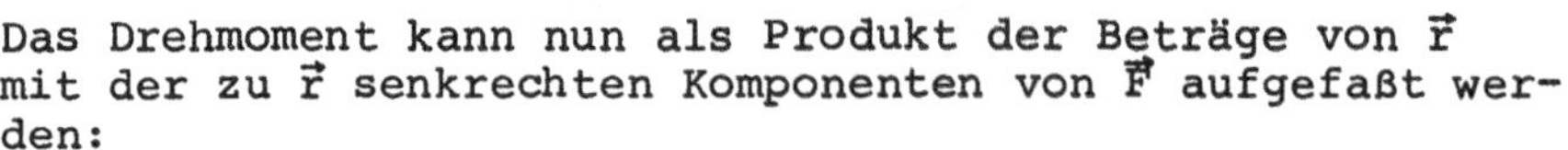

Das Drehmoment kann nun als Produkt der Beträge von $\vec{r}$ mit der zu $\vec{r}$ senkrechten Komponenten von $\vec{F}$ aufgefaßt werden:

Definition: *Drehmoment*

$$D = |\vec{r}| \cdot |\vec{F}| \cdot \sin\alpha$$

## 6.4.2 Das Drehmoment als Vektor

Das Drehmoment D ist eine vektorielle physikalische Größe. Dem Drehmoment müssen wir noch eine Richtung zuordnen, die den Drehsinn berücksichtigt. Hier gilt folgende Festlegung:

> Der Drehmomentvektor $\vec{D}$ steht senkrecht auf der von den Vektoren $\vec{F}$ und $\vec{r}$ aufgespannten Ebene.
>
> Der Vektor $\vec{D}$ weist in die Richtung, in die eine Rechtsschraube sich hineindrehen würde, wenn man $\vec{r}$ auf kürzestem Wege so dreht, daß $\vec{r}$ auf $\vec{F}$ fällt.

Wir wollen die beiden Aussagen anhand von Abbildungen erläutern. Die Drehachse gehe durch den Punkt A
Die Kraft $\vec{F}$ greife in P an. $\vec{r}$ sei der Ortsvektor von A nach P. Die beiden Vektoren $\vec{r}$ und $\vec{F}$ bestimmen eine Ebene im Raum. $\vec{F}$ werde jetzt in den Anfangspunkt von $\vec{r}$ verschoben.

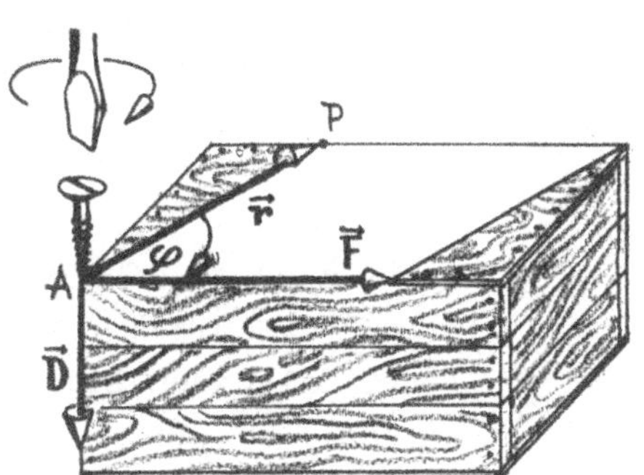


Um $\vec{r}$ in $\vec{F}$ zu überführen, ist eine Drehung um den Winkel $\varphi$ nötig.

Eine Rechtsschraube würde sich bei einer solchen Drehung in die Ebene hineinbewegen.

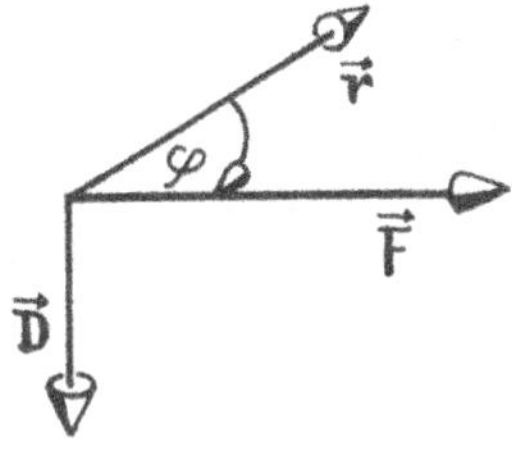


Die Richtung des Drehmomentes $\vec{D}$ wird so festgelegt, daß sie in die durch die Rechtsschraube gegebene Richtung weist.

### 6.4.3 Definition des Vektorprodukts

**Wir fassen die Verknüpfung zweier Vektoren $\vec{r}$ und $\vec{F}$ in der Form, in der das Drehmoment ermittelt wurde, als neues Produkt zweier Vektoren auf. Dieses Produkt ergibt einen Vektor. Es gilt eine neue Rechenvorschrift. Das Produkt heißt** *Vektorprodukt* **oder** *Äußeres Produkt.*

Das Vektorprodukt zweier Vektoren $\vec{a}$ und $\vec{b}$ läßt sich unabhängig von der physikalischen Interpretation der beiden Vektoren geometrisch definieren und verallgemeinern. Diese Definition ist willkürlich, aber zweckmäßig für die Anwendungen in der Physik.

Wir betrachten zwei Vektoren $\vec{a}$ und $\vec{b}$. Sie seien auf einen gemeinsamen Anfangspunkt gebracht. Der eingeschlossene Winkel sei $\varphi$ .

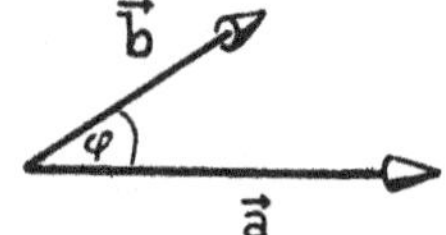


Als äußeres Produkt oder Vektorprodukt ist der Vektor

$$\vec{c} = \vec{a} \times \vec{b}$$

mit folgenden Eigenschaften definiert:

*Betrag von $\vec{c}$:*

$$|\vec{c}| = a \cdot b \cdot \sin\varphi$$

*Geometrische Bedeutung:*

**Der Betrag von $\vec{c}$ ist der Flächeninhalt des von $\vec{a}$ und $\vec{b}$ aufgespannten Parallelogramms.**

*Richtung von $\vec{c}$:*

$\vec{c}$ steht senkrecht auf der durch $\vec{a}$ und $\vec{b}$ festgelegten Ebene.

*Richtungssinn von $\vec{c}$:*

Dreht man $\vec{a}$ auf kürzestem Wege in $\vec{b}$, so zeigt $\vec{c}$ in die Richtung, in die sich eine Rechtsschraube bewegen würde. (Rechtsschraubenregel)

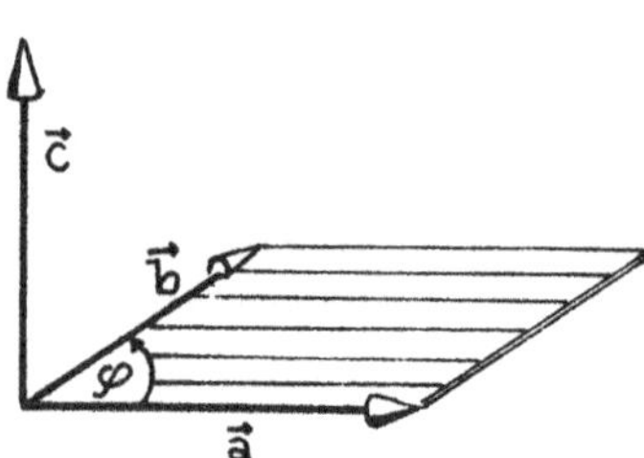

Definition: *Äußeres* oder *vektorielles* Produkt zweier Vektoren $\vec{a}$ und $\vec{b}$.

$\vec{c} = \vec{a} \times \vec{b}$

Der Vektor $\vec{c}$ hat folgende Eigenschaften:

1. $|\vec{c}| = |\vec{a}| \cdot |\vec{b}| \cdot \sin\alpha$
2. $\vec{c}$ steht senkrecht auf der durch $\vec{a}$ und $\vec{b}$ bestimmten Ebene
3. Die Orientierung von $\vec{c}$ wird mit Hilfe der Rechtsschraubenregel bestimmt.

Zur Schreibweise: Das Vektorprodukt wird geschrieben:

$\vec{c} = \vec{a} \times \vec{b}$ (gesprochen $\vec{a}$ Kreuz $\vec{b}$) oder

$\vec{c} = [\vec{a}, \vec{b}]$

Es gilt das hier ohne Beweis mitgeteilte *Distributivgesetz*:

$$\vec{a} \times (\vec{b} + \vec{c}) = \vec{a} \times \vec{b} + \vec{a} \times \vec{c}$$

und

$$(\vec{a} + \vec{b}) \times \vec{c} = \vec{a} \times \vec{c} + \vec{b} \times \vec{c}$$

Beispiel: Gegeben seien die beiden Vektoren $\vec{a}$ mit dem Betrag $|\vec{a}| = 4$ und $\vec{b}$ mit dem Betrag $|\vec{b}| = 3$, die einen Winkel von 30° einschließen mögen. Dann läßt sich der Betrag des Produktvektors $\vec{c} = \vec{a} \times \vec{b}$ leicht berechnen.

$$|\vec{c}| = |\vec{a}| \cdot |\vec{b}| \cdot \sin 30^\circ = 4 \cdot 3 \cdot 0{,}5 = 6$$

## 6.4.4 SONDERFÄLLE

*Vektorprodukt paralleler Vektoren:* **Das Parallelogramm entartet zu einem Strich mit dem Flächeninhalt 0. Das Vektorprodukt gibt in diesem Fall den Nullvektor $\vec{0}$ (den Pfeil läßt man jedoch meist fort).**

Insbesondere gilt:

$$\vec{a} \times \vec{a} = 0$$

**Die Umkehrung ist wichtig: Ist von zwei Vektoren bekannt, daß ihr äußeres Produkt 0 ergibt, so wissen wir, daß sie parallel sind, wenn $\vec{a} \neq 0$ und $\vec{b} \neq 0$ sind.**

Satz: **Zwei Vektoren $\vec{a} \neq 0$ und $\vec{b} \neq 0$ sind genau dann parallel, wenn ihr äußeres Produkt $\vec{a} \times \vec{b}$ gleich 0 ist.**

*Vektorprodukt senkrecht aufeinander stehender Vektoren:*
In diesem Fall gilt:

$$|\vec{a} \times \vec{b}| = |\vec{a}| \cdot |\vec{b}|$$

## 6.4.5 VERTAUSCHUNG DER REIHENFOLGE

Vertauscht man die Reihenfolge der Vektoren $\vec{a}$ und $\vec{b}$, so ändert das Vektorprodukt das Vorzeichen. Das äußere Produkt ist also nicht kommutativ. Es muß immer auf die Reihenfolge der beiden Faktoren geachtet werden.

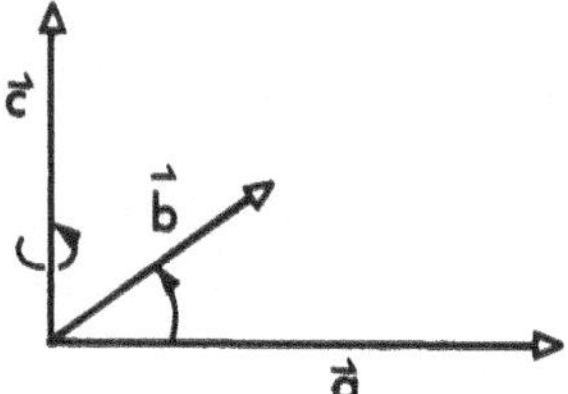


Beweis: Die Abbildung zeigt die Bildung des Vektorproduktes $\vec{c} = \vec{a} \times \vec{b}$.
Der Richtungssinn von $\vec{c}$ ergibt sich dadurch, daß $\vec{a}$ auf kürzestem Weg in $\vec{b}$ gedreht wird.

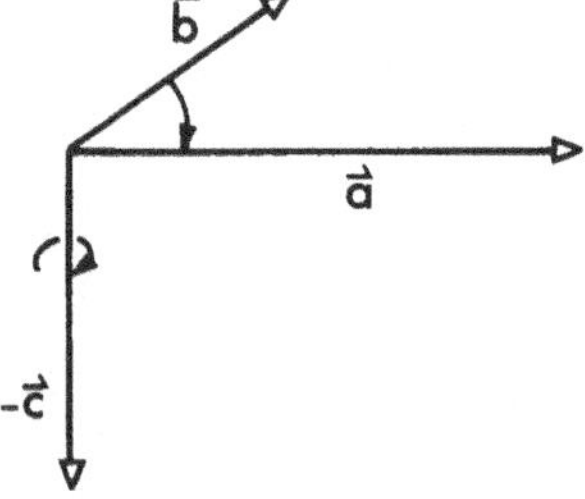


Bildet man das Vektorprodukt

$$\vec{b} \times \vec{a}$$

so muß $\vec{b}$ auf kürzestem Weg in $\vec{a}$ gedreht werden. Dabei wechselt der Drehsinn der Schraube das Vorzeichen.
Es gilt also:

$$\vec{a} \times \vec{b} = -\vec{b} \times \vec{a}$$

### 6.4.6 Allgemeine Fassung des Hebelgesetzes

Ein Körper sei um die Drehachse A drehbar gelagert. An einem Körper greifen die Kräfte $\vec{F}_1$ und $\vec{F}_2$ an den Punkten $P_1$ und $P_2$ an.

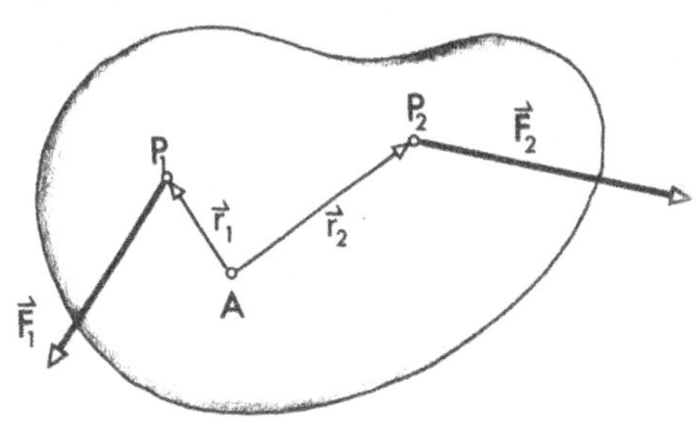


Die Kraft $\vec{F}_1$ erzeugt das Drehmoment $\vec{D}_1 = \vec{r}_1 \times \vec{F}_1$. Die Kraft 2 erzeugt das Drehmoment

$$\vec{D}_2 = \vec{r}_2 \times \vec{F}_2$$

Die Orientierung von $\vec{D}_1$ und $\vec{D}_2$ ergibt sich gemäß der Rechtsschraubenregel.

In unserem Beispiel haben $\vec{D}_1$ und $\vec{D}_2$ entgegengesetzte Richtung. An dem Körper herrscht Gleichgewicht, wenn $\vec{D}_1$ und $\vec{D}_2$ gleichen Betrag und entgegengesetzte Richtung haben:

$$\vec{D}_1 = -\vec{D}_2$$

oder

$$\vec{D}_1 + \vec{D}_2 = 0$$

Greifen an einem Körper beliebig viele Kräfte an, so herrscht Gleichgewicht, falls die Summe aller Drehmomente verschwindet. Die allgemeine Fassung des Hebelgesetzes lautet daher für den Gleichgewichtsfall:

$$\sum_i \vec{D}_i = 0$$

## 6.5 Vektorprodukt in Komponentendarstellung

Sind zwei Vektoren in Komponentendarstellung bekannt, läßt sich das Vektorprodukt ermitteln. Für die Überlegung ist es hilfreich, zunächst die Ergebnisse des äußeren Produktes der Einheitsvektoren in Richtung der Koordinatenachsen zu ermitteln. Gemäß Abbildung und Definition ergibt sich als äußeres Produkt von Einheitsvektoren:

$$\vec{e}_x \times \vec{e}_x = 0$$
$$\vec{e}_x \times \vec{e}_y = \vec{e}_z$$
$$\vec{e}_x \times \vec{e}_z = -\vec{e}_y$$

$$\vec{e}_y \times \vec{e}_y = 0$$
$$\vec{e}_y \times \vec{e}_x = -\vec{e}_z$$
$$\vec{e}_y \times \vec{e}_z = \vec{e}_x$$

$$\vec{e}_z \times \vec{e}_z = 0$$
$$\vec{e}_z \times \vec{e}_x = \vec{e}_y$$
$$\vec{e}_z \times \vec{e}_y = -\vec{e}_x$$

Das Vektorprodukt der Vektoren $\vec{a}$ und $\vec{b}$ wird so hingeschrieben, daß $\vec{a}$ und $\vec{b}$ als Summe ihrer Vektorkomponenten dargestellt werden. Dann werden beide Klammern ausmultipliziert[1)] und die Ergebnisse der Vektormultiplikation der Einheitsvektoren berücksichtigt:

$$\begin{aligned}\vec{a} \times \vec{b} = \; & (a_x\vec{e}_x + a_y\vec{e}_y + a_z\vec{e}_z)\times(b_x\vec{e}_x + b_y\vec{e}_y + b_z\vec{e}_z) \\ = \; & a_x b_x\cdot\vec{e}_x\times\vec{e}_x + a_x b_y\cdot\vec{e}_x\times\vec{e}_y + a_x b_z\cdot\vec{e}_x\times\vec{e}_z \\ + \; & a_y b_x\cdot\vec{e}_y\times\vec{e}_x + a_y b_y\cdot\vec{e}_y\times\vec{e}_y + a_y b_z\cdot\vec{e}_y\times\vec{e}_z \\ + \; & a_z b_x\cdot\vec{e}_z\times\vec{e}_x + a_z b_y\cdot\vec{e}_z\times\vec{e}_y + a_z b_z\cdot\vec{e}_z\times\vec{e}_z\end{aligned}$$

Fassen wir die Komponenten mit gleichen Einheitsvektoren zusammen und berücksichtigen wir die Ergebnisse der äußeren Produkte der Einheitsvektoren, so erhalten wir:

$$\vec{a} \times \vec{b} = (a_y b_z - a_z b_y)\vec{e}_x + (a_z b_x - a_x b_z)\vec{e}_y + (a_x b_y - a_y b_x)\vec{e}_z$$

Das Vektorprodukt ist wieder ein Vektor[2)].

Anwendungsbeispiel:
Bahngeschwindigkeit bei Drehbewegungen. Bei Drehbewegungen gilt, daß die Bahngeschwindigkeit eines beliebigen Punktes das Vektorprodukt aus Winkelgeschwindigkeit und einem Ortsvektor von der Drehachse zum Punkt P ist.

Für die Abbildung sei die z-Achse Drehachse. Die Winkelgeschwindigkeit betrage $\vec{\omega}$. Der Ortsvektor zum Punkt P habe die Koordinaten $\vec{r} = (0, r_y, r_z)$. Die Winkelgeschwindigkeit $\vec{\omega}$ habe die Koordinaten $(0, 0, \omega_z)$. Dann ist die Geschwindigkeit an der Stelle P:

$$\vec{v} = \vec{\omega}\times\vec{r} = (-r_y\cdot\omega_z\cdot\vec{e}_x, 0, 0)$$

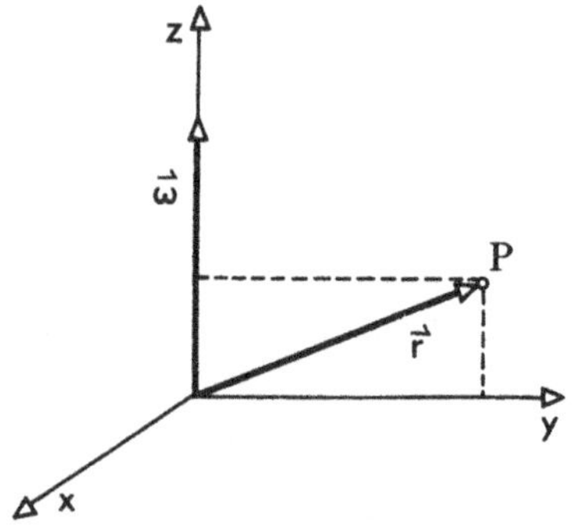


1) Dies hier angewendete Verfahren beruht auf der Gültigkeit des Distributivgesetzes: $\vec{a}\times(\vec{b}+\vec{c}) = \vec{a}\times\vec{b} + \vec{a}\times\vec{c}$.

2) In Determinantenschreibweise - siehe Lektion 17 - kann das Vektorprodukt symbolisch wie folgt geschrieben werden:

$$\vec{a}\times\vec{b} = \begin{vmatrix} \vec{e}_x & \vec{e}_y & \vec{e}_z \\ a_x & a_y & a_z \\ b_x & b_y & b_z \end{vmatrix}$$

## ÜBUNGSAUFGABEN

6.1 A Berechnen Sie das Skalarprodukt der Vektoren $\vec{a}$ und $\vec{b}$

a) $|\vec{a}| = 3;\quad |\vec{b}| = 2;\quad \alpha = (\vec{a},\vec{b}) = \frac{\pi}{3}$

b) $|\vec{a}| = 2;\quad |\vec{b}| = 5;\quad \alpha = 0^\circ$

c) $|\vec{a}| = 1;\quad |\vec{b}| = 4;\quad \alpha = \frac{\pi}{4}$

d) $|\vec{a}| = 2{,}5;\quad |\vec{b}| = 3;\quad \alpha = 120^\circ$

B Welche Aussagen über den Winkel $\alpha = (\vec{a},\vec{b})$ kann man aufgrund der folgenden Ergebnisse machen?

a) $\vec{a}\cdot\vec{b} = 0$

b) $\vec{a}\cdot\vec{b} = |\vec{a}|\,|\vec{b}|$

c) $\vec{a}\cdot\vec{b} = \frac{|\vec{a}|\,|\vec{b}|}{2}$

d) $\vec{a}\cdot\vec{b} < 0$

6.2. A Berechnen Sie das Skalarprodukt

a) $\vec{a} = (3,-1,4)$
$\vec{b} = (-1,2,5)$

b) $\vec{a} = (\frac{3}{2}, \frac{1}{4}, -\frac{1}{3})$
$\vec{b} = (\frac{1}{6}, -2, 3)$

c) $\vec{a} = (-\frac{1}{4}, 2, -1)$
$\vec{b} = (1, \frac{1}{2}, \frac{5}{3})$

d) $\vec{a} = (1,-6,1)$
$\vec{b} = (-1,-1,-1)$

B Stellen Sie durch Rechnung fest, welche der beiden Vektoren $\vec{a}$, $\vec{b}$ senkrecht aufeinander stehen.

a) $\vec{a} = (0,-1, 1)$
$\vec{b} = (1,0,0)$

b) $\vec{a} = (2,-3,1)$
$\vec{b} = (-1,4,2)$

c) $\vec{a} = (-1,2,-5)$
$\vec{b} = (-8,1,2)$

d) $\vec{a} = (4,-3,1)$
$\vec{b} = (-1,-2,-2)$

e) $\vec{a} = (2,1,1)$
$\vec{b} = (-1,3,-2)$

f) $\vec{a} = (4,2,2)$
$\vec{b} = (1,-4,2)$

C Berechnen Sie den von den beiden Vektoren $\vec{a}$ und $\vec{b}$ eingeschlossenen Winkel

a) $\vec{a} = (1,-1,1)$
$\vec{b} = (-1,1,-1)$

b) $\vec{a} = (-2,2,-1)$
$\vec{b} = (0,3,0)$

D An einem Körper greife die Kraft $\vec{F} = (0, +5N)$ an und verschiebe ihn um die Wegstrecke $\vec{s}$. Berechnen sie die geleistete mechanische Arbeit A.

a) $\vec{s}_1 = (3\text{ m}, 3\text{ m})$

b) $\vec{s}_2 = (2\text{ m}, 1\text{ m})$

c) $\vec{s}_3 = (2\text{ m}, 0\text{ m})$

6.3. A Berechnen Sie $|\vec{a} \times \vec{b}|$

a) $|\vec{a}| = 2$ $\quad |\vec{b}| = 3$ $\quad \alpha = \sphericalangle(\vec{a},\vec{b}) = 60^\circ$

b) $|\vec{a}| = \frac{1}{2}$ $\quad |\vec{b}| = 4$ $\quad \alpha = 0^\circ$

c) $|\vec{a}| = 8$ $\quad |\vec{b}| = \frac{3}{4}$ $\quad \alpha = 90^\circ$

B Berechnen Sie den Flächeninhalt F des von $\vec{a}$ und $\vec{b}$ aufgespannten Parallelogramms

a) $|\vec{a}| = 2{,}5$ $\quad |\vec{b}| = 2$ $\quad \alpha = \frac{\pi}{4}$

b) $|\vec{a}| = \frac{3}{2}$ $\quad |\vec{b}| = 1$ $\quad \alpha = \frac{\pi}{6}$

c) $|\vec{a}| = \frac{3}{4}$ $\quad |\vec{b}| = 4$ $\quad \alpha = \frac{\pi}{3}$

C Zeichnen Sie die Richtung, in die der Vektor $\vec{c} = \vec{a} \times \vec{b}$ zeigt.

a) a und b liegen in der x-y-Ebene.

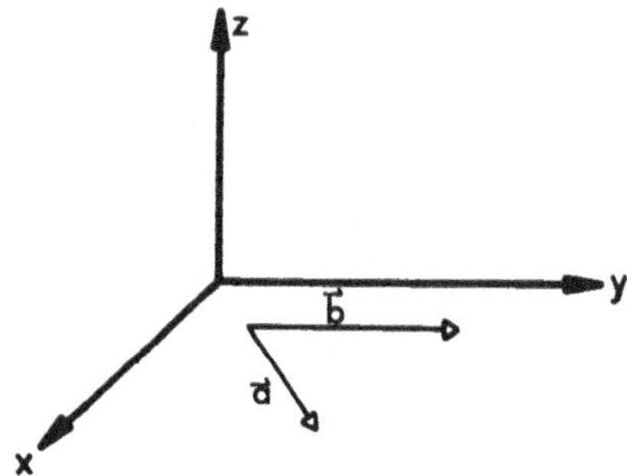


b) a und b liegen in der y-z-Ebene.

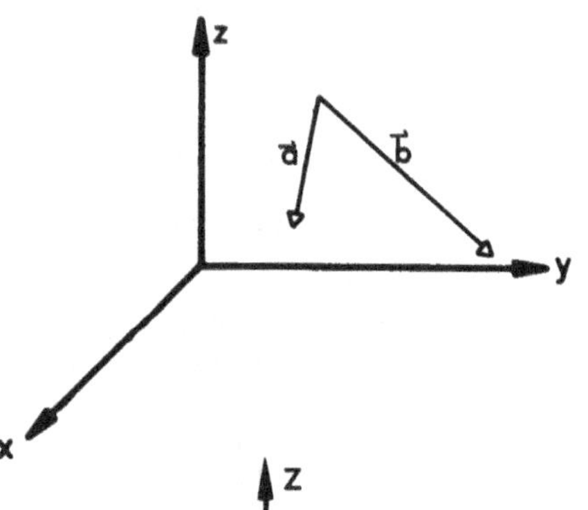


D Es sei $\vec{a} = 2\cdot\vec{e}_1$, $\vec{b} = 4\cdot\vec{e}_2$ und $\vec{c} = -3\cdot\vec{e}_3$ ($\vec{e}_i$ sind die Einheitsvektoren in Richtung der Koordinatenachsen)

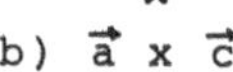

Berechnen Sie

a) $\vec{a} \times \vec{b}$ $\qquad$ b) $\vec{a} \times \vec{c}$

c) $\vec{c} \times \vec{a}$ $\qquad$ d) $\vec{b} \times \vec{c}$

e) $\vec{b} \times \vec{b}$ $\qquad$ f) $\vec{c} \times \vec{b}$

6.4. Berechnen Sie die Komponenten des Vektors $\vec{c} = \vec{a} \times \vec{b}$

a) $\vec{a} = (2,3,1)$, $\vec{b} = (-1,2,4)$

b) $\vec{a} = (-2,1,0)$, $\vec{b} = (1,4,3)$

## LÖSUNGEN

6.1 A a) $\vec{a}\cdot\vec{b} = |\vec{a}|\,|\vec{b}|\,\cos\alpha = 3\cdot 2\cdot\frac{1}{2} = 3$

b) $\vec{a}\cdot\vec{b} = 10$

c) $\vec{a}\cdot\vec{b} = 4\cdot\frac{1}{2}\sqrt{2} = 2\cdot\sqrt{2} = 2{,}82$

d) $\vec{a}\cdot\vec{b} = 7{,}5(-\frac{1}{2}) = -3{,}75$

B a) $\alpha = \frac{\pi}{2}$, d.h. $\vec{a}\perp\vec{b}$ b) $\alpha = 0$, d.h. $\vec{a}\,||\,\vec{b}$

c) $\alpha = \frac{1}{3}\pi$ d) $\frac{\pi}{2} < \alpha < \pi$

6.2. A a) $\vec{a}\cdot\vec{b} = -3-2+20 = +15$ b) $\vec{a}\cdot\vec{b} = -1\frac{1}{4}$

c) $\vec{a}\cdot\vec{b} = -\frac{11}{12}$ d) $\vec{a}\cdot\vec{b} = 4$

B a) $\vec{a}\cdot\vec{b} = 0$, d.h., $\vec{a}$ und $\vec{b}$ stehen senkrecht aufeinander oder mindestens einer der Vektoren $\vec{a}$, $\vec{b}$ ist gleich 0.

b) $\vec{a}\cdot\vec{b} = -12$, d.h. $\vec{a}$ nicht $\perp\vec{b}$

c) $\vec{a}\cdot\vec{b} = 0$, d.h. $\vec{a}\perp\vec{b}$

d) $\vec{a}\cdot\vec{b} = 0$, also $\vec{a}\perp\vec{b}$

e) $\vec{a}\cdot\vec{b} = -1$, also $\vec{a}$ nicht $\perp\vec{b}$

f) $\vec{a}\cdot\vec{b} = 0$, also $\vec{a}\perp\vec{b}$

C $\cos\alpha = \frac{\vec{a}\cdot\vec{b}}{|\vec{a}|\cdot|\vec{b}|}$

a) $|\vec{a}| = \sqrt{3}$, $|\vec{b}| = \sqrt{3}$, $\vec{a}\cdot\vec{b} = -3 \curvearrowright \cos\alpha = \frac{-3}{3} = -1 \curvearrowright \alpha = \pi$

$(\vec{a} = -\vec{b})$

b) $|\vec{a}| = 3$, $|\vec{b}| = 3$, $\vec{a}\cdot\vec{b} = 6 \curvearrowright \cos\alpha = \frac{2}{3} \curvearrowright \alpha = 48^{\circ}12'$

(nach Funktionstabelle Anhang IV)

D a) $A_1 = \vec{F}\vec{s}_1 = 0\ \text{N} \cdot 3\ \text{m} + 5\ \text{N} \cdot 3\ \text{m} = 15\ \text{Nm}$

b) $A_2 = \vec{F}\vec{s}_2 = 5\ \text{Nm}$

c) $A_3 = \vec{F}\vec{s}_3 = 0$

6.3. A a) $|\vec{a} \times \vec{b}| = |\vec{a}||\vec{b}| \sin\alpha = 6\ \frac{1}{2}\ \sqrt{3} = 5{,}19$

b) $|\vec{a} \times \vec{b}| = 0$

c) $|\vec{a} \times \vec{b}| = 6$

B a) $F = |\vec{a}||\vec{b}| \sin\alpha = 5\frac{1}{2}\sqrt{2} = 3{,}52$

b) $F = \frac{3}{2} \cdot \frac{1}{2} = \frac{3}{4}$

c) $F = 3\frac{1}{2}\sqrt{3} = 2{,}59$

C a) 

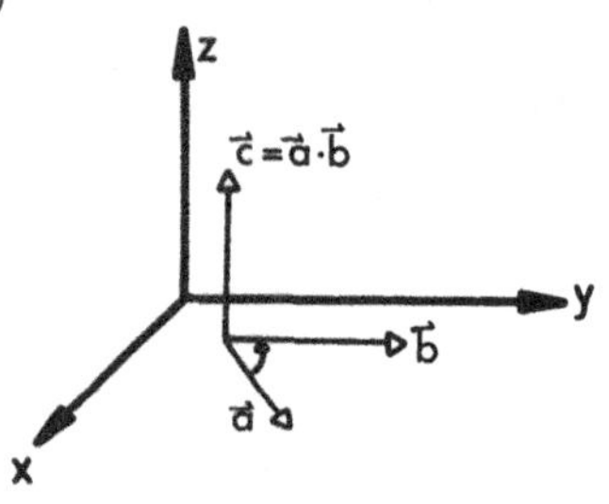


b)

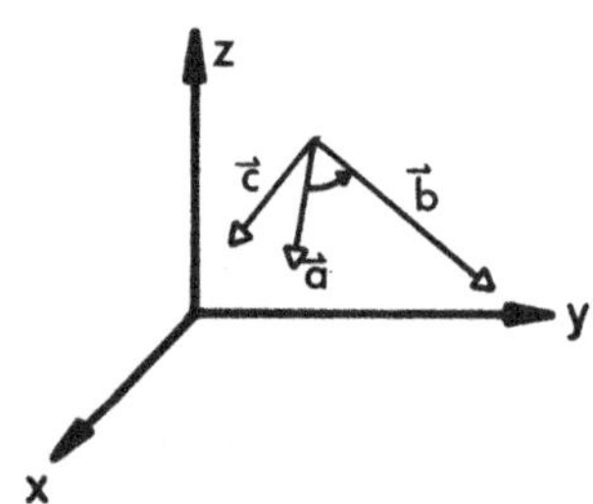


D a) $\vec{a} \times \vec{b} = -\frac{8}{3}\vec{c}$

b) $\vec{a} \times \vec{b} = \frac{3}{2}\ \vec{b}$

c) $\vec{c} \times \vec{a} = -\frac{3}{2}\ \vec{b}$

d) $\vec{b} \times \vec{c} = -6\ \vec{a}$

e) $\vec{b} \times \vec{b} = 0$

f) $\vec{c} \times \vec{b} = 6\ \vec{a}$

6.4. $\vec{c} = (a_y b_z - a_z b_y,\ a_z b_x - a_x b_z,\ a_x b_y - a_y b_x)$

a) $\vec{c} = (10,-9,7)$

b) $\vec{c} = (3,6,-9)$

# 7 TAYLORREIHE UND POTENZREIHENENTWICKLUNG

## 7.0 VORBEMERKUNG

In Lektion 3 wurde die Summenformel für die geometrische Reihe ermittelt:

$$1 + x + x^2 + x^3 + \ldots = \frac{1}{1-x}$$

Diese Formel gilt für den Wertebereich $-1 \leq x \leq 1$.
Wir betrachten das damalige Ergebnis nun unter neuem Blickwinkel.
Auf der linken Seite der Gleichung steht eine Reihe mit unendlich vielen Gliedern. Die Glieder sind Potenzen von x.

Auf der rechten Seite der Gleichung steht ein einfacher Funktionsterm. Die Abbildung rechts zeigt den Funktionsgraphen für den angegebenen Wertebereich.

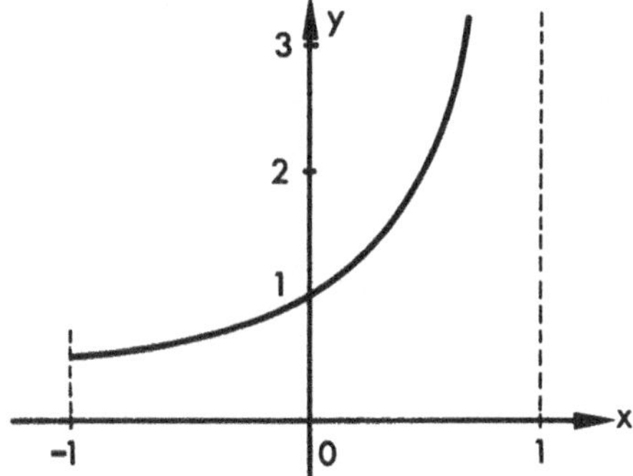


Reihe und Funktion sind identisch. Das heißt: Man kann eine Funktion darstellen als Summe von Potenzen von x.

Im folgenden werden wir uns mit der Frage befassen, ob es noch andere Funktionen gibt, die mit Reihen identisch sind. Dazu eine weitere Vorbemerkung:
Eine *unendliche Potenzreihe* ist ein Ausdruck der Form

$$a_0 + a_1x + a_2x^2 + a_3x^3 + \ldots = \sum_{n=0}^{\infty} a_nx^n$$

Wenn es gelänge, Funktionen wie die Exponentialfunktion, trigonometrische Funktionen und andere als unendliche Potenzreihen darzustellen, hätte das große Vorteile. Potenzreihen haben zwar unendlich viele Glieder, aber diese Glieder sind einfach und leicht handhabbar - es sind einfache, leicht berechenbare Potenzen von x.
Hinzu kommt: für kleine Werte von x nehmen die höheren Glieder oft rasch ab. Für Näherungszwecke brauchen dann nur die ersten Glieder der Reihe berücksichtigt zu werden.

Wird für eine Funktion die Potenzreihe bestimmt, nennt man dies *Entwicklung der Funktion in eine Potenzreihe.*

Die Entwicklung in Potenzreihen ist für folgende Zwecke nützlich:

a) *Berechnung von Funktionswerten:*
Mit trigonometrischen Funktionen und Exponentialfunktionen konnten wir umgehen, weil wir dafür Tabellen hatten. Bisher wurde nicht dargestellt, auf welchem Wege diese Tabellen gewonnen sind. Diese Tabellen sind mit Hilfe von Potenzreihen numerisch berechnet. Denn nur auf diese Weise läßt sich für jeden Wert des Argumentes x der Funktionswert mit beliebiger Genauigkeit ermitteln.

b) *Näherungen:*
Die ersten Glieder der Potenzreihe lassen sich als Näherungsausdrücke für die jeweilige Funktion verwenden.

c) *Gliedweise Integration:*
Häufig ist es nicht möglich, eine Funktion geschlossen zu integrieren. Läßt sich jedoch die Funktion in eine konvergente Potenzreihe entwickeln, eröffnet sich ein Ausweg. Die Potenzreihe kann gliedweise integriert werden und man erhält damit eine neue Potenzreihe für das Integral.

Was hier für die bekannten Funktionen gesagt ist, gilt ebenso für andere Funktionen der höheren Mathematik und Funktionen, wie sie bei der Lösung physikalischer oder technischer Probleme auftreten.

Darüberhinaus ist die Tatsache der Übereinstimmung zwischen Funktionen und Potenzreihen auch theoretisch höchst bemerkenswert. Bei der Untersuchung der Reihen zeigen sich unerwartete Verwandtschaften - beispielsweise zwischen Exponentialfunktion und trigonometrischen Funktionen.

## 7.1 ENTWICKLUNG EINER FUNKTION IN EINE POTENZREIHE

Behauptet wird, daß für viele Funktionen f(x) die Beziehung gilt:

$$f(x) = \sum_{n=0}^{\infty} a_n x^n = a_o + a_1 x + a_2 x^2 + \ldots + a_n x^n + \ldots \qquad (7\text{-}1)$$

Die Koeffizienten $a_n$ müssen für jede Funktion speziell ermittelt werden. Eine Voraussetzung für diese Identität zwischen Funktion und Reihe ist, daß die Funktion beliebig oft differenzierbar ist[1]). In Abschnitt 7.2 werden wir die Frage untersuchen, für welchen Bereich von x eine solche Entwicklung möglich ist. Zunächst nehmen wir an, daß die Darstellung als Potenzreihe in den behandelten Fällen möglich sei. Beispiele dafür sind die in der Physik oft benutzten Funktionen:

$$y = \sin x$$

$$y = \cos x$$

$$y = e^x$$

$$y = a^x$$

Wenn eine Identität zwischen Funktion und Reihe besteht, so kann diese Übereinstimmung benutzt werden, um die Koeffizienten $a_n$ zu bestimmen.

So können wir fordern, daß für den Punkt x = 0 die Funktion f(x) und alle ihre Ableitungen mit der Reihe und allen ihren Ableitungen übereinstimmen[2]).

Daraus lassen sich sukzessiv Bestimmungsgleichungen für jeden einzelnen Koeffizienten ableiten.

---

1) Diese Voraussetzung ist notwendig, aber nicht hinreichend.

(Beispiel: Die Funktion $f(x) = e^{-\frac{1}{x^2}}$ für $x \neq 0$, $f(0) = 0$ ist in keine Taylorreihe entwickelbar, obwohl alle Ableitungen existieren. Beweis siehe R. Courant: Vorlesungen über Differential- und Integralrechnung, Bd. 1, Berlin 1971)

2) Die geometrische Bedeutung dieser Forderung diskutieren wir in 7.3

Wir gehen aus von der Gleichung:

$$f(x) = a_o + a_1x + a_2x^2 + \ldots + a_nx^n + \ldots$$

*1. Schritt:*
Funktion und Reihe sollen an der Stelle x = O übereinstimmen. Dies führt zur ausführlich geschriebenen Gleichung:

$$f(O) = a_o + a_1 \cdot O + a_2 \cdot O + \ldots + a_n \cdot O + \ldots$$

Außer $a_o$ fallen alle Glieder fort, weil sie mit x und Potenzen von x multipliziert werden. Es bleibt:

$$f(O) = a_o$$

Damit ist $a_o$ bestimmt.

*2. Schritt:*
Die erste Ableitung an der Stelle x = O soll für Funktion und Reihe übereinstimmen. Beide Seiten der Ausgangsgleichung werden einmal differenziert. Die Reihe wird dabei Glied für Glied differenziert.

$$f'(x) = a_1 \cdot 1 + a_2 \cdot 2x + a_3 \cdot 3x^2 + \ldots + a_n \cdot n \cdot x^{n-1} + \ldots$$

Für x = O fallen außer $a_1$ alle Glieder fort, also gilt:

$$f'(O) = 1 \cdot a_1$$

Damit ist $a_1$ bestimmt.

*3. Schritt:*
Die zweite Ableitung an der Stelle x = O soll für Funktion und Reihe übereinstimmen.
Die Reihe wird dabei Glied für Glied noch einmal differenziert:

$$f''(x) = 2a_2 + 3 \cdot 2 \cdot a_3 \cdot x + \ldots + n(n-1)a_n \cdot x^{n-2} + \ldots$$

Für x = O fallen außer $2a_2$ alle Glieder fort.

$$f''(O) = 2a_2 \quad \text{oder}$$

$$a_2 = \frac{f''(O)}{2 \cdot 1}$$

Damit ist $a_2$ bestimmt.

*n-ter Schritt:*
Die n-te Ableitung soll für Funktion und Reihe übereinstimmen. Nach n-maliger Differentiation ergibt sich:

$$f^{(n)}(x) = n(n-1)(n-2)\ldots1\cdot a_n + (n+1)n(n-1)\ldots a_{n+1}x + \ldots$$

Für x = 0 fallen alle Glieder der Reihe bis auf das erste fort.

$$f^{(n)}(0) = n(n-1)(n-2)\cdot\ldots\cdot2\cdot1\cdot a_n$$

oder

$$a_n = \frac{f^{(n)}(0)}{n(n-1)(n-2)\cdot\ldots\cdot2\cdot1}$$

Damit ist $a_n$ bestimmt.

Um die Koeffizienten etwas einfacher schreiben zu können, führen wir eine neue Schreibweise ein. Das Produkt der n ersten natürlichen Zahlen werde abgekürzt:

$$1\cdot2\cdot3\cdot\ldots\cdot(n-1)\cdot n = n!$$

Der Ausdruck n! wird gesprochen *n-Fakultät*. Es gilt dann:

$$1! = 1$$
$$2! = 1\cdot2 = 2$$
$$3! = 1\cdot2\cdot3 = 6$$
$$4! = 1\cdot2\cdot3\cdot4 = 24$$

Schließlich setzt man noch fest

$$0! = 1$$

Mit Hilfe dieser Abkürzung lassen sich die Koeffizienten der Potenzreihe einfacher darstellen:

$$a_0 = f(0)$$
$$a_1 = \frac{f'(0)}{1!}$$
$$a_2 = \frac{f''(0)}{2!}$$
$$\vdots$$
$$a_n = \frac{f^{(n)}(0)}{n!}$$

Lassen sich also alle Ableitungen der Funktion für den Wert x = 0 berechnen, so läßt sich die der Funktion äquivalente Reihe angeben.[1)]

---

1) Voraussetzung: Die Reihe konvergiert; siehe auch 7.2

Definition: Die Darstellung einer Funktion als Potenzreihe heißt die *Entwicklung* der Funktion in eine *Taylorreihe*[1]. (7-2)

$$f(x) = f(0) + \frac{f'(0)}{1!}x + \frac{f''(0)}{2!}x^2 + \ldots + \frac{f^{(n)}(0)}{n!}x^n + \ldots$$

$$= \sum_{n=0}^{\infty} \frac{f^{(n)}(0)}{n!}x^n$$

1\. Beispiel: Entwicklung der Exponentialfunktion $e^x$. Zunächst werden die Ableitungen der Exponentialfunktion gebildet.

$$f(x) = e^x$$
$$f'(x) = e^x$$
$$\vdots \qquad \vdots$$
$$f^{(n)}(x) = e^x$$

Mit $f(0) = e^0 = 1$ ergibt sich dann:

$$f(x) = e^x = 1 + \frac{x}{1!} + \frac{x^2}{2!} + \frac{x^3}{3!} + \ldots + \frac{x^n}{n!} + \ldots$$

$$e^x = \sum_{n=0}^{\infty} \frac{x^n}{n!} \qquad (7\text{-}3)$$

Die unendliche Potenzreihe ist mit der Funktion $e^x$ identisch. Der Ausdruck n!, der im Nenner der Koeffizienten steht, steigt rascher an als jede Potenzfunktion. Daher werden die Glieder mit großem n beliebig klein. Für x = 1 gilt beispielsweise:

$$f(1) = e^1 = 3 = 1 + 1 + \frac{1}{2} + \frac{1}{6} + \frac{1}{24} + \frac{1}{120} + \frac{1}{720} + \frac{1}{5560} + \ldots \approx 2{,}71822$$

Entsprechend gilt für $e^{-x}$

$$f(x) = e^{-x} = 1 - \frac{x}{1!} + \frac{x^2}{2!} - \frac{x^3}{3!} + \frac{x^4}{4!} \pm \ldots \qquad (7\text{-}4)$$

---

1) In der mathematischen Literatur wird oft in der Bezeichnung differenziert. Die Entwicklung der Funktion an der Stelle x = 0 heißt dann *MacLaurinsche Form der Taylorreihe*. Taylorreihe ist der übergeordnete Begriff und gilt auch für Entwicklungen der Funktion an einer anderen Stelle als x = 0 (vergl. 7.4).

2. Beispiel: Sinusfunktion. Links stehen die Ableitungen, rechts die Werte für x = 0. x ist hier im Bogenmaß gemessen.

$$\begin{aligned} f\ (x) &= \sin x & f\ (0) &= \sin(0) = 0 \\ f'\ (x) &= \cos x & f'\ (0) &= \cos(0) = 1 \\ f''\ (x) &= -\sin x & f''\ (0) &= -\sin(0) = 0 \\ f'''\ (x) &= -\cos x & f'''\ (0) &= -\cos(0) = -1 \end{aligned}$$

In dieser Reihe fällt die Hälfte der Glieder fort wegen

$$\sin(0) = 0$$

Daraus ergibt sich die Taylorreihe für die Sinusfunktion:

$$f(x) = \sin x = x - \frac{x^3}{3!} + \frac{x^5}{5!} - \frac{x^7}{7!} + \ldots \qquad (7\text{-}5)$$

$$\sin x = \sum_{n=0}^{\infty} \frac{(-1)^n}{(2n+1)!} x^{2n+1}$$

Auch hier werden die Glieder höherer Ordnung beliebig klein.

3. Beispiel: Obwohl das Ergebnis uns bereits bekannt ist, entwickeln wir systematisch auch den Summenterm der geometrischen Reihe:

$$\frac{1}{1-x}$$

Links stehen die Ableitungen, rechts die Werte für x = 0.

$$\begin{aligned} f(x) &= \frac{1}{1-x} & f\ (0) &= 1 \\ f'(x) &= \frac{1}{(1-x)^2} & f'(0) &= 1 \\ f''(x) &= \frac{1\cdot 2}{(1-x)^3} & f''(0) &= 2! \\ f'''(x) &= \frac{1\cdot 2\cdot 3}{(1-x)^4} & f'''(0) &= 3! \\ &\vdots & &\vdots \\ f^{(n)}(x) &= \frac{n!}{(1-x)^{n+1}} & f^{(n)}(0) &= n! \end{aligned}$$

Eingesetzt ergibt sich dann, wie erwartet, die geometrische Reihe:

$$\frac{1}{1-x} = 1 + x + x^2 + x^3 + \ldots + x^n + \ldots \qquad (7\text{-}6)$$

$$= \sum_{n=0}^{\infty} x^n$$

## 7.2 GÜLTIGKEITSBEREICH DER TAYLORENTWICKLUNG (KONVERGENZBEREICH)

Es gibt Funktionen, bei denen die Taylorreihe nur für einen bestimmten Bereich von x-Werten konvergiert. Das ist beispielsweise bei der Summenformel für die geometrische Reihe der Fall:

$$\frac{1}{1-x} = 1 + x + x^2 + x^3 + \ldots$$

Die Reihe konvergiert nur für den Wertbereich $-1 < x < +1$
Der Bereich, in dem sich eine Funktion in eine Potenzreihe entwickeln läßt, heißt *Gültigkeitsbereich* oder *Konvergenzbereich*.
Der Konvergenzbereich kann jeweils durch eine Zusatzrechnung bestimmt werden[1)].
Für die folgenden Funktionen, die uns vor allem interessieren, ist die Reihenentwicklung für alle x-Werte möglich:

$$e^x,\ e^{ax},\ \sin(ax),\ \cos(ax)$$

---

1) Die Entwicklung der Funktion f(x) gilt für alle x-Werte, die der Ungleichung $x < R$ genügen. Die Zahl R heißt *Konvergenzradius*. Der Konvergenzradius läßt sich aus dem Koeffizienten $a_n$ der Potenzreihe berechnen. Wir teilen hier nur das Ergebnis mit:

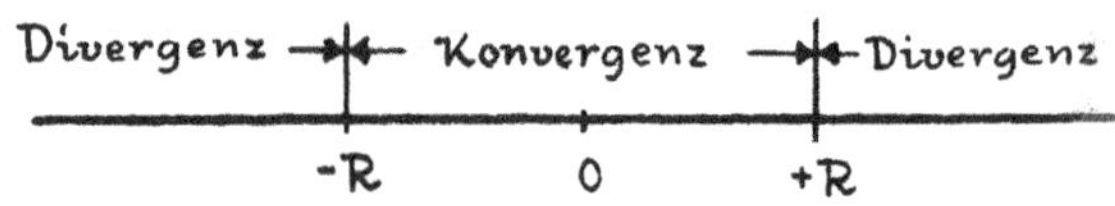


$$R = \lim_{n\to\infty}\left|\frac{a_n}{a_{n+1}}\right|$$

Vorausgesetzt wird, daß die Folge $\left\{\left|\frac{a_n}{a_{n+1}}\right|\right\}$ konvergiert.

1. Beispiel: Geometrische Reihe: $\frac{1}{1-x} = 1 + x + x^2 + x^3 + \ldots$

Hier ist $a_n = a_{n+1} = 1$. Daraus folgt $\frac{a_n}{a_{n+1}} = 1$.

In diesem Fall ist trivial, daß die Folge $\left\{\frac{a_n}{a_{n+1}}\right\}$ gegen 1 konvergiert und es gilt $R = 1$.

2. Beispiel: Exponentialfunktion $e^x = \sum_{n=1}^{\infty} \frac{x^n}{n!}$

Es gilt: $\left\{\left|\frac{a_n}{a_{n+1}}\right|\right\} = \left\{\left|\frac{(n+1)!}{n!}\right|\right\} = \left\{\frac{n+1}{1}\right\}$

Somit ergibt sich $R = \lim_{n\to\infty}(n+1) = \infty$. Diese Reihenentwicklung gilt also für alle x-Werte.

Das Kriterium ist aus dem sogenannten "Quotientenkriterium" zur Bestimmung der Konvergenz einer Reihe abgeleitet. (Einzelheiten siehe A. Duschek, Höhere Mathematik, Wien 1965, S. 353, S. 364)
Die Aussage gilt für $|x| < R$. Für den Wert $x = R$ ist das Verhalten der Reihe mit diesem Konvergenzkriterium nicht zu bestimmen.

## 7.3 Das Näherungspolynom

Es ist leichter, mit Näherungspolynomen mit endlich vielen Gliedern umzugehen, als mit unendlichen Reihen. In einer Potenzreihenentwicklung gehen bei konvergenten Reihen die Beiträge der Glieder mit hohen Potenzen von x gegen Null.
Die Berechnung der Potenzreihe einer Funktion braucht daher nicht über unendlich viele Glieder erstreckt zu werden, sondern kann nach der Berechnung einer endlichen Anzahl von Gliedern abgebrochen werden. Wann abgebrochen wird, hängt von dem Genauigkeitsanspruch ab. Dafür ist eine Abschätzung des mit dem Abbrechen verbundenen Fehlers notwendig.

Gegeben sei

$$f(x) = a_o + a_1 x + a_2 x^2 + \ldots + a_n x^n + \ldots$$

Wir teilen die Reihe in zwei Teile

$$f(x) = \underbrace{a_o + a_1 x + a_2 x^2 + \ldots + a_n x^n}_{\substack{\text{Näherungspolynom n-ten Grades} \\ p_n(x)}} + \underbrace{a_{n+1} x^{n+1} + \ldots}_{\substack{\text{Rest} \\ R_n(x)}} \qquad (7\text{-}7)$$

Den ersten Teil der Reihe nennen wir *Näherungspolynom n-ten Grades*. Den zweiten Teil nennen wir *Rest*.

Wir können jetzt das Näherungspolynom als eine Näherung der Funktion betrachten. Dabei machen wir einen Fehler, denn wir vernachlässigen den Rest. Der Rest stellt schließlich immerhin noch eine unendliche Potenzreihe dar. Die Größe des Fehlers hängt ab von x und der Zahl der berücksichtigten Glieder.

Wenn es gelingt, die Größe des Restes abzuschätzen, hat man eine Schätzung des Fehlers.

Beschäftigen wir uns zunächst mit der geometrischen Bedeutung der Näherungspolynome:
Wir wollen das grafische Bild der Näherungspolynome am Beispiel der trigonometrischen Funktion sin (x) studieren.

1. Näherungspolynom: $\sin x \approx x$
2. Näherungspolynom: $\sin x \approx x - \frac{x^3}{3!}$
3. Näherungspolynom: $\sin x \approx x - \frac{x^3}{3!} + \frac{x^5}{5!}$

Das erste Näherungspolynom ist die Approximation der Sinusfunktion durch eine Tangente an der Stelle x = 0.

$$\sin x \approx x$$

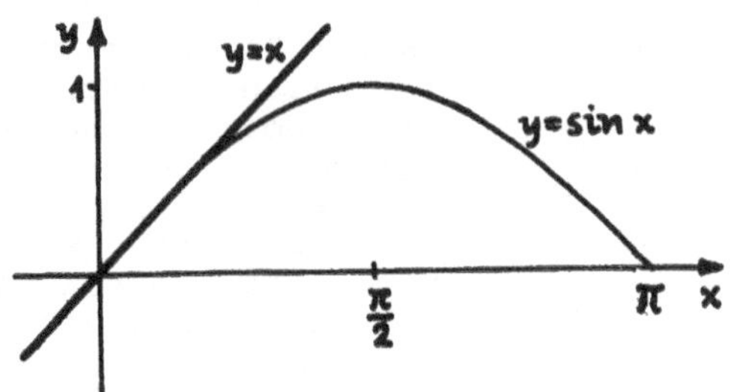


Das zweite Näherungspolynom ersetzt die Sinusfunktion durch eine Parabel 3. Grades. Der Bereich, in dem das Näherungspolynom die Funktion hinreichend genau approximiert, ist hier größer geworden.

$$\sin x \approx x - \frac{x^3}{3!}$$

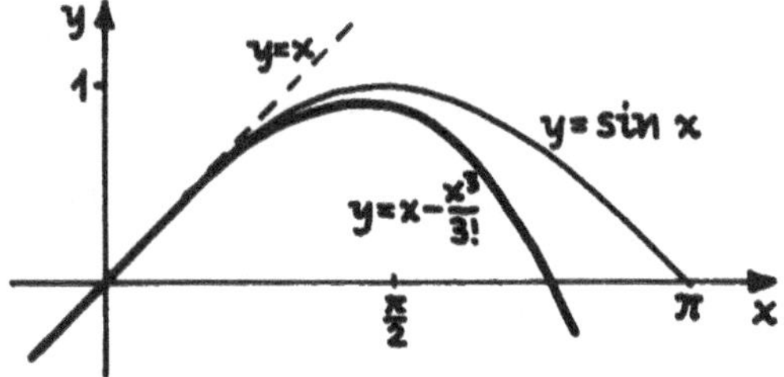


Das dritte Näherungspolynom ersetzt die Sinusfunktion durch eine Parabel 5. Grades. Der Bereich befriedigender Näherung wächst weiter an.

$$\sin x \approx x - \frac{x^3}{3!} + \frac{x^5}{5!}$$

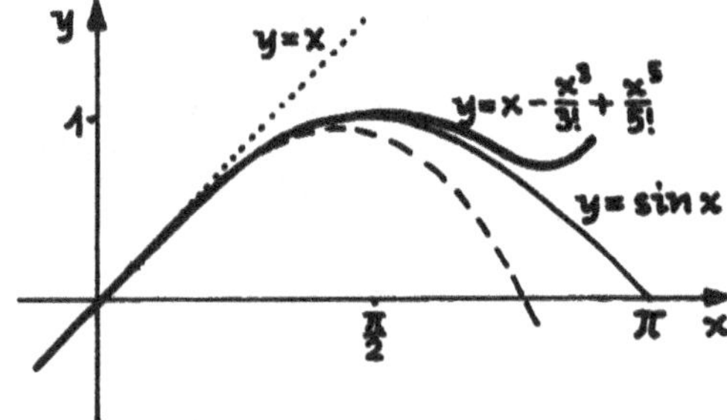


Was hier am Beispiel der Sinusfunktion gezeigt wurde, gilt allgemein. Die Näherungspolynome sind Parabeln n-ten Grades. Sie stimmen mit der Funktion an der Stelle x = 0 überein.

### 7.3.1 Abschätzung des Fehlers

Es ist *Lagrange* gelungen, den Fehler abzuschätzen, den man macht, wenn der Rest der Potenzreihe vernachlässigt wird. *Lagrange* zeigte, daß der Rest der Potenzreihe durch den Ausdruck

$$R_n(x) = \frac{f^{(n+1)}(\xi)}{(n+1)!} x^{n+1} \tag{7-8}$$

dargestellt werden kann.

In dem etwas komplizierten Ausdruck - der *Restglied von Lagrange* genannt wird - steht die (n+1)-te Ableitung der Funktion f(x) an der Stelle $\xi$.
$\xi$ liegt zwischen 0 und x. Dies sei ohne Beweis mitgeteilt.

$$0 < \xi < x$$

Das Restglied ist eine Funktion von $\xi$. Wir können $\xi$ von 0 bis x variieren und in diesem Wertebereich das Restglied bestimmen. Dann gibt es ein $\xi_0$, für den das Restglied ein Maximum annimmt. Der Fehler infolge des Abbrechens kann dann nicht größer als dieses Maximum sein.

Beispiel: Wir brechen die Reihe für die Exponentialfunktion nach dem 3. Glied ab. Gesucht ist der entstehende Fehler für den Wert x = 0,5.
Das Restglied ist

$$R_3(0,5) = \frac{e^{\xi}(0,5)^4}{4!}$$

Im Intervall $0 < \xi < 0,5$ sind alle Werte $e^{\xi}$ kleiner als $e^{0,5}$. Folglich gilt

$$R_3(0,5) \leq \frac{e^{0,5}(0,5)^4}{24} \approx 0,004$$

Der Fehler, der durch das Abbrechen der Reihe nach dem dritten Glied gemacht wird, ist für den Wert x = 0,5 kleiner als 0,004.

## 7.4 Entwicklung der Funktion $f(x)$ an einer beliebigen Stelle, Allgemeine Taylorentwicklung

Häufig ist es zweckmäßig, die Funktion an einer Stelle $x_o$ zu entwickeln, die von 0 verschieden ist.
Die Beweisführung könnten wir analog zum Beweisgang in 7.1 durchführen. Wir werden hier jedoch einen eleganteren Weg gehen. Grundgedanke: Mit Hilfe der Substitution $u = x - x_o$ führen wir eine neue Hilfsvariable ein. Diese Hilfsvariable u hat an der Stelle $x = x_o$ den Wert 0. Damit können wir die Funktion an der Stelle $u = 0$ nach u entwickeln. Zum Schluß wird wieder u durch x ausgedrückt.

Durchführung: Es sei die Funktion $f(x)$ an der Stelle $x_o$ zu entwickeln. Wir führen die Hilfsvariable u ein gemäß $u = x - x_o$.
Nach x aufgelöst: $x = u + x_o$.
Dann setzen wir in $f(x)$ für x den Ausdruck $u + x_o$ ein.

$$f(x) = f(u + x_o)$$

Wir fassen jetzt $f(u+x_o)$ als Funktion von u auf. Damit ist u die Variable, nach der entwickelt werden kann. Wir entwickeln an der Stelle $u = 0$ nach u:

$$f(x)=f(u+x_o)=f(0+x_o)+\frac{f'(0+x_o)}{1!}u + \frac{f''(0+x_o)}{2!}u^2 + \ldots$$

$$+ \frac{f^{(n)}(0+x_o)}{n!}u^n + \ldots$$

Damit haben wir eine Potenzreihe mit Potenzen von u. Es bleibt nun noch die Aufgabe, u wieder durch x auszudrücken. Wir ersetzen u durch $(x - x_o)$ und erhalten dann:

$$f(x) = f(x_o) + \frac{f'(x_o)}{1!}(x-x_o)+\ldots+ \frac{f^{(n)}(x_o)}{n!}(x-x_o)^n+\ldots \tag{7-9}$$

Die Identität des Funktionswertes und aller Ableitungen zwischen Funktion und Reihe gilt nun für die Stelle $x_o$[1)].

Beispiel: $e^x$ sei an der Stelle $x_o = 2$ zu entwickeln. Dann gilt:

$$e^x = e^2 + \frac{e^2}{1!}(x-2) + \frac{e^2}{2!}(x-2)^2 + \ldots$$

---

1) Die geometrische Bedeutung dieser Substitution ist eine Koordinatentransformation. Für die Hilfsvariable u ist der Nullpunkt des Koordinatensystems an die Stelle $x_o$ verschoben. Durch diese Verschiebung ist die alte Situation wiederhergestellt, daß an der Stelle entwickelt wird, an der die Abszisse Null ist.

## 7.5 NUTZEN DER REIHENENTWICKLUNG

Eine wichtige Anwendung ist in der Vorbemerkung bereits erwähnt. Die numerischen Werte der trigonometrischen Funktionen, der Exponentialfunktionen, der Logarithmen und vieler hier nicht diskutierter Funktionen lassen sich nur mit Hilfe der Reihenentwicklung berechnen. Die in den Tafelwerken angegebenen Werte sind erstmalig alle mühselig mit Papier und Bleistift berechnet worden. Heute sind derartige Rechnungen mit Hilfe von EDV-Anlagen leicht durchzuführen. Mit Hilfe der Restglieder wird der Fehler abgeschätzt und die Zahl der Reihenglieder ermittelt, die jeweils berücksichtigt werden müssen.

### 7.5.1 POLYNOME ALS NÄHERUNGSFUNKTIONEN

Eine besondere Bedeutung hat die Reihenentwicklung in der Physik für Näherungsrechnungen. Die Reihen konvergieren um so rascher, je kleiner die Werte von x sind, die berücksichtigt werden müssen. Dies bedeutet, daß besonders in der Umgebung des Punktes, an dem die Reihe entwickelt wird, die Konvergenz gut ist. So braucht in vielen Fällen nur das erste Glied berücksichtigt zu werden, ohne daß die Genauigkeit nennenswert leidet. Wenn dann die Funktion durch ein Näherungspolynom ersetzt wird, vereinfachen sich die mathematischen Ausdrücke.

1. Beispiel: Der Luftdruck p ist eine Funktion der Höhe h. Für den Zusammenhang gilt die barometrische Höhenformel:

$$p = p_o \cdot e^{-\alpha h}$$

Gesucht sei die Luftdruckdifferenz gegenüber der Höhe 0.

$$\Delta p = p - p_o = p_o(e^{-\alpha h} - 1)$$

Dieser Ausdruck vereinfacht sich erheblich, wenn wir das erste Näherungspolynom benutzen:

$$e^{-x} = 1 - x \ldots$$

$$\Delta p = p_o(-1 + 1 - \alpha \cdot h \ldots)$$

$$\Delta p = -p_o \cdot \alpha \cdot h$$

Zahlenbeispiel: Gesucht seien die Höhenintervalle, bei denen der Luftdruck um 1 % des Druckes bei h = 0 abnimmt.

$$\frac{\Delta p}{p_o} = \frac{1}{100}$$

Die Konstante ist für die Erdatmosphäre:

$$\alpha = 0.121 \cdot 10^{-3} \frac{1}{m}$$

$$h = \frac{\Delta p}{p_o} \cdot \frac{1}{\alpha} = \frac{11}{100} \cdot \frac{1}{0.121 \cdot 10^{-3}} m$$

$$h = 79.9 \text{ m}$$

2. Beispiel: Umwegproblem: Zwischen A und B bestehen die in der Abbildung angegebenen zwei Straßenverbindungen. Wie groß ist der Umweg über C gegenüber der direkten Entfernung S?

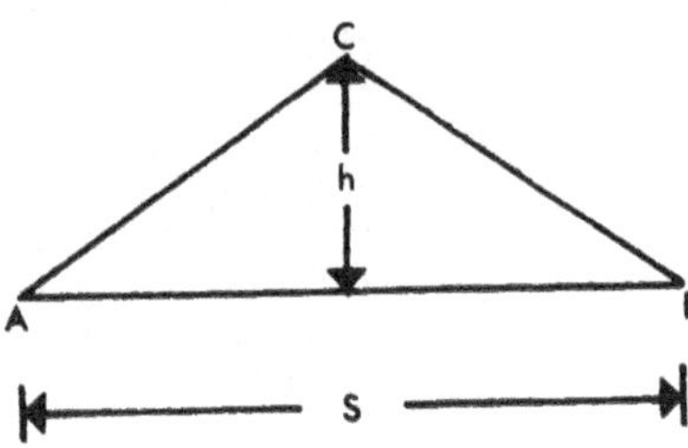


Wir drücken den Umweg U als Funktion von h aus. (h ist die Höhe in dem als gleichseitig angenommenen Dreieck.)

$$U = 2\left(\sqrt{\left(\frac{S}{2}\right)^2 + h^2} - \frac{S}{2}\right)$$

$$U = S\left(\sqrt{1 + \left(\frac{2h}{S}\right)^2} - 1\right)$$

Sehr viel einfacher und handlicher wird dieser Ausdruck, wenn wir die Wurzel durch ihr Näherungspolynom ersetzen.

Wir entwickeln $\sqrt{1+x}$ in eine Reihe und erhalten[1]:

$$\sqrt{1+x} = 1 + \frac{x}{2} - \frac{x^2}{8} + \ldots$$

Wir benutzen das Näherungspolynom 1. Grades

$$\sqrt{1+x} \approx 1 + \frac{x}{2}$$

In unserem Fall ergibt sich mit $x = \left(2\frac{h}{S}\right)^2$

$$U = S\left(1 + \frac{1}{2}\left(\frac{2h}{S}\right)^2 - 1\right) = \frac{2h^2}{S}$$

---

1) Rechnung ausführlich:

$$f(x) = \sqrt{1+x} = (1+x)^{\frac{1}{2}}$$

$$f'(x) = \frac{1}{2}(1+x)^{-1/2}$$

$$f''(x) = \frac{1}{2}\left(-\frac{1}{2}\right)(1+x)^{-3/2}$$

$$f'''(x) = \frac{1}{2}\left(-\frac{1}{2}\right)\left(-\frac{3}{2}\right)(1+x)^{-5/2}$$

Eingesetzt in den Ausdruck (7-2) erhalten wir

$$f(x) = \sqrt{1+x} = 1 + \frac{x}{2} - \frac{x^2}{8} + \frac{x^3}{16} - \ldots$$

Zahlenbeispiel: Für S = 100 km ist der Umweg U als Funktion von h in der Abbildung rechts angegeben.

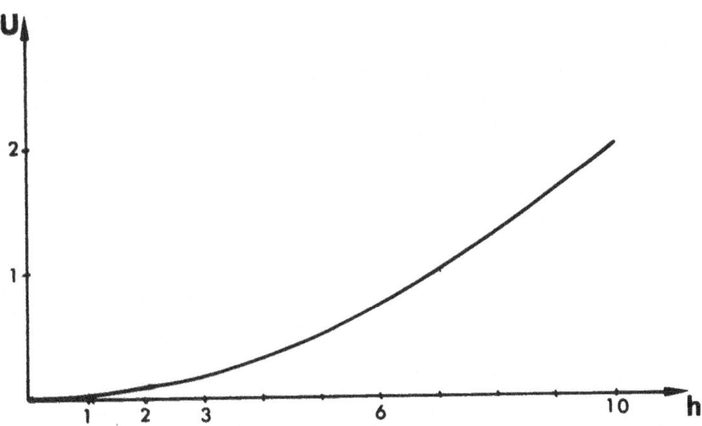


Überraschend ist der geringe Umweg für bereits beachtliche Werte von h. (für h = 5 km beträgt der Umweg 0,5 km!)

## 7.5.2 Tabelle gebräuchlicher Näherungspolynome

In der Tabelle werden Beispiele für Näherungspolynome angegeben. In der 1. Spalte steht die Funktion.

Als *erste Näherung* wird das Polynom mit *einem* nicht konstanten Glied bezeichnet. Es steht in der 2. Spalte.

Zur Abschätzung des Fehlers ist in der 3. Spalte der Bereich angegeben, in dem die Näherung benutzt werden kann, wenn der Fehler 1 % nicht übersteigen darf.

In der folgenden Spalte ist der Bereich angegeben, in dem der Fehler unter 10 % bleibt.

Als *zweite Näherung* wird das Näherungspolynom mit *zwei* nicht konstanten Gliedern bezeichnet. Auch hier sind die Wertebereiche von x angegeben, innerhalb derer ein Fehler von 1 % bzw. 10 % nicht überschritten wird.

## NÄHERUNGSFORMELN NACH TAYLOR

| Funktion | 1. Näherung | | | 2. Näherung | | |
|---|---|---|---|---|---|---|
| | Abweichung maximal | | | Abweichung maximal | | |
| | | 1% für x im Bereich o bis | 1o % für x im Bereich o bis | | 1 % für x im Bereich O bis | 1o % für x im Bereich O bis |
| $\sin x$ | $x$ | o.24 | o.74 | $x-\frac{x^3}{3!}$ | 1.oo | 1.66 |
| $\cos x$ | $1-\frac{x^2}{2}$ | o.66 | 1.o5 | $1-\frac{x^2}{2!}+\frac{x^4}{4!}$ | 1.18 | 1.44 |
| $\tan x$ | $x$ | o.17 | o.53 | $x+\frac{x^3}{3}$ | o.52 | o.91 |
| $e^x$ | $1+x$ | o.14 | o.53 | $1+x+\frac{x^2}{2}$ | o.43 | 1.1o |
| $\ln(1+x)$ $\lvert x\rvert > -1$ | $x$ | o.o2 | o.2o | $x-\frac{x^2}{2}$ | o.17 | o.58 |
| $\sqrt{1+x}$ $\lvert x\rvert < 1$ | $1+\frac{x}{2}$ | o.32 | 1.42 | $1+\frac{x}{2}-\frac{x^2}{8}$ | o.66 | 1.74 |
| $\frac{1}{\sqrt{1+x}}$ $\lvert x\rvert < 1$ | $1-\frac{x}{2}$ | o.16 | o.55 | $1-\frac{x}{2}+\frac{3}{8}x^2$ | o.32 | o.73 |
| $\frac{1}{1-x}$ $\lvert x\rvert < 1$ | $1+x$ | o.1o | o.31 | $1+x+x^2$ | o.21 | o.46 |
| $\frac{1}{1-x^2}$ $\lvert x\rvert < 1$ | $1+x^2$ | o.31 | o.56 | $1+x^2+x^4$ | o.46 | o.68 |

### 7.5.3 Integration über Potenzreihenentwicklung

Oft bereitet die Integration komplizierter Funktionen Schwierigkeiten. Läßt sich die Funktion in eine Reihe entwickeln, kann man dann diese innerhalb des Konvergenzbereiches gliedweise integrieren.
Auf diese Weise lassen sich manchmal praktische Probleme elegant lösen.

Beispiel: Die Funktion $y = e^{-x^2}$ ist die Gaußsche Glockenkurve. Sie ist symmetrisch zur y-Achse. In der Statistik und Fehlerrechnung - Lektion 20 - wird mit einer Funktion dieses Typs die Streuung von Meßwerten um einen Mittelwert beschrieben.

Wir ersetzen x durch die Variable t und fragen nach dem Integral

$$\Phi(x) = \int_0^x e^{-t^2} dt$$

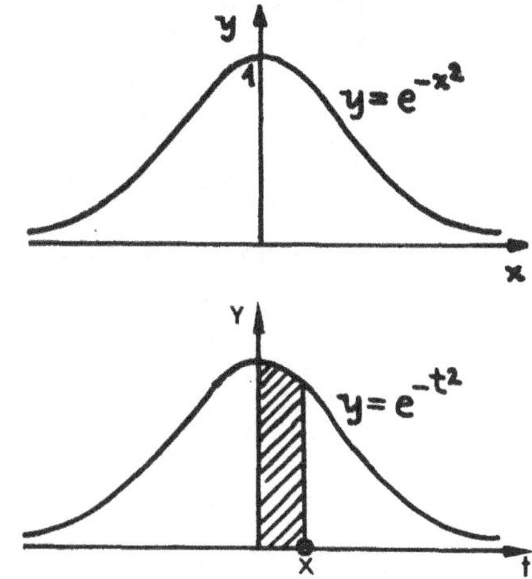


Geometrische Bedeutung des Integrals: Flächeninhalt unter der Kurve zwischen t = 0 und t = x.
Für das Integral können wir keine geschlossene Lösung angeben. Hier hilft die Potenzreihenentwicklung:

Zunächst suchen wir die Potenzreihe für $e^{-t^2}$.
Dafür gehen wir von der bekannten Reihe für $e^x$ aus und substituieren in ihr x durch $(-t^2)$:

$$e^x = 1 + x + \frac{x^2}{2!} + \frac{x^3}{3!} + \frac{x^4}{4!} + \ldots$$

$$e^{-t^2} = 1 - t^2 + \frac{t^4}{2!} - \frac{t^6}{3!} + \frac{t^8}{4!} - \ldots$$

Wir setzen diese Reihe in das Integral ein:

$$\Phi(x) = \int_0^x (1 - t^2 + \frac{t^4}{2!} - \frac{t^6}{3!} + \frac{t^8}{4!} - \dots\dots)dt$$

Jetzt können wir gliedweise integrieren!
Setzen wir noch die Grenzen ein, erhalten wir als Ergebnis der etwas mühsamen aber elementaren Rechnung:

$$\Phi(x) = \int_0^x e^{-t^2}\,dt = x - \frac{x^3}{3} + \frac{x^5}{5\cdot 2!} - \frac{x^7}{7\cdot 3!} + \frac{x^9}{9\cdot 4!} \dots$$

Für $x \longrightarrow \infty$ hat das Integral einen Grenzwert. Er sei ohne Beweis mitgeteilt.

$$\int_0^\infty e^{-t^2}\,dt = \frac{\sqrt{\pi}}{2}$$

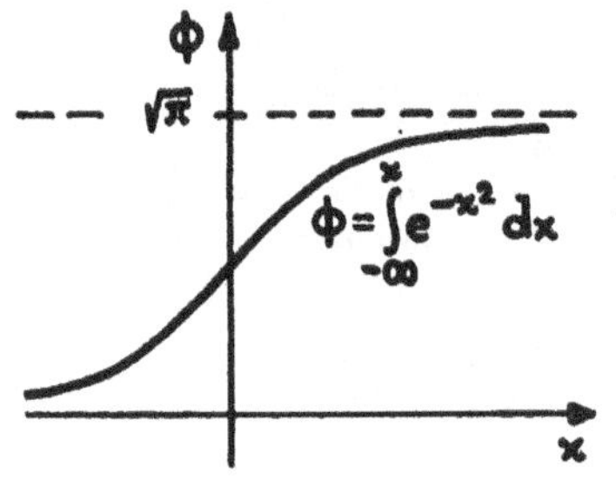


Die gesamte Fläche unter der Glockenkurve ist dann

$$\int_{-\infty}^{\infty} e^{-t^2}dt = \sqrt{\pi}$$

Man kann die Glockenkurve so normieren , daß die Fläche unter der Kurve gleich 1 ist. Das ist dann der Fall für

$$\int_{-\infty}^{\infty} \frac{e^{-t^2}}{\sqrt{\pi}}dt = 1$$

## ÜBUNGSAUFGABEN

7.1 Entwickeln Sie die folgenden Funktionen an der Stelle $x_o = 0$ in eine Taylorreihe. Geben Sie jeweils die ersten vier Glieder dieser Reihen an:

a) $f(x) = \sqrt{1-x}$ b) $f(t) = \sin(\omega t + \pi)$ c) $f(x) = \ln\left[(1+x)^5\right]$

7.2 Bestimmen Sie den Konvergenzradius folgender Taylorreihen:

a) $f(x) = \sin x = \sum_{n=0}^{\infty} \frac{(-1)^n}{(2n+1)!} x^{2n+1}$ b) $f(x) = \frac{1}{1-3x} = \sum_{n=0}^{\infty} 3^n x^n$

7.3 Skizzieren Sie in der Umgebung des Punktes $x_o = 0$ die Funktion $f(x)$ und den Graphen der Näherungspolynome $p_1(x)$, $p_2(x)$ und $p_3(x)$.

a) $y = \tan x$ b) $y = \frac{x}{4-x}$

7.4 A Entwickeln Sie die folgenden Funktionen im Punkte $x_o = \pi$

a) $y = \sin x$ b) $y = \cos x$

B Entwickeln Sie die Funktion $f(x)$ im Punkte $x_o = 1$

$f(x) = \ln x$

7.5.1 A Berechnen Sie den - im 1. Quadranten liegenden - Schnittpunkt der Funktionen $e^x - 1$ und $2 \sin x$. Nähern Sie beide Funktionen durch ein Näherungspolynom $p_3(x)$ 3. Grades an.

B Im Intervall $[0 \quad 0.30]$ soll die Funktion $f(x)$ durch einen Näherungsausdruck ersetzt werden. Der Fehler soll höchstens 1 % betragen. Stellen Sie anhand der Tabelle fest, wie eine geeignete Näherung aussieht.

a) $f(x) = \ln(1+x)$ b) $f(x) = \frac{1}{\sqrt{1+x}}$

C Gegeben sind die Funktionen $f(x)$. Berechnen Sie jeweils mit einer Näherung (s. Tabelle) den Wert $f(\frac{1}{4})$. Der berechnete Wert braucht nur bis auf 10% genau zu sein.

a) $f(x) = e^x$ b) $f(x) = \ln(1+x)$ c) $f(x) = \sqrt{1+x}$

7.5.2 Die Taylorreihe der Funktion $f(x) = \sum_{n=0}^{\infty} a_n x^n$ sei gegeben. Geben Sie eine Reihenentwicklung für das Integral $\int f(x)dx$ an, indem sie die Reihe $\sum_{n=0}^{\infty} a_n x^n$ gliedweise integrieren, und zwar für die Funktionen

a) $f(x) = \frac{1}{1+x} = \sum_{n=0}^{\infty} (-1)^n x^n = 1-x+x^2-x^3+x^4-\ldots;\ |x|<1$ (geometrische Reihe)

b) $f(x) = \cos x = \sum_{n=0}^{\infty} (-1)^n \frac{x^{2n}}{(2n)!} = 1 - \frac{x^2}{2!} + \frac{x^4}{4!} - \frac{x^6}{6!} + \ldots$

## LÖSUNGEN

7.1 a) $f(x) = \sqrt{1-x} = 1 - \frac{1}{2}x - \frac{1}{2^2}\frac{x^2}{2!} - \frac{3}{2^3}\frac{x^3}{3!} - \ldots$

b) $f(t) = \sin(\omega t + \pi) = -\omega t + \frac{\omega^3 t^3}{3!} - \frac{\omega^5 t^5}{5!} + \frac{\omega^7 t^7}{7!} - \ldots$

Zwischenergebnisse:

$f'(t) = \omega\cos(\omega t + \pi)$; $f'(0) = -\omega$
$f''(t) = -\omega^2\sin(\omega t + \pi)$; $f''(0) = 0$
$f'''(t) = -\omega^3\cos(\omega t + \pi)$; $f'''(0) = \omega^3$
$f^{(4)}(t) = \omega^4\sin(\omega t + \pi)$; $f^{(4)}(0) = 0$
$f^{(5)}(t) = \omega^5\cos(\omega t + \pi)$; $f^{(5)}(0) = -\omega^5$

c) $f(x) = \ln\left[(1+x)^5\right] = 5x - \frac{5}{2}x^2 + \frac{5}{3}x^3 - \frac{5}{4}x^4 + \ldots$

Zwischenergebnisse:

$f'(x) = \frac{d}{dx}(5\ln(1+x)) = \frac{5}{1+x}$; $f'(0) = 5$

$f''(x) = -5(1+x)^{-2}$; $f''(0) = -5$

$f'''(x) = 5\cdot 2(1+x)^{-3}$; $f'''(0) = 5\cdot 2$

$f^{(4)}(x) = -5\cdot 3\cdot 2(1+x)^{-4}$; $f^{(4)}(0) = -5\cdot 3\cdot 2$

7.2 Aa) $R = \infty$

Rechengang:

$$R = \lim_{n\to\infty}\left|\frac{a_n}{a_{n+1}}\right| = \lim_{n\to\infty}\frac{(2n+3)!}{(2n+1)!} = \lim_{n\to\infty}(2n+2)(2n+3) = \infty$$

b) $R = \frac{1}{3}$

Rechengang:

$$R = \lim_{n\to\infty}\frac{3^n}{3^{n+1}} = \lim_{n\to\infty}\frac{1}{3} = \frac{1}{3}$$

7.3 a) $p_1(x) = x$

$p_2(x) = 0$

$p_3(x) = x + \frac{1}{3}x^3$

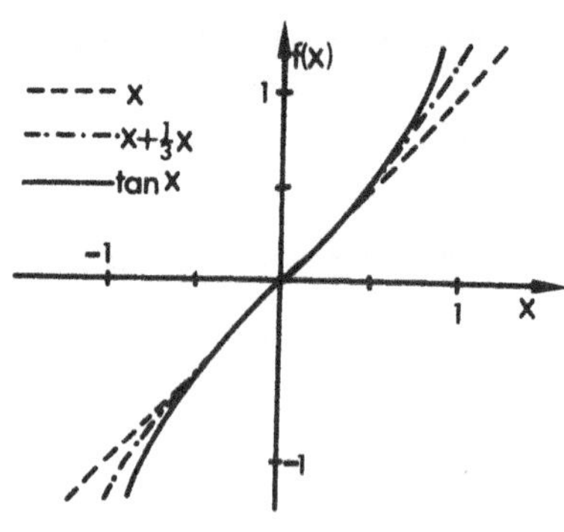


Zwischenergebnisse:

$y = \tan x$

$y' = \frac{1}{\cos^2 x}$

$y'' = \frac{2\sin x}{\cos^3 x}$

$y''' = 2\frac{\cos^2 x + 3\sin^2 x}{\cos^4 x}$

$y'(0) = 1$ $y''(0) = 0$ $y'''(0) = 2$

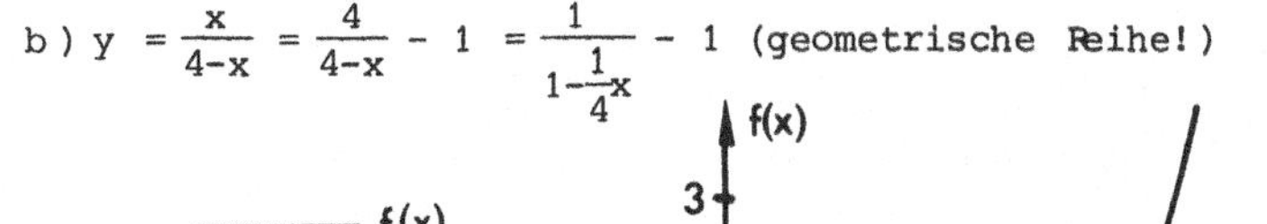

b) $y = \frac{x}{4-x} = \frac{4}{4-x} - 1 = \frac{1}{1-\frac{1}{4}x} - 1$ (geometrische Reihe!)

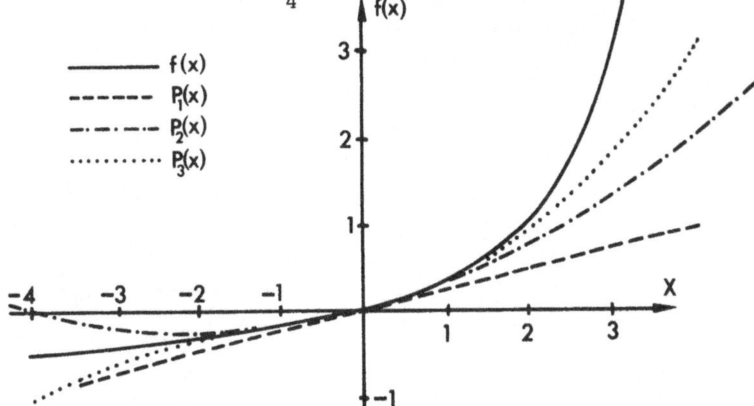


$p_1(x) = \frac{1}{4}x \qquad p_2(x) = \frac{1}{4}x + \frac{1}{16}x^2 \qquad p_3(x) = \frac{1}{4}x + \frac{1}{16}x^2 + \frac{1}{64}x^3$

$p_3$ ist eine Parabel 3. Grades mit einem Wendepunkt an der Stelle $(-\frac{4}{3}, -\frac{7}{27})$

7.4 Aa) $y = \sin x = -(x-\pi) + \frac{(x-\pi)^3}{3!} - \frac{(x-\pi)^5}{5!}$

Zwischenergebnisse:

| | |
|---|---|
| $y' = \cos x$ | $y'(\pi) = -1$ |
| $y'' = -\sin x$ | $y''(\pi) = 0$ |
| $y''' = -\cos x$ | $y'''(\pi) = 1$ |
| $y^{(4)} = \sin x$ | $y^{(4)}(\pi) = 0$ |
| $y^{(5)} = \cos x$ | $y^{(5)}(\pi) = -1$ |

b) $y = \cos x = -1 + \frac{1}{2!}(x-\pi)^2 - \frac{1}{4!}(x-\pi)^4 + \ldots$

B $f(x) = \ln x = (x-1) - \frac{(x-1)^2}{2} + \frac{(x-1)^3}{3} - \ldots$

Zwischenergebnisse:

| | |
|---|---|
| $f'(x) = x^{-1}$ | $f'(1) = 1$ |
| $f''(x) = (-1)x^{-2}$ | $f''(1) = -1$ |
| $f'''(x) = 2x^{-2}$ | $f'''(1) = 2$ |

7.5.1 A Schnittpunkt: $(1, \frac{5}{3})$

Rechengang:

$$f_1(x) = e^x - 1 \approx x + \frac{x^2}{2} + \frac{x^3}{6} \qquad f_2(x) = 2 \sin x \approx 2x - \frac{x^3}{3}$$

$$x + \frac{x^2}{2!} + \frac{x^3}{3!} = 2x - \frac{x^3}{3}$$

$$x^3 + x^2 - 2x = 0$$

$$x_1 = 0 \qquad y_1 = 0$$

$$x_2 = 1 \qquad y_2 = \frac{5}{3}$$

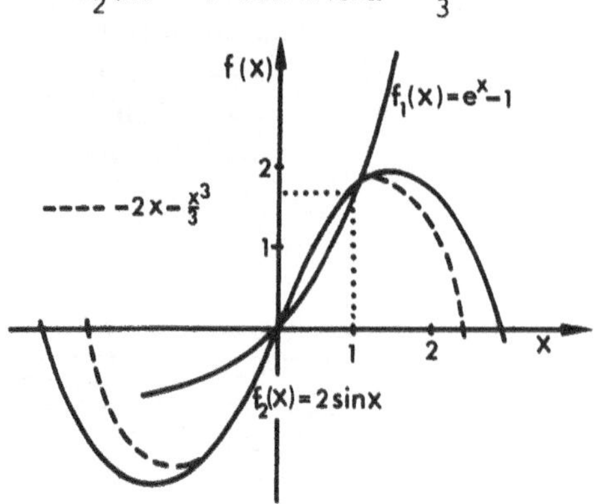


B a) $\ln(1+x) \approx x - \frac{x^2}{2}$

b) $\frac{1}{\sqrt{1+x}} \approx 1 - \frac{x}{2} + \frac{3}{8}x^2$

C a) $e^{0,25} \approx 1 + 0,25 = 1,25$

b) $\ln 1,25 \approx \frac{1}{4} - \frac{1}{2}(\frac{1}{4})^2 = \frac{7}{32} = 0,219$

c) $\sqrt{1,25} \approx 1 + \frac{1}{2} \cdot \frac{1}{4} = \frac{9}{8} = 1,125$

7.5.2 a) $\int \frac{dx}{1+x} = x - \frac{x^2}{2} + \frac{x^3}{2} - \frac{x^4}{4} + \ldots = \ln(1+x) + C$

Rechengang:

$$\int \frac{dx}{1+x} = \int (1 - x + x^2 - x^3 + x^4 - \ldots) dx$$

$$= x - \frac{x^2}{2} + \frac{x^3}{3} - \frac{x^4}{4} + \frac{x^5}{5} - \ldots = \ln(1+x)$$

b) $\int \cos x \, dx = x - \frac{x^3}{3!} + \frac{x^5}{5!} - \frac{x^7}{7!} + \ldots = \sin x + C$

Rechengang:

$$\int \cos x \, dx = (1 - \frac{x^2}{2!} + \frac{x^4}{4!} - \frac{x^6}{6!} + \ldots) dx = x - \frac{x^3}{3!} + \frac{x^5}{5!} - \frac{x^7}{7!} + \ldots$$

$$= \sin x + C$$

# 8 Komplexe Zahlen

## 8.1 Definition und Eigenschaften der komplexen Zahlen

### 8.1.1 Die imaginäre Zahl

Das Quadrat positiver wie negativer reeller Zahlen ist immer eine positive reelle Zahl. Zum Beispiel ist $3^2=(-3)^2=9$. Die Wurzel aus einer positiven Zahl ist daher eine positive oder negative Zahl.

Wir führen jetzt einen neuen Zahlentyp ein, dessen Quadrat immer eine *negative* reelle Zahl gibt: die "imaginäre Zahl". Wir charakterisieren die imaginäre Zahl durch die "imaginäre Einheit":

Definition: Die Zahl i mit der Eigenschaft

$$i^2 = -1$$

ist die *Einheit der imaginären Zahlen*; sie entspricht der 1 bei den reellen Zahlen.

Eine beliebige *imaginäre Zahl* soll sich dann aus der imaginären Einheit und einer beliebigen reellen Zahl y zusammensetzen: $y \cdot i$ ist die allgemeine Form einer imaginären Zahl.

Eine Wurzel aus einer negativen Zahl läßt sich im Bereich der reellen Zahlen bekanntlich nicht ziehen. Wir können eine Wurzel aus einer negativen Zahl aber immerhin zerlegen, zum Beispiel:

$$\sqrt{-5} = \sqrt{5 \cdot (-1)} = \sqrt{5}\sqrt{-1}$$

Aus $i^2 = -1$ folgt $i = \sqrt{-1}$, und wir können schreiben:

$$\sqrt{-5} = \sqrt{5} \cdot i$$

Die Wurzel aus einer negativen Zahl ist eine imaginäre Zahl.

Ferner können wir mit $i^2 = -1$ höhere Potenzen von i vereinfachen:

Beispiel: $i^3 = i^2 \cdot i = -i$

$$i^4 = i^2 \cdot i^2 = +1$$

### 8.1.2 KOMPLEXE ZAHLEN

Eine Summe z aus einer reellen Zahl x und einer imaginären Zahl iy nennen wir eine *komplexe Zahl*[1]:

$$z = x + iy$$

Hier heißt x der *Realteil* von z

y der *Imaginärteil* von z.

Der Imaginärteil ist also eine reelle Zahl - obwohl der Name das Gegenteil suggeriert. Die imaginäre Zahl entsteht durch das Produkt $y \cdot i$. Ersetzen wir bei einer komplexen Zahl i durch -i, dann erhalten wir eine andere komplexe Zahl

$$z^* = x - iy$$

$z^*$ heißt die *zu z konjugiert komplexe Zahl*.

Offenbar ist eine komplexe Zahl nur dann gleich Null, wenn Real- *und* Imaginärteil gleich Null sind.

### 8.1.3 ANWENDUNGSGEBIETE

Die vielleicht augenfälligste Eigenschaft der imaginären Zahlen ist, daß man die Wurzel aus einer negativen Zahl "ziehen kann", d.h. daß man einen Ausdruck herausbekommt, mit dem man umzugehen weiß. Diese Eigenschaft hat zur Folge, daß man Gleichungen beliebigen Grades mit komplexen Zahlen lösen kann, während mit reellen Zahlen ja schon die Gleichung 2. Grades

$$ax^2 + bx + c = 0$$

für x unlösbar ist, sobald $b^2 < 4ac$ ist, d.h. sobald der Radikand $b^2 - 4ac$ negativ wird.

Für den Physiker werden komplexe Zahlen bei der Lösung von Schwingungs-Differentialgleichungen wichtig, wo sie die Lösungsprozedur wesentlich vereinfachen; wir werden in späteren Lektionen darauf ausführlich zurückkommen. Unentbehrlich werden komplexe Zahlen in der Quantenphysik, die die mathematische Theorie zur Atom- und Kernphysik liefert.

---

1) komplex = zusammengesetzt

### 8.1.4 Rechenregeln

Bei der Aufstellung der Rechenregeln lassen wir uns von der folgenden Überlegung leiten:
Aus der komplexen Zahl $x + iy$ wird die reelle Zahl $x$, sobald der Imaginärteil $y$ gleich Null ist. In diesem Spezialfall gehen also komplexe Zahlen in reelle über.
In diesem Falle müssen auch die Rechenregeln für komplexe Zahlen in die Rechenregeln für reelle Zahlen übergehen, die wir bereits kennen. Wenn wir komplexe (und imaginäre) Zahlen genau so addieren, subtrahieren und multiplizieren wie reelle, dann erfüllen wir diese Forderung. Wir haben dann die folgenden Rechenregeln:

*Summe zweier komplexer Zahlen:*

**Gegeben seien**

$$z_1 = x_1 + iy_1$$
$$z_2 = x_2 + iy_2$$

Beispiel:

$$z_1 = 6 + 7i$$
$$z_2 = 3 + 4i$$

Summe:

$$z_1 + z_2 = (x_1+iy_1) + (x_2+iy_2)$$
$$= x_1+x_2+iy_1+iy_2$$
$$= x_1+x_2+ i(y_1+y_2)$$

$$z_1 + z_2 = 6+7i+3+4i$$
$$= 9 + 11i$$

Wir haben hier eine neue komplexe Zahl bekommen, die den Realteil $x_1 + x_2 = 9$ und den Imaginärteil $y_1 + y_2 = 11$ hat.

*Differenz zweier komplexer Zahlen:*

Nach derselben Methode bilden wir die Differenz:

$$z_1 - z_2 = x_1-x_2 + i(y_1-y_2)$$

Beispiel

$$z_1 - z_2 = 3 + 3i$$

Wir können die Differenz- und Summenbildung auch in die folgende Regel fassen:

**Regel:** Man erhält die *Summe* zweier komplexer Zahlen, indem man die Real- und Imaginärteile für sich addiert.
Man erhält die *Differenz*, indem man Realteil und Imaginärteil für sich subtrahiert.

*Produkt komplexer Zahlen:*

Das Produkt $z_1 \cdot z_2$ können wir uns einfach durch formales Ausmultiplizieren herstellen:

$$z_1 \cdot z_2 = (x_1+iy_1)(x_2+iy_2)$$
$$= x_1x_2 + i^2y_1y_2 + i(x_1y_2+x_2y_1)$$
$$= x_1x_2 - y_1y_2 + i(x_1y_2+x_2y_1)$$

Dabei haben wir benutzt, daß $i^2 = -1$ ist.

Beispiel:

$$z_1 \cdot z_2 = (6+7i)(3+4i)$$
$$= -10 + 45i$$

## 8.2 KOMPLEXE ZAHLEN IN DER GAUSS'SCHEN ZAHLENEBENE

### 8.2.1 DIE GAUSS'SCHE ZAHLENEBENE

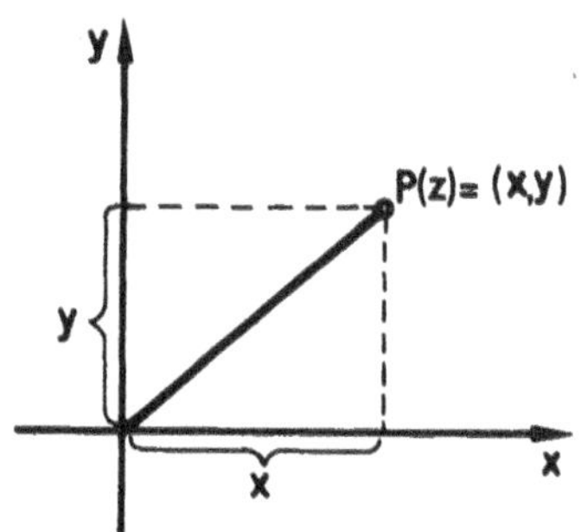


Gegeben sei eine komplexe Zahl $z = x + iy$. Wir können jetzt den Realteil x und den Imaginärteil y in ein Koordinatensystem einzeichnen, ähnlich wie wir das früher mit den Komponenten eines Vektors getan haben; siehe Abbildung rechts.
Wir erhalten so einen Punkt P(z) in der (x,y)-Ebene, der der komplexen Zahl z entspricht. Diese (x,y)-Ebene nennen wir die *Gaußsche Zahlenebene*. Zu jeder komplexen Zahl z gibt es einen Punkt P(z) in der Gaußschen Zahlenebene. Wir haben uns auf diese Weise ein geometrisches Bild einer komplexen Zahl hergestellt.

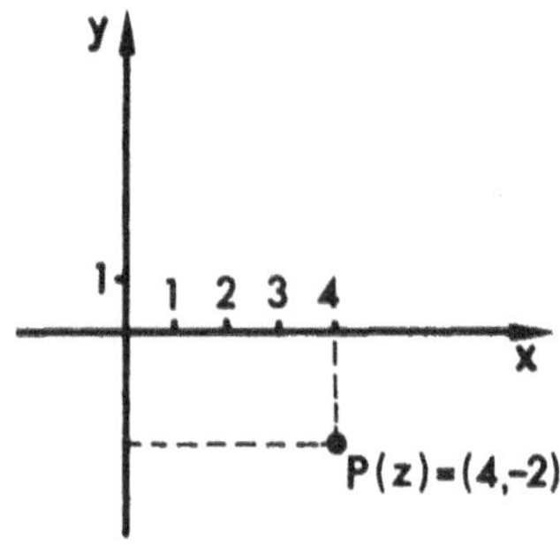


Beispiel: Wo liegt der Punkt P(z), der $z = 4 - 2i$ entspricht?

Die Antwort gibt die nebenstehende Skizze.

## 8.2.2 Komplexe Zahlen in der Schreibweise mit Winkelfunktionen

Statt durch x und y können wir den Punkt P(z) auch durch seinen Abstand r vom Ursprung und durch den Winkel $\alpha$ festlegen. x und y sind die kartesischen Koordinaten, r und $\alpha$ die ebenen Polarkoordinaten.

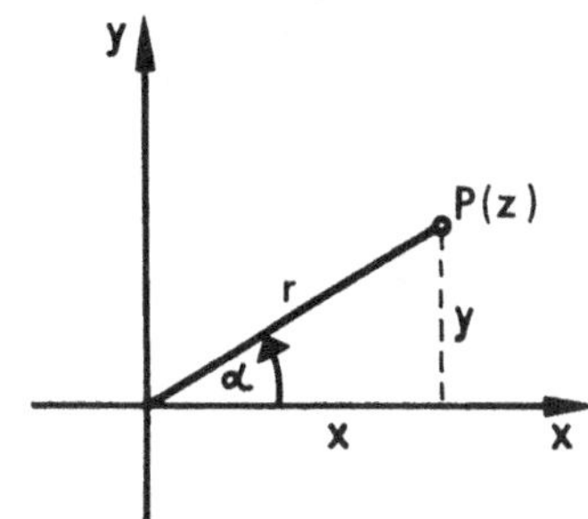


Nach der Abbildung rechts gilt[1]:

$$x = r \cos \alpha$$

$$y = r \sin \alpha$$

Das setzen wir in $z = x+iy$ ein und erhalten

$$z = r(\cos \alpha + i \cdot \sin \alpha)$$

Jede komplexe Zahl können wir also in dieser Schreibweise mit Winkelfunktionen schreiben.
Die zu z konjugiert komplexe Zahl $z^* = x - iy$ heißt dann in unserer neuen Schreibweise

$$z^* = r(\cos \alpha - i \cdot \sin \alpha)$$

Ist uns r und $\alpha$ bekannt, so können wir aus den obigen Transformationsgleichungen x und y ausrechnen. Wir wollen jetzt umgekehrt bei bekanntem x und y die Größen r und $\alpha$ ausrechnen, d.h. wir müssen uns r bzw. $\alpha$ als Funktionen von x und y beschaffen. Nach der Abbildung oben gilt:

$$r^2 = x^2 + y^2$$

$$r = \sqrt{x^2 + y^2}$$

r heißt *Betrag* der komplexen Zahl z. Man schreibt $|z| = r$. Weiterhin ist

$$\tan \alpha = \frac{y}{x} \qquad \text{oder auch } \cot \alpha = \frac{x}{y}$$

Hat man $\tan \alpha$, dann kann man $\alpha$ in einer Tangenstabelle nachsehen. $\alpha$ heißt *Argument* der komplexen Zahl.

Der Winkel $\alpha$ durchläuft die Werte von 0 bis $2\pi$. Die Tangensfunktion ist aber periodisch mit der Periode $\pi$, liefert also zwei Werte im Bereich 0 bis $2\pi$. Wir müssen den $\alpha$-Wert nehmen, der mit den Transformationsgleichungen

$$x = r \cos \alpha, \quad y = r \sin \alpha$$

verträglich ist.

---

1) Diese Beziehungen entsprechen den Transformationsgleichungen für Polarkoordinaten. Siehe auch Lektion 12.

Beispiel: z sei in der Form $z = x + iy$ gegeben, und zwar sei $z = 1 - i$, also $x = 1$ und $y = -1$. Wir wollen es in der Form $z = r(\cos\alpha + i \sin\alpha)$ schreiben; wir müssen also r und α bestimmen:

$$r = \sqrt{1^2 + (-1)^2} = \sqrt{2}$$

$$\tan\alpha = -1$$

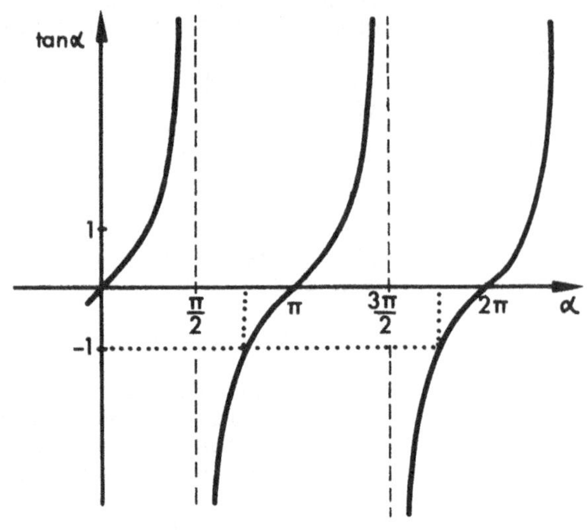


Das ist im Intervall 0 bis 2π bei

$$\alpha = \frac{3\pi}{4} \text{ und}$$

$$= \frac{7\pi}{4}$$

der Fall.

Um zu entscheiden, welchen α-Wert wir nehmen, berechnen wir x und y mit Hilfe der Transformationsgleichungen

$$x = r\cos\alpha$$

$$y = r\sin\alpha$$

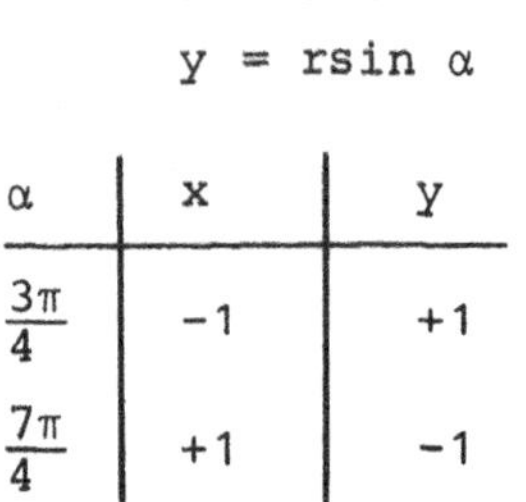

| α | x | y |
|---|---|---|
| $\frac{3\pi}{4}$ | -1 | +1 |
| $\frac{7\pi}{4}$ | +1 | -1 |

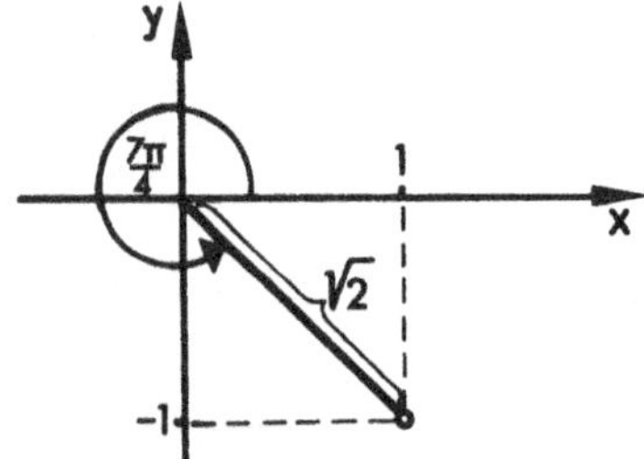


Wir vergleichen mit der gegebenen Form $z = 1-i$, d.h. $x = 1$, $y = -1$, also ist $\alpha = \frac{7\pi}{4}$ richtig.

z heißt in der Form mit Winkelfunktionen

$$z = \sqrt{2}\left(\cos\left(\frac{7\pi}{4}\right) + i \sin\left(\frac{7\pi}{4}\right)\right)$$

## 8.3 DIE EXPONENTIALFORM EINER KOMPLEXEN ZAHL

### 8.3.1 EULERSCHE FORMEL

Man kann eine komplexe Zahl z auch folgendermaßen schreiben:

$$z = re^{i\alpha}$$

Wir müssen nun zeigen, daß diese Schreibweise der Form $z = r(\cos\alpha + i\sin\alpha)$ gleichwertig ist. Mit anderen Worten, wir müssen die Richtigkeit der Gleichung

$$re^{i\alpha} = r(\cos\alpha + i\sin\alpha)$$

bzw.

$$e^{i\alpha} = \cos\alpha + i\sin\alpha$$

beweisen. Die letzte Gleichung heißt die *Eulersche Formel.*

Wir gehen folgendermaßen vor. Aus Lektion 7 (Taylorreihen) wissen wir, daß wir die Funktion $e^x$ als Potenzreihe schreiben können:

$$e^x = 1 + x + \frac{x^2}{2!} + \frac{x^3}{3!} + \frac{x^4}{4!} + \frac{x^5}{5!} + \ldots$$

Daran ändert sich nichts, wenn wir statt x die imaginäre Zahl $i\alpha$ einsetzen. Mit $i^2 = -1$ erhalten wir

$$e^{i\alpha} = 1 + i\alpha - \frac{\alpha^2}{2!} - i\frac{\alpha^3}{3!} + \frac{\alpha^4}{4!} + i\frac{\alpha^5}{5!} \mp \ldots$$

Zum Vergleich schreiben wir die Taylorreihen für $\sin\alpha$ und $\cos\alpha$ auf:

$$\sin\alpha = \alpha - \frac{\alpha^3}{3!} + \frac{\alpha^5}{5!} \mp \ldots$$

$$i\sin\alpha = i\alpha - i\frac{\alpha^3}{3!} + i\frac{\alpha^5}{5!} \mp \ldots$$

$$\cos\alpha = 1 - \frac{\alpha^2}{2!} + \frac{\alpha^4}{4!} \mp \ldots$$

Also ist wie behauptet:

$$\cos\alpha + i\sin\alpha = 1 + i\alpha - \frac{\alpha^2}{2!} - i\frac{\alpha^3}{3!} + \frac{\alpha^4}{4!} + i\frac{\alpha^5}{5!} \mp \ldots = e^{i\alpha}$$

$$\cos\alpha + i\sin\alpha = e^{i\alpha}$$

### 8.3.2 Umkehrformeln zur Eulerschen Formel

Das Konjugiert-Komplexe zu $e^{i\alpha}$ erhalten wir dadurch, daß wir i durch -i ersetzen, also bekommen wir $e^{-i\alpha}$.

Unser Ziel sei es jetzt, cos α und sin α aus $e^{i\alpha}$ und $e^{-i\alpha}$ zu berechnen. Dazu wenden wir einen Trick an:
Die Eulersche Formel und ihr Konjugiert-Komplexes heißen

$$e^{i\alpha} = \cos\alpha + i\sin\alpha$$

$$e^{-i\alpha} = \cos\alpha - i\sin\alpha$$

Addieren wir beide Gleichungen, so erhalten wir

$$\cos\alpha = \frac{1}{2}(e^{i\alpha} + e^{-i\alpha})$$

Subtrahieren wir sie, so wird

$$\sin\alpha = \frac{1}{2i}(e^{i\alpha} - e^{-i\alpha})$$

### 8.3.3 Komplexe Zahlen als Exponenten

Aufgabe: Gegeben sei eine komplexe Zahl $z = x + iy$. Diese komplexe Zahl z kann Exponent sein. Gefragt ist nun nach Betrag und Argument der Größe

$$w = e^z$$

Schreiben wir den Ausdruck um:

$$w = e^z = e^{x+iy} = e^x \cdot e^{iy}$$

Wir vergleichen mit der Exponentialform einer komplexen Zahl:

$$w = r \cdot e^{i\alpha}$$

Dann bedeutet $r = e^x$ und $i\alpha = iy$.
Der Realteil x bestimmt mit $e^x = r$ den Betrag von w; der Imaginärteil $y = \alpha$ gibt das Argument an.

Ist z gegeben, lassen sich also r und α bestimmen.

1. Beispiel:

$$z = 2 + i\frac{\pi}{2}$$

$$w = e^{z} = e^{2} \cdot e^{i\frac{\pi}{2}}$$

$$r = e^{2}$$

$$\alpha = \frac{\pi}{2}$$

$$w = e^{2}(\cos\frac{\pi}{2} + i\ \sin\frac{\pi}{2}) = e^{2}i$$

2. Beispiel: $z = -2 + i\frac{3\pi}{4}$

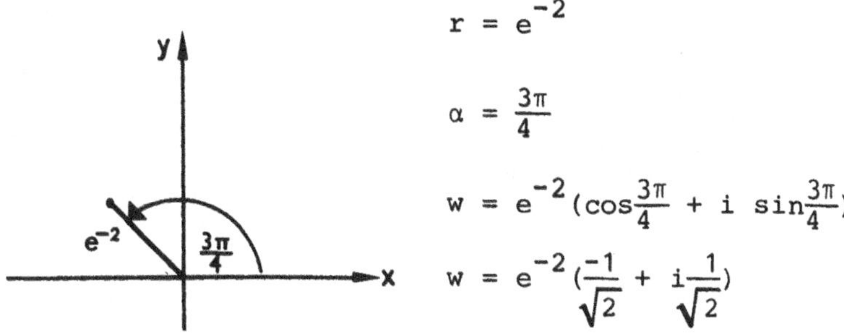


$$r = e^{-2}$$

$$\alpha = \frac{3\pi}{4}$$

$$w = e^{-2}(\cos\frac{3\pi}{4} + i\ \sin\frac{3\pi}{4})$$

$$w = e^{-2}(\frac{-1}{\sqrt{2}} + i\frac{1}{\sqrt{2}})$$

z sei die Funktion eines Parameters t. Im einfachsten Fall betrachten wir eine lineare Funktion der Form

$$z(t) = at + ibt$$

t kann eine physikalische Bedeutung haben. Ist t die Zeit, so wachsen Realteil und Imaginärteil von t linear mit der Zeit an.

Setzen wir z(t) in den Ausdruck

$$w = e^{z}$$

ein, so erhalten wir eine komplexe Funktion w von t:

$$w(t) = e^{at+ibt}$$

Unter Benutzung der Eulerschen Formel wird:

$$w(t) = e^{at}(\cos bt + i\ \sin bt)$$

Bei der komplexen Funktion w(t) können wir Realteil und Imaginärteil getrennt betrachten und jeweils für sich graphisch als Funktion von t darstellen.

Der Realteil von w(t) ist: $e^{at} \cdot \cos bt$. Das ist das Produkt einer Exponentialfunktion mit einer trigonometrischen Funktion mit der Periode

$$p = \frac{2\pi}{b}$$

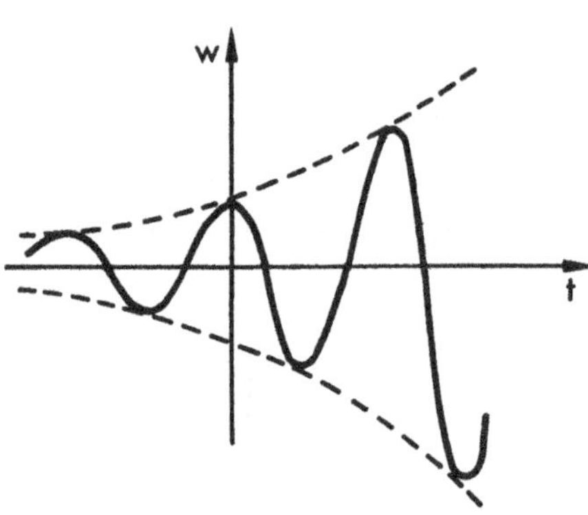


Wir nehmen a als positiv an. Dann beschreibt der Ausdruck

$$w = e^{at} \cdot \cos bt$$

eine Schwingung, deren Amplitude exponentiell mit t anwächst (oder, wie man auch sagt, eine *angefachte* Schwingung).

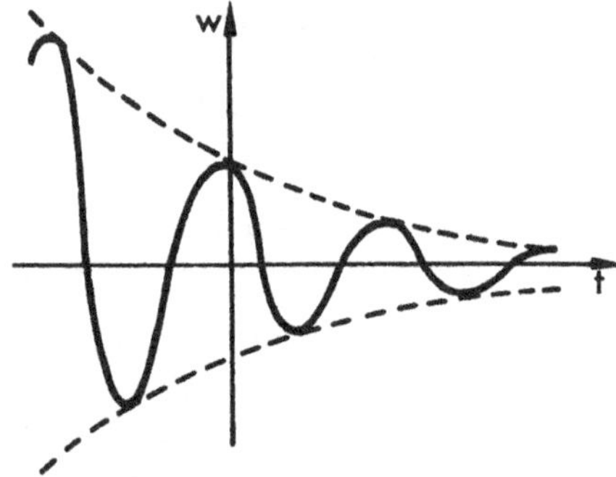


Der Ausdruck

$$e^{-at} \cdot \cos bt$$

stellt eine Schwingung dar, deren Amplitude mit t exponentiell abfällt (eine *gedämpfte* Schwingung).

Der Imaginärteil von w(t) ist $e^{at} \cdot \sin bt$. Auch dies ist ein Produkt einer Exponentialfunktion mit einer trigonometrischen Funktion. Er ist also ebenfalls die Darstellung einer angefachten oder gedämpften Schwingung.

Die den Schwingungsproblemen entsprechenden mathematischen Beziehungen werden oft besonders einfach, wenn sie unter Benutzung komplexer Zahlen formuliert werden. Es ist dann üblich, von reellen physikalischen Größen auszugehen, die Rechnung mit komplexen Zahlen durchzuführen und schließlich beim Ergebnis Realteil und Imaginärteil getrennt zu betrachten und zu interpretieren.

## 8.3.4 MULTIPLIKATION UND DIVISION

Wir wollen die beiden komplexen Zahlen

$$z_1 = r_1 e^{i\alpha_1} \qquad z_2 = r_2 e^{i\alpha_2}$$

miteinander multiplizieren. Da für die komplexen Zahlen analoge Rechengesetze gelten wie für die reellen, können wir das Produkt $e^{i\alpha_1}\, e^{i\alpha_2}$ nach den Regeln der Potenzrechnung als $e^{i(\alpha_1+\alpha_2)}$ schreiben und haben

$$z_1 z_2 = r_1 r_2 e^{i(\alpha_1+\alpha_2)}$$

Regel: Bei einer *Multiplikation* werden also die Beträge multipliziert und die Winkel addiert.

Mit den gleichen Argumenten erhält man für den Quotienten

$$\frac{z_1}{z_2} = \frac{r_1}{r_2} e^{i(\alpha_1-\alpha_2)}$$

Regel: Die Beträge werden dividiert und die Winkel subtrahiert.

## 8.3.5 POTENZIEREN UND WURZELZIEHEN

Wir bilden $z^n$:

$$z^n = (re^{i\alpha})^n = r^n e^{in\alpha}$$

Regel:

Man potenziert, indem man den Betrag potenziert und den Winkel mit dem Exponenten multipliziert.

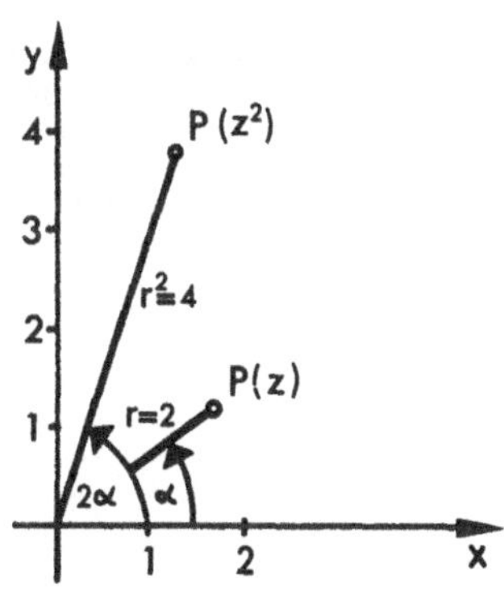


In der Skizze sind die Punkte, die z und $z^2$ entsprechen, in die Gaußsche Zahlenebene eingezeichnet.

Wir haben als Beispiel r = 2 genommen.

Regel: Beim Wurzelziehen zieht man entsprechend aus dem Betrag die Wurzel und dividiert den Winkel durch den Wurzelexponenten:

$$\sqrt[n]{z} = \sqrt[n]{r} \cdot e^{i\frac{\alpha}{n}}$$

### 8.3.6 PERIODIZITÄT VON $r \cdot e^{i\alpha}$

Eine überraschende Tatsache ist noch zu erwähnen:

*Jede komplexe Zahl ist, als Funktion von α betrachtet, periodisch mit der Periode 2π .*

Das heißt, es gilt

$$z = r \cdot e^{i\alpha} = r \cdot e^{i(\alpha+2\pi)}$$

Betrachten wir nämlich die Figur, dann sehen wir, daß wir immer wieder zum Punkt P(z) kommen, egal, ob wir den Winkel α oder α + 2π antragen.
Ebenso können wir auch die Winkel α + 4π, α + 6π, α - 2π, α - 4π etc. antragen.

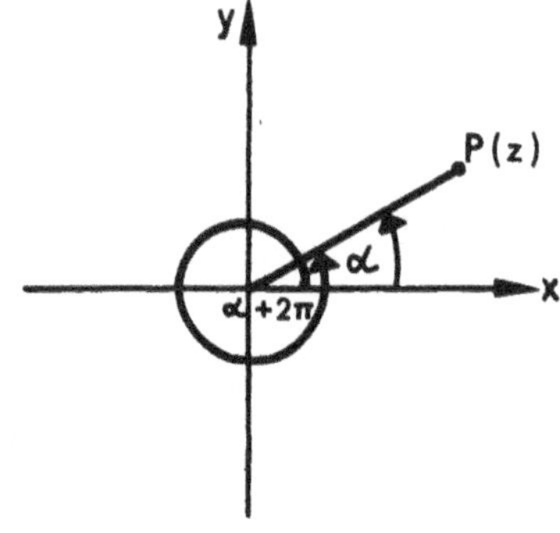


Allgemein gilt also

$$r \cdot e^{i\alpha} = r \cdot e^{i(\alpha+2k\pi)} \quad , \; k = \pm 1, \pm 2, \pm 3, \ldots$$

### 8.3.7 BEISPIEL

In Abschnitt 8.2.2 hatten wir z = 1 - i auf die Form z = r(cos α + i sin α) umgerechnet. Wir wollen jetzt z auf die Form $z = r \cdot e^{i\alpha}$ bringen. Dazu müssen wir wieder r und α ausrechnen. Das Ergebnis dieser Rechnung können wir aus dem Beispiel in 8.2.2 übernehmen:

$$r = \sqrt{2} \qquad \alpha = + \frac{7\pi}{4}$$

Wir ernalten also

$$z = \sqrt{2}\, e^{+i\frac{7\pi}{4}}$$

und wenn wir berücksichtigen, daß wir im Argument gerade Vielfache von 2π addieren oder subtrahieren dürfen:

$$z = \sqrt{2}\, e^{+i\left(\frac{7\pi}{4} + 2k\pi\right)} \qquad k = \pm 1, \pm 2, \pm 3, \ldots$$

## DEFINITIONEN UND FORMELN

| Bezeichnung | math. Formulierung | Beispiel $z = 1 - i$ |
|---|---|---|
| Imaginäre Einheit i<br>" Zahl $\eta$ | $i^2 = -1$<br>$\eta = iy$ (y reell) | $\eta = -i$ |
| Komplexe Zahl z<br><br><br>zu z konjugiert komplexe Zahl z* | $z = x+iy$ (x,y reell)<br>x = Realteil<br>y = Imaginärteil<br>$z^* = x-iy$ | $z = 1 - i$<br>$x = 1$<br>$y = -1$<br>$z^* = 1 + i$ |
| Gaußsche Zahlenebene | wird von den Punkten $P = (x,y)$ gebildet | |
| Komplexe Zahl in Schreibweise mit Winkelfunktion | $z = r(\cos\alpha + i\sin\alpha)$ | $z = \sqrt{2}\{\cos(-\frac{\pi}{4}) + i\sin(-\frac{\pi}{4})\}$ |
| Transformationsgleichungen $(x,y) \leftrightarrow (r,\alpha)$ | $\left.\begin{array}{l} x = r\cos\alpha \\ y = r\sin\alpha \end{array}\right\}$<br>$\left.\begin{array}{l} r = \sqrt{x^2 + y^2} \\ \mathrm{tg}\,\alpha = \frac{y}{x} \end{array}\right\}$ | $r = \sqrt{2}$<br>$\tan\alpha = -1,\ \alpha = +\frac{7\pi}{4}$ |
| Komplexe Zahl in Exponentialschreibweise | $z = r\cdot e^{i\alpha}$ | $z = \sqrt{2}\, e^{+i\frac{7\pi}{4}}$ |
| Eulersche Formel<br><br>Umkehrformeln | $e^{i\alpha} = \cos\alpha + i\sin\alpha$<br>$\left.\begin{array}{l} \cos\alpha = \frac{1}{2}(e^{i\alpha} + e^{-i\alpha}) \\ \sin\alpha = \frac{1}{2i}(e^{i\alpha} - e^{-i\alpha}) \end{array}\right\}$ | |
| Periodizität der komplexen Zahlen | $z = r\cdot e^{i\alpha}$<br>$= r\cdot e^{i(\alpha+2k\pi)}$<br>$k = \pm 1, \pm 2, \pm 3, \ldots$ | |

## ÜBUNGSAUFGABEN

8.1 A Formen Sie um mit Hilfe von $\sqrt{-1} = i$

a) $\sqrt{4 - 7}$ b) $\sqrt{-144}$

c) $\dfrac{\sqrt{5}}{\sqrt{-4}}$ d) $\sqrt{4(-25)}$

B Berechnen Sie:

a) $i^8$ b) $i^{15}$

c) $i^{45}$ d) $(-i)^3$

C Bestimmen Sie den Imaginärteil I(z) von z:

a) $z = 3 + 7i$ b) $z = 15i - 4$

D Bestimmen Sie die zu z konjugiert komplexe Zahl z* für

a) $z = 5 + 2i$ b) $z = \frac{1}{2} - \sqrt{3}i$

E Berechnen Sie die (komplexen) Lösungen folgender quadratischer Gleichungen:

1) $x^2 + 4x + 13 = 0$ b) $x^2 + \frac{3}{2}x + \frac{25}{16} = 0$

F Berechnen Sie die Summe $z_1 + z_2$:

a) $z_1 = 3 - 2i$ b) $z_1 = \frac{3}{4} + \frac{3}{4}i$

$z_2 = 7 + 5i$ $z_2 = \frac{3}{4} - \frac{3}{4}i$

G Berechnen Sie jeweils den Term $w = z_1 - z_2 + z_3^*$:

a) $z_1 = 5 - 2i$ b) $z_1 = 4 - 3{,}5i$
$z_2 = 2 - 3i$ $z_2 = 3 + 2\cdot i$
$z_3 = -4 + 6i$ $z_3 = 7{,}5i$

H Berechnen Sie das Produkt $w = z_1 \cdot z_2$:

a) $z_1 = 1 + i$ b) $z_1 = 3 - 2i$
$z_2 = 1 - i$ $z_2 = 5 + 4i$

8.2 A Zeichnen Sie jeweils die Punkte $z_i$ und $z_i^*$ in die Gaußsche Zahlenebene ein.

a) $z_1 = -1 - i$ b) $z_2 = 3 + 2i$

c) $z_3 = 5 + 3i$ d) $z_4 = \frac{3}{2}i$

e) $z_5 = -3 + \frac{1}{2}i$ f) $z_6 = \sqrt{2}$

B Bestimmen Sie anhand der Zeichnung jeweils Realteil und Imaginärteil der Punkte $z_1, z_2, \ldots, z_6$:

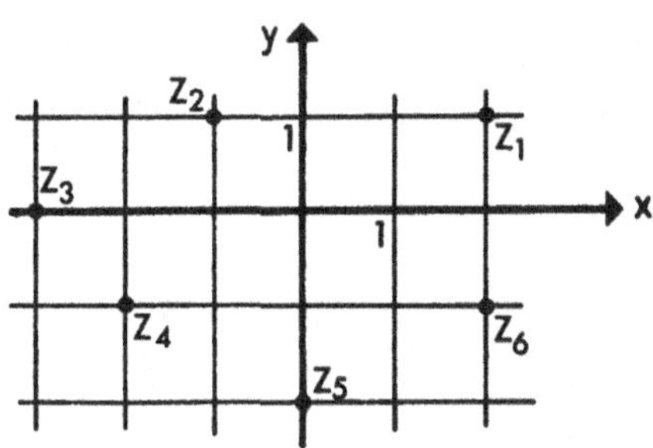


C Bringen Sie die komplexe Zahl $z = r(\cos\alpha + i\sin\alpha)$ auf die Form $z = x+iy$:

a) $z = 5(\cos\frac{\pi}{3} - i\sin\frac{\pi}{3})$ b) $z = 2(\cos\frac{\pi}{2} + i\sin\frac{\pi}{2})$

D Drücken Sie die Zahl $z = x + iy$ jeweils durch r und $\alpha$ aus:

a) $z = i - 1$ b) $z = -(1 + i)$

8.3 A Berechnen Sie mit Hilfe der Eulerschen Formel:

a) $e^{i\frac{\pi}{2}}$ b) $e^{i\frac{\pi}{3}}$

B Gegeben seien die Werte für $e^{i\alpha}$ und $e^{-i\alpha}$. Berechnen Sie anhand dieser Werte $\alpha$, $\cos\alpha$ und $\sin\alpha$.

a) $e^{i\alpha} = 1$, $e^{-i\alpha} = 1$ b) $e^{i\alpha} = -1$, $e^{-i\alpha} = -1$

c) $e^{i\alpha} = -i$, $e^{-i\alpha} = i$ d) $e^{i\alpha} = \frac{1}{2}\sqrt{3} + \frac{i}{2}$, $e^{-i\alpha} = \frac{1}{2}\sqrt{3} - \frac{i}{2}$

C Gegeben ist die komplexe Zahl $z = x + iy$. Dann ist $w = e^z$ eine neue komplexe Zahl. Diese soll auf die Form $w = re^{i\alpha}$ gebracht werden. Berechnen Sie jeweils r und $\alpha$.

a) $z = 3 + 2i$ b) $z = 2 - \frac{i}{2}$

D Gegeben ist die komplexe Zahl z. Bringen Sie die komplexe Zahl $w = e^z$ auf die Form $w = u + iv$.

a) $z = \frac{1}{2} + \pi i$ b) $z = \frac{3}{2} - i\pi$

c) $z = -1 - i\frac{3}{2}\pi$ d) $z = 3 - i$

E Die komplexe Größe z sei eine lineare Funktion des Parameters t (z.B. Zeit). $z(t) = at+ibt$; $0 \leq t \leq \infty$.

1. Wie lautet der Realteil $Re(w(t))$ von $w(t) = e^{z(t)}$?
2. Wie groß ist die Periode P von $Re(w(t))$ und
3. welche Amplitude hat die Funktion $w(t)$ zur Zeit $t = 2$?

a) $z(t) = -t + i2\pi t$      b) $z(t) = 2t - i\frac{3}{2}t$

F Berechnen Sie das Produkt $z_1 \cdot z_2$ der beiden komplexen Zahlen $z_1$ und $z_2$:

a) $z_1 = 2e^{i\frac{\pi}{2}}$      b) $z_1 = \frac{1}{2}e^{i\frac{\pi}{4}}$

$z_2 = \frac{1}{2}e^{i\frac{\pi}{2}}$      $z_2 = \frac{3}{2}e^{-i\frac{3}{4}\pi}$

G Berechnen Sie für die Zahlenpaare $z_1$, $z_2$ der obigen Aufgabe jeweils den Quotienten $z_1 : z_2$.

H a) Gegeben $z = 2e^{i\frac{\pi}{5}}$ ; berechnen Sie $z^5$

b) " $z = \frac{1}{2}e^{i\frac{\pi}{4}}$ ; " $z^3$

I a) Gegeben $z = 32e^{i10\pi}$; berechnen Sie $z^{\frac{1}{5}}$

b) " $z = \frac{1}{16}e^{i6\pi}$ ; " $z^{\frac{1}{4}}$

K Geben Sie in der Darstellung $z = re^{i\alpha}$ jeweils den Winkel $\alpha$ an, für den gilt $0 \leq \alpha \leq 2\pi$

a) $z = 3e^{i7\pi}$      b) $z = \frac{1}{2}e^{i\frac{14}{3}\pi}$

## LÖSUNGEN

8.1 A a) $i\sqrt{3}$ b) $12i$ c) $\frac{\sqrt{5}}{2i}$ d) $10i$

B a) $1$ b) $-i$ c) $i$ d) $i$

C a) $7$ b) $15$

D a) $z^* = 5-2i$ b) $z^* = \frac{1}{2} + \sqrt{3}i$

E a) $z_1 = -2 + 3i$ b) $z_1 = -\frac{3}{4} + i$

$z_2 = -2 - 3i$ $z_2 = -\frac{3}{4} - i$

F a) $10 + 3i$ b) $\frac{3}{2}$

G a) $w = -1-5i$ b) $w = 1-13i$

H a) $w = 2$ b) $w = 23+2i$

8.2 A

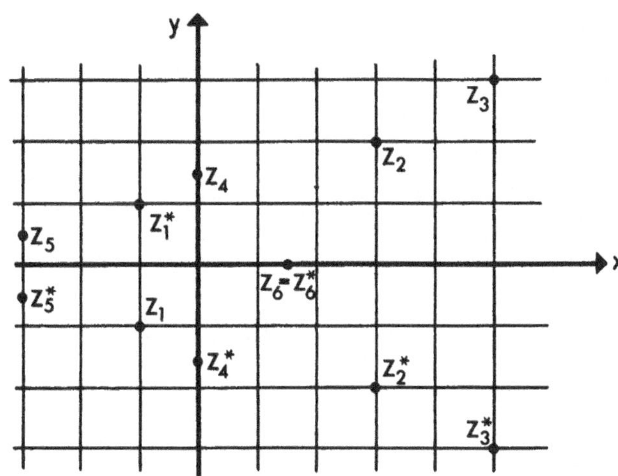


B $z_1 = 2+i$ $z_2 = i - 1$ $z_3 = -3$
$z_4 = -2-i$ $z_5 = -2i$ $z_6 = 2-i$

C a) $z = \frac{5}{2} - \frac{5i}{2}\sqrt{3}$ b) $z = 2i$

D a) $z = \sqrt{2}(\cos \frac{3\pi}{4} + i \sin \frac{3\pi}{4})$ b) $z = \sqrt{2}(\cos \frac{5\pi}{4} + i \sin \frac{5\pi}{4})$

8.3 A a) $e^{i\frac{\pi}{2}} = \cos \frac{\pi}{2} + i \sin \frac{\pi}{2} = i$ b) $\frac{1}{2} + \frac{i}{2}\sqrt{3}$

B a) $\cos \alpha = 1$; $\alpha = 0$
$\sin \alpha = 0$

b) $\cos \alpha = -1$; $\alpha = \pi$
$\sin \alpha = 0$

c) $\cos \alpha = 0$; $\alpha = -\frac{\pi}{2}$
$\sin \alpha = -1$

d) $\cos \alpha = \frac{1}{2}\sqrt{3}$; $\alpha = \frac{\pi}{6}$
$\sin \alpha = \frac{1}{2}$

C a) $r = e^3$ b) $r = e^2$

$\alpha = 2$ $\alpha = -\frac{1}{2}$

D a) $w = e^z = -\sqrt{e}$ b) $w = -\sqrt{e^3}$

$(r = \sqrt{e^3};\ \alpha = -\pi)$

Rechengang:

$r = \sqrt{e};\ \alpha = \pi$

$w = \sqrt{e}\ (\cos\pi + i\sin\pi)$

$= \sqrt{e}(-1) = -\sqrt{e}$

c) $w = \frac{1}{e}i$ d) $w = e^3(\cos 1 - i\sin 1)$

$(r = \frac{1}{3};\ \alpha = \frac{\pi}{2})$ $\approx e^3\cdot 0,54 - e^3\cdot 0,84i$

E a) 1) $Re(w(t)) = e^{-t}\cos 2\pi t$

2) Periode $= 1$

3) Amplitude $= e^{-2}\cdot 1 = \frac{1}{e^2} \approx 0,135$

b) 1) $Re(w(t)) = e^{2t}\cos(-\frac{3}{2}t) = e^{2t}\cos(\frac{3}{2}t)$

2) Periode $= \frac{4}{3}\pi$

3) Amplitude $= e^4\cos 3 \approx e^4(-0,99) \approx -54,0$

F a) $e^{i\pi} = -1$ b) $\frac{3}{4}e^{-i\frac{\pi}{2}} = -\frac{3}{4}i$

G a) $z_1^* : z_2 = 4e^{-i\pi} = -4$ b) $\frac{1}{3}e^{i\frac{\pi}{2}} = \frac{i}{3}$

H a) $z^5 = 32e^{i\pi} = -32$ b) $z^3 = \frac{1}{8}e^{i\frac{3}{4}\pi}$

I a) $z^{\frac{1}{5}} = 2e^{i2\pi} = 2$ b) $z^{\frac{1}{4}} = \frac{1}{2}e^{i\frac{3}{2}\pi} = -\frac{i}{2}$

K a) $z = 3e^{i\pi}$ b) $z = \frac{1}{2}e^{i\frac{2\pi}{3}}$

# 9 DIFFERENTIALGLEICHUNGEN

## 9.1 BEGRIFF DER DIFFERENTIALGLEICHUNG, EINTEILUNG DER DIFFERENTIALGLEICHUNGEN

Ein großer Teil der Grundgesetze der Physik ist in Form von Gleichungen formuliert, in denen Ableitungen physikalischer Größen vorkommen.

Beispiel: Eines der Newtonschen Axiome der Mechanik:

Kraft = Masse x Beschleunigung[1)]

Die Beschleunigung ist die zweite Ableitung des Ortes $\vec{x}$ nach der Zeit, und das Gesetz läßt sich damit schreiben

$$\vec{F} = m \cdot \ddot{\vec{x}}(t)$$

Die Kraft $\vec{F}$ kann eine Funktion des Ortes $\vec{x}$, der Geschwindigkeit $\vec{v}$ sein und von anderen Parametern des Systems abhängen. Gesucht ist der Ort als Funktion der Zeit:

$$\vec{x} = \vec{x}(t)$$

Man nennt eine Gleichung, die eine oder mehrere Ableitungen einer gesuchten Funktion enthält, eine *Differentialgleichung*.

Betrachten wir ein konkretes Beispiel:

Die Bewegung eines frei fallenden Körpers mit der Masse m wird durch die Differentialgleichung

$$m\ddot{x} = -mg$$

oder

$$\ddot{x} = -g$$

beschrieben.

$(g = 9{,}81 \frac{m}{s^2})$

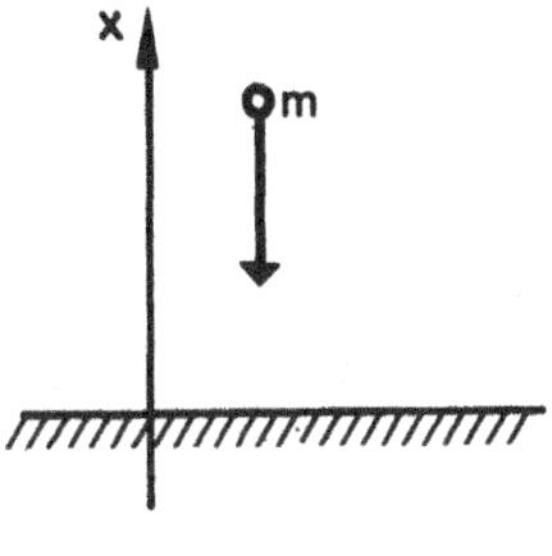

Gesucht ist die Funktion x(t), die durch die Differentialgleichung $\ddot{x} = -g$ bestimmt wird.
In späteren Abschnitten werden wir lernen, wie solche Aufgaben systematisch gelöst werden. Hier geben wir nur die Lösung an.

---

1) Vergleiche:
W. Martienssen, Einführung in die Physik I, Mechanik, Frankfurt / Main, 1969,
Gerthsen, Kneser, Vogel, Physik, Springer-Verlag, Berlin-Göttingen-Heidelberg-New York, 1974,
Autorenkollektiv, Physik, Fundamente der Technik, Leipzig 1971,

Der Ort $x(t)$ der Masse m, der der Bedingung $\ddot{x} = -g$ genügt, ist gegeben durch

$$x(t) = -g\frac{t^2}{2} + c_1 t + c_2$$

$c_1$ und $c_2$ sind beliebige Konstante[1].

Eine Differentialgleichung enthält Ableitungen einer Funktion. Wir suchen die Funktion selbst. Eine Differentialgleichung dient also zur Berechnung einer gesuchten Funktion. Im Gegensatz dazu dient eine algebraische Gleichung, z.B. $x^2 + 2x - 5 = 0$, zum Bestimmen reeller Zahlen.

Die Differentialgleichung für die Berechnung der Funktion $y(x)$ kann eine oder mehrere Ableitungen der gesuchten Funktion $y(x)$ enthalten, die Funktion $y(x)$ selbst und auch die unabhängige Variable x.

Beispiele für Differentialgleichungen:

$$y'' + x^2y' + y^2 + \sin x = 0$$
$$y'' + x = 0$$
$$e^x y' - 3x = 0$$

Von der großen Anzahl möglicher Differentialgleichungstypen sind im Anwendungsbereich der Physik die
*linearen Differentialgleichungen 1. und 2. Ordnung mit konstanten Koeffizienten*
die weitaus wichtigsten. Definieren wir zunächst die Begriffe *lineare Differentialgleichung* und *Ordnung einer Differentialgleichung*

*Ordnung einer Differentialgleichung*

Definition: Tritt in einer Differentialgleichung die n-te Ableitung der gesuchten Funktion als höchste Ableitung auf, dann nennt man diese Differentialgleichung von *n-ter Ordnung*.

Beispiel: Die Differentialgleichung

$$y' + ax = 0$$

hat die Ordnung 1,

die Differentialgleichung

$$y'' + 7y = 0$$

hat die Ordnung 2.

1) Der Leser kann sich durch Verifizieren von der Richtigkeit überzeugen. Es ist die 2. Ableitung $\ddot{x}$ zu bilden und in die Gleichung $\ddot{x} = -g$ einzusetzen.

*Lineare Differentialgleichung*

| Definition: | Treten in einer Differentialgleichung die Funktion y und ihre Ableitungen $y'$, $y''$,... nur in der ersten Potenz auf, dann spricht man von einer *linearen Differentialgleichung*. |
|---|---|

**Beispiele:** *Lineare* Differentialgleichungen

$$y'' + 7y + \sin x = 0$$

$$5y' = xy$$

*Nichtlineare* Differentialgleichungen

$$y'' + y^2 = 0$$

Hier tritt y in der zweiten Potenz auf.

$$(y'')^2 = x^2 y$$

Hier tritt $y''$ in der zweiten Potenz auf.

*Lineare Differentialgleichung mit konstanten Koeffizienten*

| Definition: | In der Differentialgleichung $a_2y'' + a_1y' + a_0y = f(x)$ seien $a_2 \neq 0$ und $a_2$, $a_1$, $a_0$ beliebige reelle Konstanten. Sie heißt: *Lineare Differentialgleichung 2. Ordnung mit konstanten Koeffizienten.* |
|---|---|

Schließlich werden noch die Begriffe *homogene* und *inhomogene* Differentialgleichung eingeführt.
Gegeben sei die lineare Differentialgleichung 2. Ordnung mit konstanten Koeffizienten:

$$a_2y'' + a_1y' + a_oy = f(x)$$

Jetzt unterscheiden wir zwei Fälle:

$f(x) = 0$ und
$f(x) \neq 0$.

Gilt $f(x) = 0$ für alle x aus dem Definitionsbereich von $f(x)$, erhalten wir:

$$a_2y'' + a_1y' + a_oy = 0$$

Diese Differentialgleichung heißt *homogen*.

Gilt $f(x) \neq 0$, erhalten wir die ursprüngliche Form:

$$a_2y'' + a_1y' + a_oy = f(x)$$

Diese Differentialgleichung heißt *inhomogen*.

Beispiele: Lineare Differentialgleichungen 2. Ordnung mit konstanten Koeffizienten:

$$my'' + ky = 0 \quad (m,k \text{ reell})$$

$$my'' + \gamma y' + ky = 0 \quad (m,\gamma,k \text{ reelle Zahlen})$$

Diese beiden Gleichungen sind homogen.

$$my'' + \gamma y' + ky = \sin(\omega x) \quad \text{(inhomogene Differentialgleichung)}$$

Ist $a_2 = 0$ und $a_1 \neq 0$ (liegt also die Gleichung

$$a_1y' + a_oy = f(x)$$

vor), dann sprechen wir von einer linearen Differentialgleichung 1. Ordnung mit konstanten Koeffizienten ($a_1$, $a_o$ reelle Zahlen).

Beispiele: Lineare Differentialgleichung mit konstanten Koeffizienten:

$$\dot{y} - gt - c = 0 \quad \text{oder}$$

$$\dot{y} - gt = c \quad \text{(inhomogen)}$$

$$y' - \lambda y = 0 \quad \text{oder}$$

$$y' = \lambda y \quad \text{(homogen)}$$

Es wurde bereits gesagt, daß eine Differentialgleichung zur Berechnung einer Funktion dient. Jede Funktion, welche eine gegebene Differentialgleichung erfüllt, wird eine *Lösung* dieser Differentialgleichung genannt. Beim Aufsuchen der Lösung einer Differentialgleichung kommen wir in folgende prinzipielle Schwierigkeit, die wir uns an einem Beispiel klarmachen wollen.

Durch Einsetzen in die Differentialgleichung kann leicht gezeigt werden, daß die folgenden vier Funktionen Lösungen der gleichen Differentialgleichung $y'' = -g$ sind:

$$y_1 = -\frac{g}{2}x^2 + c_1x + c_2$$

$$y_2 = -\frac{g}{2}x^2 + c_2$$

$$y_3 = -\frac{g}{2}x^2 + c_1x$$

$$\text{und } y_4 = -\frac{g}{2}x^2$$

Die Lösungen $y_2$, $y_3$ und $y_4$ sind offensichtlich Spezialfälle der Lösung $y_1$. Sie entstehen aus $y_1$ durch Nullsetzen der Konstanten $c_1$ bzw. $c_2$. Den Konstanten können wir auch beliebige andere Werte, z.B.

$$c_1 = -1$$

$$c_2 = 5$$

zuweisen. Die Lösung $y = -\frac{g}{2}x^2 - x + 5$ ist wieder eine Lösung der Differentialgleichung $y'' = -g$.

Mit diesen Überlegungen haben wir uns klargemacht, daß die Funktion $y_1$ eine Lösung der Differentialgleichung ist, und zwar gleichgültig, welche Werte $c_1$ und $c_2$ annehmen.
Dies bedeutet, daß die Lösung einer Differentialgleichung nicht eindeutig bestimmt ist. In den Lösungen treten frei wählbare Konstanten auf, die wir *Integrationskonstanten* nennen wollen. Die Lösung einer Differentialgleichung, bei der die Integrationskonstanten noch nicht bestimmte, feste Werte besitzen, nennen wir *allgemeine Lösung*.

Für die Zahl der Integrationskonstanten gilt der folgende Satz, auf dessen Beweis wir im Rahmen dieses Lehrtextes verzichten müssen.

Satz 9.1 : Die *allgemeine* Lösung einer Differentialgleichung 1. Ordnung enthält genau eine unbestimmte Integrationskonstante.
Die *allgemeine* Lösung einer Differentialgleichung 2. Ordnung enthält genau zwei unbestimmte Integrationskonstanten, die man unabhängig voneinander wählen kann.

Eine anschauliche Hilfe gibt die Vorstellung, daß eine Differentialgleichung 1. Ordnung durch eine Integration gelöst wird und deshalb eine Integrationskonstante enthält. Bei einer Differentialgleichung 2. Ordnung müssen wir zweimal integrieren und die Lösung enthält deshalb zwei Integrationskonstanten.

Eine *spezielle* Lösung einer Differentialgleichung erhalten wir aus der allgemeinen Lösung dadurch, daß wir einer oder mehreren Integrationskonstanten spezielle Werte geben.
Die spezielle Lösung heißt auch *partikuläre* Lösung.
Bei der partikulären Lösung ist also mindestens über eine der freien Integrationskonstanten verfügt.

Im obigen Beispiel sind die zweite, die dritte und die vierte Lösung spezielle oder partikuläre Fälle der ersten Lösung. ($c_1 = 0$; $c_2 = 0$; $c_1 = c_2 = 0$).
Wir interessieren uns vor allem für die *allgemeine* Lösung, in der als Spezialfälle alle anderen Lösungen enthalten sind.

Das mathematische Problem, aus der allgemeinen Lösung eine spezielle Lösung zu bestimmen, ist nur lösbar, wenn *zusätzliche* Angaben (Nebenbedingungen) zur Verfügung stehen. Diese notwendigen Nebenbedingungen heißen *Randbedingungen*.
(Das Problem ist ähnlich der Lösung einer Integrationsaufgabe. Auch dort gibt es die allgemeine Lösung "unbestimmtes Integral" und die spezielle Lösung "bestimmtes Integral". Das bestimmte Integral kann man nur berechnen, wenn man als zusätzliche Angaben die Integrationsgrenzen besitzt.)

Die Integrationskonstanten der allgemeinen Lösung werden so gewählt, daß sie zu den Randbedingungen passen.

In der Physik besteht das Problem darin, allgemeine Lösungen den gegebenen *physikalischen Randbedingungen* anzupassen, um eine spezielle Lösung zu erhalten, die dann das spezielle physikalische Problem löst.

Doch zunächst entwickeln wir in Abschnitt 9.2 Verfahren, mit denen wir die allgemeine Lösung linearer Differentialgleichungen 1. und 2. Ordnung mit konstanten Koeffizienten ermitteln können.

## 9.2 Die allgemeine Lösung der linearen Differentialgleichungen[1)] 1. und 2. Ordnung mit konstanten Koeffizienten

Die lineare Dgl.[1)] 1. Ordnung

$$a_1y' + a_oy = f(x)$$

ist ein Spezialfall der linearen Dgl. 2. Ordnung

$$a_2y'' + a_1y' + a_oy = f(x)$$

für $a_2 = 0$.

Wir werden die Lösungsverfahren deshalb für Dgln. 2. Ordnung herleiten und nur kurz ihre Anwendung bei Dgln. 1. Ordnung streifen.
Der Hauptgrund, daß wir uns besonders intensiv mit den linearen Dgln. 2. Ordnung befassen, liegt darin, daß fast alle Dgln. aus dem Anwendungsgebiet Physik von der 2. Ordnung sind.

Das Auffinden der allgemeinen Lösung der inhomogenen Dgl.

$$a_2y'' + a_1y' + a_oy = f(x)$$

wird durch den folgenden Satz erleichtert:

---

1) Im folgenden wird "Differentialgleichung" mit "Dgl." abgekürzt.

**Satz 9.2:** Gegeben sei die inhomogene Dgl.

$$a_2y'' + a_1y' + a_oy = f(x)$$

Es sei $y_h$ die *allgemeine* Lösung der *homogenen* Dgl.

$$a_2y'' + a_1y' + a_oy = 0$$

(die aus der inhomogenen Dgl. durch Nullsetzen von $f(x)$ entsteht). Weiterhin sei $y_{inh}$ eine beliebige spezielle Lösung der inhomogenen Dgl.

$$a_2y'' + a_1y' + a_oy = f(x).$$

Dann ist $y = y_h + y_{inh}$ die allgemeine Lösung der Dgl.

$$a_2y'' + a_1y' + a_oy = f(x).$$

Beweis: Wir zeigen zuerst, daß $y = y_h + y_{inh}$ eine Lösung der Dgl.

$$a_2y'' + a_1y' + a_oy = f(x)$$

ist.
Nach den Voraussetzungen gilt für die homogene Dgl.

$$a_2y_h'' + a_1y_h' + a_oy_h = 0 \qquad (+)$$

und für die inhomogene Dgl.

$$a_2y_{inh}'' + a_1y_{inh}' + a_oy_{inh} = f(x). \qquad (++)$$

Wir setzen $y = y_h + y_{inh}$ in die inhomogene Dgl. ein:

$$a_2(y_h+y_{inh})'' + a_1(y_h+y_{inh})' + a_o(y_h+y_{inh}) = f(x)$$

Umordnen gibt

$$(a_2y_h'' + a_1y_h' + a_oy_h)+(a_2y_{inh}''+ a_1y_{inh}'+ a_oy_{inh})=f(x)$$

Die erste Klammer ist nach der Voraussetzung (+) gleich Null. Der Rest ist identisch mit Voraussetzung (++). Damit folgt, daß $y=y_h+y_{inh}$ eine Lösung der inhomogenen Dgl. ist. Weiterhin war vorausgesetzt, daß $y_h$ die allgemeine Lösung der homogenen Dgl. ist. Dann enthält nach Satz 9.4 $y_h$ zwei Integrationskonstanten, und damit hat auch $y = y_h + y_{inh}$ zwei Integrationskonstanten.

**Damit ist y Lösung der Dgl. und hat zwei frei unabhängig voneinander wählbare Konstanten und ist daher die allgemeine Lösung der inhomogenen Dgl.**

Die Bestimmung der allgemeinen Lösung der inhomogenen Dgl. $a_2y'' + a_1y' + a_oy = f(x)$ kann nach Satz 9.2 in den drei folgenden Schritten erfolgen:

1) Aufsuchen der allgemeinen Lösung $y_h$ der homogenen Dgl.
2) Aufsuchen einer speziellen Lösung $y_{inh}$ der inhomogenen Dgl.
3) Zusammensetzung beider Lösungen zur allgemeinen Lösung y der inhomogenen Dgl.
   $y = y_h + y_{inh}$

Das von Physikern am häufigsten angewandte Verfahren ist allerdings folgendes:
Er schaut in einer Lösungssammlung für Dgl. nach, z.B. Kamke, 'Differentialgleichungen, Lösungsmethoden und Lösungen'[1]. Nur wenn ein solches Buch für ihn nicht erreichbar ist, beginnt er zu rechnen. Dann benutzt er zunächst *nicht* ein systematisches Verfahren, das zwar immer zum Ziele führt, aber oft auch recht aufwendig ist. Er benutzt in der Regel das *Verifikationsprinzip*. Dabei versucht man, eine Lösung aufgrund einiger Kenntnisse von Lösungen zu raten (anzusetzen). Diese geratene Lösung wird in die Dgl. eingesetzt. Erfüllt die Lösung die Dgl., dann ist damit *bewiesen*, daß sie eine Lösung ist.
Andernfalls muß man die geratene Lösung modifizieren oder eine neue raten. Erfolgreiches Raten bedingt in der Regel ausreichende Übung, die der Anfänger naturgemäß noch nicht haben kann. Wir werden uns deshalb in den nächsten Abschnitten mit den systematischen Lösungsmethoden befassen.
(Ein Beispiel für das Verifikationsprinzip ist in Abschnitt 9.1 beim Beispiel der Differentialgleichung $\ddot{x} = -g$ zu finden.)

1) E.Kamke: Differentialgleichungen, Lösungsmethoden und Lösungen. Akademische Verlagsgesellschaft Geest & Portig K.-G.

### 9.2.1 Der Exponentialansatz

In diesem Abschnitt wollen wir ein Lösungsverfahren herleiten, dessen Anwendung bei *homogenen* linearen Dgln. 1. und 2. Ordnung mit konstanten Koeffizienten immer zur allgemeinen Lösung führt.

*A. Homogene Dgl. 2. Ordnung:*

Wir suchen die allgemeine Lösung der homogenen Dgl. 2. Ordnung:

$$a_2y'' + a_1y' + a_oy = 0$$

Das Verfahren des Exponentialansatzes wird uns bei Dgln. 2. Ordnung zwei *verschiedene* spezielle Lösungen der homogenen Dgl. liefern.
Unter verschiedenen Lösungen verstehen wir zwei Lösungen $y_1$ und $y_2$, die sich *nicht* für alle x-Werte aus dem interessierenden Intervall in der Form $y_1 = cy_2$ darstellen lassen (c ist eine Konstante). Die beiden Lösungen sollen also nicht durch Multiplikation mit einem konstanten Faktor auseinander hervorgehen[1)].

Bevor wir den Exponentialansatz praktisch anwenden, betrachten wir noch einen Satz, der uns beim Auffinden der allgemeinen Lösung nützlich sein wird.

**Satz 9.3** Die homogene lineare Dgl

$$a_2y'' + a_1y' + a_oy = 0$$

habe die zwei verschiedenen Lösungen $y_1$ und $y_2$.

Dann ist auch folgender Ausdruck eine Lösung der Dgl:

$$y = c_1y_1 + c_2y_2$$

$c_1$ und $c_2$ können beliebige reelle oder komplexe Zahlen sein.

Dieser Ausdruck ist die *allgemeine Lösung* der Differentialgleichung.

---

1) In der Literatur werden zwei verschiedene Lösungen mit diesen Eigenschaften als *linear unabhängig* bezeichnet.

Beweis: $y_1$ und $y_2$ sind Lösungen der Dgl.

$a_2y'' + a_1y' + a_oy = 0,$

d.h., es gilt:

$$a_2y_1'' + a_1y_1' + a_oy_1 = 0$$

und (+)

$$a_2y_2'' + a_1y_2' + a_oy_2 = 0$$

Wir setzen $y = c_1y_1 + c_2y_2$ in die Dgl. ein:

$$a_2(c_1y_1+c_2y_2)''+a_1(c_1y_1+c_2y_2)'+a_o(c_1y_1+c_2y_2) = 0$$

Umordnen der Terme:

$$c_1(a_2y_1''+a_1y_1'+a_oy_1) + c_2(a_2y_2''+a_1y_2'+a_oy_2) = 0$$

Beide Klammern sind wegen (+) identisch Null. Damit haben wir bewiesen, daß

$$y = c_1y_1 + c_2y_2$$

eine Lösung der Dgl. ist.
Da diese Lösung zwei unbestimmte Konstanten enthält, ist sie auch die allgemeine Lösung.

Wenn wir also zwei verschiedene Lösungen $y_1$ und $y_2$ der homogenen linearen Dgl. ermittelt haben, brauchen wir nur noch den Ausdruck $y = c_1y_1 + c_2y_2$ zu bilden und haben damit die allgemeine Lösung gefunden.

Nach diesen allgemeinen Bemerkungen können wir uns dem Exponentialansatz zuwenden. Dieser besteht darin, daß wir als Lösung einer homogenen linearen Dgl. mit konstanten Koeffizienten folgende Funktion ansetzen:

$$y = e^{rx}$$

Dann werden die Ableitungen gebildet und in die Dgl. eingesetzt. Damit erhalten wir die Möglichkeit, den unbekannten Faktor r im Exponenten so zu bestimmen, daß die Dgl. tatsächlich erfüllt wird.

*Allgemeines Verfahren*

| | |
|---|---|
| Gegeben sei die Dgl. | Beispiel |
| $a_2y'' + a_1y' + a_oy = 0$ | $y'' + 3y' + 2y = 0$ |
| Einsetzen von $y = e^{rx}$ in die Dgl.: | |
| $a_2r^2e^{rx}+a_1re^{rx}+a_oe^{rx} = 0$ | $r^2e^{rx}+3re^{rx}+2e^{rx} = 0$ |
| Ausklammern von $e^{rx}$: | |
| $e^{rx}(a_2r^2+a_1r+a_o) = 0$ | $e^{rx}(r^2 + 3r + 2) = 0$ |
| $e^{rx}$ ist für jeden endlichen Wert von x verschieden von Null, also muß die Klammer gleich Null sein (Wir können durch $e^{rx}$ dividieren). Damit erhalten wir eine Bestimmungsgleichung für r: | |
| $a_2r^2 + a_1r + a_o = 0$ | $r^2 + 3r + 2 = 0$ |
| Diese quadratische Gleichung wird *charakteristische Gleichung* der Dgl. $a_2y''+a_1y'+a_oy = 0$ genannt. Ihre Lösungen sind: | |
| $r_{1/2} = -\frac{a_1}{2a_2} \pm \sqrt{\frac{a_1^2}{4a_2^2} - \frac{a_0}{a_2}}$ | $r_{1,2} = -\frac{3}{2} \pm \frac{1}{2}$ |
| Wenn $r_1$ und $r_2$ verschieden sind, sind | $r_1 = -1, \quad r_2 = -2$ |
| $y_1 = e^{r_1x}$ und $y_2 = e^{r_2x}$ | $y_1 = e^{-x}, \ y_2 = e^{-2x}$ |
| zwei verschiedene Lösungen. Die allgemeine Lösung ist | |
| $y = c_1e^{r_1x} + c_2e^{r_2x}$ | $y = c_1e^{-x} + c_2e^{-2x}$ |

Je nachdem, in welchen Größenbeziehungen die Konstanten $a_2$, $a_1$, $a_0$ zueinander stehen und damit verschiedene Lösungstypen des charakteristischen Polynoms $r^2a_2 + ra_1 + a_0 = 0$ ergeben, ergeben sich stark voneinander abweichende Lösungsformen.

*Diskussion der allgemeinen Lösung*

Wir gehen von der eben dargestellten Lösung aus:

$$y = c_1 e^{r_1 x} + c_2 e^{r_2 x} \qquad \text{mit}$$

$$r_{1/2} = -\frac{a_1}{2a_2} \pm \sqrt{\frac{a_1^2}{4a_2^2} - \frac{a_0}{a_2}}$$

Je nach dem Wert des Wurzelausdrucks erhalten wir drei unterschiedliche Fälle:

*1. Fall:*

Der Radikand $\left(\frac{a_1^2}{4a_2^2} - \frac{a_0}{a_2}\right)$ ist positiv.

Dann sind wegen:

$$r_{1/2} = -\frac{a_1}{2a_1} \pm \sqrt{\frac{a_1^2}{4a_2^2} - \frac{a_0}{a_2}}$$

$r_1$ und $r_2$ reell und unterschiedlich.

Beispiel: $2y'' + 7y' + 3y = 0$

Charakteristische Gleichung:

$2r^2 + 7r + 3 = 0$

Lösungen der charakteristischen Gleichung:

$r_1 = -\frac{1}{2}; \quad r_2 = -3$

Allgemeine Lösung der Dgl.:

$$y = c_1 e^{-\frac{x}{2}} + c_2 e^{-3x}$$

Eine Diskussion des Verlaufs der Lösungsfunktion erfolgt für die drei Fälle in Abschnitt 9.4.2 an physikalischen Beispielen.

*2. Fall:*

Ist der Radikand $\frac{a_1^2}{4a_2^2} - \frac{a_0}{a_2}$ negativ, dann sind $r_1$ und $r_2$ komplexe Zahlen und $r_1$ und $r_2$ sind wegen

$$r_{1,2} = -\frac{a_1}{2a_2} \pm i\sqrt{\frac{a_0}{a_2} - \frac{a_1^2}{4a_2^2}}$$

konjugiert komplex zueinander.

Bei Anwendungen in der Physik interessiert man sich besonders für reelle Lösungen, denn nur diese haben eine reale anschauliche Bedeutung. Wir versuchen jetzt, aus den komplexen Lösungen eine reelle zu gewinnen.

Zur Vereinfachung schreiben wir:

$$r_1 = a + ib$$
$$r_2 = a - ib \quad \text{mit}$$

$$a = -\frac{a_1}{2a_2}$$

$$b = \sqrt{\frac{a_0}{a_2} - \frac{a_1^2}{4a_2^2}}$$

Dies setzen wir ein und erhalten dann die allgemeine Lösung:

Schreiben wir $r_1 = a + ib$ und $r_2 = a - ib$ und setzen $r_1$ und $r_2$ ein, erhalten wir die allgemeine Lösung

$$y = c_1 e^{(a+ib)x} + c_2 e^{(a-ib)x}$$
$$= e^{ax}(c_1 e^{ibx} + c_2 e^{-ibx})$$

Mit Hilfe der Euler'schen Gleichungen (siehe 8.3)

$$e^{\pm ix} = \cos x \pm i \cdot \sin x$$

ersetzen wir die komplexe Exponentialfunktion durch cos- und sin-Funktionen.

$$y = e^{ax}\left[c_1(\cos bx + i\sin bx) + c_2(\cos bx - i\sin bx)\right]$$
$$= e^{ax}\left[(c_1+c_2)\cos bx + (c_1-c_2)\, i \sin bx\right]$$

Mit $A = c_1+c_2$ und $B = c_1-c_2$ führen wir zwei neue unbestimmte Konstanten ein und schreiben damit die allgemeine Lösung

$$y = e^{ax}\left[A\cos bx + iB \sin bx\right]$$

Der folgende Satz hilft uns, aus dieser komplexen Lösungsfunktion eine reellwertige Lösung anzugeben.

**Satz 9.4** Die ermittelte Lösungsfunktion der Dgl. $a_2y'' + a_1y' + a_0y = 0$ sei eine komplexe Funktion y der reellen Veränderlichen x:

$y = y_1(x) + i\, y_2(x)$; i imaginäre Einheit.

Die Funktionen $y_1$ und $y_2$ seien verschieden.

Dann sind Realteil $y_1$ und Imaginärteil $y_2$ spezielle Lösungen der Dgl. Die allgemeine reellwertige Lösung der Dgl. ist gegeben durch

$y = c_1y_1 + c_2y_2$ .

Beweis: Nach Voraussetzung gilt:

$$a_2(y_1+iy_2)'' + a_1(y_1+iy_2)' + a_o(y_1+iy_2) = 0$$

Umordnen nach reellen und imaginären Größen liefert

$$a_2y_1'' + a_1y_1' + a_oy_1 + i(a_2y_2'' + a_1y_2' + a_oy_2) = 0$$

Eine komplexe Zahl ist genau dann Null, wenn Realteil und Imaginärteil gleichzeitig Null sind. Also gilt

$$a_2y_1'' + a_1y_1' + a_oy_1 = 0 \text{ und}$$

$$a_2y_2'' + a_1y_2' + a_oy_2 = 0$$

Daraus folgt, daß sowohl $y_1$ als auch $y_2$ Lösungen der Dgl. sind, und die allgemeine Lösung können wir nach Satz 9.3 schreiben als

$$y = c_1y_1 + c_2y_2$$

Damit ist der Satz bewiesen.

Die Anwendung dieses Satzes ermöglicht es, die allgemeine Lösung als reellwertige Funktion anzugeben.
Ist also $y = y_1(x) + iy_2(x)$ eine Lösung, dann ist $y = c_1y_1 + c_2y_2$ die allgemeine reellwertige Lösung, wobei $c_1$ und $c_2$ beliebige Konstanten sind.

Das bedeutet auf unseren Fall bezogen, daß zu der komplexen Lösung $y = e^{ax}[A\cos bx + iB\sin bx]$ die allgemeine reellwertige Lösung

$$y = e^{ax}\left[A\cos bx + B\sin bx\right]$$

gehört.

Fassen wir unsere Überlegungen zusammen:

Hat die charakteristische Gleichung die beiden konjugiert komplexen Lösungen $r_1 = a + ib$ und $r_2 = a - ib$, dann lautet die zugehörige reellwertige allgemeine Lösung

$$y = e^{ax}\left[A\cos bx + B\sin bx\right]$$

mit

$$a = -\frac{a_1}{2a_2} \quad \text{und} \quad b = \sqrt{\frac{a_o}{a_2} - \frac{a_1^2}{4a_2^2}}$$

Beispiel: $y'' + 4y' + 13y = 0$

Charakteristische Gleichung: $r^2 + 4r + 13 = 0$

Lösungen der charakteristischen Gleichung:

$r_1 = -2 + 3i$
$r_2 = -2 - 3i$

Allgemeine Lösung der Dgl.:

$$y = e^{-2x}(c_1 \cos 3x + c_2 \sin 3x)$$

*3. Fall:*
Ist der Radikand $\left(\frac{a_1^2}{4a_2^2} - \frac{a_0}{a_2}\right)$ gleich Null, erhalten wir für

$$r_{1|2} = -\frac{a_1}{2a_2} \pm \sqrt{\frac{a_1^2}{4a_2^2} - \frac{a_0}{a_2}}$$

die Doppelwurzel

$$r_1 = r_2 = -\frac{a_1}{2a_2}$$

Dann liefert uns die Methode des Exponentialansatzes nur eine Lösung $y_1 = e^{r_1 x}$ (denn $y_2 = e^{r_2 x}$ und $y_1 = e^{r_1 x}$ sind wegen $r_1 = r_2$ gleich). Um die allgemeine Lösung zu erhalten, benötigen wir noch eine zweite Lösung. Diese kann mit Hilfe des Verfahrens der *Variation der Konstanten* ermittelt werden. Der interessierte Leser findet das Verfahren in Abschnitt 9.3.1.
Wir geben hier eine zweite, von $y_1$ verschiedene Lösung an und verifizieren nur, daß sie die Dgl. löst:

$$y_2 = c_2 x e^{r_1 x}$$

Die allgemeine Lösung hat damit die Form

$$y = c_1 e^{r_1 x} + c_2 x e^{r_1 x}$$

Verifikation, daß $y_2$ Lösung der Dgl. $a_2 y'' + a_1 y' + a_o y = 0$ ist:

$$y_2'' = c_2 r_1^2 x e^{r_1 x} + 2 c_2 r_1 e^{r_1 x}$$

und

$$y_2' = c_2 e^{r_1 x} + c_2 r_1 x e^{r_1 x}$$

eingesetzt in die Dgl.

$$a_2 y'' + a_1 y' + a_o y = 0$$

ergibt

$$a_2 (c_2 r_1^2 x e^{r_1 x} + 2 c_2 r_1 e^{r_1 x}) + a_1 (c_2 e^{r_1 x} + c_2 r_1 x e^{r_1 x})$$

$$+ a_o c_2 x e^{r_1 x} = 0$$

Diese Gleichung formen wir um in die Gestalt

$$c_2 e^{r_1 x}\left[x(a_2 r_1^2 + a_1 r_1 + a_o) + 2 r_1 a_2 + a_1\right] = 0$$

Die runde Klammer ist Null, da $r_1$ Lösung der charakteristischen Gleichung ist. Setzen wir in die restlichen Terme $r_1 = -\frac{a_1}{2a_2}$ ein, verschwinden auch die übrigen Terme in der eckigen Klammer. Damit haben wir bewiesen, daß für den Fall einer Doppelwurzel die zweite Lösung die Gestalt hat:

$$y_2 = c_2 x e^{r_1 x}$$

Beispiel: $y'' - 4y' + 4y = 0$

Charakteristische Gleichung:

$$r^2 - 4r + 4 = 0$$

Lösungen der charakteristischen Gleichung:

$$r_1 = r_2 = +2$$

Allgemeine Lösung der Dgl.:

$$y = c_1 e^{+2x} + c_2 x e^{+2x}$$

*Zusammenfassung*

Das Lösungsschema für die homogene lineare Dgl. 2. Ordnung $a_2 y'' + a_1 y' + a_0 y = 0$ mit konstanten Koeffizienten können wir nun wie folgt angeben:

1. Aufstellen der charakteristischen Gleichung:

   | | | | | | | |
   |---|---|---|---|---|---|---|
   | y" | wird | in | der | Dgl. | ersetzt durch | $r^2$ |
   | y' | " | " | " | " | " | $r$ |
   | y | " | " | " | " | " | 1 |

2. Berechnen der Lösungen $r_1$ und $r_2$.

3. Bestimmen der allgemeinen Lösung nach den drei möglichen Fällen

   a) $r_1 \neq r_2$; $r_1, r_2$ reell (9-1)

   $$y = c_1 e^{r_1 x} + c_2 e^{r_2 x}$$

   $$\text{mit } r_{1,2} = -\frac{a_1}{2a_2} \pm \sqrt{\frac{a_1^2}{4a_2^2} - \frac{a_0}{a_2}}$$

b) $r_1$, $r_2$ komplex ($r_1 \neq r_2$, $r_1 = a+ib$, $r_2 = a-ib$) (9-2)

$$y = e^{ax}(c_1 \cos bx + c_2 \sin bx)$$

mit $a = -\frac{a_1}{2a_2}$

$$b = \sqrt{\frac{a_0}{a_2} - \frac{a_1^2}{4a_2^2}}$$

c) $r_1 = r_2$ (9-3)

$$y = c_1 e^{r_1 x} + c_2 x e^{r_1 x}$$

mit $r_1 = -\frac{a_1}{2a_2}$

*B. Homogene Dgl. 1. Ordnung*

Wir betrachten nun kurz die homogenen linearen Dgl. 1. Ordnung mit konstanten Koeffizienten. Dies sind Gleichungen des Typs $a_1y' + a_0y = 0$.
Die charakteristische Gleichung $a_1r + a_0 = 0$ hat genau eine Lösung:

$$r_1 = -\frac{a_0}{a_1}$$

Es gibt nur eine Wurzel der charakteristischen Gleichung und damit nur *eine* spezielle Lösung, nämlich

$$y = e^{r_1 x}$$

Die allgemeine Lösung enthält *eine* Integrationskonstante und lautet

$$y(x) = ce^{r_1 x}$$

In der Physik kommen solche Dgln z.B. bei Wachstums- und Zerfallsprozessen vor, bei denen die Wachstums- (bzw. Zerfalls-)geschwindigkeit dem jeweiligen Bestand proportional ist.
Beispiele sind das Wachstum von Virenkulturen oder der radioaktive Zerfall (vgl. 3.5.2).

Beispiel: Die Dgl. $y' = 3y$ führt auf die charakteristische Gleichung

$$r - 3 = 0.$$

Die allgemeine Lösung der Dgl. $y' = 3y$ ist somit

$$y(x) = ce^{3x}.$$

In dem vorliegenden Abschnitt haben wir gelernt, die allgemeine Lösung einer homogenen linearen Dgl. 1. und 2. Ordnung mit konstanten Koeffizienten zu bestimmen. Dies ist mit Hilfe des Exponentialansatzes und der Formeln (9-1), (9-2) und (9-3), S. 252 u. 253, recht einfach möglich und führt immer zum Ziel. In Abschnitt 9.4 werden wir für interessierte Leser dieses Verfahren auf einige physikalische Probleme anwenden.
Zunächst wenden wir uns dem Problem zu, die allgemeine Lösung der *inhomogenen* linearen Dgl. mit konstanten Koeffizienten zu bestimmen.

### 9.2.2 DIE ALLGEMEINE LÖSUNG DER INHOMOGENEN LINEAREN DGL. 2. ORDNUNG MIT KONSTANTEN KOEFFIZIENTEN

Die allgemeine Lösung einer inhomogenen linearen Dgl. kann man nach Satz 9.2 als Summe der allgemeinen Lösung der zugehörigen homogenen Dgl. und irgendeiner speziellen Lösung der inhomogenen Dgl. schreiben. Die allgemeine Lösung der homogenen Dgl. ermittelt man mit Hilfe des Exponentialansatzes, der immer zum Ziele führt.

Auch im Fall einer inhomogenen Dgl. gibt es ein solches Verfahren, das immer zum Ziel führt, das Verfahren der *Variation der Konstanten*. Dieses Verfahren ist in Abschnitt 9.3.2 beschrieben.

Nur ist dieses Verfahren recht umständlich und aufwendig. Deshalb gehen der Physiker und der Techniker in der Regel einen anderen Weg: sie versuchen eine spezielle Lösung der inhomogenen Dgl. zu erraten.
Diese Methode klingt für den Anfänger recht seltsam und unbefriedigend, und der Anfänger hat sicherlich am Beginn erhebliche Schwierigkeiten. In diesem Lehrtext werden wir einige Beispiele angeben und die Gedankengänge skizzieren, die zum Auffinden der Lösungen geführt haben. Der interessierte Leser kann in Abschnitt 9.2.3 das Verfahren der Variation der Konstanten studieren.

Betrachten wir ein Beispiel:

Gesucht ist eine spezielle Lösung der inhomogenen Dgl.

$$y'' + y = 5$$

Eine spezielle Lösung dieser inhomogenen Dgl. ist

$$y_1 = 5.$$

Denn es ist $y_1'' = 0$ und $y_1 = 5$. In die Dgl. eingesetzt, erfüllen sie diese.

Immer, wenn die Inhomogenität eine Konstante ist, ist diese Konstante dividiert durch den Vorfaktor $a_o$ von y eine Lösung, da alle Ableitungen identisch Null sind.

Ein weiteres, von der Anwendung her interessantes Beispiel ist im Abschnitt 9.5.2 bei der erzwungenen Schwingung angeführt.

*Ein Spezialfall der inhomogenen linearen Dgl. 2. Ordnung mit konstanten Koeffizienten*

Bei Dgln. des Typs y" = f(x) ist das Verfahren, mit Hilfe des Exponentialansatzes die allgemeine Lösung der homogenen Dgl. zu bestimmen, recht umständlich.
Einfacher ist folgendes Verfahren:
Die Dgl. y" = f(x) wird gelöst durch gewöhnliche zweifache Integration. Das Lösungsschema ist

$$y' = \int y''dx = \int f(x)dx = g(x) + C_1$$

$$y = \int y'dx = \int (g(x) + C_1)dx$$

Beispiel: $y'' = A$

1. Integration:

$$y' = \int A dx = Ax + C_1$$

(Ax entspricht g(x))

2. Integration:

$$y = \int (Ax + C_1)dx$$
$$= \frac{A}{2}x^2 + C_1x + C_2$$

## 9.3 VARIATION DER KONSTANTEN

### 9.3.1 VARIATION DER KONSTANTEN FÜR DEN FALL EINER DOPPELWURZEL

In Abschnitt 9.2.1 hatten wir den Fall erwähnt, bei dem die charakteristische Gleichung eine Doppelwurzel hat. In diesem Fall müssen wir eine zweite Lösung suchen.

Es war $a_2y'' + a_1y' + a_oy = 0$ die homogene lineare Dgl. und die charakteristische Gleichung $a_2r^2 + a_1r + a_o = 0$ hatte die Doppelwurzel

$$r_1 = r_2 = -\frac{a_1}{2a_2}$$

Die zugehörige Lösung war

$$y_1 = e^{r_1x}$$

Eine zu $y_1$ verschiedene Lösung $y_2$ suchen wir mit dem Ansatz

$$y_2 = C(x)e^{r_1x}$$

C(x) ist eine Funktion von x, die so zu bestimmen ist, daß $y_2$ eine Lösung der Dgl. ist.
Wir differenzieren $y_2$ zweimal und setzen $y_2''$, $y_2'$ und $y_2$ in die Dgl. ein.

$$y_2' = C'e^{r_1x} + Cr_1e^{r_1x}$$

$$y_2'' = C''e^{r_1x} + 2r_1C'e^{r_1x} + r_1^2Ce^{r_1x}$$

Einsetzen in die Dgl. und Ausklammern von $e^{r_1x}$:

$$e^{r_1x}\left[a_2C''+(2a_2r_1+a_1)C'+(a_2r_1^2+a_1r_1+a_0)C\right] = 0$$

$e^{r_1x}$ ist ungleich Null, wir können also die Gleichung durch $e^{r_1x}$ dividieren. $r_1$ ist Wurzel der charakteristischen Gleichung, und damit ist der Koeffizient von C gleich Null.

Auch der Koeffizient von C' verschwindet, denn es ist $r_1 = -\frac{a_1}{2a_2}$. Damit bleibt $a_2C'' = 0$ oder $C'' = 0$ übrig.

Diese Dgl. besitzt die beiden Lösungen

(1) C(x) = A (A beliebige Integrationskonstante)

(2) C(x) = x

Die Lösung 1) liefert das bereits durch den Exponentialansatz bekannte Ergebnis $y_1 = C_1e^{r_1x}$. Die Lösung 2 liefert $y_2 = C_2xe^{r_1x}$.

Die zweite Lösung der homogenen Dgl. ist damit

$$y_2 = xe^{r_1x}\ .$$

Die allgemeine Lösung im Falle einer Doppelwurzel $r_1 = r_2 = -\frac{a_1}{2a_2}$ lautet somit:

$$y = c_1e^{r_1x} + c_2xe^{r_1x} = e^{r_1x}(c_1 + c_2x)$$

## 9.3.2 Bestimmung einer speziellen Lösung der inhomogenen Dgl.

Wir betrachten die inhomogene lineare Dgl. 2. Ordnung mit konstanten Koeffizienten

$$a_2y'' + a_1y' + a_oy = f(x)$$

Die beiden unabhängigen Lösungen der zugehörigen *homogenen* Dgl. seien $y_1$ und $y_2$.

Als spezielle Lösung der inhomogenen Dgl. setzen wir die Funktion

$$u(x) = v_1(x)y_1 + v_2(x)y_2$$

an und bestimmen die Funktionen $v_1$ und $v_2$ derart, daß u die inhomogene Dgl. erfüllt.

**Zur Berechnung der beiden unbekannten Funktionen $v_1$ und $v_2$ benötigen wir *zwei* Gleichungen. Eine Gleichung ist durch die Forderung gegeben, daß u(x) die inhomogene Dgl. erfüllt. Da wir nicht die allgemeine Lösung der inhomogenen Dgl. suchen, sondern nur eine spezielle, können wir die zweite Gleichung beliebig wählen; sie darf nur der ersten nicht widersprechen. Zur Vereinfachung der folgenden Rechnung wählen wir als zweite Gleichung**

$$v_1'y_1 + v_2'y_2 = 0 \qquad (+)$$

Wir differenzieren u zweimal:

$$u' = v_1'y_1 + v_1y_1' + v_2'y_2 + v_2y_2'$$

$$= v_1y_1' + v_2y_2' \quad \text{(Nebenbedingung (+) beachten!)}$$

$$u'' = v_1y_1'' + v_2y_2'' + v_1'y_1' + v_2'y_2'$$

Wir setzen u", u' und u in die inhomogene Dgl. ein und erhalten nach Umordnung

$$v_1\left[a_2y_1''+a_1y_1'+a_oy_1\right] + v_2\left[a_2y_2''+a_1y_2'+a_oy_2\right]$$

$$+ v_1'y_1'+v_2'y_2' = f(x)$$

Da $y_1$ und $y_2$ Lösungen der homogenen Dgl. $a_2y''+a_1y'+a_oy = 0$ sind, verschwinden die Klammern und es bleibt die Gleichung

$$v_1'y_1' + v_2'y_2' = f(x)$$

Zusammen mit der Nebenbedingung $v_1'y_1 + v_2'y_2 = 0$ erhalten wir das Gleichungssystem

$$v_1'y_1' + v_2'y_2' = f(x)$$

$$v_1'y_1 + v_2'y_2 = 0$$

Aus diesem Gleichungssystem können wir $v_1'$ und $v_2'$ als Funktionen von x berechnen ($y_1$ und $y_2$ und damit $y_1'$ und $y_2'$ sind bekannte Funktionen von x.)

Haben wir $v_1'$ und $v_2'$ als Funktionen von x bestimmt, können wir durch einfache Integration $v_1$ und $v_2$ berechnen. Damit ist

$$u = v_1y_1 + v_2y_2$$

als spezielle Lösung der inhomogenen Dgl. bestimmt. Der Leser wird sicher bei der Ableitung gemerkt haben, daß dieser Weg recht aufwendig ist. Der Praktiker versucht deshalb zuerst, eine spezielle Lösung zu *erraten*.

## 9.4 RANDWERTPROBLEME

### 9.4.1 RANDWERTPROBLEME BEI DGL. 1. ORDNUNG

Wir betrachten die Dgl.

$$a_1y' + a_0y = 0$$

Die charakteristische Gleichung $a_1r + a_0 = 0$ hat die Lösung

$$r_1 = -\frac{a_0}{a_1}$$

Die allgemeine Lösung dieser Dgl. ist $y = ce^{r_1x}$.
Da c alle beliebigen Zahlenwerte annehmen kann, gibt es unendlich viele Lösungsfunktionen.

Bei den Anwendungen in der Physik kommt es häufig vor, daß man einen bestimmten Punkt der Lösungsfunktion oder ihre Steigung in einem bestimmten Punkt kennt. Oder man sucht eine Lösung, die eine bestimmte Eigenschaft erfüllt.
Z.B.: Der Körper soll zur Zeit $t = 0$ im Punkt P sein, oder der Körper soll beim Durchlaufen des Koordinatenursprungs die Geschwindigkeit $v_0$ haben.

Durch Vorgabe solcher Bedingungen, *Randbedingungen* oder auch *Anfangsbedingungen* genannt, wird die beliebige Konstante c eindeutig festgelegt. Aus der allgemeinen Lösung wird eine spezielle, die eine bestimmte vorgegebene Bedingung erfüllt.
Nach Satz 9.2 enthält die Lösung einer Dgl. 1. Ordnung genau eine unbestimmte Konstante. Durch *eine* Randbedingung ist diese Konstante festgelegt.

Beispiel: Bestimme eine Lösung der Dgl.

$y' + 3y = 0$

die durch den Punkt

$x = 0$
$y = 2$

geht.

Allgemeine Lösung der Dgl. $y' + 3y = 0$:

$y = ce^{-3x}$

Randbedingung:

$y = 2 = ce^{-3\cdot 0} = c$

Also:

$c = 2$

Lösung, die die Randbedingung $y(0) = 2$ erfüllt:

$y = 2\,e^{-3x}$

## 9.4.2 Randwertprobleme bei Dgl. 2. Ordnung

Die allgemeine Dgl. 2. Ordnung enthält genau zwei beliebige Integrationskonstanten. Wir benötigen demnach zwei Bedingungen, um diesen Konstanten feste Werte zuzuordnen. Bestimmen wir die Werte der Integrationskonstanten durch zwei Bedingungen, dann geht die allgemeine Lösung über in eine spezielle, die die geforderten Nebenbedingungen erfüllt.
Die Randbedingungen können in der Form gestellt werden, daß die Lösungsfunktion y(x) durch zwei Punkte in der x-y-Ebene geht oder durch einen Punkt geht und in einem anderen eine bestimmte Steigung hat. In Formeln:

$y(x_1) = c_1$ $c_1$, $c_2$ bestimmte Zahlen
$y(x_2) = c_2$

oder im anderen Fall

$y(x_1) = c_1$ $c_1$, $c_2$ bestimmte Zahlen
$y'(x_2) = c_2$

*Beispiel : Freier Fall*

Ein Stein der Masse m wird senkrecht in einen Brunnenschacht geworfen. Die Höhe des Steines beträgt beim Abwurf $h_o$. Seine Anfangsgeschwindigkeit sei $v_o$. Wir legen eine Koordinatenachse in die Fallinie des Steines mit dem Nullpunkt in Höhe der Brunnenkante. Dem Abwurf ordnen wir den Zeitpunkt $t_o = 0$ zu.

Die Newton'sche Bewegungsgleichung lautet:

$$m\ddot{x}(t) = -mg$$

oder

$$\ddot{x}(t) = -g$$

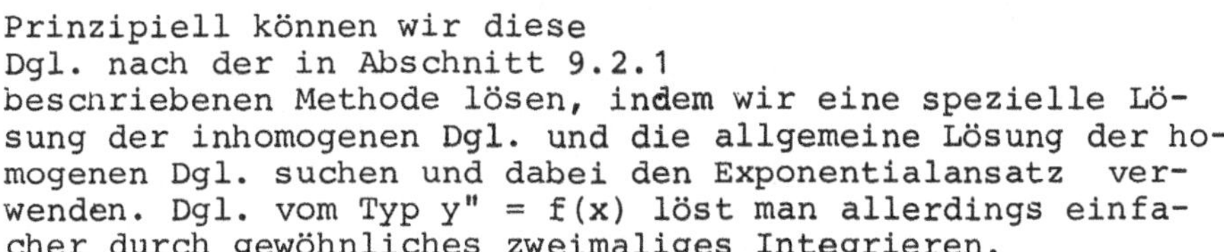

Prinzipiell können wir diese Dgl. nach der in Abschnitt 9.2.1 beschriebenen Methode lösen, indem wir eine spezielle Lösung der inhomogenen Dgl. und die allgemeine Lösung der homogenen Dgl. suchen und dabei den Exponentialansatz verwenden. Dgl. vom Typ y" = f(x) löst man allerdings einfacher durch gewöhnliches zweimaliges Integrieren.

$$\ddot{x} = -g$$

1. Integration nach t:

$$\dot{x} = -gt + c_1$$

2. Integration nach t:

$$x(t) = -\frac{g}{2}t^2 + c_1 t + c_2$$

Die Randbedingungen waren:

$$x(0) = h_o$$
$$\dot{x}(0) = v_o$$

1. Bedingung:

$$x(0) = h_o = -\frac{g \cdot 0^2}{2} + c_1 \cdot 0 + c_2$$

also

$$c_2 = h_o$$

2. Bedingung:

$$\dot{x}(0) = v_0 = - g\cdot 0 + c_1$$

also

$$v_0 = c_1$$

Damit erhalten wir als Lösung mit den angegebenen Randbedingungen

$$x(t) = - \frac{g}{2}t^2 + v_0 t + h_0$$

Hier sei noch bemerkt, daß nicht jedes Paar von Randbedingungen von der Lösungsfunktion erfüllbar ist.

Beispiel: Die allgemeine Lösung der Dgl. $y'' + y = 0$ ist

$$y = c_1 \sin x + c_2 \cos x$$

Die Funktion y soll durch die Punkte

$y(0) = 0$ und

$y(\pi) = 1$

hindurchgehen.

1. Bedingung: $y(0) = 0$: $0 = c_1 \sin 0 + c_2 \cos 0$

Daraus folgt:

$c_2 = 0$

2. Bedingung: $y(\pi) = 1$: $1 \neq c_1 \sin \pi = 0$

Die zweite Bedingung ist nicht mehr erfüllbar, nachdem wir $c_2$ so bestimmt haben, daß die erste Bedingung erfüllt ist.

Es gibt also hier *keine* Lösung.

## 9.5 Anwendungen in der Physik

### 9.5.1 Der radioaktive Zerfall

**N(t) gebe die Zahl der zur Zeit t vorhandenen radioaktiven Atome an. Man macht nun die Annahme, daß die pro Zeiteinheit zerfallenden Atome proportional zu der Anzahl der noch nicht zerfallenen Atome ist.**

$$\frac{dN(t)}{dt} \sim N(t)$$

Führen wir einen Proportionalitätsfaktor $\lambda$ ein und schreiben ein Minuszeichen, weil N(t) eine abnehmende Funktion ist und deshalb $\frac{dN}{dt} < 0$ ist, dann lautet die Dgl. für den radioaktiven Zerfall

$$\frac{dN(t)}{dt} = -\lambda N(t) \qquad (\lambda > 0)$$

oder

$$N'(t) + \lambda N(t) = 0$$

Dies ist eine homogene lineare Dgl. 1. Ordnung mit konstanten Koeffizienten. Der Exponentialansatz führt hier zum Ziel.

Ansatz: $N(t) = e^{rt}$

Charakteristische Gleichung:

$r + \lambda = 0$

Lösung der charakteristischen Gleichung:

$r = -\lambda$

Allgemeine Lösung der Dgl.:

$N(t) = Ce^{-\lambda t}$

Die Konstante C kann durch Angabe eines Anfangswertes bestimmt werden. Sei z.B. $N_0$ die Anzahl der radioaktiven Atome zur Zeit t = 0. Dann gilt:

$$N(t = 0) = N_0$$

oder auch

$$N(t = 0) = Ce^{-\lambda \cdot 0} = C = N_0.$$

Die Integrationskonstante hat in unserem Beispiel also die Bedeutung der Anzahl radioaktiver Atome zur Zeit t = 0.

---

1) Wir wenden hier das in 9.2.1 entwickelte Verfahren an.

## 9.5.2 Der harmonische Oszillator

*Der freie, ungedämpfte harmonische Oszillator*

Eine Masse m hänge an einer Feder. Die Feder werde um eine Strecke x gedehnt. Dann wirkt eine Kraft F, die die Masse zurück zur Ruhelage treibt.

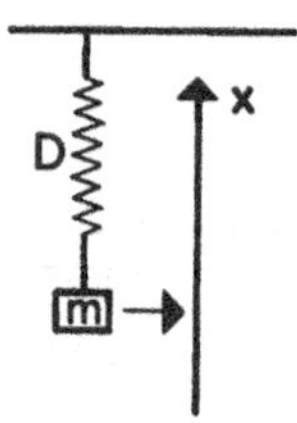


Bei kleinen Auslenkungen gilt für die rücktreibende Kraft das Hookesche Gesetz:

$$F = - Dx, \qquad D > 0$$

D wird als Federkonstante bezeichnet.

Die Newton'sche Bewegungsgleichung lautet dann

$$m\ddot{x}(t) = - Dx(t)$$

oder

$$\ddot{x}(t) = -\omega_o^2 x(t) \qquad \text{mit } \omega_o^2 = \frac{D}{m}$$

Dies ist eine homogene lineare Dgl. Wir lösen sie mit dem Exponentialansatz:

$$x(t) = e^{rt}$$

Charakteristische Gleichung:

$$r^2 + \omega_o^2 = 0$$

Lösungen der charakteristischen Gleichung:

$$r_1 = i\omega_o$$
$$r_2 = - i\omega_o$$

Allgemeine Lösung der Dgl. (nach Formel 9-2):

$$x(t) = c_1 \cos \omega_o t + c_2 \sin \omega_o t$$

Die Lösungsfunktion läßt sich für trigonometrische Funktionen auch in folgende Form bringen:[1]

$$x(t) = c \cos(\omega_o t + \alpha)$$

schreiben.

---

1) Siehe dazu Lektion 1, Abschnitt 1.4.6, Beziehungen zwischen trigonometrischen Funktionen.

Die Konstanten $c_1$, $c_2$, c und $\alpha$ sind hierbei durch folgende Beziehungen verknüpft:

$$c_1 = c \cos \alpha$$

$$c_2 = -c \sin \alpha$$

$$c = \sqrt{c_1^2 + c_2^2}$$

$$\sin \alpha = \frac{-c_2}{\sqrt{c_1^2 + c_2^2}}$$

$$\cos \alpha = \frac{c_1}{\sqrt{c_1^2 + c_2^2}}$$

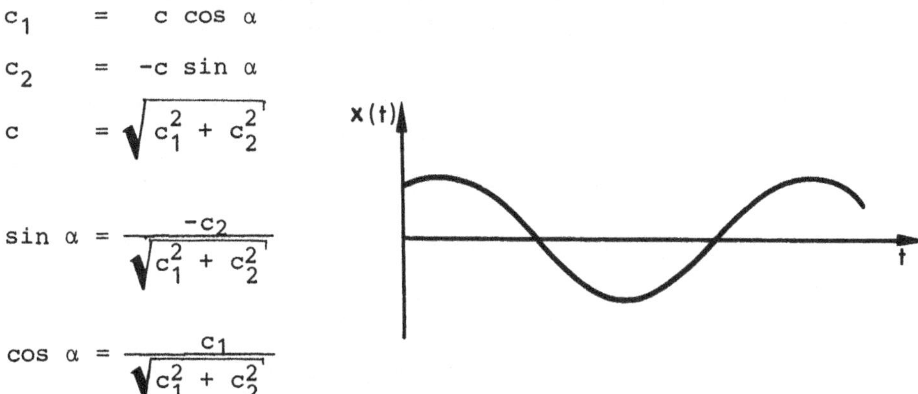


In vielen Physikbüchern wird auch allein die komplexe Lösungsfunktion angegeben:

$$x(t) = c_1 e^{i\omega_o t} + c_2 e^{-i\omega_o t}$$

Für die physikalische Interpretation wird der Leser auf die Physiklehrbücher verwiesen.

Die reelle Lösung $x(t) = c_1 \cos \omega_o t + c_2 \sin \omega_o t$ soll an die Anfangswerte

$$x(0) = 0$$
$$\dot{x}(0) = v_o$$

angepaßt werden.

1. Bedingung: $x(0) = 0 = c_1 \cos 0 + c_2 \sin 0 = c_1$

2. Bedingung: $\dot{x}(0) = v_o = -c_1\omega_o \sin 0 + c_2\omega_o \cos 0 = c_2\omega_o$

Also: $c_2 = \frac{v_o}{\omega_o}$

Die gesuchte spezielle Lösung ist:

$$x(t) = \frac{v_o}{\omega_o} \sin \omega_o t$$

*Der gedämpfte harmonische Oszillator*

Der zuerst betrachtete harmonische Oszillator ist ein Idealfall. In der Natur treten stets Reibungskräfte auf, die die Bewegung hemmen. Von der Erfahrung ausgehend macht man den Ansatz, daß die Reibungskraft $F_R$ proportional der Geschwindigkeit $\dot{x}$ ist:

$$F_R = - R\dot{x}$$ R wird als Reibungskonstente bezeichnet

Die Newton'sche Bewegungsgleichung lautet jetzt:

$$m\ddot{x} = - R\dot{x} - Dx$$

Ansatz:

$$x(t) = e^{rt}$$

Die charakteristische Gleichung dieser Dgl. ist:

$$mr^2 + Rr + D = 0$$

Lösung der charakteristischen Gleichung:

$$r_{1,2} = - \frac{R}{2m} \pm \sqrt{\frac{R^2}{4m^2} - \frac{D}{m}}$$

Je nach Größe des Radikanden erhalten wir analog den Formeln (9-1) bis (9-3) folgende Lösungen:

a) $\frac{R^2}{4m^2} > \frac{D}{m}$, d.h. $r_{1,2}$ reell

Die allgemeine Lösung ist:

$$x(t) = e^{-\frac{R}{2m}t}\left[c_1 e^{\sqrt{\frac{R^2}{4m^2}-\frac{D}{m}}\,t} + c_2 e^{-\sqrt{\frac{R^2}{4m^2}-\frac{D}{m}}\,t}\right]$$

Das ist eine exponentiell abfallende Kurve. In der Klammer steht nämlich eine steigende und eine fallende Funktion. Die steigende wächst jedoch langsamer als der vor der Klammer stehende Term fällt, da nach Voraussetzung

$\frac{R}{2m} > \sqrt{\frac{R^2}{4m^2} - \frac{D}{m}}$ gilt.

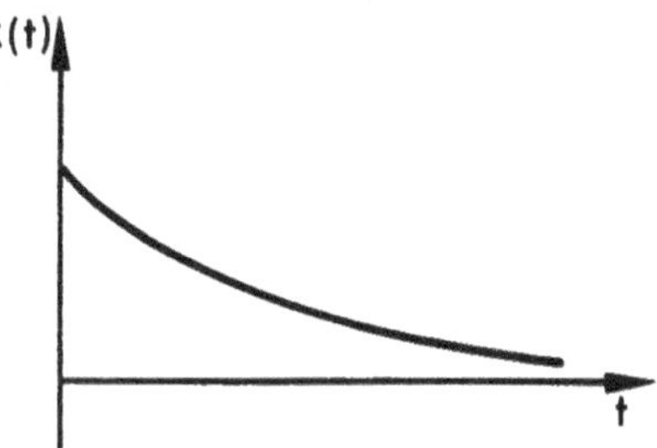

b) $\frac{R^2}{4m^2} < \frac{D}{m}$, d.h. $r_1$ und $r_2$ sind konjugiert komplex.

Allgemeine Lösung

$$x(t) = e^{-\frac{R}{2m}t}\left[c_1\cos\sqrt{\frac{D}{m} - \frac{R^2}{4m^2}}\cdot t + c_2\sin\sqrt{\frac{D}{m} - \frac{R^2}{4m^2}}\cdot t\right]$$

$$= e^{-\frac{R}{2m}t}C\cos(\sqrt{\frac{D}{m} - \frac{R^2}{4m^2}}\cdot t - \alpha)^{1)}$$

Diese Funktion stellt eine Schwingung dar, deren Amplitude exponentiell abfällt.

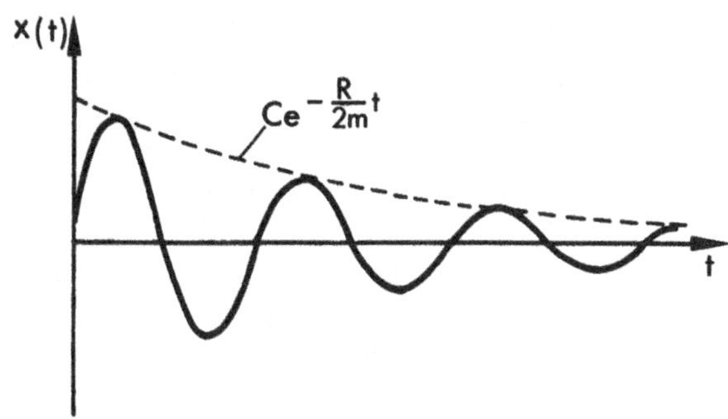


c) $\frac{R^2}{4m^2} = \frac{D}{m}$, d.h. $r_1 = r_2 = -\frac{R}{2m}$

Allgemeine Lösung:

$$x(t) = (c_1 + c_2t)e^{-\frac{R}{2m}t}$$

Dies ist wiederum eine exponentiell abfallende Kurve, die in der Physik als aperiodischer Grenzfall bezeichnet wird.

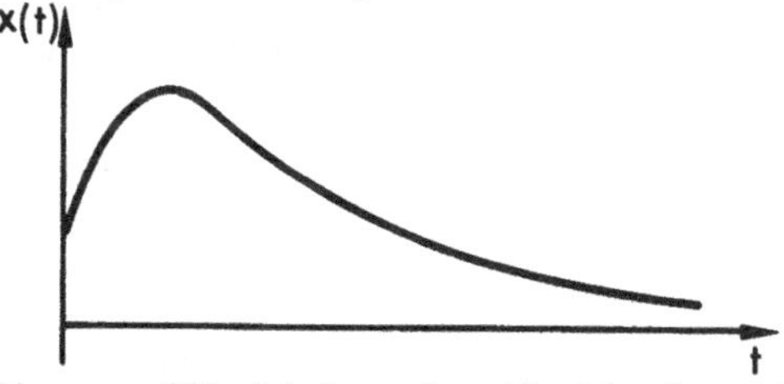


Für die ausführliche physikalische Diskussion sei auf die gängigen Physiklehrbücher verwiesen.

---

1) Bei der letzten Umformung wurde die Beziehung
$C\cos(x-\alpha) = C\cos x \cos\alpha + C\sin x \sin\alpha = c_1\cos x + c_2\sin x$
benutzt, wobei gilt:
$c_1 = C\cos\alpha$ und
$c_2 = C\sin\alpha$ .

*Der gedämpfte harmonische Oszillator mit äußerer Kraft*

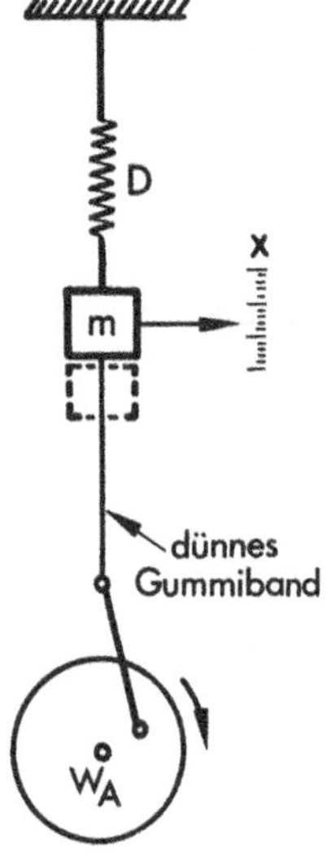


Auf den gedämpften harmonischen Oszillator wirke eine äußere Kraft (wir wollen nur diesen Fall betrachten)

$$F_A = F_o \cos(\omega_A t)$$

Die Newton'sche Bewegungsgleichung lautet:

$$m\ddot{x} + R\dot{x} + Dx = F_o \cos(\omega_A t)$$

Nach Satz 9.3 ist die allgemeine Lösung dieser inhomogenen linearen Dgl. gleich der Summe der allgemeinen Lösung der zugehörigen homogenen Dgl. und einer speziellen Lösung der inhomogenen Dgl. Die allgemeine Lösung $y_h$ der homogenen Dgl. haben wir im vorangegangenen Abschnitt 9.4.2 b) für die drei möglichen Fälle bestimmt.

Die spezielle Lösung der inhomogenen Dgl. können wir prinzipiell nach dem Verfahren der Variation der Konstanten berechnen (s. Abschnitt 9.3). Diese Methode ist jedoch recht aufwendig. **Wir gehen deshalb einen anderen Weg und versuchen, eine spezielle Lösung zu erraten.**

Die Form $F_o \cos(\omega_A t)$ des inhomogenen Gliedes läßt die Vermutung plausibel erscheinen, daß die spezielle Lösung von der Form

$$x_s(t) = x_o \cos(\omega_A t - \alpha)$$

ist.
Wir machen den Versuch, die beiden Konstanten $x_o$ und $\alpha$ so zu bestimmen, daß $x_s(t)$ die Dgl. erfüllt. Gelingt es uns, haben wir das Problem gelöst. Ansonsten müssen wir uns eine andere Funktion ausdenken.
Die Rechnung zeigt (siehe Ende dieses Kapitels), daß $x_o$ und $\alpha$ durch die Gleichungen

$$x_o = \frac{F_o}{\sqrt{(D - m\omega_A^2)^2 + \omega_A^2 R^2}}$$

und

$$\tan\alpha = \frac{\omega_A R}{D - m\omega_A^2}$$

bestimmt sind.

Die allgemeine Lösung $x(t) = x_h(t) + x_s(t)$ hat damit die Gestalt:

$$x(t) = x_h(t) + \frac{F_o}{\sqrt{(D-m\omega_A^2)^2 + \omega_A^2 R^2}} \cos(\omega_A t - \alpha)$$

wobei $x_h(t)$ die allgemeine Lösung der homogenen Dgl. ist.

$x_h(t)$ ist für $D > 0$ eine exponentiell abklingende Funktion, die nach genügend langer Zeit praktisch gleich Null ist. Die Masse schwingt dann nur noch nach der Funktion

$$x(t) = \frac{F_o}{\sqrt{(D - m\omega_A^2)^2 + \omega_A^2 R^2}} \cos(\omega_A t - \alpha)$$

also mit der Frequenz $\omega_A$. Diese Schwingung wird *stationäre Lösung* genannt.

In der folgenden Abbildung sind die Funktionen $x_h(t)$, $x_s(t)$ und $x_h(t) + x_s(t)$ skizziert. Das Entstehen der stationären Lösung aus $x_h(t) + x_s(t)$ nach genügend langer Zeit ist deutlich zu sehen.

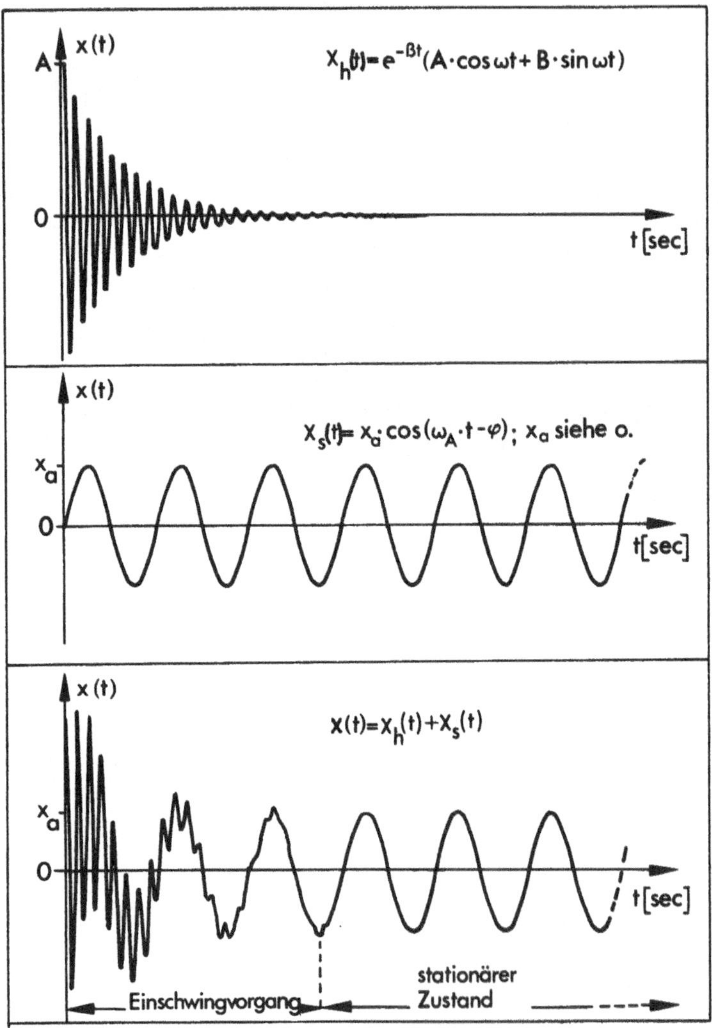


Wir wollen noch einige Bemerkungen über die Amplitude $x_o$ machen.
Die Amplitude $x_o$ hängt von der Kreisfrequenz $\omega_A$ der auf die Masse wirkenden äußeren Kraft ab. Durch Verändern von $\omega_A$ können wir den Maximalwert von $x_o$ einstellen. Diejenige Frequenz $\omega_A$, bei der $x_o$ maximal wird, nennen wir Resonanzfrequenz. Wir können sie aus der Bedingung

$$\frac{dx_o}{d\omega_A} = 0$$

berechnen (Extremwertaufgabe!).

Die Rechnung liefert

$$\omega_{AR} = \sqrt{\omega_o^2 - \frac{R^2}{2m}}$$

Ist das System ungedämpft, also R = 0, dann ist die Resonanzfrequenz gleich der Schwingungsfrequenz des ungedämpften harmonischen Oszillators. In diesem Fall ist $x_o$ unendlich groß, weil der Nenner von $x_o$ verschwindet. Man spricht in diesem Fall von einer *Resonanzkatastrophe*.

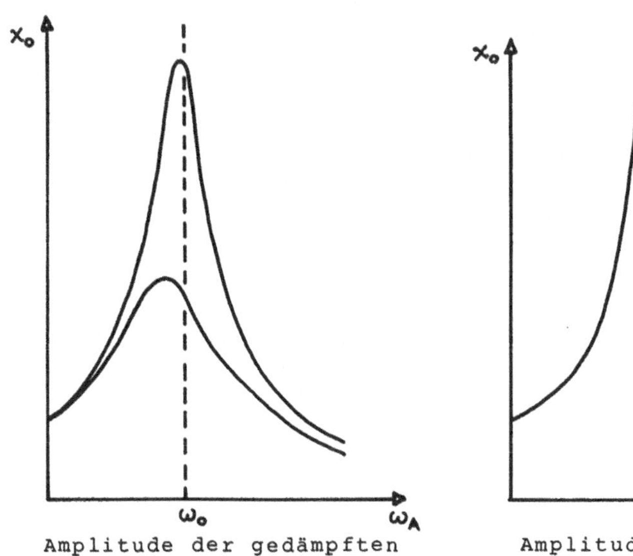


Amplitude der gedämpften erzwungenen Schwingung (R≠0)

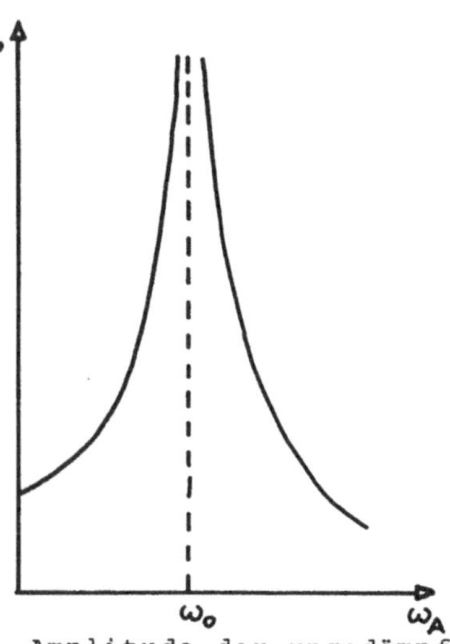


Amplitude der ungedämpften erzwungenen Schwingung (R=0)

Berechnung von $x_o$ und $\alpha$:

Wir schreiben $x_s(t)$ mit Hilfe der Additionstheoreme in der Form

$$x_s(t) = x_o \cos \omega_A t \cdot \cos \alpha + x_o \sin \omega_A t \cdot \sin \alpha$$

und differenzieren zweimal nach t:

$$\dot{x}_s(t) = -x_o \omega_A \sin \omega_A t \cdot \cos \alpha + x_o \omega_A \cos \omega_A t \cdot \sin \alpha$$

$$\ddot{x}_s(t) = -x_o \omega_A^2 \cos \omega_A t \cdot \cos \alpha - x_o \omega_A^2 \sin \omega_A t \cdot \sin \alpha$$

Wir setzen $\dot{x}_s$ und $\ddot{x}_s$ in die Dgl. $m\ddot{x} + R\dot{x} + Dx = F_o \cos \omega_A t$ ein und ordnen die Terme nach Faktoren von $\cos \omega_A t$ und $\sin \omega_A t$ um:

$$(-mx_o\omega_A^2 \cos \alpha + Rx_o\omega_A \sin \alpha + Dx_o \cos \alpha - F_o) \cos \omega_A t$$

$$+ (-mx_o\omega_A^2 \sin \alpha - Rx_o\omega_A \cos \alpha + Dx_o \sin \alpha) \sin \omega_A t = 0$$

Diese Gleichung ist für jeden Zeitpunkt nur dann gleich Null, wenn die beiden Klammern verschwinden. Wir haben damit die beiden Gleichungen für $x_o$ und $\alpha$:

$$R\omega_A x_o \sin\alpha + (D - m\omega_A^2) x_o \cos\alpha = F_o$$

$$(D - m\omega_A^2) x_o \sin\alpha - R\omega_A x_o \cos\alpha = 0$$

Lösen wir die zweite Gleichung nach $x_o \cos\alpha$ auf und setzen sie in die erste Gleichung ein, erhalten wir für $x_o \sin\alpha$:

$$x_o \sin\alpha = \frac{\omega_A R F_o}{(D - m\omega_A^2)^2 + \omega_A^2 R^2}$$

Entsprechend lösen wir nach $x_o \cos\alpha$ auf:

$$x_o \cos\alpha = \frac{F_o (D - m\omega_A^2)}{(D - m\omega_A^2)^2 + \omega_A^2 R^2}$$

Dividieren wir beide Gleichungen durcheinander, erhalten wir

$$\frac{x_o \sin\alpha}{x_o \cos\alpha} = \tan\alpha = \frac{\omega_A R}{D - m\omega_A^2}$$

Quadrieren wir die Gleichungen und addieren sie, folgt für $x_o^2$:

$$x_o^2 \sin^2\alpha + x_o^2 \cos^2\alpha = x_o^2$$

$$= \frac{F_o^2 \left[\omega_A^2 R^2 + (D - m\omega_A^2)^2\right]}{\left[(D - m\omega_A^2)^2 + \omega_A^2 R^2\right]^2} = \frac{F_o^2}{(D - m\omega_A^2)^2 + \omega_A^2 R^2}$$

Damit ist die Amplitude $x_o$

$$x_o = \frac{F_o}{\sqrt{(D - m\omega_A^2)^2 + \omega_A^2 R^2}}$$

---

## LITERATUR


1. E. Kamke: Differentialgleichungen. Akademische Verlagsgesellschaft Geest & Portig K.-G.
2. Ch. Gerthsen: Physik. Springer-Verlag 1964
3. B. Baule: Die Mathematik des Naturforschers und Ingenieurs, Band IV. S. Hirzel-Verlag, Leipzig 1970

## ÜBUNGSAUFGABEN

9.1 A Welche der folgenden Differentialgleichungen (Dgln) gehören zur Klasse der linearen Dgln 1. oder 2. Ordnung mit konstanten Koeffizienten?

a) $y' + x^2y = 2x$ b) $5y'' - 2y' - 4x = 3y$

c) $y^{(4)} + 2y'' + 3y' = 0$ d) $\sin x \cdot y'' - y = 0$

e) $y'' - x^5 = 2$ f) $2y'' - y' + \frac{3}{2}y = 0$

B Bestimmen Sie Typ (homogen - inhomogen) und Ordnung der folgenden Dgln.

a) $y'' + ax = 0$ b) $\frac{5}{4}y'' + \frac{2}{3}y' = \frac{1}{2}y$

c) $2y' = 3y$ d) $\frac{3}{10}y'' + \frac{2}{5}y' + \frac{1}{6}y - \sin x = 0$

e) $3y'' + y' = 2y$

9.2 A Lösen Sie die folgenden homogenen Dgln. mit Hilfe des Exponentialansatzes. Geben Sie stets die allgemeine Lösung an. Bei komplexen Lösungen geben Sie auch die zugehörige reellwertige Lösung an.

a) $2y'' - 12y' + 10y = 0$ b) $4y'' - 12y' + 9y = 0$

c) $y'' + 2y' + 5y = 0$ d) $y'' - \frac{1}{2}y' + \frac{5}{8}y = 0$

e) $\frac{1}{4}y'' + \frac{1}{2}y' - 2y = 0$ f) $5y'' - 2y' + y = 0$

B Geben Sie die allgemeine Lösung der folgenden Dgln. 1. Ordnung an:

a) $2y' + 8y = 0$ b) $\frac{1}{5}y' = 6y$

c) $3y' = 6y$

C Lösen Sie folgende Dgln.:

a) $s''(t) = 2t$ b) $\ddot{x}(t) = -\omega^2 \cos \omega t$

D Gegeben sind die folgenden inhomogenen Dgln. Versuchen Sie jeweils eine spezielle Lösung zu erraten.

a) $y'' + y' + y = 2x + 3$ b) $y'' + 4y' + 2y = 2x + 3$

E Geben Sie die allgemeine Lösung der folgenden inhomogenen Dgln. an. Bestimmen Sie zu diesem Zweck die allgemeine Lösung der zugehörigen homogenen Dgln. und erraten Sie eine spezielle Lösung der inhomogenen Dgl.:

a) $7y'' - 4y' - 3y = 6$ b) $y'' - 10y' + 9y = 9x$

9.3 Eine spezielle Lösung u(x) der gegebenen inhomogenen Dgl. sei bekannt. Überprüfen Sie, daß u(x) eine Lösung der Dgl. ist und geben Sie die allgemeine Lösung der Dgl. an.

$\frac{1}{2}y'' - 3y' + \frac{5}{2}y = \frac{3}{4}x^2 - 1;$ $u(x) = \frac{3}{10}x^2 + \frac{18}{25}x + \frac{43}{125}$

9.4 A Geben Sie die Lösung der folgenden Dgln. an:

a) $\frac{1}{2}y' + 2y = 0;$ Randbedingung: $y(0) = 3$

b) $\frac{4}{7}y' - \frac{6}{5}y = 0;$ Randbedingung: $y(10) = 1$

B Die Dgl. $\frac{1}{3}y' - \frac{2}{3}y = 0$ hat die allgemeine Lösung $y(x) = Ce^{2x}$. Bestimmen Sie die Konstante C aufgrund der folgenden Randbedingungen:

a) $y(0) = 0$ b) $y(0) = -2$

c) $y(-1) = 1$ d) $y'(-1) = 2e^{-2}$

C Geben Sie die Lösung der Dgl. $y'' + 4y = 0$ für die folgenden Randbedingungen an:

a) $y(0) = 0$, $y(\frac{\pi}{4}) = 1$ b) $y(\frac{\pi}{2}) = -1$, $y'(\frac{\pi}{2}) = 1$

c) $y(0) = 0$, $y'(0) = 1$ d) $y(\frac{\pi}{4}) = a$, $y''(0) = b$

D Berechnen Sie die Lösung folgender Dgl.:

$y'' + y = 2y'$

Randbedingung: $y(0) = 1$
$y(1) = 0$

## LÖSUNGEN

9.1 A Lineare Dgln. 1. oder 2. Ordnung mit konstanten Koeffizienten sind:

b) e) f)

B a): inhomogene Dgl. 2. Ordnung
b): homogene Dgl. 2. Ordnung
c): homogene Dgl. 1. Ordnung
d): inhomogene Dgl. 2. Ordnung
e): homogene Dgl. 2. Ordnung

9.2 A
a) $y = c_1 e^{5x} + c_2 e^{x}$

Rechengang:

Ansatz: $y = e^{rx}$

Charakteristisches Polynom: $2r^2 - 12r + 10 = 0$

Wurzeln: $r_1 = 5;\quad r_2 = 1$

Allgemeine Lösung: $y = c_1 e^{r_1 x} + c_2 e^{r_2 x} = c_1 e^{5x} + c_2 e^{x}$

b) $y = c_1 e^{\frac{3}{2}x} + c_2 x e^{\frac{3}{2}x} = e^{\frac{3}{2}x}(c_1 + c_2 x)$

Zwischenergebnisse:

Charakteristisches Polynom: $4r^2 - 12r + 9 = 0$

Doppelwurzel: $r_{1/2} = \frac{3}{2}$

c) Komplexe Lösung: $y = e^{-x}(c_1 \cos 2x + i\, c_2 \sin 2x)$
reellwert. Lös.: $y = e^{-x}(c_1 \cos 2x + c_2 \sin 2x)$

Zwischenergebnisse:

Charakteristisches Polynom: $r^2 + 2r + 5 = 0$

Wurzeln: $r_1 = -1 + 2i;\quad r_2 = -1 - 2i$

Komplexe Lösung: $y = e^{-x}(c_1 e^{i2x} + c_2 e^{-i2x})$

$= e^{-x}(c_1 \cos 2x + i\, c_2 \sin 2x)$

reellwertige Lösung: $y = e^{-x}(c_1 \cos 2x + c_2 \sin 2x)$

d) Komplexe Lösung: $y = e^{\frac{1}{4}x}(c_1 \cos \frac{3}{4}x + i\, c_2 \sin \frac{3}{4}x)$

reellwertige Lösung: $y = e^{\frac{1}{4}x}(c_1 \cos \frac{3}{4}x + c_2 \sin \frac{3}{4}x)$

e) $y = c_1 e^{2x} + c_2 e^{-4x}$

f) Komplexe Lösung: $y = e^{\frac{1}{5}x}(c_1 \cos \frac{2}{5}x + i\, c_2 \sin \frac{2}{5}x)$

reellwertige Lösung: $y = e^{\frac{1}{5}x}(c_1 \cos \frac{2}{5}x + c_2 \sin \frac{2}{5}x)$

B

a) $y(x) = ce^{-4x}$ b) $y(x) = c \cdot e^{30x}$

c) $y(x) = ce^{2x}$

9.2 C Zweimaliges Integrieren liefert:

a) $s(t) = \frac{1}{3}t^3 + c_1 t + c_2$ b) $x(t) = \cos \omega t + c_1 t + c_2$

D Spezielle Lösungen:

a) $y_{sp} = 2x + 1$ b) $y_{sp} = x - \frac{1}{2}$

E

a) $y = c_1 e^x + c_2 e^{-\frac{3}{7}x} - 2$

Rechengang:

Spezielle Lösung der inhomogenen Dgl.: $y = -2$

Allgemeine Lösung der zugehörigen homogenen Dgl.:

$y = c_1 e^x + c_2 e^{-\frac{3}{7}x}$

Allgemeine Lösung der inhomogenen Dgl.:

$y = y_{hom}(\text{allg.}) + y_{inhom}(\text{speziell})$

$y = c_1 e^x + c_2 e^{-\frac{3}{7}x} - 2$

b) $y = c_1e^{9x} + c_2e^x + x + \frac{10}{9}$

Rechengang:

$y_{inh}(\text{speziell}) = x + \frac{10}{9}$

$y_{hom}(\text{allgem.}) = c_1e^{9x} + c_2e^x$

$y_{inh}(\text{allgem.}) = c_1e^{9x} + c_2e^x + x + \frac{10}{9}$

9.3 $y(x) = c_1e^{5x} + c_2e^x + \frac{3}{10}x^2 + \frac{18}{25}x + \frac{43}{125}$

Rechengang:

$u(x) = \frac{3}{10}x^2 + \frac{18}{25}x + \frac{43}{125} \curvearrowright u' = \frac{3}{5}x + \frac{18}{25} \curvearrowright u'' = \frac{3}{5}$

$\searrow \frac{1}{2}u'' - 3u' + \frac{5}{2}u = \frac{3}{4}x^2 - 1$

Allgemeine Lösung der homogenen Dgl.: $y(x) = c_1e^{5x} + c_2e^x$

Allgemeine Lösung der inhomogenen Dgl.:

$y(x) = c_1e^{5x} + c_2e^x + \frac{3}{10}x^2 + \frac{18}{25}x + \frac{43}{125}$

9.4 A

a) $y = 3e^{-4x}$

Rechengang:

Allgemeine Lösung: $y = ce^{-4x}$

Randbedingung: $y(0) = ce^0 = c = 3 \curvearrowright c = 3$

b) $y = e^{-21}e^{\frac{21}{10}x}$

B

a) $c = 0;\ y(x) = 0$

b) $c = -2;\ y(x) = -2e^{2x}$

c) $c = e^2;\ y(x) = e^2e^{2x}$

d) $c = 1;\ y(x) = e^{2x}$

C Die allgemeine Lösung der Dgl. $y'' + 4y = 0$ lautet

$y(x) = c_1\cos 2x + c_2\sin 2x$

a) $y(x) = \sin 2x;$ $c_1 = 0;\ c_2 = 1$

b) $y(x) = \cos 2x - \frac{1}{2}\sin 2x;$ $c_1 = 1;\ c_2 = -\frac{1}{2}$

c) $y(x) = \frac{1}{2}\sin 2x;$ $c_1 = 0;\ c_2 = \frac{1}{2}$

d) $y(x) = \frac{b}{4}\cos 2x + a\sin 2x;$ $c_1 = -\frac{b}{4};\ c_2 = a$

D

$y = e^x - xe^x;$ $c_1 = 1;\ c_2 = -1$

# 10 Funktionen mehrerer Veränderlicher, skalare Felder und Vektorfelder

## 10.0 Einleitung

In den meisten Gesetzen der Physik hängt eine physikalische Größe von mehr als einer anderen physikalischen Größe ab.

1. Beispiel:

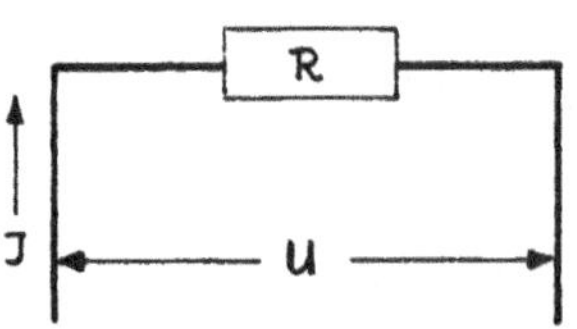


An einem elektrischen Verbraucher mit dem Widerstand R liege die Spannung U. Wie groß ist der Strom I, der durch den Verbraucher fließt?

Nach dem Ohmschen Gesetz gilt

$$I = \frac{U}{R}$$

Die Stärke des elektrischen Stromes hängt also von dem Widerstand des Verbrauchers *und* der Spannung, die am Verbraucher liegt, ab.

2. Beispiel:

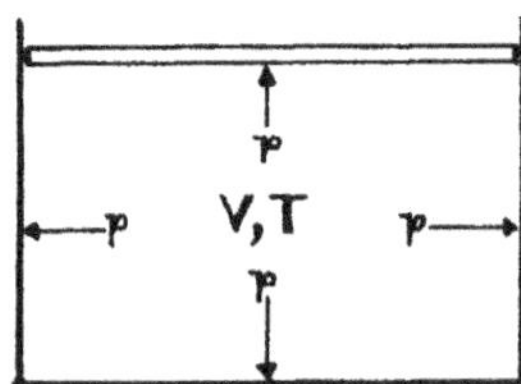


Ein Gas ist in einem Zylinder mit dem Volumen V eingeschlossen. Der Gasdruck auf die Zylinderwände und den Kolben sei p. Das Gas habe die Temperatur T. Dann gilt die folgende Beziehung zwischen Volumen, Druck und Temperatur (für ein Mol[1]):

$$pV = R \cdot T$$

Dabei bedeutet R die Gaskonstante

$$R = 8{,}31434 \cdot 10^7 \, \frac{\text{erg}}{\text{Grad.Mol}}$$

Die obige Gleichung können wir auch schreiben als

$$p = R \cdot \frac{T}{V}$$

Das heißt aber, der Druck p eines Gases hängt von zwei Größen ab:
von seinem Volumen V *und* seiner Temperatur T.
Wir sagen auch, p ist eine Funktion von V und T und schreiben:

$$p = p(V,t)$$

---

1) Ein Mol ist eine Mengeneinheit. Ein Mol eines Gases enthält $6{,}02 \cdot 10^{23}$ Gasmoleküle (siehe auch Berkeley Physics Course V)

## 10.1 Der Begriff der Funktion mehrerer Veränderlicher

Lösen wir uns jetzt von der physikalischen Bedeutung dieser Gleichung und betrachten nur den mathematischen und geometrischen Sachverhalt.

Für Funktionen zweier Veränderlicher ist die Schreibweise

$$z = f(x,y)$$

üblich.
Die Funktion y einer Veränderlichen x ($y = f(x)$) hat die geometrische Bedeutung einer Kurve in der x-y-Ebene.
Welche geometrische Bedeutung hat eine Funktion zweier Veränderlicher?

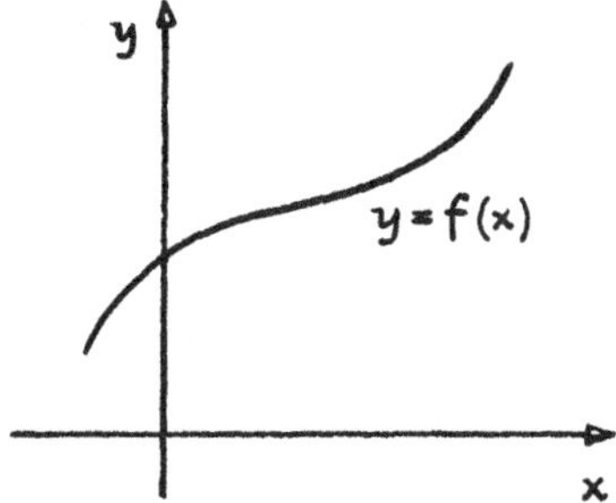


Das geometrische Bild der Funktion $z = f(x,y)$ können wir auf zwei Arten gewinnen.

*Ermittlung der Fläche der Funktion $z = f(x,y)$ - Wertematrix*

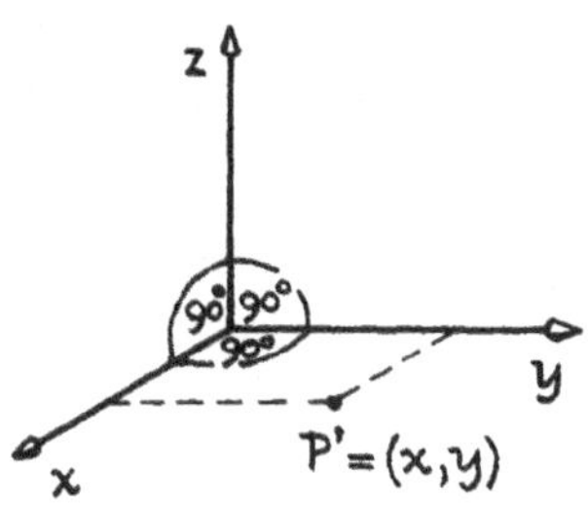


Wir wählen uns einen Punkt (x,y) in der x-y-Ebene aus. Das ist ein Wertepaar der unabhängigen Veränderlichen, und diese beiden Werte setzen wir in die Funktion

$$z = f(x,y)$$

ein.

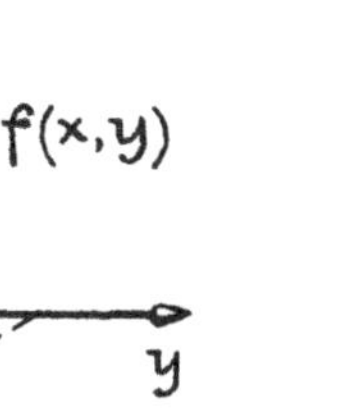


Der dadurch bestimmte Funktionswert z wird senkrecht über $P' = (x,y)$ als Punkt im dreidimensionalen Raum aufgetragen.

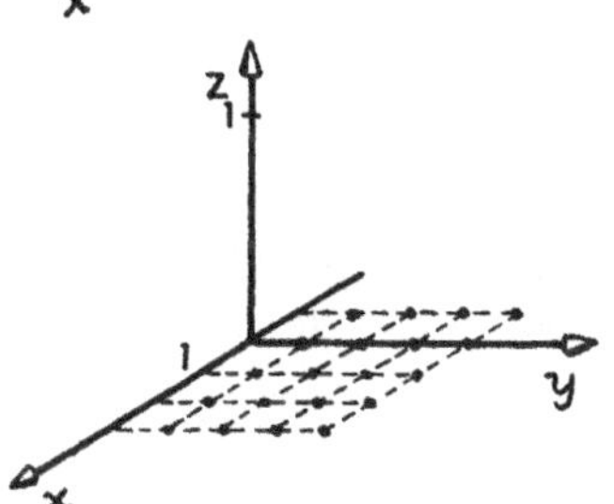


Dieses Verfahren führen wir systematisch für ein Netz von Wertepaaren durch, das die x-y-Ebene überdeckt. Der gewohnten Wertetabelle bei Funktionen einer Veränderlichen entspricht jetzt eine Wertematrix bei zwei Veränderlichen.

Für die Funktion $z = \frac{1}{1 + x^2 + y^2}$ ist die Wertematrix ausgerechnet.

| y \ x | 0 | 1 | 2 | 3 |
|---|---|---|---|---|
| 0 | 1 | $\frac{1}{2}$ | $\frac{1}{5}$ | $\frac{1}{10}$ |
| 1 | $\frac{1}{2}$ | $\frac{1}{3}$ | $\frac{1}{6}$ | $\frac{1}{11}$ |
| 2 | $\frac{1}{5}$ | $\frac{1}{6}$ | $\frac{1}{9}$ | $\frac{1}{14}$ |
| 3 | $\frac{1}{10}$ | $\frac{1}{11}$ | $\frac{1}{14}$ | $\frac{1}{19}$ |

Wenn wir für alle Wertepaare (x,y), für die wir Funktionswerte z berechnen können, die berechneten Funktionswerte als Höhe über den Wertepaaren auftragen, erhalten wir eine Fläche im dreidimensionalen Raum.

Die Menge aller Wertepaare (x,y), für die die Funktion z = f(x,y) definiert ist, heißt *Definitionsbereich*. Die Menge der zugehörigen Funktionswerte heißt *Wertevorrat*. Bei der Funktion y = f(x) wählten wir einen Wert für x und erhielten einen Wert für y gemäß der Funktionsgleichung y = f(x). Jetzt müssen wir zwei Werte, nämlich je einen Wert für x und einen für y wählen, um ihn in die Funktion f(x,y) einzusetzen

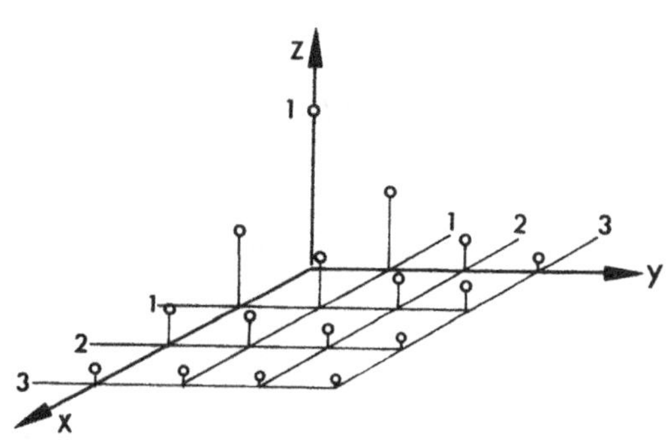


*Ermittlung der Fläche der Funktion z = f(x,y) - Schnittkurven*

Wir betrachten wieder die Funktion $z = f(x,y) = \frac{1}{1+x^2+y^2}$ .
Dabei dürfen x und y alle Werte annehmen, d.h. der Definitionsbereich ist die gesamte x-y-Ebene.
Zwei Eigenschaften der Funktion können wir leicht ermitteln.

1) Für x = 0 und y = 0 nimmt der Nenner $1 + x^2 + y^2$ seinen kleinsten Wert an. Die Fläche (Funktion) hat dort also ein Maximum. Es ist

$$f(0,0) = 1$$

2) Für $x \to \infty$ oder $y \to \infty$ wird der Nenner beliebig groß. In großer Entfernung vom Koordinatenursprung geht z also gegen Null.

Diese beiden Eigenschaften reichen zum Skizzieren der Fläche noch nicht aus. Der Verlauf von Flächen ist komplexer und schwieriger zu ermitteln als der von Kurven. Ein zutreffendes Bild erhalten wir durch ein systematisches Vorgehen, bei dem wir die komplexe Aufgabe in leichtere Teilaufgaben auflösen. Der Grundgedanke ist, daß wir den Einfluß der beiden Variablen auf den Flächenverlauf getrennt untersuchen, indem wir zunächst einer der beiden Variablen einen festen Wert geben. Wir setzen also eine Variable konstant.
Wird y konstant gesetzt, bekommen wir die Flächenkurven über Parallelen zur x-Achse.
Für y = 0 erhält man z.B. die Kurve

$$z = \frac{1}{1 + x^2}$$

Dies ist die Schnittkurve zwischen der Fläche $z = f(x,y)$ und der x-z-Ebene.

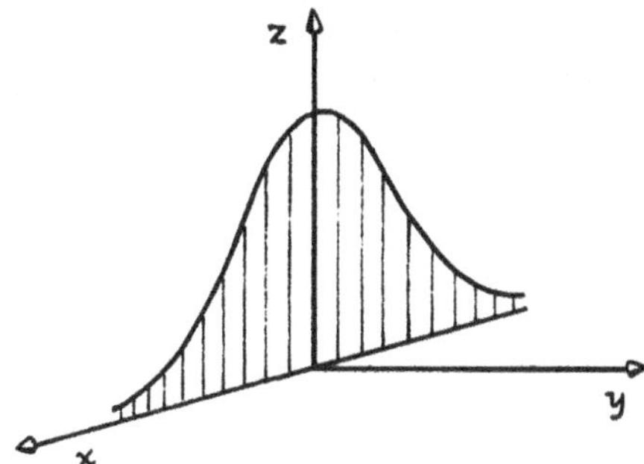


Für einen beliebigen y-Wert $y = y_0$ erhält man die Kurve

$$z(x) = \frac{1}{1 + y_0^2 + x^2}$$

Dies ist die Schnittkurve zwischen der Fläche $z=f(x,y)$ und der Ebene parallel zur x-z-Ebene, die um den Wert $y_0$ aus dem Koordinatenursprung in Richtung der y-Achse verschoben wurde.

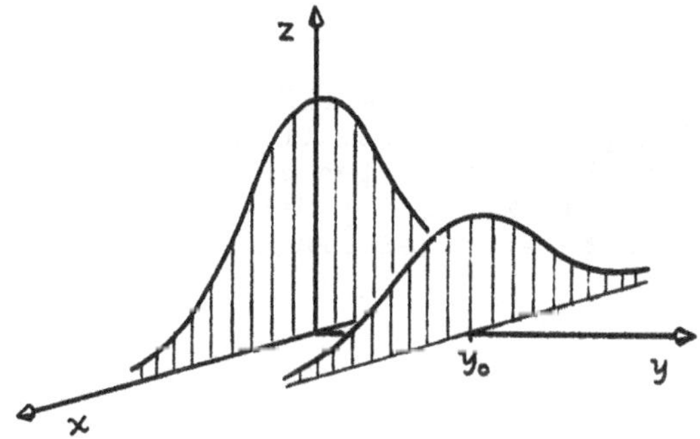

Analog können wir eine zweite Gruppe von Kurven angeben, die wir erhalten, wenn wir x konstant lassen.
Beginnen wir mit $x = 0$. Dann erhalten wir die Funktion

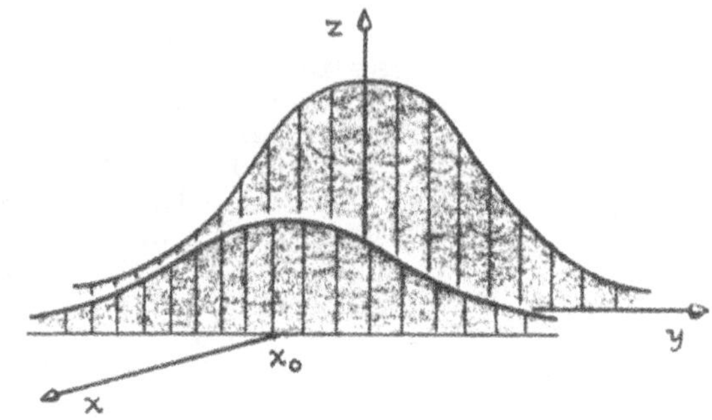


$$z(y) = \frac{1}{1 + y^2}$$

Für ein beliebiges $x=x_0$ erhalten wir

$$z(y) = \frac{1}{1 + x_0^2 + y^2}$$

Bringen wir beide Kurventypen in einer Zeichnung zusammen, dann erhalten wir das Bild eines "Hügels".

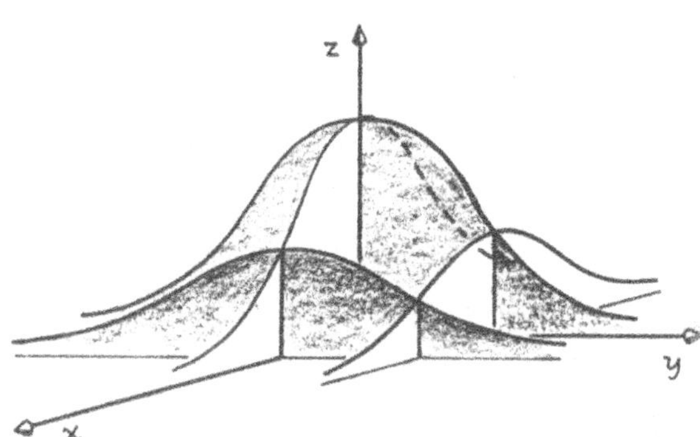


Die Skizze wird übersichtlicher, wenn wir sogenannte *Linien gleicher Höhe* einzeichnen. Linien gleicher Höhe sind Kurven auf der Fläche, die eine konstante Entfernung von der x-y-Ebene haben.

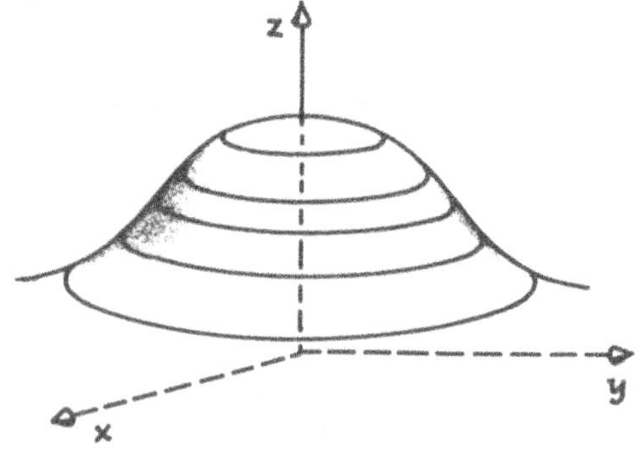


Beide Verfahren, die Fläche zu gewinnen - entweder Aufstellung einer Wertematrix oder Bestimmung von Schnittkurven über Parallelen zur x- oder y-Achse - hängen zusammen. Die Werte der Matrix in einer Zeile oder in einer Spalte sind jeweils die Wertetabellen für die Schnittkurven.

*Ermittlung der Funktion zu einer Fläche*

Wir können die bisherige Problemstellung auch umkehren. Bisher wurde zu einer gegebenen analytischen Funktion die zugehörige Fläche gesucht. Jetzt suchen wir zu einer gegebenen Fläche den zugehörigen Rechenausdruck.

Eine Kugel mit dem Radius R ist so in das Koordinatensystem gelegt worden, daß der Koordinatenursprung mit dem Kugelmittelpunkt zusammenfällt. Diesmal gehen wir von einer bestimmten Fläche aus und suchen die Gleichung für denjenigen Teil der Kugeloberfläche, der oberhalb der x-y-Ebene liegt.

Aus der Skizze lesen wir ab (Pythagoras):

$$R^2 = z^2 + c^2$$

Weiter gilt

$$c^2 = x^2 + y^2$$

Einsetzen der letzten Gleichung in die vorletzte ergibt

$$R^2 = x^2+y^2+z^2$$

Auflösen nach z:

$$z_{1/2} = \pm\sqrt{R^2-x^2-y^2}$$

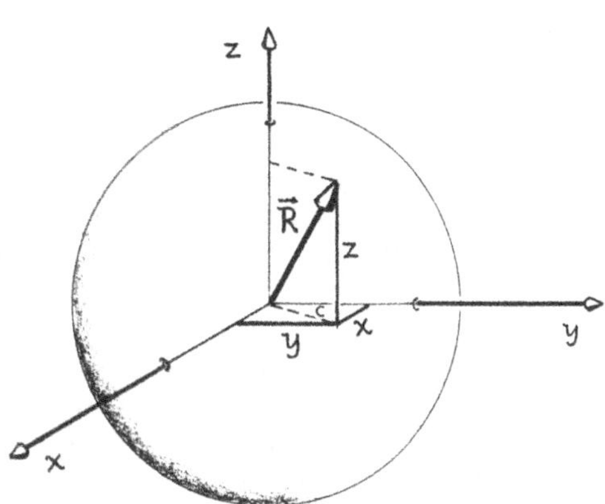


Die positive Wurzel ergibt die Kugelschale oberhalb der x-y-Ebene.

$$z_1 = \sqrt{R^2-x^2-y^2}$$

Die negative Wurzel ergibt die Kugelschale unterhalb der x-y-Ebene

$$z_2 = -\sqrt{R^2-x^2-y^2}$$

Definitionsbereich: $-R \leq x \leq +R$ ; $-R \leq y \leq +R$ ; $x^2+y^2 \leq R^2$

Nachdem wir uns eine anschauliche Vorstellung von der Funktion $z = f(x,y)$ mit zwei Veränderlichen erarbeitet haben, wollen wir abschließend noch die formale Definition angeben.

Definition: Eine Zuordnungsvorschrift f heißt *Funktion zweier Veränderlicher*, wenn jedem Wertepaar (x,y) aus einem Definitionsbereich mittels dieser Vorschrift genau ein Wert einer Größe z zugeordnet wird. (10-1)

Symbolisch: $(x,y) \xrightarrow{f} z$ oder $z = f(x,y)$

Tragen wir die Punkte $(x,y,z = f(x,y))$ in ein dreidimensionales Koordinatensystem ein, dann erhalten wir als Graph der Funktion $z = f(x,y)$ über dem Definitionsbereich B eine Fläche F im dreidimensionalen Raum.

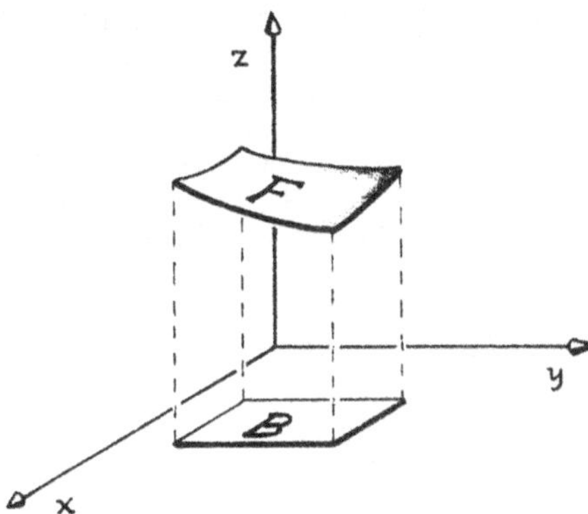


So wie es Funktionen zweier Veränderlicher gibt, $z = f(x,y)$, die jedem Punkt aus einem Bereich der x-y-Ebene einen Wert z zuordnen, kann man Funktionen mit drei Veränderlichen definieren.

Eine anschauliche geometrische Bedeutung läßt sich im Falle einer Funktion dreier Veränderlicher nicht mehr angeben. Dazu benötigte man ein vierdimensionales Koordinatensystem.

In der Physik spielen derartige Beziehungen allerdings eine große Rolle, wenn eine physikalische Größe von den drei Koordinaten des Raumes abhängt. So kann die Temperatur in der Lufthülle der Erde angegeben werden als Funktion

der geographischen Breite x
der geographischen Länge y
und der Höhe über Null z

mit

$$T = T(x,y,z).$$

Definition: Eine Zuordnungsvorschrift f, die jedem Punkt $P = (x,y,z)$ aus einem Teilgebiet V des dreidimensionalen Raumes genau einen Wert einer Größe u zuordnet, heißt *Funktion dreier Veränderlicher x,y und z.* (10-2)

Symbolisch: $(x,y,z) \xrightarrow{f} u$ oder $u = f(x,y,z)$

**Beispiel:** $u = f(x,y,z) = 2x^3 + 3z + 7y$

## 10.2 DAS SKALARE FELD

In der Lektion 5, "Vektoren", wurde der Begriff *skalare Größe* oder *Skalar* eingeführt. Ein Skalar ist eine Größe, die (bei festgelegter Maßeinheit) schon durch Angabe *eines* Zahlenwertes vollständig beschrieben ist.

In diesem Abschnitt werden wir den Begriff des skalaren Feldes einführen.

Die Karte zeigt die mittlere Temperatur am 15.7. für Europa. Für einige Temperaturwerte sind Punkte gleicher Temperatur durch Linien verbunden, sie heißen *Isothermen*. Jedem Punkt der dargestellten Fläche ist hier eine Temperatur zugeordnet. Die Temperatur ist ein Skalar.
Ist für jeden Punkt einer Fläche ein Skalar definiert, so nennen wir dies ein *skalares Feld*.

Der Begriff kann auf den dreidimensionalen Fall übertragen werden.

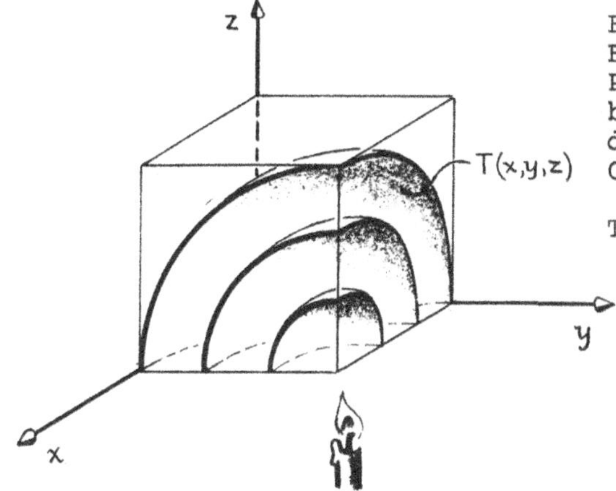


Ein Körper werde an einem Ende erwärmt. Dann hat jeder Punkt P im Körper eine bestimmte Temperatur T, und diese Temperatur hängt vom Ort des Punktes P = (x,y,z) ab:

$$T = T(x,y,z) = T(P)$$

Hier ist jedem Raumpunkt eine bestimmte Temperatur zugeordnet.

**Definition:** Wird jedem Punkt des Raumes (oder einem Teilraum des dreidimensionalen Raumes) durch eine eindeutige Vorschrift genau ein Wert einer skalaren Größe zugeordnet, dann bilden diese Werte ein *skalares Feld* in diesem Raum. (10-3)

Ein weiteres Beispiel:

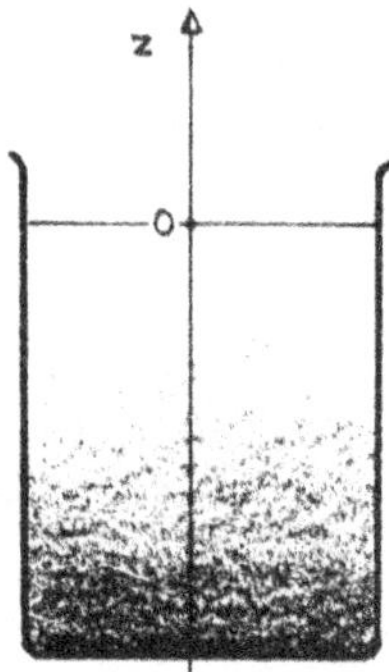


Der Druck p ist ein Skalar. In einer Flüssigkeit ist der Druck eine Funktion der Tiefe.
$\rho$ sei die Dichte der als inkompressibel vorausgesetzten Flüssigkeit und z die Tiefe unterhalb der Flüssigkeitsoberfläche. Dann ist der Druck in der Flüssigkeit:

$$p(x,y,z) = -z \cdot \rho \cdot g$$

Für jeden Punkt (x,y,z) innerhalb der Flüssigkeit ist der Druck damit definiert und angebbar. Der Druck als Funktion des Ortes in der Flüssigkeit ist ein skalares Feld.

Die Abbildung zeigt Flächen gleichen Druckes (Isobaren)

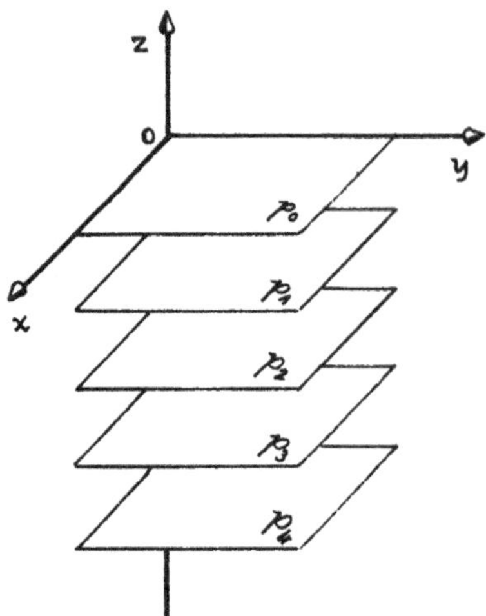


Die Isobaren sind in diesem Fall Parallelebenen zur Oberfläche der Flüssigkeit.

## O.3 DAS VEKTORFELD

Genau wie den Punkten des Raumes eine skalare Größe zugeordnet werden kann, kann man diesen Punkten auch eine vektorielle Größe zuordnen.

Die Karte zeigt die Windgeschwindigkeit für Afrika. In bestimmten Gebieten gibt es für diese Zone charakteristische und in dem Gebiet konstante Luftströmungen, die Passate.

Die Windgeschwindigkeiten sind als Pfeile dargestellt. Diese Pfeile sind Vektoren. Ihre Länge entspricht dem Betrag der Windgeschwindigkeit, ihre Richtung gibt die Richtung der Luftströmung an.

Jedem Punkt der dargestellten Fläche ist hier ein Vektor zugeordnet. Der Vektor ist also für jeden Punkt definiert.

Ist ein Vektor nicht nur für einen Punkt definiert - beispielsweise der Geschwindigkeitsvektor eines Fahrzeugs - , sondern für alle Punkte einer Fläche - beispielsweise die Windgeschwindigkeiten für alle Punkte Afrikas - , so sprechen wir von einem *vektoriellen Feld*.

Der Begriff des vektoriellen Feldes oder *Vektorfeldes* kann auf den dreidimensionalen Fall erweitert werden. Die Windgeschwindigkeit ändert sich auch mit der Höhe. Sie hängt von den Koordinaten der Ebene (x und y) und von der Höhe (z) ab. Dies führt uns zu der folgenden Definition eines Vektorfeldes im dreidimensionalen Raum:

Definition: Eine vektorielle Größe $\vec{A}$, die in jedem Raumpunkt $P = (x,y,z)$ einen bestimmten Wert annimmt, heißt *Vektorfeld*.
D.h., jedem Punkt des Raumes wird ein Vektor zugeordnet.
$P = (x,y,z) \longrightarrow \vec{A}(x,y,z)$ (10-4)

Vektorfelder können empirisch bestimmt und aufgezeichnet werden. Beispiele: Luftströmungen, Wasserströmungen. Sie können auch durch einen analytischen Ausdruck gegeben sein. Dann muß das Vektorfeld Punkt für Punkt aus dem Ausdruck berechnet und aufgebaut werden. Wie das vor sich geht, werden wir gleich sehen.

Der analytische Ausdruck für ein Vektorfeld sei abgekürzt $\vec{A}(x,y,z)$ oder ausführlicher in Komponenten geschrieben:

$$\vec{A}(x,y,z) = \left(A_x(x,y,z); A_y(x,y,z); A_z(x,y,z)\right)$$

*Jede Komponente* ist für sich eine Funktion der Ortskoordinaten. Daraus ergibt sich auch das Verfahren, den Vektor $\vec{A}$ für einen gegebenen Punkt $P_1 = (x_1, y_1, z_1)$ zu berechnen. Wir ermitteln die x-Komponente $A_x$, indem wir $x_1, y_1, z_1$ in die Funktion $A_x$ einsetzen. Danach wird die y-Komponente ermittelt, indem $x_1, y_1, z_1$ in $A_y$ eingesetzt werden. Schließlich werden $x_1, y_1, z_1$ in $A_z$ eingesetzt.
Damit haben wir die drei Komponenten von $\vec{A}$ für $P_1$ und können den Vektor $\vec{A}$ so einzeichnen, daß er im Punkt $P_1$ beginnt. Danach wird das Verfahren für einen neuen Punkt $P_2$ wiederholt und punktweise das Vektorfeld aufgebaut.

Üben wir das Skizzieren von Vektorfeldern an einem zweidimensionalen Beispiel.
Gegeben sei das Vektorfeld

$$\vec{A}(x,y) = (A_x; A_y) = \frac{1}{\sqrt{x^2 + y^2}}(y^2, x)$$

Wir berechnen den Vektor $\vec{A}$ für einige Punkte $P = (x,y)$.

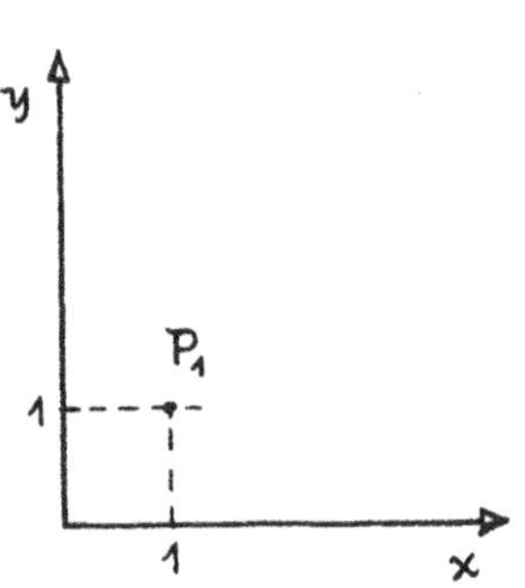


1) Wir bestimmen $\vec{A}(x_1, y_1)$ für den Punkt $P_1 = (x_1, y_1) = (1,1)$.

Dazu setzen wir $x = 1$ und $y = 1$ in die Funktionen

$$A_x(x,y) = \frac{y^2}{\sqrt{x^2 + y^2}} \quad \text{und}$$

$$A_y(x,y) = \frac{x}{\sqrt{x^2 + y^2}} \quad \text{ein.}$$

Wir erhalten $A_x(1,1) = \frac{1^2}{\sqrt{1^2+1^2}}$

und

$$A_y(1,1) = \frac{1}{\sqrt{1^2+1^2}}.$$

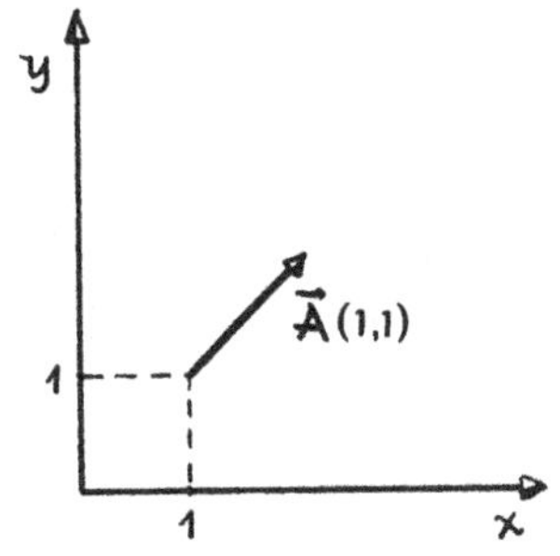


Den Vektor

$$\vec{A}(1,1) = (A_x(1,1); A_y(1,1))$$
$$= \left(\frac{1}{\sqrt{2}}, \frac{1}{\sqrt{2}}\right)$$

tragen wir im Punkt $P_1 = (1,1)$ in das Koordinatensystem ein.

Berechnen wir noch den Vektor $\vec{A}$ im Punkt $P_2 = (1,2)$. Einsetzen der Koordinaten x = 1 und y = 2 in $\vec{A}(x,y)$ gibt

$$A_x(1,2) = \frac{2^2}{\sqrt{1^2 + 2^2}} \quad \text{und}$$

$$A_y(1,2) = \frac{1}{\sqrt{1^2 + 2^2}}$$

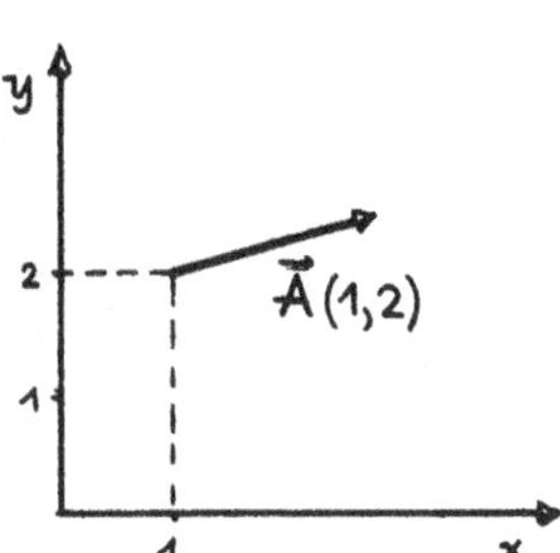


Für den Punkt (1,2) gilt

$$\vec{A}(1,2) = \frac{1}{\sqrt{5}}\,(4,1)$$

In der folgenden Tabelle sind noch einige Vektoren berechnet. Tragen wir sie ein, erhalten wir folgendes Bild des Vektorfeldes $\vec{A}(x,y)$:

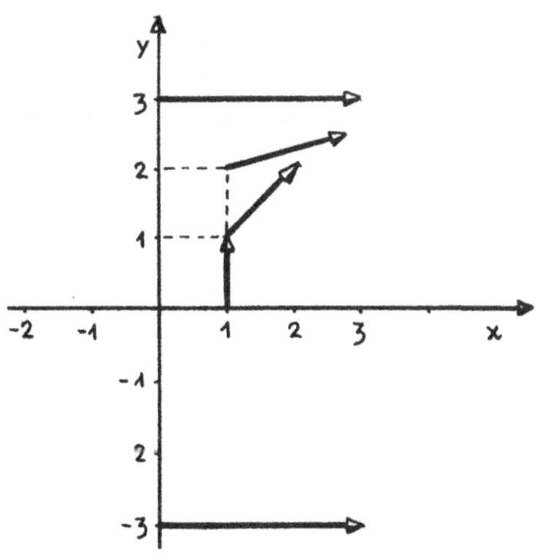


| P(x,y) | $\vec{A}(x,y) = \frac{(y^2, x)}{\sqrt{x^2 + y^2}}$ |
|---|---|
| (1,0) | (0,1) |
| (1,1) | $\frac{(1,1)}{\sqrt{2}}$ |
| (1,2) | $\frac{(4,1)}{\sqrt{5}}$ |
| (0,3) | $\frac{(9,0)}{\sqrt{9}}$ |
| (0,-3) | $\frac{(9,0)}{\sqrt{9}}$ |

2. Beispiel: $\vec{A}(x,y,z) = (0, -x, 0)$

Dies ist ein Vektorfeld im dreidimensionalen Raum.
Hier ist $A_x = 0$, $A_y = -x$, $A_z = 0$
Aufgrund der speziellen Form von $\vec{A}(x,y,z)$ wenden wir hier eine zweite Strategie an, um uns ein anschauliches Bild von dem Vektorfeld zu konstruieren.

Die Vektoren $\vec{A}(x,y,z)$ sind unabhängig von den y- und z-Koordinaten der Raumpunkte $P = (x,y,z)$.

Gehen wir von einem beliebigen Punkt P mit dem dazugehörigen Vektor in y-Richtung, dann sind in diesen Punkten alle Vektoren $\vec{A}$ gleich.

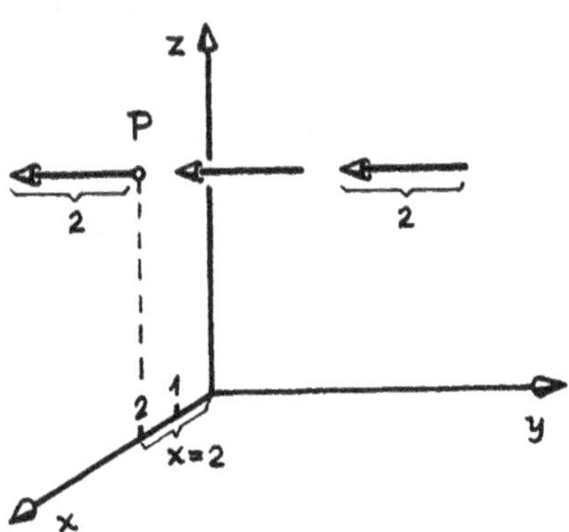


Das entsprechende gilt, wenn wir in z-Richtung gehen.

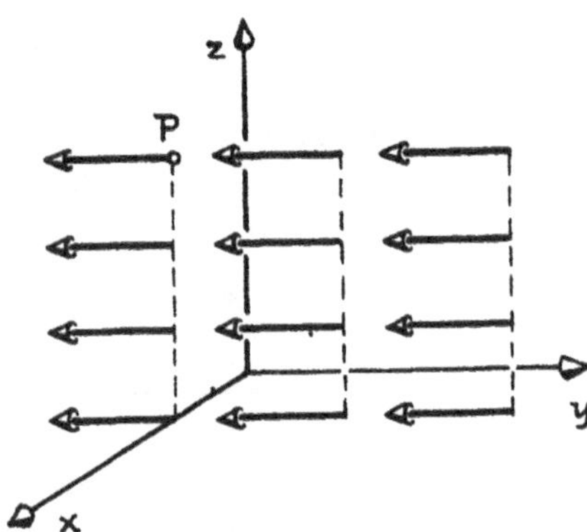

Das Vektorfeld $\vec{A}(x,y,z) = (0, -x, 0)$ kann dann folgendermaßen skizziert werden:

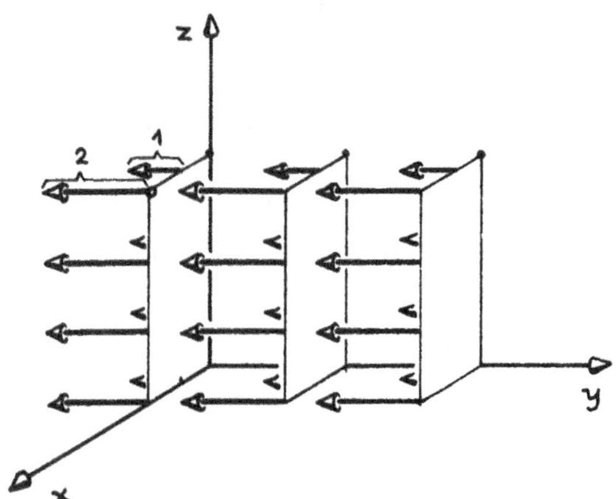


## 10.4 SPEZIELLE VEKTORFELDER

### 10.4.1 DAS HOMOGENE VEKTORFELD

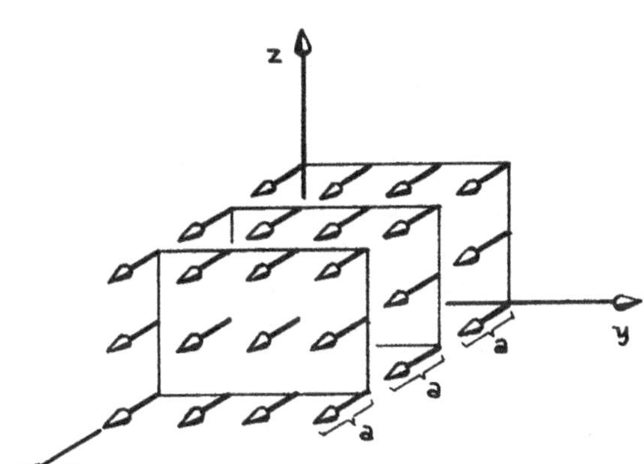


Betrachten wir das Vektorfeld $\vec{A}(x,y,z) = (a,0,0)$. Die Komponenten von $\vec{A}(x,y,z)$ sind

$A_x(x,y,z) = a$

$A_y(x,y,z) = 0$

$A_z(x,y,z) = 0$

Der Vektor $\vec{A}$ ist in allen Punkten des Raumes gleich, denn er hängt von den Raumkoordinaten nicht ab. Er hat in allen Punkten den Betrag

$|\vec{A}| = \sqrt{\vec{A}\cdot\vec{A}} = \sqrt{a^2+0^2+0^2} = a$

Er zeigt stets in x-Richtung.

Definition: Ein Vektorfeld, das in allen Raumpunkten des Definitionsbereiches des Feldes den gleichen Betrag und die gleiche Richtung hat, heißt *homogenes Vektorfeld*. (10-5)

1. Beispiel: Das elektrische Feld im Innern eines Plattenkondensators mit den Ladungen $Q_1$ und $-Q_1$ auf den Platten ist homogen. Das elektrische Feld $\vec{E}$ hat hier überall die gleiche Richtung und den gleichen Betrag.

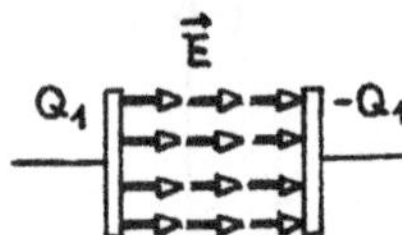


2. Beispiel: Auf eine Masse m wirkt in Erdnähe die konstante Gravitationskraft $\vec{F}$. Sie ist in erster Näherung gegeben durch $\vec{F} = -mg\ (0,0,1)$

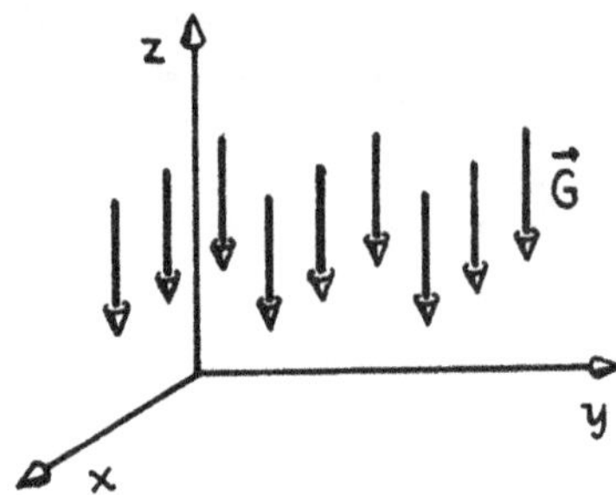


## 10.4.2 Das radialsymmetrische Feld

Betrachten wir die Gravitationskraft $\vec{F}$ in der gesamten Umgebung der Erdkugel, dann beobachten wir folgende zwei Eigenschaften:

a) die Richtung der Kraft zeigt immer zum Erdmittelpunkt
b) der Betrag der Kraft nimmt mit wachsender Entfernung vom Erdmittelpunkt ab.

Den Zusammenhang beschreibt folgender analytischer Ausdruck:

$$\vec{F}(x,y,z) = -c\frac{(x,y,z)}{(x^2+y^2+z^2)^{3/2}} = -c\cdot\frac{\vec{r}}{r^3}$$

$$c > 0, \qquad r = |\vec{r}| = \sqrt{x^2 + y^2 + z^2}$$

Der Betrag dieser Kraft ist $\frac{c}{r^2}$. Er hängt nur von der Entfernung r vom Koordinatenursprung ab.
Die Richtung dieses Vektorfeldes wird gegeben durch den Vektor $\frac{\vec{r}}{r}$. Der Vektor $\frac{\vec{r}}{r}$ wird durch den Ausdruck

$$\frac{(x,y,z)}{\sqrt{x^2 + y^2 + z^2}}$$

dargestellt. Das ist ein Einheitsvektor, denn sein Betrag $\frac{|\vec{r}|}{r}$ ist 1.

Der Vektor $\vec{r} = (x,y,z)$ ist ein Radialvektor, der nach außen zeigt.

Sein Betrag ist: $r = \sqrt{r_x^2 + r_y^2 + r_z^2} = \sqrt{x^2 + y^2 + z^2}$

Der Vektor $\vec{r} = (x,y,z)$ wird für den Punkt $P_1 = (x_1,y_1,z_1)$ folgendermaßen gewonnen:

$\vec{r}$ hat die Komponenten $x_1,y_1,z_1$ und beginnt im Punkt $P_1$. Das bedeutet geometrisch, $\vec{r}$ hat Richtung und Betrag des Ortsvektors für den Punkt $P_1$, beginnt aber nicht im Koordinatenursprung, sondern im Punkt $P_1$.

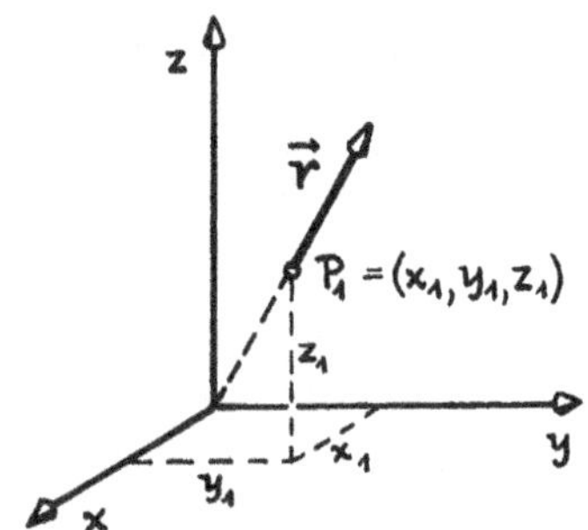


Man kann es auch so deuten: Der auf $P_1$ zeigende Ortsvektor ist so in radialer Richtung verschoben, daß er im Punkt $P_1$ beginnt.

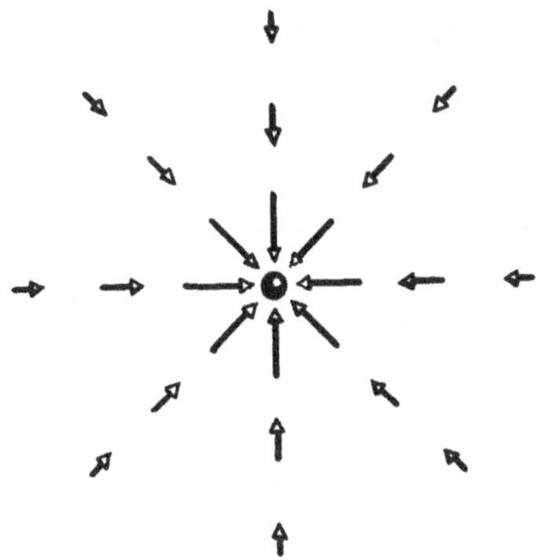

Definition: Vektorfelder $\vec{A}$, deren Beträge nur von r, dem Abstand vom Koordinatenursprung, abhängen und die Richtung eines Radialvektors haben, heißen *radialsymmetrisch*. Radialsymmetrische Felder können immer in die Form $\vec{A}(x,y,z) = \vec{e}_r \cdot f(r)$ gebracht werden. (10-6)

$\vec{e}_r = \frac{\vec{r}}{r}$ ist der Einheitsvektor in radialer Richtung. Die Funktion f(r) ist durch das spezielle Feld bestimmt.

In dem obigen Fall ist $f(r) = -\frac{c}{r^2}$.

### 10.4.3 Ringförmiges Vektorfeld

Ein stromdurchflossener Leiter ist von ringförmigen magnetischen Feldlinien umgeben; sie bilden das magnetische Feld. Die Größe (oder der Betrag) des Feldstärkevektors $\vec{H}$ hängt nur von dem Abstand $r_0$ zum Leiter ab, ist also eine Funktion von $r_0$ allein:

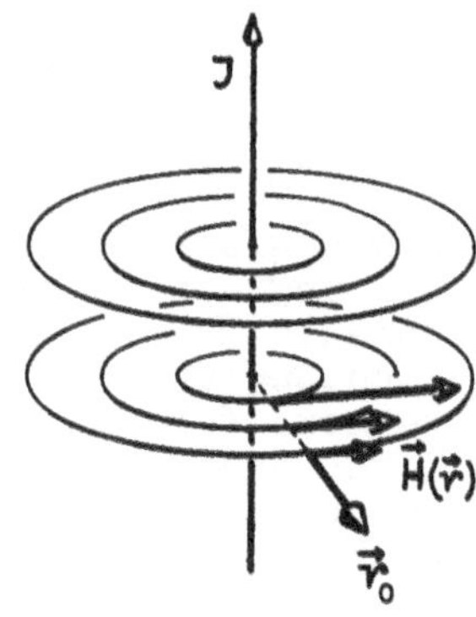


$$|\vec{H}| = f(r_0)$$

Die Feldstärke $\vec{H}$ können wir - wie jeden Vektor - als Betrag mal Einheitsvektor schreiben:

$$\vec{H} = |\vec{H}| \cdot \vec{e} = f(r_0) \cdot \vec{e}$$

Wir wollen uns überlegen, von welchen Größen $\vec{e}$ abhängt. Die magnetischen Feldlinien sind ringförmig, also Kreisringe in einer Ebene senkrecht zum stromdurchflossenen Leiter. Wenn wir ein Koordinatensystem einführen wollen, so werden wir am bequemsten zwei Achsen in diese Ebene legen und die dritte in die Richtung des stromdurchflossenen Leiters.

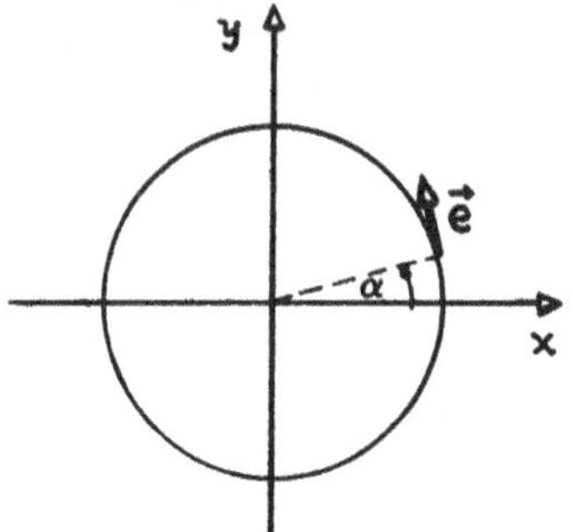


In der Skizze haben wir die x- und y-Achse in die Ebene gelegt.

Der Vektor $\vec{H}$ liegt tangential an den Feldlinienringen, steht also senkrecht auf der Abstandslinie $r_0$. Genau so liegt sein Einheitsvektor $\vec{e}$. Seine x-Komponente ist nach der Zeichnung $-\sin\alpha$ (sie geht vom Fußpunkt P des Vektors $\vec{e}$ in die negative x-Richtung), seine y-Komponente ist $\cos\alpha$ und seine z-Komponente ist 0:

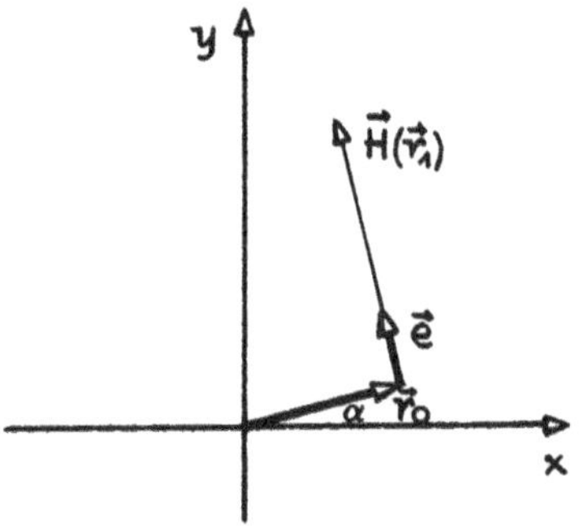


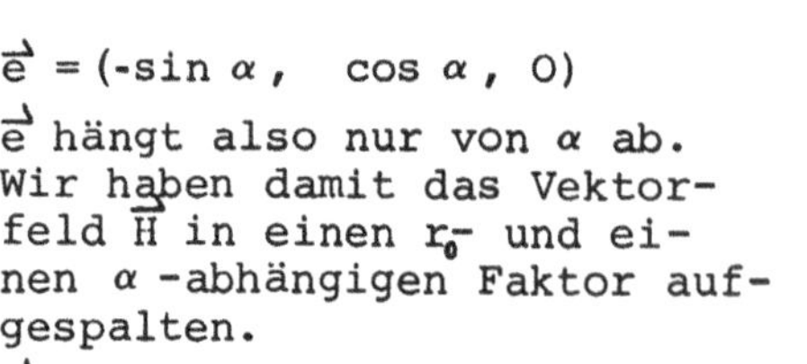

$$\vec{e} = (-\sin\alpha, \quad \cos\alpha, \ 0)$$

$\vec{e}$ hängt also nur von $\alpha$ ab.
Wir haben damit das Vektorfeld $\vec{H}$ in einen $r_0$- und einen $\alpha$-abhängigen Faktor aufgespalten.

$$\vec{H} = f(r_0) \cdot (-\sin\alpha, \quad \cos\alpha, \ 0).$$

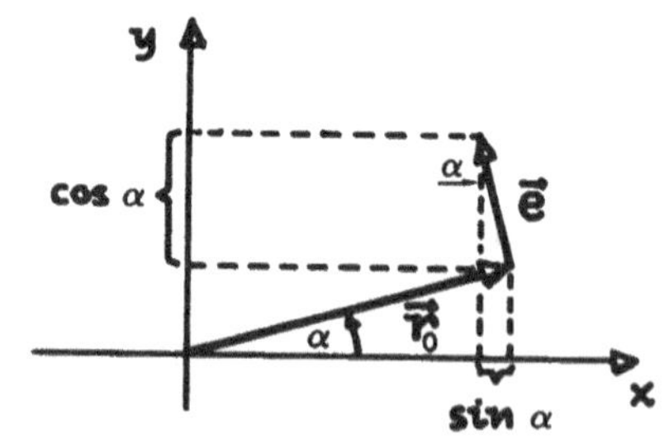

## ÜBUNGSAUFGABEN

10.1 A. Die Wertematrix zu der Funktion $f(x) = x^2y + 6$ ist zu bestimmen.

| y \ x | -2 | -1 | 0 | 1 |
|---|---|---|---|---|
| -2 | | | | |
| -1 | | | | |
| 0 | | | | |
| 1 | | | | |
| 2 | | | | |

B. Welche Flächen werden durch die folgenden Funktionen dargestellt? Fertigen Sie eine Skizze an!

a) $z = -x - 2y + 2$ b) $z = x^2 + y^2$

c) $z = \sqrt{1 - \frac{x^2}{4} - \frac{y^2}{9}}$

10.2 A. Teilen Sie die folgenden Ausdrucke ein
10.3 in skalare Felder, Vektorfelder und sonstige Ausdrücke

a) $\frac{mM}{(x^2 + y^2 + z^2)}$ b) $\frac{mM(x,y,z)}{(x^2 + y^2 + z^2)^{3/2}}$

c) $Ce^{-\frac{x^2+y^2+z^2}{kT}}$ d) $\frac{x^2}{a^2} + \frac{y^2}{b^2} + \frac{z^2}{c^2} = 1$

e) $-mg\vec{e}_z$

B. Berechnen Sie das Vektorfeld

$\vec{A}(x,y,z) = (x^2, y, x^2+y^2+z^2)$

an den Punkten

a) $P_1 = (0,0,1)$ b) $P_2 = (1,1,1)$ c) $P_3 = (1,0,0)$

10.4 A. Geben Sie an, welche Vektorfelder homogen, welche radialsymmetrisch und welche zu keinem der beiden Typen gehören.

a) $a(1,1,0)$

b) $\frac{\vec{r}}{\sqrt{x^2+y^2+z^2}}$

c) $(x,z,y)$

d) $(x,y,z)$

e) $x(1,5,2)$

f) $-mg\vec{e}_z$

g) $\frac{(x,y,z)}{(x^2+y^2+z^2)^5}$

B. Skizzieren Sie die folgenden Vektorfelder:

a) $\vec{A}(x,y,z) = (0,0,1)$

b) " $= 2(1,0,1)$

c) " $= \frac{1}{r}(x,y,z)$

d) " $= \frac{1}{r^2}(x,y,z)$

## LÖSUNGEN

10.1 A Wertematrix

| Y \ X | -2 | -1 | 0 | 1 |
|---|---|---|---|---|
| -2 | -2 | 4 | 6 | 4 |
| -1 | 2 | 5 | 6 | 5 |
| 0 | 6 | 6 | 6 | 6 |
| 1 | 10 | 7 | 6 | 7 |
| 2 | 14 | 8 | 6 | 8 |

B Die Funktion stellt eine Ebene dar. Die Schnittkurven der Fläche sind

1) mit der x-y-Ebene : $y = -\frac{x}{2} + 1$

2) mit der x-z-Ebene : $z = -x + 2$

3) mit der y-z-Ebene : $z = -2y + 2$

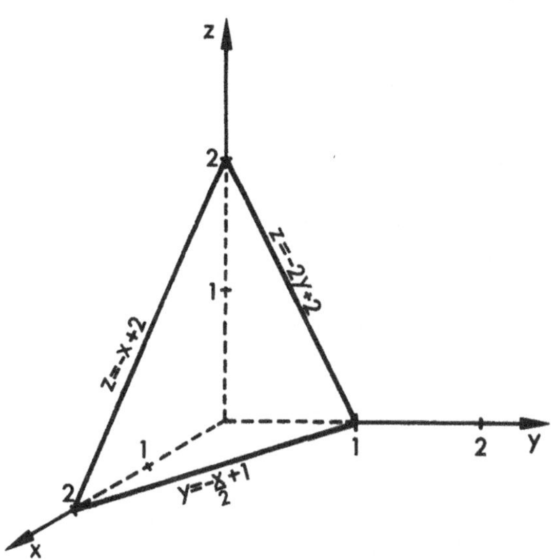

b) Die Funktion $z = x^2 + y^2$ stellt einen Rotationsparaboloid um die z-Achse dar. Schnittkurven mit Ebenen parallel zur z-Achse sind Parabeln. Schnittkurven mit Ebenen parallel zur x-y-Ebene sind Kreise.

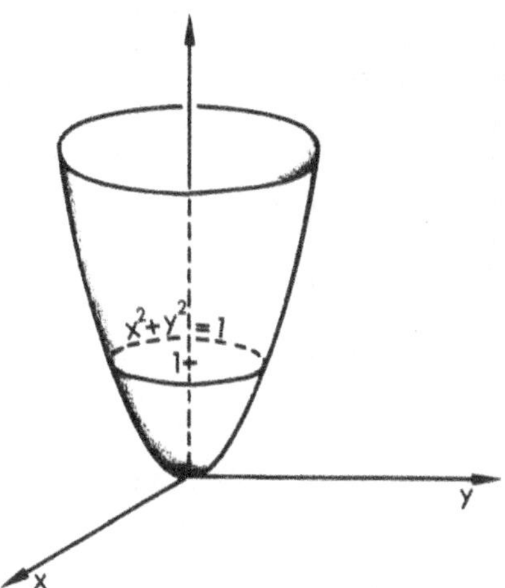


c) Die Funktion $z = \sqrt{1 - \frac{x^2}{4} - \frac{y^2}{9}}$ stellt einen Halbellipsoid über der x-y-Ebene dar.

Die Schnittkurven mit der x-z-Ebene und der y-z-Ebene sind Halbellipsen.

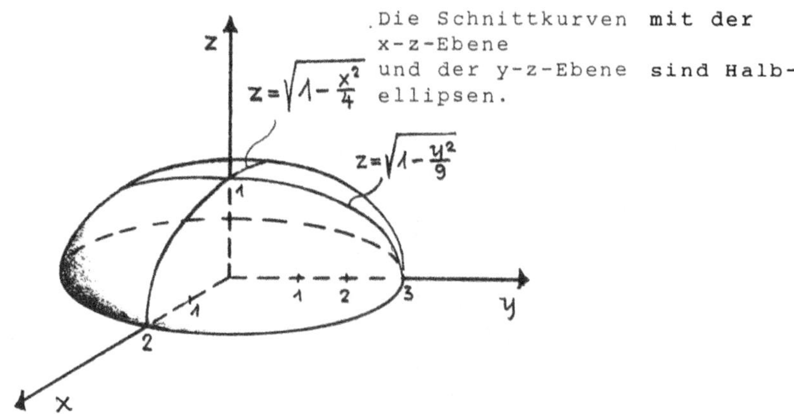


10.2 A Skalare Felder: a), c)
Vektorfelder : b), e)

B a) $\vec{A}(0,0,1) = (0,0,1)$
b) $\vec{A}(1,0,0) = (1,0,1)$

b) $\vec{A}(1,1,1) = (1,1,3)$

10.4 A. Homogenes Vektorfeld : a), f)
Radialsymmetrisches Vektorfeld : b), d), g)

B.

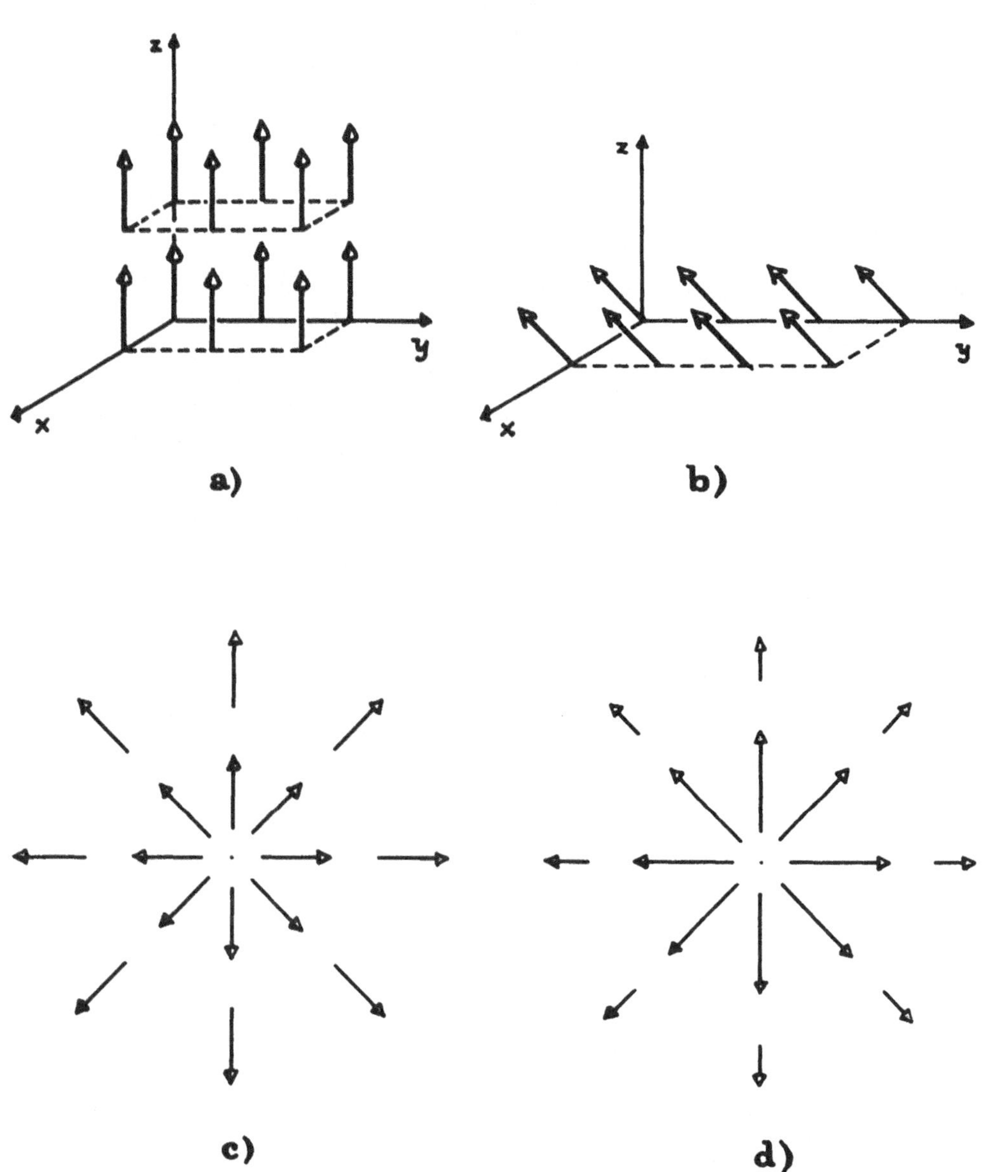

# 11 PARTIELLE ABLEITUNG, TOTALES DIFFERENTIAL UND GRADIENT

## 11.1 DIE PARTIELLE ABLEITUNG

Die geometrische Bedeutung der Ableitung einer Funktion mit einer Variablen ist die Steigung der Tangente an die Funktionskurve.

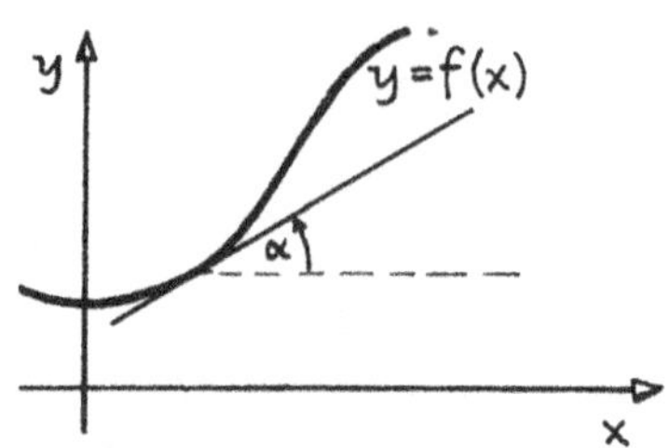


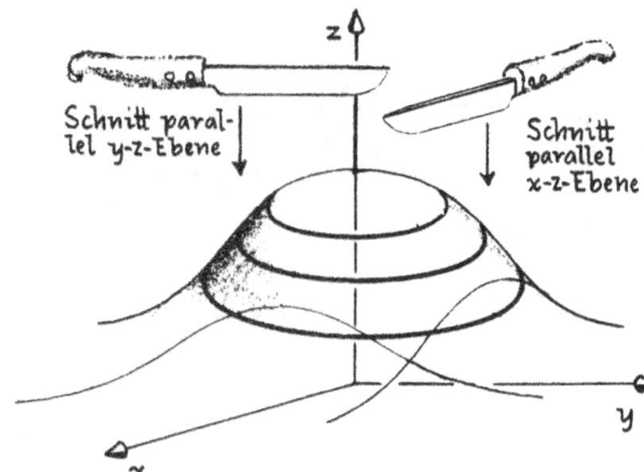


In Abschnitt 10.1 hatten wir die Funktion $z = \frac{1}{1+x^2+y^2}$ als Beispiel für eine Funktion zweier Veränderlicher betrachtet. Sie stellt eine Fläche im dreidimensionalen Raum dar.
Setzen wir eine der Variablen konstant, erhalten wir eine Schnittkurve der Funktion mit einer Ebene.

Zwei Typen von Schnittkurven der Fläche mit Schnittebenen kennen wir bereits:

*Schnittkurven mit Ebenen parallel zur x-z-Ebene:*

Die Schnittebene habe den Abstand $y_o$ von der x-z-Ebene. Die *Gleichung* der *Schnittkurve* erhalten wir, indem wir in die Funktionsgleichung den Abstand $y_o$ einsetzen.

$$z(x) = \frac{1}{1+x^2+y_o^2}$$

z ist dann nur noch eine Funktion von x.

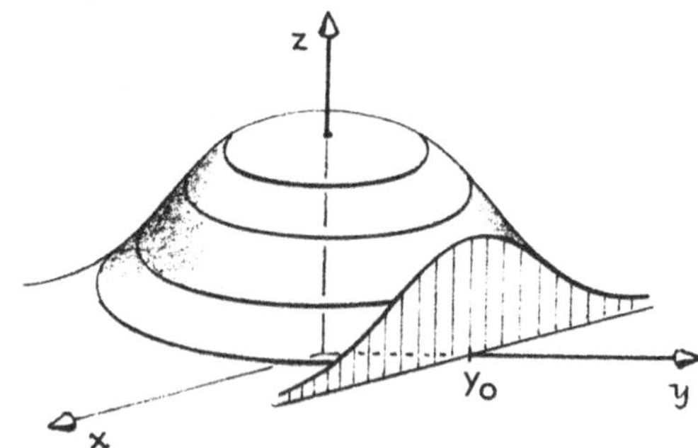

*Schnittkurven mit Ebenen parallel zur y-z-Ebene:*

Die zweite Klasse von Schnittkurven der Funktion $z = \frac{1}{1+x^2+y^2}$ erhielten wir durch Schneiden von $z = f(x,y)$ mit parallelen Ebenen zur y-z-Ebene. Dabei erhielten wir für eine Ebene im Abstand $x_o$ von der y-z-Ebene den Ausdruck

$$z(y) = \frac{1}{1 + x_o^2 + y^2}$$

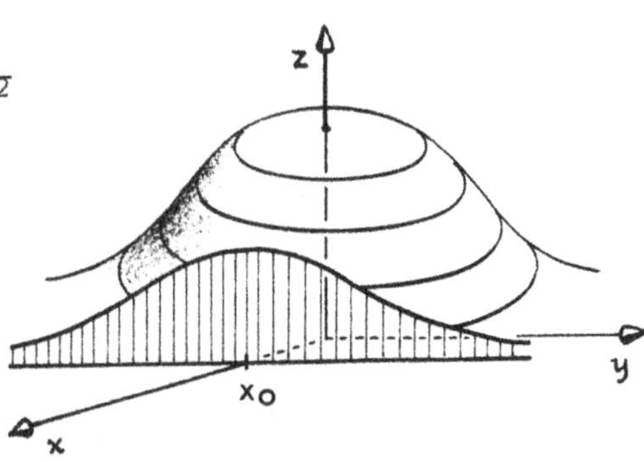


Für die Schnittkurven parallel zur x-z-Ebene können wir die *Steigung* angeben.
Und zwar ist auch hier wie im Falle einer Funktion einer Veränderlichen die Steigung durch die Ableitung der Funktion $z = z(x)$ nach x gegeben.

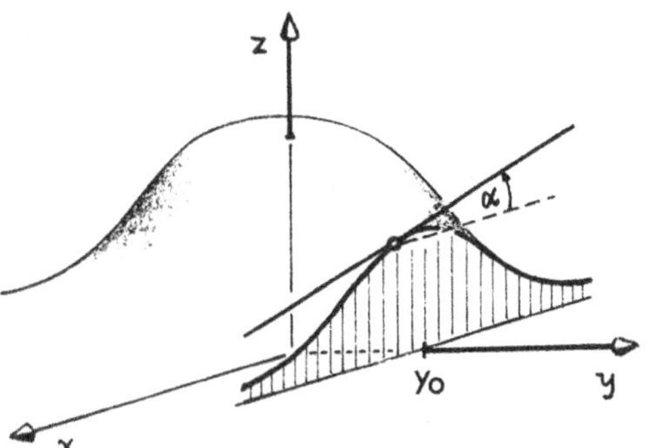


Um diese neue Art der Ableitung - es wird eine Funktion mit zwei Veränderlichen nach *einer* Variablen differenziert - von der bisher gewohnten Ableitung zu unterscheiden, benutzen wir statt des Zeichens d das stilisierte Zeichen $\partial$ (sprich: Delta)

$$\frac{\partial f}{\partial x} = \frac{\partial z}{\partial x} = \frac{\partial}{\partial x}\left[\frac{1}{1 + x^2 + y_o^2}\right]$$

(Sprechweise: Delta f nach Delta x)

Da $y_o$ konstant ist, können wir die Ableitung ausrechnen und bekommen:

$$\frac{\partial f}{\partial x} = - \frac{2x}{(1 + x^2 + y_o^2)^2}$$

Diese Operation nennen wir *partielle Ableitung*. x wird hierbei als veränderliche Größe angesehen. Die Variable y wird als konstante Größe betrachtet.

Für die zweite Klasse von Schnittkurven (diese liegen parallel zur y-z-Ebene) können wir ebenfalls die Steigung angeben.

Die Steigung dieser Kurven ist nun nicht mehr durch die partielle Ableitung nach x gegeben, sondern hier müssen wir die partielle Ableitung nach y bilden. Das ist etwas Neues.

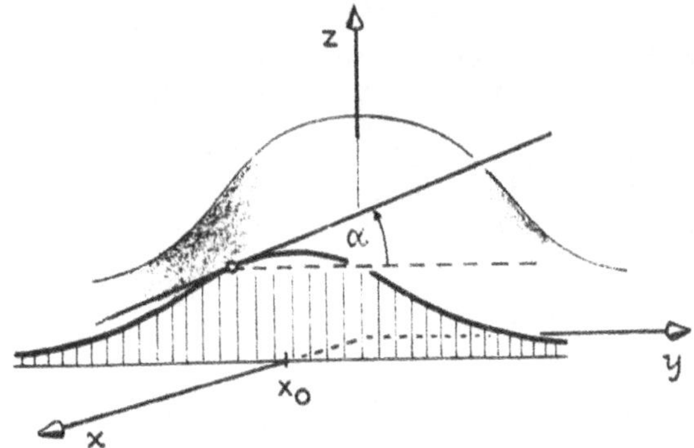


Rechenregel: Bei der partiellen Ableitung nach y wird x als Konstante betrachtet, und nach y wird differenziert:

$$\frac{\partial f}{\partial y} = \frac{\partial z}{\partial y} = -\frac{2y}{(1 + x_o^2 + y^2)^2}$$

Bei Funktionen mit drei Variablen verlieren die partiellen Ableitungen ihre anschauliche geometrische Bedeutung. Hier gibt es genau drei partielle Ableitungen.

| Partielle Ableitung | Rechenregel | Beispiel: $f(x,y,z) = 2x^3y + z^2$ |
|---|---|---|
| Partielle Ableitung nach x | alle Variablen außer x als Konstante behandeln und nach x differenzieren | $\frac{\partial f}{\partial x} = 6x^2y$ |
| Partielle Ableitung nach y | alle Variablen außer y konstant halten und nach y differenzieren | $\frac{\partial f}{\partial y} = 2x^3$ |
| Partielle Ableitung nach z | alle Variablen außer z als Konstante betrachten und nach z differenzieren | $\frac{\partial f}{\partial z} = 2z$ |

Für die partiellen Ableitungen gibt es eine weitere oft benutzte einfache Schreibweise:

f(x,y,z) sei eine Funktion von x, y und z. Dann schreibt man auch:

$\frac{\partial f}{\partial x} = f_x$ mit tiefgestelltem Index.

Entsprechend:

$\frac{\partial f}{\partial y} = f_y$

$\frac{\partial f}{\partial z} = f_z$

Beispiel: $f(x,y,z) = x \cdot y \cdot z$

$f_x = \frac{\partial f}{\partial x} = y \cdot z$

$f_y = \frac{\partial f}{\partial y} = x \cdot z$

$f_z = \frac{\partial f}{\partial z} = x \cdot y$

## 11.1.1 Mehrfache partielle Ableitung

Die partiellen Ableitungen sind wieder Funktionen der unabhängigen Variablen x,y,... . Deshalb können wir sie erneut partiell differenzieren.

Beispiel: Es sei $f(x,y,z) = \frac{x}{y} + 2z$.
Wir suchen

$\frac{\partial}{\partial x}(\frac{\partial}{\partial y}f(x,y,z))$

Hier ist die Schreibweise mit dem tiefgestellten Index besonders übersichtlich.

$\frac{\partial}{\partial x}\left(\frac{\partial f}{\partial y}\right) = \frac{\partial}{\partial x} f_y = f_{yx}$

Reihenfolge: zuerst wird nach y differenziert, dann nach x. Die Indexkette wird von rechts nach links abgearbeitet[1]).

Wir bilden zuerst die partielle Ableitung nach y für $f(x,y,z) = \frac{x}{y} + 2z$.

$\frac{\partial f}{\partial y} = f_y = -\frac{x}{y^2}$

Dann differenzieren wir $f_y$ nach x:

$\frac{\partial}{\partial x}(f_y) = f_{xy} = -\frac{1}{y^2}$

1) Bei den meisten in der Physik vorkommenden Funktionen gilt bei mehrfachen partiellen Ableitungen $f_{xy} = f_{yx}$. Es gibt aber auch Funktionen, bei denen die Reihenfolge der Ableitung beachtet werden muß und bei denen gilt $f_{xy} \neq f_{yx}$.

## 11.2 DAS TOTALE DIFFERENTIAL

*Funktion zweier Veränderlicher*

Wir betrachten die Funktion $z = \frac{1}{1+x^2+y^2}$. Sie stellt eine Fläche im Raum dar. Auf dieser Fläche gibt es *Linien gleicher Höhe z*. Sehen wir senkrecht von oben auf die x-y-Ebene, so erhalten wir die Projektionen dieser Linien gleicher Höhe auf die x-y-Ebene. Diese Projektionen heißen *Höhenlinien*, weil mit ihrer Hilfe auf Landkarten Gebirgszüge dargestellt werden, die ja auch Flächen im Raum sind.

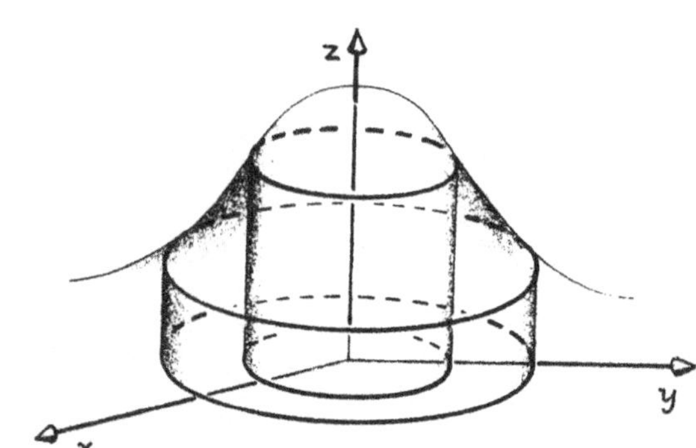


In unserem Fall erhalten wir als Höhenlinien eine Reihe von ineinanderliegenden Kreisen. Die Linien gleicher Höhe sind hier Kreise im Raum.

Wir betrachten jetzt die Linien gleicher Höhe mit äquidistanten Höhenabständen. Dann liegen die zugehörigen Höhenlinien in der x-y-Ebene dort am dichtesten, wo unser "Berg" am steilsten ist.
Denn der Zuwachs in x- und y-Richtung ist beim Übergang von einer Linie gleicher Höhe zur nächsten dort am geringsten, wo die Fläche am steilsten ist.

Die Linien gleicher Höhe werden durch zwei Gleichungen beschrieben[1]:

1) $z = c_i$

2) $c_i = \frac{1}{1 + x^2 + y^2}$

Die zweite Gleichung ist gleichzeitig die Gleichung für die Höhenlinien in der x-y-Ebene.
Wir zeigen nun, daß die Höhenlinien Kreise sind. Wir lösen $c_i = \frac{1}{1+x^2+y^2}$ nach $(x^2+y^2)$ auf und erhalten

$$x^2 + y^2 = \frac{1}{c_i} - 1$$

---

1) Die Linie gleicher Höhe ist die Schnittkurve der Ebene $z = c_i$ mit der Fläche $z = \frac{1}{1 + x^2 + y^2}$.

Aus der letzten Beziehung sehen wir, daß wir eine Kreisgleichung für einen Kreis mit dem Radius $R = \sqrt{\frac{1}{c_i^2} - 1}$ erhalten haben.
Je größer wir die Höhe $c_i$ wählen, desto kleiner ist der Kreisradius.

Wir suchen nun die *Richtung* des steilsten Anstiegs oder Abfalls der Fläche $z = \frac{1}{1 + x^2 + y^2}$ .

Aus nebenstehender Zeichnung sieht man, daß der "Berg" in unserem Beispiel offenbar in radialer Richtung am steilsten abfällt.
Geht man vom Punkt A' in der *x-y-Ebene* einmal um die Strecke dr

a) in beliebiger Richtung $\vec{dr}$;

b) senkrecht zu einer Höhenlinie $\vec{dr}_2$;

c) entlang einer Höhenlinie $\vec{dr}_3$;

so entspricht das auf der Fläche

$$z = \frac{1}{1 + x^2 + y^2}$$

den Wegen $\vec{AC}$, $\vec{AB}$, $\vec{AD}$.

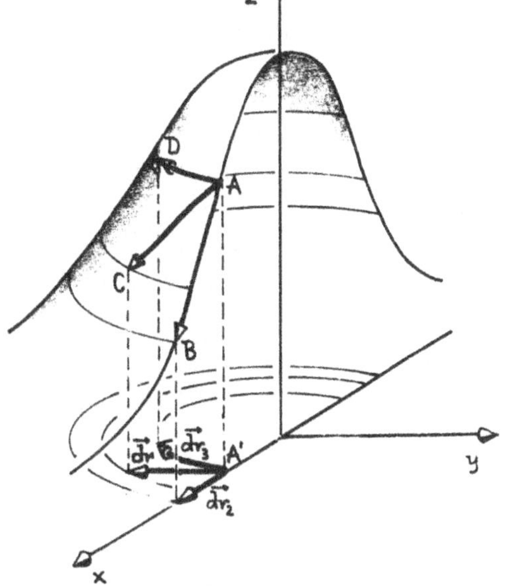


Für den Weg $\vec{AD}$ entlang einer Linie gleicher Höhe ist

$$dz_{\vec{AD}} = 0$$

Am stärksten verändert sich die Funktion z auf dem Weg $\vec{AB}$ senkrecht zu den Linien gleicher Höhe.

Für alle übrigen Wege gilt

$$0 \leq dz \leq dz_{\vec{AB}},$$

also auch

$$0 \leq dz_{\vec{AC}} \leq dz_{\vec{AB}}.$$

Wir stellen uns jetzt die Frage, wie sich die Funktion $z = f(x,y)$ ändert, wenn wir ein Stück $\vec{dr}$ in einer beliebigen Richtung $\vec{dr} = (dx, dy)$ gehen.

Die Änderung von f(x,y) erhalten wir in zwei Schritten:

1) Wir gehen um dx in x-Richtung (y bleibt dabei konstant)
2) Wir gehen um dy in y-Richtung (x bleibt dabei konstant)

Der Gesamtweg ist in Vektorschreibweise:

$$\vec{dr} = dx\vec{e}_x + dy\vec{e}_y$$

1. Schritt:

Die Änderung bei einer Funktion mit einer unabhängigen Variablen - y = f(x) - war in erster Näherung gegeben durch das Differential

$$\frac{df(x)}{dx}dx$$

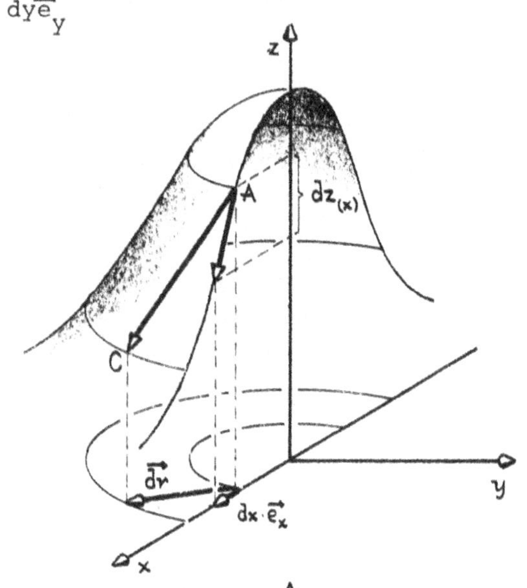


Jetzt haben wir eine Funktion zweier Veränderlicher z = f(x,y). Als Maß für die Änderung von z in x-Richtung (y bleibt dabei konstant) erhalten wir sinngemäß

$$dz_{(x)} = \frac{\partial f(x,y)}{\partial x}dx$$

2. Schritt:

Analog erhalten wir als Maß für die Änderung von z wenn wir in y-Richtung um dy gehen, den Wert

$$dz_{(y)} = \frac{\partial f}{\partial y}dy$$

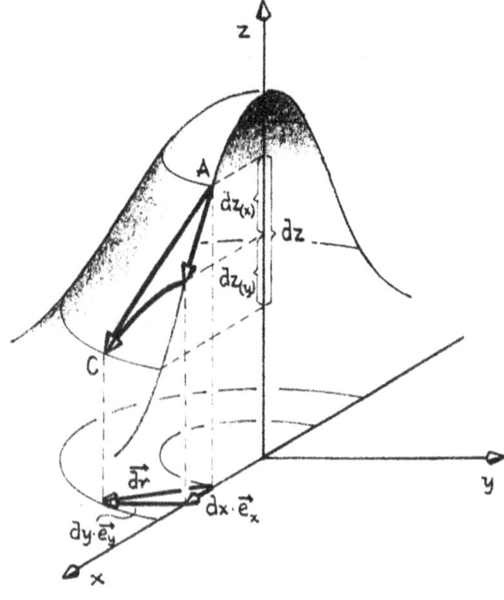

Die Gesamtänderung ergibt sich als Summe der beiden Teiländerungen.

$$dz = dz_{(x)} + dz_{(y)} = \frac{\partial f}{\partial x}dx + \frac{\partial f}{\partial y}dy.$$

Definition: Das *totale Differential* der Funktion $z = f(x,y)$ ist die Größe

$$dz = \frac{\partial f}{\partial x}dx + \frac{\partial f}{\partial y}dy$$

Das totale Differential ist ein Maß für die Änderung der Funktion $z = f(x,y)$, wenn wir vom Punkt $P = (x,y)$ ein Stück in die Richtung $d\vec{r} = (dx,dy)$ gehen.

1. Beispiel: Die Funktion

$$z = x^2 + y^2$$

hat das totale Differential

$$dz = 2xdx + 2ydy$$

2. Beispiel: Die Funktion

$$f(x,y) = \frac{1}{1+x^2+y^2}$$

hat das totale Differential

$$dz = \frac{-2x}{(1+x^2+y^2)^2}dx - \frac{2y}{(1+x^2+y^2)^2}dy$$

*Verallgemeinerung auf Funktionen dreier Veränderlicher*

Im Falle einer Funktion dreier Veränderlicher $f(x,y,z)$ verallgemeinert man das *totale Differential* entsprechend zu

$$df = \frac{\partial f}{\partial x}dx + \frac{\partial f}{\partial y}dy + \frac{\partial f}{\partial z}dz$$

Auch hier ist das totale Differential ein Maß für die Änderung der Funktion $z = f(x,y,z)$. Wenn wir ein Stück in die Richtung $d\vec{r}=(dx,dy,dz)$ gehen, ändert sich die Funktion $f(x,y,z)$ um den durch das totale Differential gegebenen Betrag.

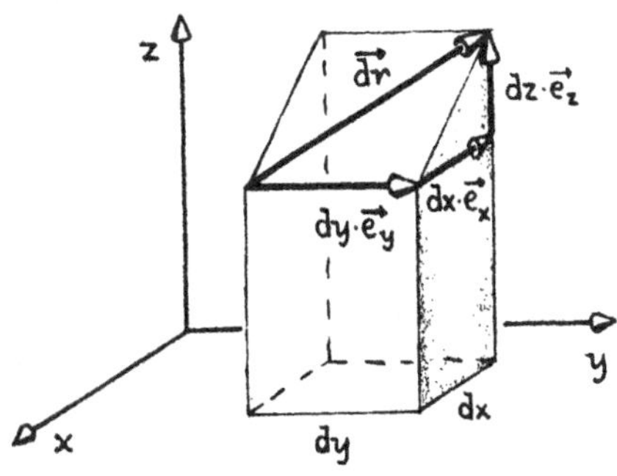


Beispiel: $f(x,y,z) = x \cdot y \cdot z$

Das totale Differential ist

$$df = yz \cdot dx + xz \cdot dy + xy \cdot dz$$

## 11.3 Der Gradient

### 11.3.1 Gradient bei Funktionen zweier Veränderlicher

Das totale Differential einer Funktion zweier Veränderlicher $z = f(x,y)$ war definiert als $dz = \frac{\partial f}{\partial x}dx + \frac{\partial f}{\partial y}dy$.

Behauptung: Wenn wir mit $\vec{dr} = dx\vec{e}_x + dy\vec{e}_y$ das Wegelement bezeichnen und mit $\frac{\partial f}{\partial x}\vec{e}_x + \frac{\partial f}{\partial y}\vec{e}_y$ einen neuen Vektor definieren, läßt sich das totale Differential formal schreiben als ein Skalarprodukt zwischen den Vektoren $(\frac{\partial f}{\partial x}\vec{e}_x + \frac{\partial f}{\partial y}\vec{e}_y)$ und $\vec{dr}$.

Diese Behauptung verifizieren wir.

Aus $$dz = (\frac{\partial f}{\partial x}\vec{e}_x + \frac{\partial f}{\partial y}\vec{e}_y)\cdot(dx\vec{e}_x + dy\vec{e}_y)$$ folgt

$$dz = \frac{\partial f}{\partial x}dx\vec{e}_x\cdot\vec{e}_x + \frac{\partial f}{\partial y}dy\vec{e}_y\cdot\vec{e}_y + \frac{\partial f}{\partial x}dy\vec{e}_x\cdot\vec{e}_y + \frac{\partial f}{\partial y}dx\vec{e}_y\cdot\vec{e}_x$$

$$dz = \frac{\partial f}{\partial x}dx + \frac{\partial f}{\partial y}dy$$

Damit ist unsere Behauptung bewiesen.

Definition: Der Vektor $(\frac{\partial f}{\partial x}, \frac{\partial f}{\partial y})$ heißt *Gradient* der Funktion $z = f(x,y)$.

Abkürzung:
$\text{grad } f(x,y) = (\frac{\partial f}{\partial x}, \frac{\partial f}{\partial y})$

Der Gradient hat zwei anschauliche Eigenschaften:

Der Gradient steht senkrecht auf den Höhenlinien und zeigt in diejenige Richtung, in der sich die Funktionswerte $z = f(x,y)$ am stärksten ändern.

Der Betrag des Gradienten ist ein Maß für die Änderung des Funktionswertes senkrecht zu den Höhenlinien.

Diese beiden Eigenschaften wollen wir jetzt herleiten. Betrachten wir zunächst das Skalarprodukt

$$\text{grad } f \cdot \vec{dr} = dz$$

Legen wir $\vec{dr}$ in eine der Höhenlinien, dann gilt dz = 0. Denn eine Höhenlinie ist die Projektion einer Linie gleicher Höhe. Bei der Bewegung auf dieser Linie ändert sich z nicht und deshalb muß dafür dz = 0 gelten. Daraus folgt aber auch

$$df = \text{grad } f \cdot \vec{dr} = 0$$

Aus Lektion 6, Vektoren II, wissen wir: Das Skalarprodukt zweier Vektoren, von denen keiner der Nullvektor ist, verschwindet genau dann, wenn die beiden Vektoren senkrecht aufeinander stehen. Da weder grad f noch $\vec{dr}$ ein Nullvektor ist, stehen grad f und $\vec{dr}$ senkrecht aufeinander. Daraus folgt:

*Der Gradient steht senkrecht auf der Höhenlinie.*

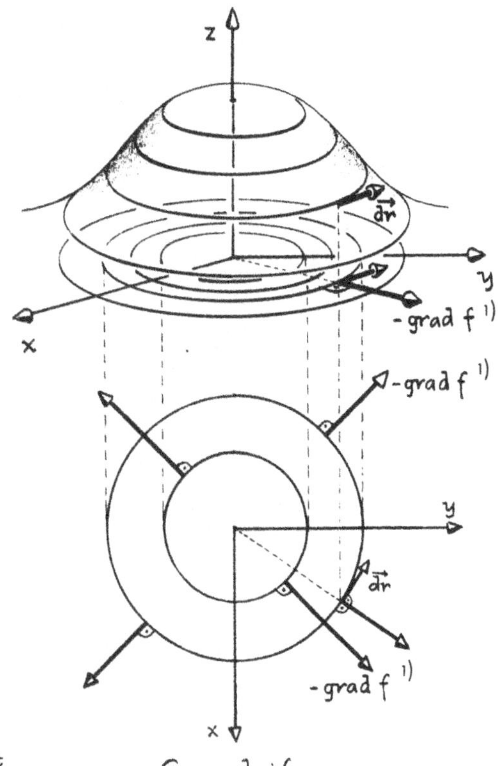


Dieses Ergebnis wollen wir an unserem Beispiel

$f(x,y) = \frac{1}{1+x^2+y^2}$ verifizieren.

Es ist grad $f = -\left[\frac{2x}{(1+x^2+y^2)^2}, \frac{2y}{(1+x^2+y^2)^2}\right]$. Dies ist ein Radialvektor, und er steht damit senkrecht auf den Höhenlinien um den Koordinatenursprung.

Das Differential df gibt die Änderung des Funktionswertes bei einem Zuwachs der Koordinaten x und y um dx und dy an.

Wir kommen jetzt zur 2. Eigenschaft des Gradienten.

Frage: In welcher Richtung ändert sich die Funktion z = f(x,y) bei gleichem $\vec{dr}$ am meisten? Wir suchen das Maximum von df.

Es ist $\qquad df = \text{grad } f \cdot \vec{dr} = |\text{grad } f|\,|\vec{dr}| \cos\alpha$

α ist der Winkel zwischen grad f und $\vec{dr}$.

grad f ist im Punkt P = (x,y) ein fester Vektor, der senkrecht auf der Höhenlinie steht. Wir lassen jetzt $\vec{dr}$ verschiedene Richtungen annehmen und sehen nach, wie sich df dabei ändert. Der Betrag von $\vec{dr}$ ist konstant. Variabel ist allein die Richtung von $\vec{dr}$ und damit cos α.

---

1) Der Gradient zeigt in die Richtung zunehmender Funktionswerte. Weil es sich hier leichter zeichnen ließ, ist der negative Gradient gezeichnet, der in die Richtung abnehmender Funktionswerte zeigt.

Das Maximum von cos $\alpha$ liegt bei $\alpha = 0$ mit cos 0 = 1. Dann haben grad f und $d\vec{r}$ die gleiche Richtung. Dies bedeutet aber, daß der Gradient in die Richtung der größten Änderung der Funktion df zeigt.

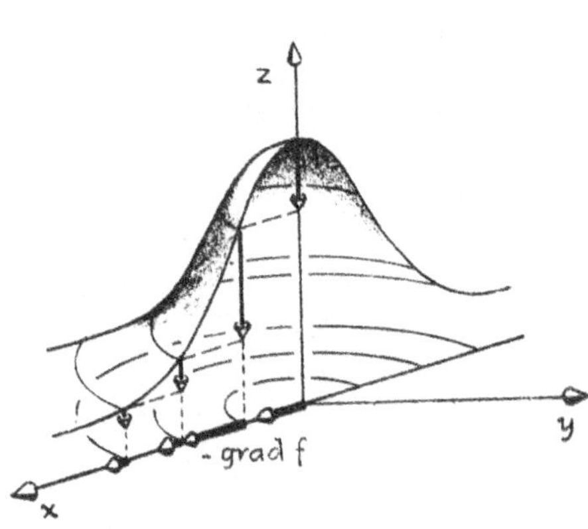


Wir hatten dieses Ergebnis für unser Beispiel

$$z = \frac{1}{1 + x^2 + y^2}$$

bei der Behandlung des totalen Differentials df bereits anschaulich erhalten.

Es gibt eine Reihe von Bezeichnungen für den Gradienten von z. Üblich sind:

$$\text{grad } f = \text{grad } z = \frac{\partial f}{\partial x}i + \frac{\partial f}{\partial y}j$$

oder

$$\text{grad } f = \left(\frac{\partial f}{\partial x}, \frac{\partial f}{\partial y}\right)$$

oder

$$\text{grad } f = \vec{\nabla} f$$

$\vec{\nabla}$ wird *Nabla-Operator* genannt und es gilt formal

$$\vec{\nabla} = \left(\frac{\partial}{\partial x}, \frac{\partial}{\partial y}\right)$$

Mit Hilfe des Nabla-Operators läßt sich die Schreibweise oft verkürzen. Der Nabla-Operator wird formal so behandelt wie ein Vektor. Die Multiplikation des Nabla-Operators mit einer skalaren Größe führt dann zu einem Vektor.

$$\vec{\nabla}\cdot f(x,y) = \left(\frac{\partial}{\partial x}, \frac{\partial}{\partial y}\right)\cdot f(x,y) = \left(\frac{\partial f}{\partial x}, \frac{\partial f}{\partial y}\right)$$

## 11.3.2 Gradient bei Funktionen dreier Veränderlicher

Gegeben sei eine Funktion der drei Veränderlichen x,y und z. Das ist ein skalares Feld $\varphi = \varphi(x,y,z)$ (siehe Abschnitt 10.2) Die Gesamtheit der Raumpunkte, in denen das skalare Feld den Wert C annimmt, bildet eine Fläche im Raum. Diese Flächen, auf denen der Funktionswert $\varphi(x,y,z)$ überall den gleichen Wert hat, werden *Flächen gleichen Niveaus* oder *Niveauflächen*[1] genannt.

**Flächen gleichen Niveaus oder Niveauflächen sind festgelegt durch die Bestimmungsgleichung**

$$\varphi(x,y,z) = c = \text{const.}$$

Diese Beziehung können wir nach z auflösen und erhalten die Gleichung der Niveaufläche

$$z = g(x,y) \qquad \text{(siehe Abschnitt 10.1)}$$

Wir wollen jetzt den Begriff des Gradienten auf Funktionen mit drei Veränderlichen übertragen. Sinngemäß erhalten wir

$$\text{grad } f(x,y,z) = \left(\frac{\partial f}{\partial x}, \frac{\partial f}{\partial y}, \frac{\partial f}{\partial z}\right)$$

**Seine Eigenschaften bleiben erhalten. Nur ist jetzt der Gradient ein Vektor im dreidimensionalen Raum und der Begriff der Höhenlinien muß ersetzt werden durch Flächen gleichen Niveaus oder Niveauflächen: Damit besitzt der Gradient bei Funktionen dreier Veränderlicher folgende anschauliche Eigenschaften:**

Der Gradient steht senkrecht auf Flächen gleichen Funktionswertes.

Der Betrag des Gradienten ist ein Maß für die Änderung des Funktionswertes senkrecht zu den Niveauflächen.

---

1) Physikalisches Beispiel: Temperaturverteilung - Flächen gleichen Niveaus sind Flächen gleicher Temperatur (Isothermen).

1. Beispiel: Welche Flächen gleichen Niveaus hat die Funktion $f(x,y,z) = -x-y+z$ ?

Wir setzen $f(x,y,z) = c$:

$$c = -x-y+z$$

oder

$$z = x+y+c$$

Diese Fläche ist eine Ebene, die mit einem Winkel von 45° gegen die x-y-Ebene geneigt ist und den Abstand c vom Koordinatenursprung hat. Rechts sind für den ersten Quadranten der x-y-Ebene je ein Flächenausschnitt für c = 0 und positives c skizziert.

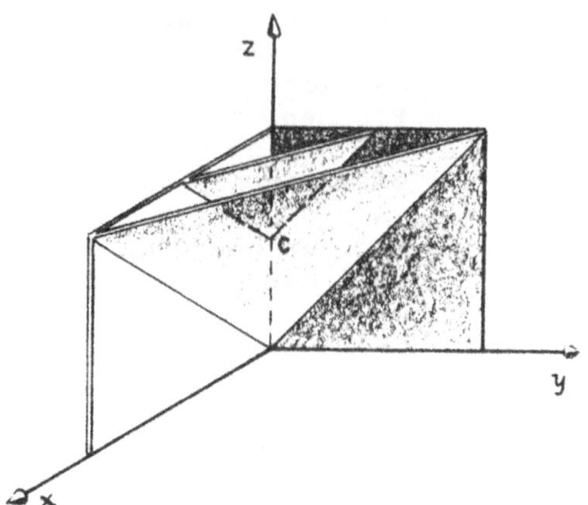


Berechnen wir den Gradienten von $f(x,y,z)$ und überprüfen wir, ob er senkrecht auf dieser Ebene steht.

$$\text{grad } f(x,y,z) = (-1, -1, 1)$$

Tragen wir diesen Vektor im Punkt (0, 0, c) in die letzte Skizze ein, dann steht er senkrecht auf der Ebene, die durch $z = x + y + c$ gebildet wird.

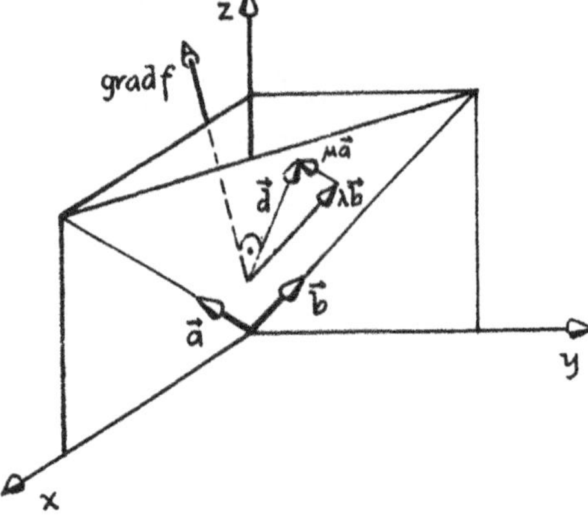


Beweis: Ein beliebiger Vektor $\vec{d}$, der in der Ebene liegt, kann als Linearkombination der beiden Einheitsvektoren $\vec{a}$ und $\vec{b}$ geschrieben werden. $\vec{a}$ und $\vec{b}$ liegen in der Schnittgeraden der x-z-Ebene bzw. y-z-Ebene mit der Ebene $z = x + y + c$.

Es gilt:

$$\vec{a} = \frac{1}{\sqrt{2}}(1,0,1), \quad \vec{b} = \frac{1}{\sqrt{2}}(0,1,1)$$

und damit

$$\vec{d} = \mu\vec{a} + \lambda\vec{b} = \frac{1}{\sqrt{2}}(\mu,\lambda,\mu+\lambda)$$

Das Skalarprodukt von $\vec{d}$ mit grad f muß verschwinden, wenn beide senkrecht aufeinander stehen.

$$\vec{d}\cdot\text{grad } f = \frac{1}{\sqrt{2}}(\mu,\lambda,\mu+\lambda)\cdot(-1,-1,1)$$

$$= \frac{1}{\sqrt{2}}(-\mu-\lambda+\mu+\lambda) = 0.$$

Also steht grad f senkrecht auf der Ebene $z = x + y + c$.

2. Beispiel: **Bestimmung der** Niveauflächen des skalaren Feldes

$$\varphi(x,y,z) = \frac{A}{x^2+y^2+z^2} = \frac{A}{r^2}$$

Die Niveauflächen sind durch die Gleichung $\varphi(x,y,z) = c$ definiert. In unserem Falle erhalten wir die Niveauflächen aus der Gleichung

$$\frac{A}{x^2 + y^2 + z^2} = c$$

Auflösen nach z liefert die beiden Gleichungen

$z_1 = \sqrt{\left(\frac{A}{c}\right) - x^2 - y^2}$, d.h. eine Kugelschalenhälfte über der x-y-Ebene

$z_2 = -\sqrt{\left(\frac{A}{c}\right) - x^2 - y^2}$, die entsprechende Hälfte unterhalb der x-y-Ebene

Die Niveauflächen sind also Kugelschalen mit dem Radius

$$R = \sqrt{\frac{A}{c}}$$

Bilden wir nun den Gradienten von $\varphi$.

$$\text{grad } \varphi = -2\frac{A}{r^4}(x,y,z)$$

Dies ist ein Radialvektor, der seinen Anfangspunkt auf der Niveaufläche hat.
Das heißt aber, daß der Vektor grad $\varphi$ senkrecht auf der Niveaufläche steht, weil sie eine Kugelschale ist. Damit ist die Eigenschaft des Gradienten, daß er senkrecht auf den Niveauflächen steht, für unser Beispiel bewiesen.

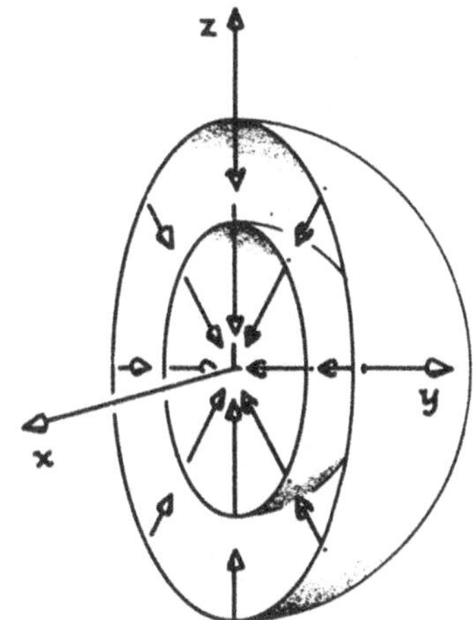


Unserem Beispiel können wir weiterhin entnehmen, daß der Gradient in die Richtung der stärksten Änderung von $\varphi$ zeigt.

Der Betrag von grad $\varphi = -2\frac{A}{r^4}(x,y,z)$ ist

$$|\text{grad } \varphi| = 2\frac{A}{r^3}$$

Er ist ein Maß dafür, wie stark sich die Funktionswerte in radialer Richtung ändern. Je näher wir dem Koordinatenursprung kommen ($r \rightarrow 0$), um so stärker ändern sich $\varphi$ und grad $\varphi$.

Anhand unseres Beispiels haben wir damit folgende Eigenschaften des Gradienten verifiziert:

Der Gradient einer Funktion $\varphi(x,y,z)$ ist ein Vektor:

$$\text{grad}\ \varphi = \left(\frac{\partial\varphi}{\partial x}, \frac{\partial\varphi}{\partial y}, \frac{\partial\varphi}{\partial z}\right)$$

Der Gradient steht senkrecht auf den Niveauflächen $\varphi$ = const. und zeigt in die Richtung der größten Veränderung der Funktionswerte $\varphi = \varphi(x,y,z)$.

Der Betrag des Gradienten ist ein Maß für die Änderung des Funktionswertes senkrecht zu den Niveauflächen.

## ÜBUNGSAUFGABEN

11.1 A Bilden Sie die partiellen Ableitungen nach x, y und ggf. nach z von den Funktionen

a) $f(x,y) = \sin x + \cos y$ b) $f(x,y) = x^2 \sqrt{1 - y^2}$

c) $f(x,y) = e^{-(x^2+y^2)}$ d) $f(x,y,z) = xyz + xy + z$

B Berechnen Sie die Steigung der Tangente in x- und y-Richtung an die Fläche $z = x^2 + y^2$ im Punkt $P = (0,1)$

11.1.1 Berechnen Sie die partiellen Ableitungen $f_{xx}$, $f_{xy}$, $f_{yx}$ und $f_{yy}$ von der Funktion

$z = R^2 - x^2 - y^2$

11.2 A Bestimmen Sie die Linien gleicher Höhe, die den Abstand 0,5 von der x-y-Ebene haben, auf den Flächen

a) $z = \sqrt{1 - \frac{x^2}{4} - \frac{y^2}{9}}$ b) $z = - x - 2y + 2$

Geben Sie die Funktionskurven für die zugehörigen Höhenlinien an.

B Berechnen Sie das totale Differential für die Funktionen

a) $z = \sqrt{1 - x^2 - y^2}$ b) $z = x^2 + y^2$

c) $f(x,y,z) = \frac{1}{\sqrt{x^2 + y^2 + z^2}}$

11.3.1 Von den skalaren Feldern (x,y) sind der Gradient und die Höhenlinien zu berechnen. $\varphi$ beschreibt eine Fläche.

a) $\varphi = - x - 2y + 2$ b) $\varphi = \sqrt{1 - \frac{x^2}{4} - \frac{y^2}{9}}$

c) $\varphi = \frac{10}{\sqrt{x^2 + y^2}}$

11.3.2 A Welche Form haben die Niveauflächen der skalaren Felder

a) $\varphi(x,y,z) = (x^2 + y^2 + z^2)^{3/2}$ c) $\varphi(x,y,z) = x + y - 3z$

b) $\varphi(x,y,z) = x^2 + y^2$

B Berechnen Sie die Gradienten für diese drei skalaren Felder.

## LÖSUNGEN

11.1 A a) $f_x = \cos x$ $\quad f_y = -\sin x$

b) $f_x = 2x\sqrt{1 - y^2}$ $\quad f_y = \dfrac{-x^2y}{\sqrt{1 - y^2}}$

c) $f_x = -2xe^{-(x^2+y^2)}$ $\quad f_y = -2ye^{-(x^2+y^2)}$

d) $f_x = yz + y$ $\quad f_y = xz + x$ $\quad f_z = xy + 1$

B Tangente in x-Richtung: $2x$
Steigung in x-Richtung in Punkt P : 0

Tangente in y-Richtung: $2y$
Steigung in y-Richtung im Punkt P : 2

11.1.1 $f_{xx} = -2$ $\quad f_{yx} = 0$
$f_{xy} = 0$ $\quad f_{yy} = -2$

11.2 A
a) $z = 0{,}5 = \sqrt{1 - \frac{x^2}{4} - \frac{y^2}{9}}$

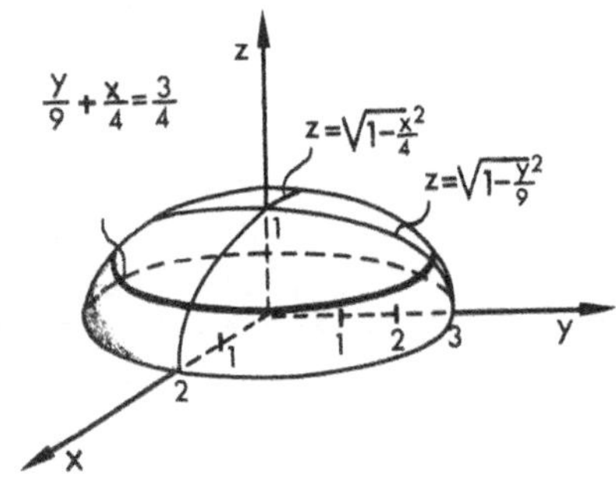


Die Höhenlinie ist durch die Beziehung $\frac{y^2}{9} + \frac{x^2}{4} = \frac{3}{4}$ gegeben. Dies ist eine Ellipse.

b) $z = 0{,}5 = -x - 2y + 2$

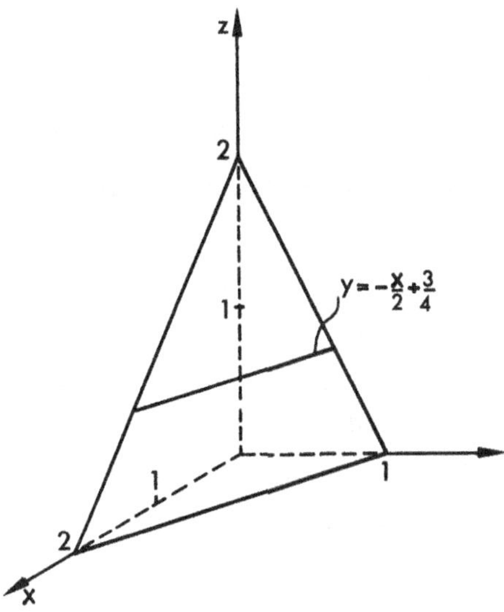


Gleichung der Höhenlinie: $y = -\frac{x}{2} + \frac{3}{4}$

11.2 B a) $dz = \dfrac{-xdx}{\sqrt{1 - x^2 - y^2}} - \dfrac{ydy}{\sqrt{1 - x^2 - y^2}}$

b) $dz = 2xdx + 2ydy$

c) $dz = -\dfrac{1}{\sqrt{x^2 + y^2 + z^2}^3}(xdx + ydy + zdz)$

11.3.1 a) grad $\varphi = (-1,-2)$
Die Höhenlinien sind Geraden mit der Gleichung

$$y = -\frac{x}{2} + 1 + \frac{c}{2}$$

b) grad $\varphi = \dfrac{-1}{\sqrt{1 - \frac{x^2}{4} - \frac{y^2}{9}}}\left(\frac{x}{4}, \frac{y}{9}\right)$

Die Höhenlinien sind Ellipsen, die die Gleichung

$$c^2 - 1 = -\frac{x^2}{4} - \frac{y^2}{9}$$

erfüllen.

c) grad $\varphi = -\frac{10}{\sqrt{(x^2 + y^2)^3}}(x,y)$

Die Höhenlinien sind Kreise mit dem Radius c.

11.3.2 A

a) Die Niveauflächen sind Kugelschalen, die die Gleichung

$$c^{\frac{2}{3}} = x^2 + y^2 + z^2$$

erfüllen.

b) Die Niveauflächen sind Zylinder mit dem Radius $c^{\frac{1}{2}}$ und erfüllen die Gleichung

$$x^2 + y^2 = c$$

c) Die Niveauflächen sind Ebenen mit der Gleichung

$$z = \frac{x}{3} + \frac{y}{3} - \frac{c}{3}$$

B

a) grad $\varphi = 3(x^2 + y^2 + z^2)^{\frac{1}{2}}(x,y,z)$

b) grad $\varphi = (2x,\ 2y,\ 0)$

c) grad $\varphi = (1,\ 1,\ -3)$

## Anhang I: Grundbegriffe der Mengenlehre

*Menge:* Unter einer *Menge* versteht man die Zusammenfassung von Objekten nach einem gemeinsamen Merkmal. Die Objekte müssen sich nach dem Merkmal so klassifizieren lassen, daß eindeutig feststellbar ist, ob sie dieses Merkmal aufweisen oder nicht. Je nachdem sagt man, das Objekt gehört zur Menge oder nicht.

*Element:* Die einzelnen Objekte, die zur Menge gehören, bezeichnet man als *Elemente* der Menge.

Wir bezeichnen die Menge mit Großbuchstaben (z.B. A) und die Elemente mit Kleinbuchstaben (z.B. a).

Zur Charakterisierung einer Menge werden geschweifte Klammern benutzt. Als symbolische Schreibweise verwenden wir:

$$A = \{a;\ a \text{ hat die Eigenschaft } E\}$$

Beispiel 1: Die Menge G der ganzen Zahlen zwischen 0 und 10 läßt sich wie folgt schreiben:

$$G = \{a;\ a \text{ ist eine ganze Zahl und es gilt } 1 \leq a \leq 9\}$$

Eine Menge kann man auch dadurch definieren, daß man ihre Elemente aufzählt, z.B. läßt sich die Menge G wie folgt schreiben:

$$G = \{1,2,3,4,5,6,7,8,9\}$$

Um zu kennzeichnen, daß a ein Element aus der Menge A ist, schreibt man $a \in A$.

Mengen können endlich viele Elemente enthalten wie beim ersten Beispiel; die Anzahl der Elemente kann auch unendlich groß sein.

Beispiel 2: Die Menge Z der positiven ganzen Zahlen $\neq 0$

$$Z = \{2,4,6,\ldots,2n,\ldots\}$$

Z hat unendlich viele Elemente.

*Teilmenge:* Eine Menge B heißt *Teilmenge* der Menge A - geschrieben $B \subset A$ - wenn alle Elemente von B auch zu A gehören.

Beispiel 3: Die Menge $B = \{1,2,4,5\}$ ist Teilmenge von $A = \{1,2,3,4,5,6,7\}$

Mengen lassen sich durch geschlossene Linien veranschaulichen. Gilt z.B. $A \subset B$, so läßt sich dieser Sachverhalt durch das folgende Mengenbild darstellen (s. Abb.). Solche Mengenbilder nennt man auch *Venndiagramme*.

Zwei Mengen A und B sind *gleich* - geschrieben A = B - wenn gilt $A \subset B$ und $B \subset A$, d.h., wenn A und B dieselben Elemente haben.

Beispiel 4: Die Mengen $A = \{3,7,5,2\}$ und $B = \{2,3,5,7\}$ sind gleich. Die Reihenfolge, in der die Elemente einer Menge aufgezählt werden, ist also beliebig.

*Durchschnitt:* Als Durchschnitt $A \cap B$ der beiden Mengen A und B bezeichnet man diejenige Menge von Elementen, die sowohl zu A als auch zu B gehören.

$$A \cap B = \{c;\ c \in A \text{ und } c \in B\}$$

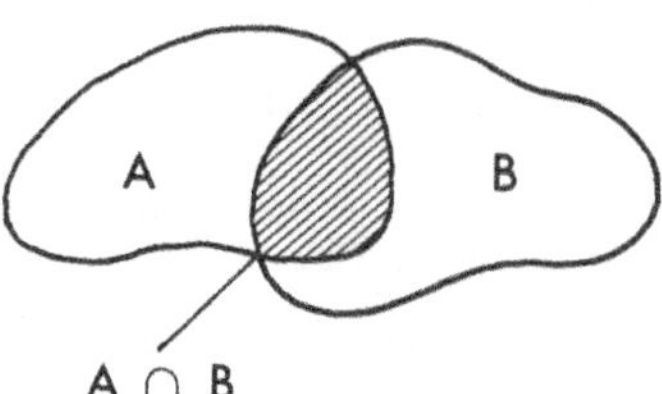


Beispiel 5: Sei $A = \{0,2,6,10\}$ und $B = \{4,6,8,10\}$ so ist $A \cap B = \{6,10\}$

*Vereinigungsmenge:* Diejenige Menge, die aus allen Elementen A und B besteht, wird *Vereinigungsmenge* genannt. Bezeichnung: $A \cup B$.

$$A \cup B = \{c;\ c \in A \text{ oder } c \in B\}$$

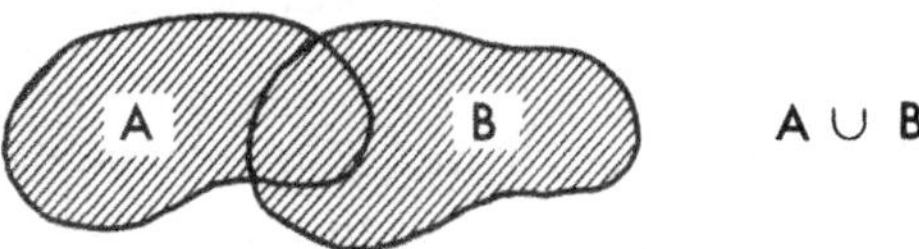


Beispiel 6: $A = \{0,2,4,6,8,10\}$, $B = \{4,6,8,10\}$

$$A \cup B = \{0,2,4,6,8,10\}$$

*Leere Menge:* Als *leere Menge* $\emptyset$ bezeichnet man diejenige Menge, die kein Element enthält. Sie darf nicht mit der Menge $\{0\}$ verwechselt werden, deren einziges Element die Null ist.

Beispiel 7: Sei $C = \{1,3,5,7,9\}$ und $D = \{0,1,3,5,7,9\}$, so gelten folgende Beziehungen:

1. $C \subset D$, d.h. $C \cup D = D$
2. $C \cup (A \cup B) = \{0,1,2,3,4,5,6,7,8,9,10\}$
3. $A \cap C = \emptyset$, $A \cap D = \{0\}$

## ANHANG II: FUNKTIONSBEGRIFF

Das *kartesische Produkt* X×Y zweier Mengen X und Y ist definiert als die Menge aller geordneten Paare (x,y), wobei gilt $x \in X$ und $y \in Y$

$$X \times Y = \{(x,y);\ x \in X \text{ und } y \in Y\}$$

Eine Teilmenge von X×Y heißt *Relation* R.

Ist (x,y) ein Element der Relation, dann heißt x *Urbild* von y und y heißt *Bild* von x.

*Definitionsbereich:* Die Menge der Elemente $x \in X$, für die ein Bildelement y in der Relation existiert, heißt *Definitionsbereich* der Relation.

*Wertebereich:* Diejenige Menge der Y, für die ein Urbildelement existiert, heißt *Wertebereich* der Relation.

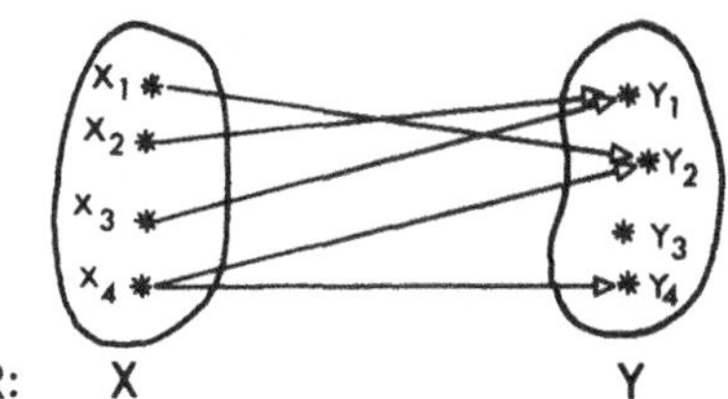


$R = \{(x_1,y_2),\ (x_2,y_1),\ (x_3,y_1),\ (x_4,y_2),\ (x_4,y_4)\}$

Definitionsbereich: $\{x_1,\ x_2,\ x_3,\ x_4\}$

Wertebereich: $\{y_1,\ y_2,\ y_4\}$

*Eindeutigkeit:* Eine Relation R heißt *eindeutig*, wenn zu jedem x des Definitionsbereichs genau ein Zahlenpaar (x,y) existiert, - oder anders ausgedrückt - wenn aus $(x_o,y_1) \in R$ und $(x_o,y_2) \in R$ folgt $y_1 = y_2$. Das ist oben in der Abbildung nicht der Fall.

*Funktion:* Eine eindeutige Relation wird *Funktion f* genannt.

Beispiel: $f = \{(x_1,y_3),\ (x_2,y_1),\ (x_3,y_4),\ (x_4,y_2)\}$

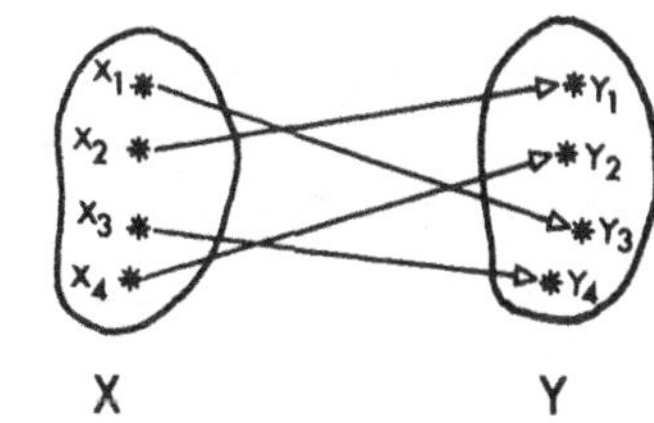

# ANHANG III: QUADRATISCHE GLEICHUNGEN

Quadratische Gleichungen heißen Gleichungen der Form

$$ax^2 + bx + c = 0$$

Quadratische Gleichungen haben im allgemeinen Fall zwei Lösungen. Wir gewinnen sie durch einen Kunstgriff. Die Glieder, die Potenzen von x enthalten, werden zu einem Ausdruck ergänzt, aus dem dann die Wurzel gezogen werden kann.

$$ax^2 + bx + c = 0$$

Wir teilen durch a:

$$x^2 + \frac{b}{a}x + \frac{c}{a} = 0$$

Wir addieren und subtrahieren gleichzeitig den Term $(\frac{b}{2a})^2$

$$x^2 + 2\cdot\frac{b}{2a}x + (\frac{b}{2a})^2 - (\frac{b}{2a})^2 + \frac{c}{a} = 0$$

Wir fassen zusammen:

$$(x + \frac{b}{2a})^2 - (\frac{b}{2a})^2 + \frac{c}{a} = 0$$

$$x + \frac{b}{2a} = \pm\sqrt{\left(\frac{b}{2a}\right)^2 - \frac{c}{a}}$$

Für jedes Vorzeichen der Wurzel erhalten wir eine Lösung:

$$x_1 = -\frac{b}{2a} + \sqrt{\left(\frac{b}{2a}\right)^2 - \frac{c}{a}}$$

$$x_2 = -\frac{b}{2a} - \sqrt{\left(\frac{b}{2a}\right)^2 - \frac{c}{a}}$$

Häufig findet man eine gleichwertige Darstellung, die von der bereits vereinfachten Form ausgeht:

$$x^2 + px + q = 0$$

Als Lösung erhalten wir dann:

$$x_1 = -\frac{p}{2} + \sqrt{(\frac{p}{2})^2 - q}$$

$$x_2 = -\frac{p}{2} - \sqrt{(\frac{p}{2})^2 - q}$$

## ANHANG IV: FUNKTIONSTABELLE

| Gradmaß ° | ' | x | sin x | cos x | ln x | $e^x$ | $e^{-x}$ | log x |
|---|---|---|---|---|---|---|---|---|
| 0° | 0' | 0,00 | 0,0000 | 1,0000 | - ∞ | 1,0000 | 0 | - ∞ |
| 1° | 09' | 0,02 | 0,0200 | 0,9998 | -3,9120 | 1,0202 | 0,9802 | -1,6990 |
| 2° | 18' | 0,04 | 0,0400 | 0,9992 | -3,2189 | 1,0408 | 0,9608 | -1,3979 |
| 3° | 26' | 0,06 | 0,0600 | 0,9982 | -2,8134 | 1,0618 | 0,9418 | -1,2218 |
| 4° | 35' | 0,08 | 0,0799 | 0,9968 | -2,5257 | 1,0833 | 0,9231 | -1,0969 |
| 5° | 44' | 0,10 | 0,0998 | 0,9950 | -2,3026 | 1,1052 | 0,9048 | -1,0000 |
| 6° | 53' | 0,12 | 0,1197 | 0,9928 | -2,1203 | 1,1275 | 0,8869 | -0,9208 |
| 8° | 01' | 0,14 | 0,1395 | 0,9902 | -1,9661 | 1,1503 | 0,8694 | -0,8539 |
| 9° | 10' | 0,16 | 0,1593 | 0,9872 | -1,8326 | 1,1735 | 0,8521 | -0,7959 |
| 10° | 19' | 0,18 | 0,1790 | 0,9838 | -1,7148 | 1,1972 | 0,8353 | -0,7447 |
| 11° | 28' | 0,20 | 0,1987 | 0,9801 | -1,6098 | 1,2214 | 0,8187 | -0,6990 |
| 12° | 36' | 0,22 | 0,2182 | 0,9759 | -1,5141 | 1,2461 | 0,8025 | -0,6576 |
| 13° | 45' | 0,24 | 0,2377 | 0,9713 | -1,4271 | 1,2713 | 0,7866 | -0,6198 |
| 14° | 54' | 0,26 | 0,2571 | 0,9664 | -1,3471 | 1,2969 | 0,7711 | -0,5850 |
| 16° | 03' | 0,28 | 0,2764 | 0,9611 | -1,2730 | 1,3231 | 0,7558 | -0,5528 |
| 17° | 11' | 0,30 | 0,2955 | 0,9553 | -1,2040 | 1,3499 | 0,7408 | -0,5229 |
| 18° | 20' | 0,32 | 0,3146 | 0,9492 | -1,1394 | 1,3771 | 0,7262 | -0,4949 |
| 19° | 29' | 0,34 | 0,3335 | 0,9428 | -1,0788 | 1,4049 | 0,7118 | -0,4685 |
| 20° | 38' | 0,36 | 0,3523 | 0,9359 | -1,0217 | 1,4333 | 0,6977 | -0,4437 |
| 21° | 46' | 0,38 | 0,3709 | 0,9287 | -0,9676 | 1,4623 | 0,6839 | -0,4202 |
| 22° | 55' | 0,40 | 0,3894 | 0,9211 | -0,9163 | 1,4918 | 0,6703 | -0,3979 |
| 24° | 05' | 0,42 | 0,4078 | 0,9131 | -0,8675 | 1,5220 | 0,6571 | -0,3768 |
| 25° | 13' | 0,44 | 0,4259 | 0,9048 | -0,8210 | 1,5527 | 0,6440 | -0,3565 |
| 26° | 21' | 0,46 | 0,4439 | 0,8961 | -0,7765 | 1,5841 | 0,6313 | -0,3372 |
| 27° | 30' | 0,48 | 0,4618 | 0,8870 | -0,7340 | 1,6161 | 0,6188 | -0,3188 |
| 28° | 39' | 0,50 | 0,4794 | 0,8776 | -0,6931 | 1,6487 | 0,6065 | -0,3010 |
| 29° | 48' | 0,52 | 0,4969 | 0,8678 | -0,6539 | 1,6820 | 0,5945 | -0,2840 |
| 30° | 56' | 0,54 | 0,5141 | 0,8577 | -0,6162 | 1,7160 | 0,5828 | -0,2676 |
| 32° | 05' | 0,56 | 0,5312 | 0,8473 | -0,5798 | 1,7507 | 0,5712 | -0,2518 |
| 33° | 14' | 0,58 | 0,5480 | 0,8365 | -0,5447 | 1,7860 | 0,5599 | -0,2366 |
| 34° | 23' | 0,60 | 0,5646 | 0,8253 | -0,5108 | 1,8221 | 0,5488 | -0,2218 |
| 35° | 31' | 0,62 | 0,5810 | 0,8139 | -0,4780 | 1,8589 | 0,5379 | -0,2076 |
| 36° | 40' | 0,64 | 0,5972 | 0,8021 | -0,4463 | 1,8965 | 0,5273 | -0,1938 |
| 37° | 49' | 0,66 | 0,6131 | 0,7900 | -0,4155 | 1,9348 | 0,5169 | -0,1805 |
| 38° | 58' | 0,68 | 0,6288 | 0,7776 | -0,3857 | 1,9739 | 0,5066 | -0,1675 |
| 40° | 06' | 0,70 | 0,6442 | 0,7648 | -0,3567 | 2,0138 | 0,4966 | -0,1549 |
| 41° | 15' | 0,72 | 0,6594 | 0,7518 | -0,3285 | 2,0544 | 0,4868 | -0,1427 |
| 42° | 24' | 0,74 | 0,6743 | 0,7385 | -0,3011 | 2,0959 | 0,4771 | -0,1308 |
| 43° | 33' | 0,76 | 0,6889 | 0,7248 | -0,2744 | 2,1383 | 0,4677 | -0,1192 |
| 44° | 41' | 0,78 | 0,7033 | 0,7109 | -0,2485 | 2,1814 | 0,4584 | -0,1079 |
| 45° | 50' | 0,80 | 0,7174 | 0,6967 | -0,2231 | 2,2255 | 0,4493 | -0,0969 |
| 46° | 59' | 0,82 | 0,7311 | 0,6822 | -0,1985 | 2,2705 | 0,4404 | -0,0862 |
| 48° | 08' | 0,84 | 0,7446 | 0,6675 | -0,1744 | 2,3164 | 0,4317 | -0,0757 |
| 49° | 16' | 0,86 | 0,7578 | 0,6524 | -0,1508 | 2,3632 | 0,4232 | -0,0655 |
| 50° | 25' | 0,88 | 0,7707 | 0,6372 | -0,1278 | 2,4109 | 0,4148 | -0,0555 |
| 51° | 34' | 0,90 | 0,7833 | 0,6216 | -0,1054 | 2,4596 | 0,4066 | -0,0458 |
| 52° | 43' | 0,92 | 0,7956 | 0,6058 | -0,0834 | 2,5093 | 0,3985 | -0,0362 |
| 53° | 51' | 0,94 | 0,8076 | 0,5898 | -0,0619 | 2,5600 | 0,3906 | -0,0269 |
| 55° | 00' | 0,96 | 0,8192 | 0,5735 | -0,0408 | 2,6117 | 0,3829 | -0,0177 |
| 56° | 09' | 0,98 | 0,8305 | 0,5570 | -0,0202 | 2,6645 | 0,3753 | -0,0088 |
| 57° | 18' | 1,00 | 0,8415 | 0,5403 | 0,0000 | 2,7183 | 0,3679 | 0,0000 |

| Gradmaß ° | ' | x | sin x | cos x | ln x | $e^{x}$ | $e^{-x}$ | log x |
|---|---|---|---|---|---|---|---|---|
| 0 | | 0,0 | 0,0000 | 1,0000 | $-\infty$ | 1,0000 | 1,0000 | $-\infty$ |
| 11° | 28' | 0,2 | 0,1987 | 0,9801 | -1,6094 | 1,2214 | 0,8187 | -0,6990 |
| 22° | 55' | 0,4 | 0,3894 | 0,9211 | -1,9163 | 1,4918 | 0,6703 | -0,3979 |
| 34° | 23' | 0,6 | 0,5646 | 0,8253 | -1,5108 | 1,8221 | 0,5488 | -0,2218 |
| 45° | 50' | 0,8 | 0,7174 | 0,6967 | -1,2231 | 2,2255 | 0,4493 | -0,0969 |
| 57° | 18' | 1,0 | 0,8415 | 0,5403 | 0,0000 | 2,7183 | 0,3679 | 0,0000 |
| 68° | 45' | 1,2 | 0,9320 | 0,3624 | 0,1823 | 3,3201 | 0,3012 | 0,0792 |
| 80° | 13' | 1,4 | 0,9854 | 0,1700 | 0,3365 | 4,0552 | 0,2466 | 0,1461 |
| 91° | 40' | 1,6 | 0,9996 | -0,0292 | 0,4700 | 4,9530 | 0,2019 | 0,2041 |
| 103° | 08' | 1,8 | 0,9738 | -0,2272 | 0,5878 | 6,0496 | 0,1653 | 0,2553 |
| 114° | 35' | 2,0 | 0,9093 | -0,4161 | 0,6931 | 7,3891 | 0,1353 | 0,3010 |
| 126° | 03' | 2,2 | 0,8085 | -0,5885 | 0,7885 | 9,0250 | 0,1108 | 0,3424 |
| 137° | 31' | 2,4 | 0,6755 | -0,7374 | 0,8755 | 11,0232 | 0,0907 | 0,3802 |
| 148° | 58' | 2,6 | 0,5155 | -0,8569 | 0,9555 | 13,4637 | 0,0743 | 0,4150 |
| 160° | 26' | 2,8 | 0,3350 | -0,9422 | 1,0296 | 16,4446 | 0,0608 | 0,4472 |
| 171° | 53' | 3,0 | 0,1411 | -0,9900 | 1,0986 | 20,0855 | 0,0498 | 0,4771 |
| 183° | 21' | 3,2 | -0,0584 | -0,9983 | 1,1632 | 24,5325 | 0,0408 | 0,5051 |
| 194° | 48' | 3,4 | -0,2555 | -0,9668 | 1,2238 | 29,9641 | 0,0334 | 0,5315 |
| 206° | 16' | 3,6 | -0,4425 | -0,8968 | 1,2809 | 36,5982 | 0,0273 | 0,5563 |
| 217° | 43' | 3,8 | -0,6119 | -0,7910 | 1,3350 | 44,7012 | 0,0224 | 0,5798 |
| 229° | 11' | 4,0 | -0,7568 | -0,6536 | 1,3863 | 54,5982 | 0,0183 | 0,6021 |
| 240° | 39' | 4,2 | -0,8716 | -0,4903 | 1,4351 | 66,6863 | 0,0150 | 0,6232 |
| 252° | 06' | 4,4 | -0,9516 | -0,3073 | 1,4816 | 82,4509 | 0,0123 | 0,6435 |
| 263° | 34' | 4,6 | -0,9937 | -0,1122 | 1,5261 | 99,4843 | 0,0101 | 0,6628 |
| 275° | 01' | 4,8 | -0,9662 | 0,0875 | 1,5686 | 121,5104 | 0,0082 | 0,6812 |
| 286° | 29' | 5,0 | -0,9589 | 0,2837 | 1,6094 | 148,4132 | 0,0067 | 0,6990 |
| 297° | 56' | 5,2 | -0,8835 | 0,4685 | 1,6487 | 181,2722 | 0,0055 | 0,7160 |
| 309° | 24' | 5,4 | -0,7722 | 0,6347 | 1,6864 | 221,4064 | 0,0045 | 0,7324 |
| 320° | 51' | 5,6 | -0,6313 | 0,7756 | 1,7228 | 270,4264 | 0,0037 | 0,7482 |
| 332° | 19' | 5,8 | -0,4646 | 0,8855 | 1,7579 | 330,2996 | 0,0030 | 0,7634 |
| 343° | 46' | 6,0 | -0,2794 | 0,9602 | 1,7918 | 403,4288 | 0,0025 | 0,7782 |
| 355° | 14' | 6,2 | -0,0831 | 0,9965 | 1,8245 | 492,7490 | 0,0020 | 0,7924 |
| 366° | 42' | 6,4 | 0,1165 | 0,9932 | 1,8563 | 601,8450 | 0,0017 | 0,8062 |
| 378° | 09' | 6,6 | 0,3115 | 0,9502 | 1,8871 | 735,0952 | 0,0014 | 0,8195 |
| 389° | 37' | 6,8 | 0,4941 | 0,8694 | 1,9169 | 897,8493 | 0,0011 | 0,8325 |
| 401° | 04' | 7,0 | 0,6570 | 0,7539 | 1,9459 | 1096,6332 | 0,0009 | 0,8451 |
| 412° | 32' | 7,2 | 0,7937 | 0,6084 | 1,9741 | 1339,4308 | 0,0007 | 0,8573 |
| 423° | 59' | 7,4 | 0,8987 | 0,4385 | 2,0015 | 1635,9844 | 0,0006 | 0,8692 |
| 435° | 27' | 7,6 | 0,9679 | 0,2513 | 2,0281 | 1998,1959 | 0,0005 | 0,8808 |
| 446° | 54' | 7,8 | 0,9985 | 0,0540 | 2,0541 | 2440,6020 | 0,0004 | 0,8921 |
| 458° | 22' | 8,0 | 0,9894 | -0,1455 | 2,0794 | 2980,9580 | 0,0003 | 0,9031 |
| 469° | 50' | 8,2 | 0,9407 | -0,3392 | 2,1041 | 3640,9503 | 0,0003 | 0,9138 |
| 481° | 17' | 8,4 | 0,8546 | -0,5193 | 2,1282 | 4447,0667 | 0,0002 | 0,9243 |
| 492° | 45' | 8,6 | 0,7344 | -0,6787 | 2,1518 | 5431,6596 | 0,0002 | 0,9345 |
| 504° | 12' | 8,8 | 0,5849 | -0,8111 | 2,1748 | 6634,2440 | 0,0002 | 0,9445 |
| 515° | 40' | 9,0 | 0,4121 | -0,9111 | 2,1972 | 8103,0839 | 0,0001 | 0,9542 |
| 527° | 07' | 9,2 | 0,2229 | -0,9748 | 2,2192 | 9897,1291 | 0,0001 | 0,9638 |
| 538° | 35' | 9,4 | 0,0248 | -0,9997 | 2,2407 | 12088,3807 | 0,0001 | 0,9731 |
| 550° | 02' | 9,6 | -0,1743 | -0,9847 | 2,2618 | 14764,7816 | 0,0001 | 0,9823 |
| 561° | 30' | 9,8 | -0,3665 | -0,9304 | 2,2824 | 18033,7449 | 0,0001 | 0,9912 |
| 572° | 57' | 10,0 | -0,5440 | -0,8391 | 2,3026 | 22026,4658 | 0,0001 | 1,0000 |

| Gradmaß ° | ' | x | sin x | cos x | ln x | $e^x$ | $e^{-x}$ | log x |
|---|---|---|---|---|---|---|---|---|
| 0 | | 0 | 0,0000 | 1,0000 | - ∞ | 1 | 1 | - ∞ |
| 114° | 35' | 2 | 0,9093 | -0,4161 | 0,6931 | 7,3891 | $1,1353 \cdot 10^{-1}$ | 0,3010 |
| 229° | 11' | 4 | -0,7568 | -0,6536 | 1,3863 | $5,4598 \cdot 10^{1}$ | $1,8316 \cdot 10^{-2}$ | 0,6021 |
| 343° | 46' | 6 | -0,2794 | 0,9602 | 1,7918 | $4,0343 \cdot 10^{2}$ | $2,4788 \cdot 10^{-3}$ | 0,7782 |
| 458° | 22' | 8 | 0,9894 | -0,1455 | 2,0794 | $2,9810 \cdot 10^{3}$ | $3,3546 \cdot 10^{-4}$ | 0,9031 |
| 572° | 57' | 10 | -0,5440 | -0,8391 | 2,3026 | $2,2026 \cdot 10^{4}$ | $4,5400 \cdot 10^{-5}$ | 1,0000 |
| 687° | 33' | 12 | -0,5366 | 0,8439 | 2,4849 | $1,6275 \cdot 10^{5}$ | $6,1442 \cdot 10^{-6}$ | 1,0792 |
| 802° | 08' | 14 | 0,9906 | 0,1367 | 2,6391 | $1,2026 \cdot 10^{6}$ | $8,3153 \cdot 10^{-7}$ | 1,1461 |
| 916° | 44' | 16 | -0,2879 | -0,9577 | 2,7726 | $8,8861 \cdot 10^{6}$ | $1,1254 \cdot 10^{-7}$ | 1,2041 |
| 1031° | 19' | 18 | -0,7510 | 0,6603 | 2,8904 | $6,5660 \cdot 10^{7}$ | $1,5230 \cdot 10^{-8}$ | 1,2553 |
| 1145° | 55' | 20 | 0,9129 | 0,4081 | 3,9957 | $4,8517 \cdot 10^{8}$ | $2,0612 \cdot 10^{-9}$ | 1,3010 |
| 1260° | 31' | 22 | -0,0088 | -0,9999 | 3,0910 | $3,5849 \cdot 10^{9}$ | $2,7895 \cdot 10^{-10}$ | 1,3424 |
| 1375° | 06' | 24 | -0,9056 | 0,4242 | 3,1781 | $2,6489 \cdot 10^{10}$ | $3,7751 \cdot 10^{-11}$ | 1,3802 |
| 1489° | 41' | 26 | 0,7626 | 0,6469 | 3,2581 | $1,9573 \cdot 10^{11}$ | $5,1091 \cdot 10^{-12}$ | 1,4150 |
| 1604° | 17' | 28 | 0,2709 | -0,9626 | 3,3322 | $1,4463 \cdot 10^{12}$ | $6,9144 \cdot 10^{-13}$ | 1,4472 |
| 1718° | 52' | 30 | -0,9880 | 0,1543 | 3,4012 | $1,0686 \cdot 10^{13}$ | $9,3576 \cdot 10^{-14}$ | 1,4771 |
| 1833° | 28' | 32 | 0,5514 | 0,8342 | 3,4657 | $7,8963 \cdot 10^{13}$ | $1,2664 \cdot 10^{-14}$ | 1,5051 |
| 1948° | 04' | 34 | 0,5291 | -0,8486 | 3,5264 | $5,8346 \cdot 10^{14}$ | $1,7139 \cdot 10^{-15}$ | 1,5315 |
| 2062° | 39' | 36 | -0,9918 | -0,1280 | 3,5835 | $4,3112 \cdot 10^{15}$ | $2,3195 \cdot 10^{-16}$ | 1,5563 |
| 2177° | 14' | 38 | 0,2964 | 0,9551 | 3,6376 | $3,1856 \cdot 10^{16}$ | $6,3051 \cdot 10^{-16}$ | 1,5798 |
| 2291° | 50' | 40 | 0,7451 | -0,6669 | 3,6889 | $2,3539 \cdot 10^{17}$ | $4,2483 \cdot 10^{-18}$ | 1,6021 |
| 2406° | 25' | 42 | -0,9165 | -0,4000 | 3,7377 | $1,7393 \cdot 10^{18}$ | $5,7495 \cdot 10^{-19}$ | 1,6232 |
| 2521° | 01' | 44 | 0,0177 | 0,9998 | 3,7842 | $1,2852 \cdot 10^{19}$ | $7,7811 \cdot 10^{-20}$ | 1,6435 |
| 2635° | 37' | 46 | 0,9018 | -0,4322 | 3,8286 | $9,4961 \cdot 10^{19}$ | $1,0531 \cdot 10^{-20}$ | 1,6628 |
| 2750° | 12' | 48 | -0,7682 | -0,6401 | 3,8712 | $7,0167 \cdot 10^{20}$ | $1,4252 \cdot 10^{-21}$ | 1,6812 |
| 2864° | 47' | 50 | -0,2624 | 0,9650 | 3,9120 | $5,1847 \cdot 10^{21}$ | $1,9287 \cdot 10^{-22}$ | 1,6990 |
| 2979° | 22' | 52 | 0,9866 | -0,1630 | 3,9512 | $3,8310 \cdot 10^{22}$ | $2,6103 \cdot 10^{-23}$ | 1,7160 |
| 3093° | 58' | 54 | -0,5588 | -0,8293 | 3,9890 | $2,8308 \cdot 10^{23}$ | $3,5326 \cdot 10^{-24}$ | 1,7324 |
| 3208° | 34' | 56 | -0,5216 | 0,8532 | 4,0254 | $2,0917 \cdot 10^{24}$ | $4,7909 \cdot 10^{-25}$ | 1,7482 |
| 3323° | 10' | 58 | 0,9929 | 0,1192 | 4,0604 | $1,5455 \cdot 10^{25}$ | $6,4702 \cdot 10^{-26}$ | 1,7634 |
| 3437° | 45' | 60 | -0,3048 | -0,9543 | 4,0943 | $1,1420 \cdot 10^{26}$ | $8,7565 \cdot 10^{-27}$ | 1,7782 |
| 3552° | 20' | 62 | -0,7392 | 0,6735 | 4,1271 | $8,4384 \cdot 10^{26}$ | $1,1851 \cdot 10^{-27}$ | 1,7924 |
| 3666° | 56' | 64 | 0,9200 | 0,3919 | 4,1589 | $6,2351 \cdot 10^{27}$ | $1,6038 \cdot 10^{-28}$ | 1,8062 |
| 3781° | 31' | 66 | -0,0266 | -0,9996 | 4,1897 | $4,6072 \cdot 10^{28}$ | $2,1705 \cdot 10^{-29}$ | 1,8195 |
| 3896° | 07' | 68 | -0,8979 | 0,4401 | 4,2195 | $3,4043 \cdot 10^{29}$ | $2,9375 \cdot 10^{-30}$ | 1,8325 |
| 4010° | 42' | 70 | 0,7739 | 0,6333 | 4,2485 | $2,5154 \cdot 10^{30}$ | $3,9754 \cdot 10^{-31}$ | 1,8451 |
| 4125° | 18' | 72 | 0,2538 | -0,9673 | 4,2767 | $1,8587 \cdot 10^{31}$ | $5,3802 \cdot 10^{-32}$ | 1,8573 |
| 4239° | 53' | 74 | -0,9851 | 0,1717 | 4,3041 | $1,3734 \cdot 10^{32}$ | $7,2813 \cdot 10^{-33}$ | 1,8692 |
| 4354° | 29' | 76 | 0,5661 | 0,8243 | 4,3307 | $1,0148 \cdot 10^{33}$ | $9,8542 \cdot 10^{-34}$ | 1,8808 |
| 4469° | 04' | 78 | 0,5140 | -0,8578 | 4,3567 | $7,4984 \cdot 10^{33}$ | $1,3336 \cdot 10^{-34}$ | 1,8921 |
| 4583° | 40' | 80 | -0,9939 | -0,1104 | 4,3820 | $5,5406 \cdot 10^{34}$ | $1,8049 \cdot 10^{-35}$ | 1,9031 |
| 4698° | 15' | 82 | 0,3132 | 0,9497 | 4,4067 | $4,0940 \cdot 10^{35}$ | $2,4426 \cdot 10^{-36}$ | 1,9138 |
| 4012° | 51' | 84 | 0,7332 | 0,6800 | 4,4308 | $3,0251 \cdot 10^{36}$ | $3,3057 \cdot 10^{-37}$ | 1,9243 |
| 4927° | 26' | 86 | -0,9235 | -0,3837 | 4,4543 | $2,2352 \cdot 10^{37}$ | $4,4738 \cdot 10^{-38}$ | 1,9345 |
| 5042° | 02' | 88 | 0,0354 | 0,9994 | 4,4773 | $1,6516 \cdot 10^{38}$ | $6,0546 \cdot 10^{-39}$ | 1,9445 |
| 5156° | 37' | 90 | 0,8940 | -0,4481 | 4,4998 | $1,2204 \cdot 10^{39}$ | $8,1940 \cdot 10^{-40}$ | 1,9542 |
| 5271° | 13' | 92 | -0,7795 | -0,6264 | 4,5218 | $9,0176 \cdot 10^{39}$ | $1,1089 \cdot 10^{-40}$ | 1,9638 |
| 5385° | 48' | 94 | -0,2453 | 0,9695 | 4,5433 | $6,6632 \cdot 10^{40}$ | $1,5008 \cdot 10^{-41}$ | 1,9737 |
| 5500° | 23' | 96 | 0,9836 | -0,1804 | 4,5643 | $4,9235 \cdot 10^{41}$ | $2,0311 \cdot 10^{-42}$ | 1,9823 |
| 5614° | 59' | 98 | -0,5734 | -0,8193 | 4,5850 | $3,6380 \cdot 10^{42}$ | $2,7488 \cdot 10^{-43}$ | 1,9912 |
| 5729° | 35' | 100 | -0,5064 | 0,8623 | 4,6052 | $2,6881 \cdot 10^{43}$ | $3,7201 \cdot 10^{-44}$ | 2,0000 |

# REGISTER

Das Register ist für beide Bände zusammengefaßt. Die erste Zahl gibt den Band an, die zweite Zahl die Seite.

The manufacturer's authorised representative in the EU is Springer Nature Customer Service Centre GmbH, Europaplatz 3, 69115 Heidelberg, Germany. If you have any concerns regarding our products, please contact ProductSafety@springernature.com

Printed and bound by CPI Group (UK) Ltd, Croydon, CR0 4YY

28/04/2026

02098496-0002